Lambacher Schweizer 6, Mathematik für Gymnasien, Nordrhein-Westfalen

Begleitmaterial
Zu diesem Buch gibt es ergänzend:
– Lösungsheft (ISBN 978-3-12-734423-3)
– Trainingsheft für Klassenarbeiten (ISBN 978-3-12-734065-5)
– Arbeitsheft mit zahlreichen Übungen plus Lösungsheft (ISBN 978-3-12-734466-0)
– Arbeitsheft mit zahlreichen Übungen plus Lösungsheft und Lernsoftware (ISBN 978-3-12-734467-7)
– Kompakt, Klasse 5/6, die wichtigsten Formeln und Merksätze mit Beispielen (ISBN 978-3-12-734355-7)
– Kompetenztest 1, Klasse 5/6, Arbeitsheft zur Vorbereitung auf zentrale Prüfungen (ISBN 978-3-12-740467-8)

1. Auflage   1 ⁶ ⁵ ⁴ ³ ² | 2014 13 12 11 10

Alle Drucke dieser Auflage sind unverändert und können im Unterricht nebeneinander verwendet werden.
Die letzten Zahlen bezeichnen jeweils die Auflage und das Jahr des Druckes.
Das Werk und seine Teile sind urheberrechtlich geschützt. Jede Nutzung in anderen als den gesetzlich zugelassenen
Fällen bedarf der vorherigen schriftlichen Einwilligung des Verlages. Hinweis zu § 52a UrhG: Weder das Werk noch seine
Teile dürfen ohne eine solche Einwilligung eingescannt und in ein Netzwerk eingestellt werden. Dies gilt auch für
Intranets von Schulen und sonstigen Bildungseinrichtungen. Fotomechanische oder andere Wiedergabeverfahren nur
mit Genehmigung des Verlages.

Auf verschiedenen Seiten dieses Heftes befinden sich Verweise (Links) auf Internet-Adressen. Haftungshinweis: Trotz
sorgfältiger inhaltlicher Kontrolle wird die Haftung für die Inhalte der externen Seiten ausgeschlossen. Für den Inhalt
der externen Seiten sind ausschließlich die Betreiber verantwortlich. Sollten Sie daher auf kostenpflichtige, illegale
oder anstößige Inhalte treffen, so bedauern wir dies ausdrücklich und bitten Sie, uns umgehend per E-Mail davon in
Kenntnis setzen, damit beim Nachdruck der Verweis gelöscht wird.

© Ernst Klett Verlag GmbH, Stuttgart 2009. Alle Rechte vorbehalten. www.klett.de

Autoren: Baum, Martin Bellstedt, Heidi Buck, Prof. Rolf Dürr, Hans Freudigmann, Dr. Frieder Haug,
Stefan Hußmann, Thomas Jörgens, Thorsten Jürgensen-Engl, Prof. Dr. Timo Leuders, Kathrin Richter,
Reinhard Schmitt-Hartmann, Raphaela Sonntag, Inga Surrey

Illustrationen: Uwe Alfer, Waldbreitbach; Jochen Ehmann, Stuttgart; Annette Liese, Dortmund;
Ravensburg; Dorothee Wolters, Köln
JoldanKommunikation, Stuttgart
Stuttgart
Medien-Management, Pforzheim

Lambacher Schweizer 6
Mathematik für Gymnasien

Nordrhein-Westfalen

bearbeitet von

Thomas Jörgens
Thorsten Jürgensen-Engl
Wolfgang Riemer
Reinhard Schmitt-Hartmann
Raphaela Sonntag
Inga Surrey

Ernst Klett
Stuttgart · L

Moderner Mathematikunterricht mit dem Lambacher Schweizer

Mathematik – vielseitig und schülerorientiert
Ein zeitgemäßer Unterricht soll den Jugendlichen eine **mathematische Grundbildung** vermitteln. Diese zeigt sich im Zusammenspiel von Kompetenzen, die sich auf mathematische Prozesse beziehen, und solchen, die auf mathematische Inhalte ausgerichtet sind. Um diese Kompetenzen aufzubauen, werden Erfahrungsräume zur Verfügung gestellt, in denen die Schüler selbstständig aber auch angeleitet die ganze Breite der Mathematik erleben und erkunden können.

Offene Zugänge
In den **Erkundungen** zu jedem Kapitel und in den Impulsen zu jeder Lerneinheit erhalten die Lernenden Gelegenheiten, die zentralen Aspekte des jeweiligen Themengebietes auf eigenen Wegen, mit eigenen Vorstellungen und in der eigenen Sprache zu erkunden. Die Fragestellungen sind offen, regen zu einer aktiven und handlungsorientierten Auseinandersetzung an und können einzeln oder in Gruppen bearbeitet werden. Die vielfältigen Erfahrungen, die dabei gemacht werden, bilden das solide Fundament für die nachfolgende systematische Behandlung.

Strukturierter Aufbau
Die Abfolge der Kapitel und der Lerneinheiten ist an mathematischen Leitideen ausgerichtet. Die Einheiten bauen aufeinander auf. Innerhalb der Lerneinheiten werden Begriffe und Zusammenhänge schülergerecht hergeleitet, in Merkkästen zusammengefasst, an Beispielen konkretisiert und mit entsprechenden Aufgaben gesichert, geübt und vertieft.

Vernetztes Wissen
Am Ende eines Kapitels werden unter „Wiederholen – Vertiefen – Vernetzen" Aufgaben gestellt, welche die Themen des jeweiligen Kapitels, aber auch der zurückliegenden Kapitel, integriert und vernetzt behandeln. In den Sachthemen werden darüber hinaus interessante und spannende Bezüge zu außermathematischen Themen geschaffen.

Basiswissen
Um grundlegende Fertigkeiten zu überprüfen und zu sichern, werden unter der Überschrift „Kannst du das noch?" immer wieder Aufgaben zu bereits behandelten Themen eingestreut. Außerdem ist mit den Aufgaben zu „Bist du sicher?" und am Ende des Kapitels in den „Trainingsrunden" die Möglichkeit zu selbstkontrolliertem Üben gegeben. Am Ende des Buches befinden sich darüber hinaus zu den Rechenkapiteln zahlreiche **Aufgaben zum Selbsttraining**.

Straffung des Lehrplans – Kompetenzanforderungen
Das 8-jährige Gymnasium erfordert eine Straffung des Lernstoffes. Die ganzen Zahlen wurden bereits in Klasse 5 behandelt. Hierdurch können die rationalen Zahlen in Klasse 6 sofort im positiven und negativen Bereich eingeführt werden.
Die Förderung der Problemlösekompetenz erhält in Klasse 6 ein besonderes Gewicht. So werden in allen Inhaltsgebieten des Buches altersgerechte Problemlösestrategien vorgestellt. Darüber hinaus wurde dem Problemlösen ein eigenes Kapitel gewidmet, mit dem sich eine reflektierende Problemlösephase gestalten lässt.

Einsatz von Taschenrechner und elektronischen Werkzeugen
Der sinnvolle Einsatz des Taschenrechners in Klasse 5 wird in Klasse 6 altersgemäß fortgesetzt. Als Ergänzung wird im Bereich Statistik in einer Exkursion der Umgang mit einem Tabellenkalkulationsprogramm aufgezeigt. Eine Vertiefung und Weiterführung des Einsatzes von elektronischen Werkzeugen findet in den Folgeklassen statt.

Prozessbezogene Kompetenzen:

Argumentieren/Kommunizieren

kommunizieren, präsentieren und argumentieren

Problemlösen

Probleme erfassen, erkunden und lösen

Modellieren

Modelle erstellen und nutzen

Werkzeuge

Medien und Werkzeuge verwenden

Inhaltsbezogene Kompetenzen:

Arithmetik/Algebra

mit Zahlen und Symbolen umgehen

Funktionen

Beziehungen und Veränderungen beschreiben und erkunden

Geometrie

ebene und räumliche Strukturen nach Maß und Form erfassen

Stochastik

mit Daten und Zufall arbeiten

Inhaltsverzeichnis

Lernen mit dem Lambacher Schweizer — 6

I Rationale Zahlen — 8
Erkundungen — 10
1 Teilbarkeit — 14
2 Brüche und Anteile — 18
3 Kürzen und erweitern — 23
4 Brüche auf der Zahlengeraden — 27
5 Dezimalschreibweise — 31
6 Abbrechende und periodische Dezimalzahlen — 34
7 Prozente — 37
8 Umgang mit Größen — 42
9 Rationale Zahlen vergleichen — 46
Wiederholen – Vertiefen – Vernetzen — 51
  Exkursion Größter gemeinsamer Teiler (ggT)
  mit Schere und Papier — 53
Rückblick — 54
Training — 55

II Addition und Subtraktion von rationalen Zahlen — 56
Erkundungen — 58
1 Addieren und Subtrahieren von Brüchen — 60
2 Addieren und Subtrahieren von Dezimalzahlen — 66
3 Runden und Überschlagen bei Dezimalzahlen — 70
4 Geschicktes Rechnen — 73
Wiederholen – Vertiefen – Vernetzen — 76
  Exkursion Musik und Bruchrechnung — 80
Rückblick — 82
Training — 83

III Winkel und Kreis — 84
Erkundungen — 86
1 Winkel — 88
2 Winkel schätzen, messen und zeichnen — 90
3 Kreisfiguren — 95
Wiederholen – Vertiefen – Vernetzen — 97
  Exkursion Orientierung im Gelände — 100
Rückblick — 102
Training — 103

IV Strategien entwickeln – Probleme lösen — 104
Erkundungen — 106
1 Mathematische Probleme — 108
2 Strategien anwenden — 110
3 Messen, schätzen oder rechnen? — 112
4 Probleme finden — 115
  Geschichte Elementar, mein lieber Watson ... — 118
Rückblick — 120
Training — 121

V Multiplikation und Division von rationalen Zahlen — 122
Erkundungen — 124
1 Vervielfachen und Teilen von Brüchen — 128
2 Multiplizieren von Brüchen — 132
3 Dividieren von Brüchen — 137
4 Multiplizieren und Dividieren mit
 Zehnerpotenzen – Maßstäbe — 142
5 Multiplizieren von Dezimalzahlen — 146
6 Dividieren von Dezimalzahlen — 150
7 Grundregeln für Rechenausdrücke – Terme — 155
8 Rechengesetze – Vorteile beim Rechnen — 158
Wiederholen – Vertiefen – Vernetzen — 162
⊢ **Exkursion** Periodische Dezimalzahlen ⊣ — 165
Rückblick — 166
Training — 167

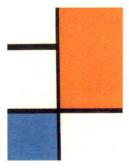

VI Daten erfassen, darstellen und interpretieren — 168
Erkundungen — 170
1 Relative Häufigkeiten und Diagramme — 172
2 Mittelwerte — 178
3 ⊢ Boxplots ⊣ — 182
Wiederholen – Vertiefen – Vernetzen — 186
⊢ **Exkursion** Statistik mit dem Computer — 188
⊢ **Exkursion** Vom Leben einer Seifenblase ⊣ — 193
Rückblick — 194
Training — 195

VII Beziehungen zwischen Zahlen und Größen — 196
Erkundungen — 198
1 Strukturen erkennen und fortsetzen — 200
2 Abhängigkeiten grafisch darstellen — 204
3 Abhängigkeiten in Termen darstellen — 207
4 ⊢ Rechnen mit dem Dreisatz ⊣ — 212
Wiederholen – Vertiefen – Vernetzen — 217
⊢ **Exkursion** Fibonacci ⊣ — 220
Rückblick — 222
Training — 223

Sachthema
⊢ Olympia ⊣ — 224

Aufgaben zum Selbsttraining — 238

⊢ Der Taschenrechner ⊣ — 249
Lösungen — 250
Register — 268
Bildquellennachweis — 271

⊢⊣ Mit diesem Symbol sind fakultative Inhalte gekennzeichnet.

Lernen mit dem Lambacher Schweizer

Liebe Schülerinnen und Schüler,

auf diesen zwei Seiten stellen wir euer neues Mathematikbuch vor, das euch im Mathematikunterricht begleiten und unterstützen soll.

Das Buch besteht aus sieben **Kapiteln** und einem **Sachthema**. Im Sachthema trefft ihr wieder auf die Inhalte aller Kapitel, allerdings versteckt in Geschichten, die ihr in eurem Alltag erleben könnt. Ihr seht also, der Mathematik begegnet man nicht nur im Mathematikunterricht.

In den Kapiteln geht es darum, neue Inhalte kennen zu lernen, zu verstehen, zu üben und zu vertiefen.
Sie beginnen mit einer **Auftaktseite**, auf der ihr entdecken und lesen könnt, was euch in dem Kapitel erwartet.

Nach den Auftaktseiten folgen die **Erkundungen**. Hier könnt ihr selbst aktiv werden und die Inhalte des jeweiligen Kapitels selbstständig entdecken.

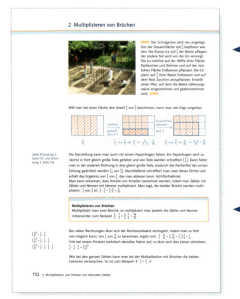

Die Kapitel sind in **Lerneinheiten** unterteilt, die euch immer einen mathematischen Schritt voranbringen. Zum **Einstieg** findet ihr stets eine Anregung oder eine Frage zu dem Thema. Ihr könnt euch dazu alleine Gedanken machen, es in der Gruppe besprechen oder mit der ganzen Klasse gemeinsam mit eurer Lehrerin oder eurem Lehrer diskutieren.

Im **Merkkasten** findet ihr die wichtigsten Inhalte der Lerneinheit zusammengefasst. Ihr solltet ihn deshalb sehr aufmerksam lesen.

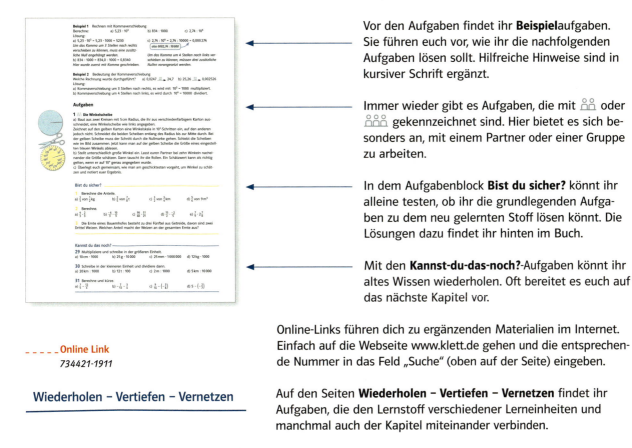

Vor den Aufgaben findet ihr **Beispiel**aufgaben. Sie führen euch vor, wie ihr die nachfolgenden Aufgaben lösen sollt. Hilfreiche Hinweise sind in kursiver Schrift ergänzt.

Immer wieder gibt es Aufgaben, die mit 👥 oder 👥👥 gekennzeichnet sind. Hier bietet es sich besonders an, mit einem Partner oder einer Gruppe zu arbeiten.

In dem Aufgabenblock **Bist du sicher?** könnt ihr alleine testen, ob ihr die grundlegenden Aufgaben zu dem neu gelernten Stoff lösen könnt. Die Lösungen dazu findet ihr hinten im Buch.

Mit den **Kannst-du-das-noch?**-Aufgaben könnt ihr altes Wissen wiederholen. Oft bereitet es euch auf das nächste Kapitel vor.

Online-Links führen dich zu ergänzenden Materialien im Internet. Einfach auf die Webseite www.klett.de gehen und die entsprechende Nummer in das Feld „Suche" (oben auf der Seite) eingeben.

Auf den Seiten **Wiederholen – Vertiefen – Vernetzen** findet ihr Aufgaben, die den Lernstoff verschiedener Lerneinheiten und manchmal auch der Kapitel miteinander verbinden.

Am Ende des Kapitels findet ihr jeweils zwei Seiten, die euch helfen, das Gelernte abzusichern. Auf den **Rückblick**seiten sind die wichtigsten Inhalte des Kapitels zusammengefasst. Und im **Training** könnt ihr noch einmal alleine überprüfen, wie gut ihr die Themen aus dem ganzen Kapitel beherrscht. Die Lösungen dazu findet ihr auf den hinteren Seiten des Buches. Danach wisst ihr etwas besser, was ihr vielleicht noch üben könnt.

Besonders viel Spaß wünschen wir euch bei den **Exkursionen** am Ende der Kapitel: Hier könnt ihr interessante Dinge erfahren, z. B., wie man sich im Gelände orientieren kann, oder ihr könnt selbst aktiv werden und z. B. herausfinden, was die Hasenvermehrung mit Zahlenfolgen zu tun hat.
Die **Geschichten**, ebenfalls am Ende der Kapitel, könnt ihr vor allem einfach lesen. Vielleicht werdet ihr manchmal staunen, wie alltäglich Mathematik sein kann. Dabei kann es auch richtig spannend zugehen, wie z. B. bei der Sherlock-Holmes-Geschichte.

Am Ende des Buches findet ihr unter **Aufgaben zum Selbsttraining** zu verschiedenen Kapiteln zusätzlich zahlreiche Aufgaben zum Üben und Wiederholen – mit Lösungen.

Ihr könnt euch also auf euer Mathematikbuch verlassen. Es gibt euch viele Hilfestellungen für den Unterricht und die Klassenarbeiten und vor allem möchte es euch zeigen: Mathematik ist sinnvoll und kann Freude machen.

I Rationale Zahlen
Bruch, Komma und Prozent

Wir schreiben für den Beginn
mal ein paar neue Zahlen hin:
1; 0,1; 0,001; 0,0001 …
Kaum steh'n sie da, hört man die Worte:
Von uns gibt's auch noch diese Sorte
$\frac{1}{1}$; $\frac{1}{10}$; $\frac{1}{100}$; $\frac{1}{1000}$; $\frac{1}{10000}$ …
Und schließlich darf man nicht vergessen,
dass wir ganz viel in Prozenten messen
100%; 10%; 1%; 0,1%; 0,01 % …

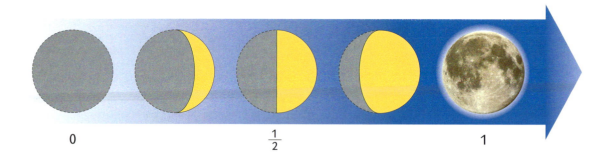

Das kannst du schon
- Mit ganzen Zahlen rechnen
- Mit Längen, Gewichten und Uhrzeiten rechnen
- Flächeninhalte und Rauminhalte berechnen

Arithmetik/Algebra

Funktionen

Geometrie

Stochastik

Das kannst du bald

- Anteile mit Brüchen beschreiben
- Anteile in Prozenten angeben
- Die Kommaschreibweise verstehen

Argumentieren/ Kommunizieren — Problemlösen — **Modellieren** — Werkzeuge

I Rationale Zahlen

Erkundungen

Siehe Lerneinheit 1, Seite 14.

1. Teiler untersuchen

Forschungsauftrag 1: Anzahl der Teiler untersuchen

Die Zahl 6 kann man durch 1 teilen, durch 2 teilen, durch 3 teilen und durch 6 teilen. Die Zahl 6 hat folglich vier Teiler. Die Zahl 7 hat weniger Teiler als die Zahl 6, die Zahl 16 hat mehr Teiler.

Untersuche jeweils die natürlichen Zahlen von 1 bis 20:

Wenn ihr euch die Arbeit in der Klasse aufteilt, könnt ihr auch die Teiler der Zahlen 1 bis 100 untersuchen.

– Welche Zahlen haben eine ungerade Anzahl von Teilern? Welche Besonderheit haben diese Zahlen?
– Welches ist die Zahl mit den meisten Teilern?
– Welche Zahlen haben nur zwei Teiler, nämlich 1 und sich selbst?
– Gibt es Zahlen mit nur einem Teiler?

Forschungsauftrag 2: Das Sieb des Eratosthenes

Eratosthenes von Kyrene (275–195 v. Chr.)

Schreibt die natürlichen Zahlen von 1 bis 100 in einer Tabelle wie in Fig. 1 auf.

– Streicht alle Zahlen durch, die durch 2 teilbar sind, aber nicht die 2 selbst. Welche Zahlen bleiben übrig?
– Streicht nun alle Zahlen durch, die durch 3 teilbar sind, aber nicht die 3 selbst. Fahre so mit den anderen Zahlen (4, 5, 6 …) fort.
– Welche Besonderheit haben die Zahlen, die am Ende übrig bleiben?

1	2	3	4̸	5
6̸	7	8̸	9̸	1̸0̸
11	1̸2̸	13	1̸4̸	1̸5̸
1̸6̸	17	1̸8̸	19	2̸0̸
2̸1̸	2̸2̸	23	2̸4̸	2̸5̸
2̸6̸	…	…	…	…

Fig. 1

Forschungsauftrag 3: Teiler sofort sehen

– Beschreibt, wie man sofort sehen kann, ob man eine Zahl durch 2, durch 5 oder durch 10 teilen kann. Schreibt jeweils drei sechsstellige Zahlen auf, die durch 2, 5 bzw. 10 teilbar sind.

Es kann sinnvoll sein, die Arbeit in der Klasse so aufzuteilen, dass sich eine Gruppe mit der 3er-Reihe und eine mit der 9er-Reihe beschäftigt.

– Man kann auch leicht sehen, ob eine Zahl durch 3 oder durch 9 teilbar ist. Hierzu berechnet man die so genannte Quersumme der Zahl. Diese ergibt sich als Summe der Ziffern der Zahl (z. B. die Quersumme von 456 ist 4 + 5 + 6 = 15). Berechnet bei verschiedenen dreistelligen Zahlen aus der 3er- und der 9er-Reihe die Quersumme. Manchmal lässt sich auch noch die Quersumme der Quersumme usw. berechnen (vgl. Fig. 2 und Fig. 3). Was fällt auf? Versucht eine Regel aufzustellen:
„Wenn eine Zahl durch 3 (durch 9) teilbar ist, dann…"

Es ist sinnvoll, die wichtigsten Ergebnisse der drei Forschungsaufträge z. B. auf einem Poster zusammenzufassen. Ihr könnt dann die Poster verschiedener Gruppen vergleichen.

– Schreibt jeweils drei sechsstellige Zahlen auf, die durch 3 bzw. 9 teilbar sind.

Zahlen aus der 3er-Reihe:

Zahl	Quersumme	Quersumme der Quersumme
333	9	9
336	12	3
339	15	6
342	…	…
345	…	…
348	…	…
…	…	…

Fig. 2

Zahlen aus der 9er-Reihe:

Zahl	Quersumme	Quersumme der Quersumme
900	9	9
909	18	…
918	18	…
927	…	…
936	…	…
…	…	…

Fig. 3

2. Falten

Faltet ein Blatt Papier so, dass ihr ein Zwölftel des Papiers erhaltet. Findet möglichst viele unterschiedliche Weisen, das Papier zu falten. Vergleicht eure Ergebnisse untereinander.

Systematisch Falten:
Nehmt mehrere Blätter und faltet noch andere Anteile. Beginnt zunächst mit $\frac{1}{2}$.
Aber Achtung: Jetzt ist diagonal falten nicht mehr erlaubt. Faltet dann $\frac{1}{3}$, $\frac{1}{4}$ usw. bis $\frac{1}{8}$.
- Überlegt euch jeweils, wie viele verschiedene Möglichkeiten es gibt, die Anteile zu falten.
- Warum muss man bei manchen Anteilen häufiger falten als bei anderen?

Faltmöglichkeiten vorhersagen:
- Wie sieht es bei den Bruchteilen $\frac{1}{9}$, $\frac{1}{10}$, ..., $\frac{1}{20}$ aus? Arbeitet zu zweit. Einer sagt voraus, wie viel Faltmöglichkeiten es gibt und der andere überprüft die Aussagen durch Falten.

Siehe Lerneinheit 1, Seite 14, und Lerneinheit 2, Seite 18.

diagonal falten

rechteckig falten

3. Geobrett

Siehe Lerneinheit 2, Seite 18.

Erinnert ihr euch noch an das Geobrett? In Fig. 1 seht ihr Geobretter auf denen verschiedene Anteile der Fläche mit einem Gummiband umspannt sind.
- Welche Anteile sind jeweils auf den Geobrettern umspannt?
- Spannt $\frac{1}{4}$ eines gesamten Geobrettes durch eine Figur ab, die höchstens vier Ecken hat. Wie viele Möglichkeiten gibt es insgesamt? Haltet eure Lösungen in eurem Heft fest. Beschreibt, wie ihr vorgegangen seid.
- Probiert dasselbe auch für $\frac{2}{8}$ und $\frac{1}{16}$. Was fällt euch auf? Nennt Gründe für eure Beobachtungen.
- Denkt euch selbst andere Bruchteile aus und spannt sie auf möglichst verschiedene Weisen. Gibt es Bruchteile, die sich nicht spannen lassen? Welche?

Du benötigst ein Brett aus Sperrholz von der Größe 12,4 cm × 12,4 cm. Das Sperrholz sollte mindestens 12 mm dick sein. Zeichne ein Gitternetz von derselben Größe wie die Sperrholzplatte auf Papier. Die Gitterlinien sollten jeweils 3 cm Abstand besitzen. Klebe dieses Papier auf die Platte und schlage kleine Nägel in die Gitterpunkte ein.

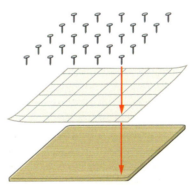

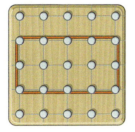 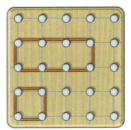 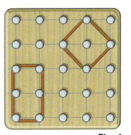

Fig. 1

Erkundungen

Siehe Lerneinheit 5, Seite 31.

4. Kommazahlen in Tabellen

Hunderter H 100	Zehner Z 10	Einer E 1	Zehntel z $\frac{1}{10}$	Hundertstel h $\frac{1}{100}$	Tausendstel t $\frac{1}{1000}$

Forschungsauftrag 1: Zahlen mit Plättchen legen

Man kann Kommazahlen in einer Stellenwerttafel darstellen, indem man Zahlen von 0 bis 9 in die Felder der Stellenwerttafel schreibt. Stattdessen kann man auch Plättchen in die Felder der Stellenwerttafel legen. Versucht die folgenden Fragen zu beantworten. Ihr könnt hierzu 1-Cent-Münzen in die obere Stellenwerttafel legen.

Man kann die Stellenwerttafel natürlich nach links und nach rechts erweitern.

Hunderter H 100	Zehner Z 10	Einer E 1	Zehntel z $\frac{1}{10}$	Hundertstel h $\frac{1}{100}$	Tausendstel t $\frac{1}{1000}$
🪙	🪙		🪙 🪙		🪙

– Welche Zahl ist in der obigen Tabelle dargestellt?
– Welches ist die größte bzw. kleinste Zahl, die man in der obigen Stellenwerttafel mit fünf Plättchen legen kann?
– Wie viele verschiedene Zahlen kann man in der obigen Stellenwerttafel mit zwei Plättchen legen?
– Wie viele verschiedene Zahlen zwischen 0 und 1 kann man in der obigen Stellenwerttafel mit zwei Plättchen legen?

Forschungsauftrag 2: Plättchen wegnehmen oder wandern lassen

– Legt die Zahl 2,12 mit Plättchen. Es darf nun ein Plättchen weggenommen werden. Berechnet den Unterschied zwischen 2,12 und den neuen Zahlen.
– Legt die Zahl 2,13 mit Plättchen. Nun darf man ein Plättchen um eine Stelle verschieben. Berechnet den Unterschied zwischen 2,13 und den neuen Zahlen.

Forschungsauftrag 3: Brüche mit Plättchen legen

– Einige Brüche kann man sehr leicht mithilfe von Plättchen in der Stellenwerttafel darstellen und dann als Dezimalzahl mit Komma schreiben.
 Legt die Brüche $\frac{1}{10}$; $\frac{3}{10}$; $\frac{4}{100}$; $\frac{2}{1000}$ mithilfe von Plättchen und schreibt sie dann als Dezimalzahl mit Komma.
– Auch Brüche wie $\frac{11}{100}$; $\frac{13}{10}$; $\frac{132}{1000}$ lassen sich leicht mithilfe von Plättchen legen. Beschreibt, wie man dabei vorgehen kann.
– Man kann auch die Brüche $\frac{1}{50}$; $\frac{1}{20}$; $\frac{1}{4}$; $\frac{1}{2}$ in einer Stellenwerttafel darstellen und als Kommazahl schreiben. Beschreibt, was man hierzu zunächst tun muss, und bestimme die zugehörigen Kommazahlen.
– Es gibt Brüche, die man nicht in einer Stellenwerttafel darstellen kann. Sucht solche Brüche und erklärt, warum man sie nicht in der Stellenwerttafel darstellen kann.

5. Brüche auf der Zahlengerade

Siehe Lerneinheit 4, Seite 27 und Lerneinheit 5, Seite 31.

Die Zahlengerade kennt ihr bereits mit ganzen Zahlen. Aber welche Zahlen liegen zwischen den ganzen Zahlen?

Eine Zahlengerade mit der Klasse zusammenstellen

Arbeitet in Zweierteams. Jedes Zweierteam erstellt einen vergrößerten Ausschnitt der Zahlengeraden. Am Ende könnt ihr dann alle Abschnitte eurer Zahlengerade zusammenkleben und in der Klasse aufhängen.

- Team 1 beginnt mit dem Abschnitt von −5 bis −4
- Team 2 macht den Abschnitt von −4 bis −3 usw.

Wenn ihr nicht wisst, wie ihr vorgehen sollt, könnt ihr im Buch suchen, wo sich Informationen zur Zahlengeraden mit Brüchen und Kommazahlen befinden.

Eine Einheit auf der Zahlengerade soll genau 20 cm lang werden.
Jedes Team beschriftet nun seinen Abschnitt der Zahlengeraden mit Kommazahlen und Brüchen. Notiert die Brüche jeweils oberhalb der Geraden und die Kommazahlen unterhalb der Geraden. Vergesst nicht, zu jeder Zahl die Stelle auf der Geraden mit einem Strich zu markieren. Ihr könnt auch mit unterschiedlichen Farben arbeiten.

6. Umfrage auswerten

Siehe Lerneinheit 7, Seite 37.

Die Klassen 6a, 6b und 6c haben alle eine Umfrage zu ihrem Lieblingsessen durchgeführt und ausgewertet. In allen drei Klassen sind jeweils 25 Schüler. Die Ergebnisse haben sie aber unterschiedlich dargestellt.

- Vergleicht die Ergebnisse der Umfrage. In welcher Klasse ist der Anteil der Kinder am größten, die am liebsten Nudeln bzw. Pommes essen?
- Schreibt einen Artikel für die Schülerzeitung, in dem die Ergebnisse aus der Tabelle verglichen werden.
- Führt in eurer Klasse eine ähnliche Umfrage durch und vergleicht die Ergebnisse mit denen in der Tabelle. Wie kann man dabei vorgehen? In welcher Klasse ist der Anteil derjenigen am größten, die am liebsten Pizza, Nudeln, Pommes usw. essen?

Umfrageergebnisse zum Lieblingsessen

Essen	6a	6b	6c
Pizza	5	8%	$\frac{1}{5}$
Nudeln	4	28%	$\frac{2}{25}$
Pommes	6	24%	$\frac{3}{25}$
Fischstäbchen	2	8%	$\frac{2}{5}$
Würstchen	4	12%	$\frac{1}{25}$
Sonstiges	4	20%	$\frac{4}{25}$

1 Teilbarkeit

In Erkundung 1, Seite 10, kannst du die wichtigsten Teilbarkeitsregeln selbst herausfinden.

Lottofamilie teilt gerecht
Die drei Brüder, die letzte Woche 25 000 000 € im Lotto gewonnen haben, geben an: „Wir teilen den Gewinn gleich auf!"

„Das geht doch gar nicht", meint Peter beim Lesen des Zeitungsartikels, „24 Millionen kann man durch 3 teilen, aber 1 Million doch nicht! Höchstens 999 999, das sind dann dreimal 333 333. Den Euro, der übrig bleibt, bekomme ich!"

In diesem Kapitel geht es darum, Brüche zu beschreiben, mit ihnen zu rechnen, sie zu vergleichen oder einen Bruch in einer anderen Schreibweise anzugeben. Hierzu ist es häufig hilfreich, die wichtigsten Teilbarkeitsregeln zu kennen und anwenden zu können.

Eine Zahl besteht oft aus mehreren Ziffern. Die Zahl 248 besteht aus den Ziffern 2, 4 und 8.

248 kann man ohne Rest durch 2 teilen, denn 248 : 2 = 124. Man sagt daher, dass 248 durch 2 **teilbar** und 2 ein **Teiler** von 248 ist bzw. dass 248 ein **Vielfaches** von 2 ist. Um zu prüfen, ob eine Zahl durch 2 teilbar ist, braucht man aber keine Rechnung durchzuführen. Da alle geraden Zahlen durch 2 teilbar sind, reicht es, die letzte Ziffer zu betrachten. Wenn diese gerade ist (d. h. 0, 2, 4, 6 oder 8), dann ist die Zahl gerade und durch 2 teilbar.

5, 10, 15, 20, 25, ... sind Vielfache von 5.
10, 20, 30, 40, ... sind Vielfache von 10.

In ähnlicher Weise kann man untersuchen, ob eine Zahl durch 5 oder durch 10 teilbar ist. Hier reicht es ebenfalls, die letzte Ziffer zu betrachten, denn die Vielfachen von 5 enden immer auf 5 oder 0 und die Vielfachen von 10 enden stets auf 0.

Alle Vielfachen von 100 sind durch 4 teilbar.
100 : 4 = 25
200 : 4 = 50
300 : 4 = 75
400 : 4 = 100
...

Auch für die Teilbarkeit durch 4 lässt sich eine ähnliche Regel finden. Hierbei reicht es jedoch nicht aus, die letzte Ziffer zu betrachten. Denn 12 ist durch 4 teilbar und endet auf 2, aber 22 endet auch auf 2, ist aber nicht durch 4 teilbar. Weil 100 durch 4 teilbar ist, reicht es jedoch, die letzten beiden Ziffern zu betrachten. So ist z. B. 824 durch 4 teilbar, da 800 durch 4 teilbar ist (800 : 4 = 200) und der Rest 24 auch durch 4 teilbar ist (24 : 4 = 6); 723 ist aber nicht durch 4 teilbar. 700 ist durch 4 teilbar (700 : 4 = 175), aber der Rest 23 ist nicht durch 4 teilbar. Daher bleibt bei der Rechnung 723 : 4 ein Rest.

Endziffernregeln:
Eine Zahl ist durch **2 teilbar**, wenn sie auf 0, 2, 4, 6, oder 8 endet.
Eine Zahl ist durch **10 teilbar**, wenn sie auf 0 endet.
Eine Zahl ist durch **5 teilbar**, wenn sie auf 5 oder 0 endet.
Eine Zahl ist durch **4 teilbar**, wenn die aus den letzten beiden Ziffern gebildete Zahl durch 4 teilbar ist.

Wenn in einer Summe beide Summanden durch a teilbar sind, so ist auch die Summe durch a teilbar. Wenn ein Summand durch a teilbar ist und der andere nicht, so ist die Summe nicht durch a teilbar.

Wenn man prüfen möchte, ob eine Zahl, z. B. 2465, durch 3 oder durch 9 teilbar ist, muss man anders vorgehen. Man kann hierzu 2465 als Summe von Tausendern, Hundertern, Zehnern und Einern schreiben, wobei bei der Division durch 3 oder 9 pro Tausender, Hunderter usw. jeweils der Rest 1 bleibt.

$$2465 = 2000 + 400 + 60 + 5$$
$$= 2 \cdot 999 + 2 + 4 \cdot 99 + 4 + 6 \cdot 9 + 6 + 5$$
$$= \underbrace{2 \cdot 999 + 4 \cdot 99 + 6 \cdot 9}_{\text{durch 3 und 9 teilbar, denn 9, 99 und 999 sind durch 3 und 9 teilbar}} + \underbrace{2 + 4 + 6 + 5}_{\substack{17 \\ \text{weder durch 3 noch durch 9 teilbar}}}$$

Weil der erste Teil der Summe stets durch 3 und durch 9 teilbar ist, braucht man nur den zweiten Teil zu betrachten, um zu prüfen, ob 2465 durch 3 bzw. durch 9 teilbar ist. Der zweite Teil der Summe (2 + 4 + 6 + 5) entspricht der Summe der Ziffern von 2465. Diese Summe nennt man auch die **Quersumme**. Da die Quersumme in diesem Fall 17 ergibt und weder durch 3 noch durch 9 teilbar ist, ist auch 2465 weder durch 3 noch durch 9 teilbar.

Quersummenregeln:
Wenn man alle Ziffern einer Zahl addiert, erhält man die **Quersumme** dieser Zahl.
Eine Zahl ist **durch 3** bzw. **durch 9** teilbar, wenn ihre Quersumme durch 3 bzw. durch 9 teilbar ist.

Beispiel
Prüfe, ob die Zahl 27780 durch 2, 3, 4, 5, 9 bzw. 10 teilbar ist.
Lösung:
Da 27780 auf 0 endet, ist 27780 durch 2, 5 und 10 teilbar.
Die Zahl, die sich aus den letzten beiden Ziffern zusammensetzt, ist 80. 80 ist durch 4 teilbar, denn 80 : 4 = 20. Also ist auch 27780 durch 4 teilbar.
Die Quersumme von 27780 beträgt 2 + 7 + 7 + 8 = 24. 24 ist durch 3 teilbar, denn 24 : 3 = 8. Also ist auch 27780 durch 3 teilbar. 24 ist jedoch nicht durch 9 teilbar. Also ist auch 27780 nicht durch 9 teilbar.

Aufgaben

1 Prüfe, ob die folgenden Zahlen durch 2, 4, 5 bzw. 10 teilbar sind.
a) 244; 874; 299; 788; 800; 412; 650; 940; 444
b) 2426; 6788; 5490; 4122; 90 878; 86 334; 105 111; 234 155; 288 124; 9 985 188
c) Überlege dir mithilfe der Teilbarkeitsregeln Zahlen, bei denen bei der Division durch 2, 4, 5 bzw. 10 ein Rest bleibt. Lass deinen Nachbarn durch eine schriftliche Division überprüfen, ob wirklich ein Rest bleibt. Kann man den Rest auch bestimmen, ohne die ganze schriftliche Division durchführen zu müssen? Begründe.

2 Prüfe mithilfe der Quersumme, ob die Zahlen durch 3 bzw. durch 9 teilbar sind.
a) 912; 423; 549; 112; 397; 555; 946
b) 1999; 324 665; 123 456; 751 252; 978 132; 2 977 128
c) Überlege dir Zahlen, bei denen bei der Division durch 3 oder 9 ein Rest bleibt. Lass deinen Nachbarn durch eine schriftliche Division nachrechnen, ob ein Rest bleibt. Lässt sich anhand der Quersumme bestimmen, wie groß der Rest ist? Wenn ja, wie?

3 Wenn du auf einer Schreibtastatur alle zehn Ziffern einmal anschlägst, so erhältst du unabhängig von der Reihenfolge stets eine durch 3 und durch 9 teilbare Zahl (siehe z.B. Fig. 1). Warum?

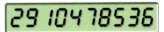

Fig. 1

4 a) Zeige, dass die folgenden Zahlen durch 3 teilbar sind: 1011; 2202; 44 004; 80 088; 303 003; 700 070 007
b) Begründe, warum alle Zahlen mit drei gleichen Ziffern und sonst nur Nullen stets durch 3 teilbar sind.

5 a) Bestimme die kleinste fünfstellige Zahl, die durch 3 teilbar ist.
b) Bestimme die kleinste sechsstellige Zahl, die durch 9 teilbar ist.
c) Bestimme die größte fünfstellige Zahl, die durch 4 teilbar ist.
d) Bestimme zwei nicht durch 2 teilbare Zahlen, deren Summe aber durch 4 teilbar ist.

6 Welche durch 9 teilbare Zahl liegt am nächsten an der angegebenen Zahl?
a) 679   b) 421   c) 853   d) 4321   e) 8110   f) 52111

Ein Schaltjahr hat 366 Tage, die anderen Jahre haben nur 365 Tage. Der 29. Februar existiert nur in den Schaltjahren.

7 Ist eine Jahreszahl durch 4 teilbar, so ist das Jahr ein Schaltjahr.
Ausnahme: Ist die Zahl durch 100 teilbar, aber nicht durch 400 teilbar, so gibt es kein Schaltjahr, wie z. B. 1900.
a) Volker wurde am 29. Februar 1980 geboren. In welchen Jahren konnte er bisher seinen Geburtstag feiern?
b) Die oben beschriebene Ausnahmeregelung für Schaltjahre wurde 1582 von Papst Gregor XIII. eingeführt. Wie viele Schaltjahre hat es seitdem gegeben?

Bist du sicher?

1 Prüfe, ob die folgenden Zahlen durch 3, 4, 5 bzw. 9 teilbar sind.
a) 123   b) 124   c) 3285   d) 1234   e) 243 671   f) 1 741 989

2 Die Zahl 168 327 ist durch 3 und durch 9 teilbar. Erkläre, warum dann auch alle anderen Zahlen mit denselben Ziffern durch 3 und durch 9 teilbar sind.

Weitere Teilbarkeitsregeln

Tipp:
Notiere die 2er- und die 3er-Reihe und markiere jeweils die durch 2, 3 und 6 teilbaren Zahlen mit unterschiedlichen Farben.

8 a) Gib fünf dreistellige Zahlen an, die durch 3 und durch 2 teilbar sind. Prüfe durch eine schriftliche Division, ob diese Zahlen auch durch 6 teilbar sind.
b) Begründe, wieso folgende Aussagen stimmen müssen:
(1) Wenn eine Zahl durch 6 teilbar ist, dann muss sie auch durch 3 teilbar sein.
(2) Wenn eine Zahl durch 6 teilbar ist, dann muss sie auch durch 2 teilbar sein.
(3) Eine Zahl ist durch 6 teilbar, wenn sie durch 2 und durch 3 teilbar ist.
c) Prüfe mithilfe der Aussagen in b), ob die folgenden Zahlen durch 6 teilbar sind.
311, 516; 999, 5376; 20 454, 7281; 47 288; 51 072; 711 516

9 a) Zeige, dass man mithilfe der Überlegungen in Aufgabe 8 eine Regel für die Teilbarkeit durch 15 finden kann. Formuliere die Regel und probiere sie aus.
b) Jana behauptet „8 = 2 · 4. Wenn eine Zahl durch 4 und durch 2 teilbar ist, so ist sie auch durch 8 teilbar." Zeige, dass Jana nicht Recht hat.

Wenn man die Teilbarkeit durch 8 untersuchen möchte, reicht es nicht aus, die letzten 2 Ziffern zu betrachten, weil 100 nicht durch 8 teilbar ist.

10 a) Berechne die folgenden Produkte und vergleiche die letzten drei Ziffern:
1 · 8; 2 · 8; 3 · 8; 4 · 8   126 · 8; 127 · 8; 128 · 8; 129 · 8   251 · 8; 252 · 8; 253 · 8, 254 · 8
b) Erkläre, wie man mithilfe der letzten Ziffern prüft, ob eine Zahl durch 8 teilbar ist.
c) Nenne drei sechsstellige Zahlen, die durch 8 teilbar sind.

11 Notiere Regeln für die Teilbarkeit durch 20; 50; 100; 500; 1000.

12 Erstellt eine Übersicht über alle euch bekannten Teilbarkeitsregeln. Erklärt die Regeln und erläutert sie jeweils durch ein Beispiel.

13 Spiel zur Teilbarkeit
Dieses Spiel könnt ihr zu dritt oder viert spielen. Ihr benötigt zwei Spielwürfel. Ein Schüler eröffnet die erste Spielrunde, indem er mit den beiden Würfeln würfelt, z.B. 3 und 5. Jetzt müssen die anderen Spieler innerhalb von einer Minute in Fig. 1 so viele Zahlen wie möglich finden, die durch die Summe (also 8) teilbar sind. Der Spieler, der gewürfelt hat, achtet auf die Zeit. Der Schüler, der am meisten Zahlen findet, erhält zwei Punkte, der zweite einen Punkt. Anschließend kann der nächste eine Zahl mit den Würfeln bestimmen.

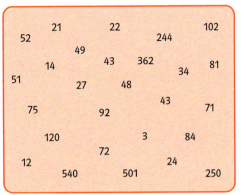

Fig. 1

Info

Primzahlen und Primfaktorzerlegung
Eine natürliche Zahl, die genau zwei Teiler hat, heißt **Primzahl**. Wenn man eine Zahl als Produkt von Primzahlen schreibt, so nennt man das die **Primfaktorzerlegung** dieser Zahl. Hierbei können auch Primzahlen doppelt vorkommen.
So ist zum Beispiel 2 · 2 · 2 · 2 · 3 · 3 die Primfaktorzerlegung von 144, denn 2 · 2 · 2 · 2 · 3 · 3 = 144 und 2 und 3 sind jeweils Primzahlen.

Die Zahl 7 ist eine Primzahl, denn sie hat nur die Teiler 1 und 7.

Statt 2 · 2 · 2 · 2 kann man auch 2^4 schreiben.

Der größte gemeinsame Teiler (ggT)
Mithilfe der Primfaktorzerlegung lässt sich **der größte gemeinsame Teiler (ggT)** von zwei Zahlen, z.B. von 144 und 360, bestimmen, d.h. diejenige größte Zahl, durch die sowohl 144 als auch 360 teilbar sind. Hierzu vergleicht man die Primfaktorzerlegungen von 144 und 360 und bildet das Produkt aller Primzahlen, die sowohl in der Primfaktorzerlegung von 144 als auch in der von 360 vorkommen. Wenn eine Primzahl in beiden Primfaktorzerlegungen doppelt, dreifach usw. vorkommt, muss sie auch zur Bestimmung des ggT doppelt, dreifach usw. berücksichtigt werden.
144 = 2 · 2 · 2 · 2 · 3 · 3   ist die Primfaktorzerlegung von 144.
360 = 2 · 2 · 2 · 3 · 3 · 5   ist die Primfaktorzerlegung von 360.
Folglich ist 2 · 2 · 2 · 3 · 3 = 72 der ggT von 144 und 360. Man schreibt ggT(144; 360)= 72.

Beim Bestimmen der Primfaktorzerlegung geht man am besten Schritt für Schritt vor, z.B.:
48 = 2 · 24
= 2 · 2 · 12
= 2 · 2 · 2 · 6
= 2 · 2 · 2 · 2 · 3
Am Ende dürfen dann nur noch Primzahlen in dem Produkt stehen.

14 a) Prüft, welche Zahlen zwischen 1 und 30 Primzahlen sind.
b) Warum gibt es keine Primzahl, deren letzte Ziffer eine 0 ist?
c) Kann eine Primzahl gerade sein? Begründe.

15 Bestimme die Primfaktorzerlegungen und den ggT.
a) von 54 und 90   b) von 26 und 117   c) von 78 und 342   d) von 168 und 312
e) von 255 und 76   f) von 180 und 99   g) von 512 und 162   h) von 768 und 486

*Im Selbsttraining, Seite 239, befinden sich weitere Übungsaufgaben zum **größten gemeinsamen Teiler**.*

16 Wenn die Primfaktorzerlegungen von zwei Zahlen keine Primzahl gemeinsam haben, so nennt man die Zahlen teilerfremd und der ggT ist 1.
a) Prüfe, ob die Zahlen 182 und 165 teilerfremd sind.
b) Nenne eine dreistellige Zahl, die teilfremd zu 30 ist.

I Rationale Zahlen

2 Brüche und Anteile

▬▬ Helft dem Pferd. Recherchiert die Anteile von Wasser bei verschiedenen Tieren und beim Menschen. Trifft die Behauptung des Hundes zu? ▬▬

Aus dem Alltag kennt man $\frac{3}{4}$ kg. Das sind drei Viertel von 1 Kilogramm. Den Bruchteil $\frac{3}{4}$ kg kann man auch in Gramm angeben. Dafür teilt man 1 kg in vier gleich große Teile, also 1 kg : 4 = 1000 g : 4 = 250 g. Anschließend nimmt man drei Teile davon und erhält: $\frac{3}{4}$ kg = 3 · 250 g = 750 g.

Brüche wie $\frac{1}{4}$ und $\frac{3}{4}$ benutzt man nicht nur, um Gewichte, Längen oder Zeitdauern anzugeben. Sie sind auch beim Teilen von Bedeutung. Je nach Situation kann man Brüche auf zweierlei Weise deuten:

1. Möglichkeit
Peter möchte $\frac{3}{4}$ von einer Tafel Schokolade abtrennen. Dazu teilt er die Tafel im ersten Schritt in vier gleich große Stücke und nimmt dann drei von ihnen:

2. Möglichkeit
Julia, Tim, Lene und Fabian wollen sich drei Pizzen teilen, eine mit Spinat, eine mit Paprika und eine mit Salami. Dazu wird jede Pizza in Viertel geschnitten und auf die vier Kinder verteilt. Auf diese Weise bekommt jedes Kind insgesamt drei Viertel $\left(\frac{3}{4}\right)$.

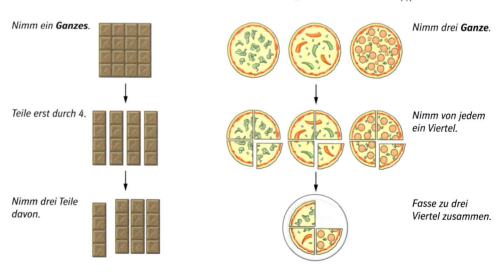

*Nimm ein **Ganzes**.*

Teile erst durch 4.

Nimm drei Teile davon.

*Nimm drei **Ganze**.*

Nimm von jedem ein Viertel.

Fasse zu drei Viertel zusammen.

Zur Beschreibung von Anteilen verwendet man **Brüche** wie $\frac{1}{5}, \frac{3}{5}, \frac{3}{4}$ ...
Die obere Zahl nennt man **Zähler**, die untere **Nenner** des Bruches.

Es gibt zwei Möglichkeiten, den Bruch $\frac{3}{4}$ zu erhalten:

1. Möglichkeit:
Man zerlegt ein Ganzes in vier Teile und nimmt dann drei 3 Teile.

2. Möglichkeit
Man teilt drei Ganze jeweils in vier gleiche Teile und nimmt dann von jedem Ganzen ein Viertel.

*Der **Zähler** „zählt" die Teile.*

Bruchstrich $\longrightarrow \frac{3}{4}$

*Der **Nenner** beschreibt, in wie viele Teile unterteilt wurde.*

Beispiel 1
Stelle die folgenden Situationen grafisch dar. Beschreibe, wie du vorgegangen bist.
a) Joana kauft $\frac{2}{4}$ einer Torte.
b) Drei unterschiedliche Schokoriegel sollen auf fünf Kinder verteilt werden.
Mögliche Lösungen:

a) 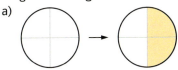   b)

In Erkundung 2 und 3, Seite 11, geht es auch um die Darstellung von Brüchen.

Eine Torte kann man mit einem Kreisbild veranschaulichen.
Man teilt den Kreis in vier gleiche Teile und markiert zwei davon. Dies sind die Teile, die Joana kauft.

Die Schokoriegel lassen sich mit Rechteckbildern darstellen. Ich nehme drei Rechtecke, markiere ein Fünftel von jedem Rechteck und fasse zu $\frac{3}{5}$ zusammen. Somit bekommt jedes Kind insgesamt drei Fünftel Schokoriegel.

Beispiel 2   Bruchteile berechnen
Schreibe ohne Verwendung eines Bruches.
a) $\frac{3}{4}$ m   b) $\frac{7}{10}$ t   c) $\frac{2}{5}$ von 20 Personen   d) $\frac{5}{6}$ von 2 h

Lösung:
a) $\frac{1}{4}$ m = 25 cm; $\frac{3}{4}$ m = 3 · 25 cm = 75 cm.
b) $\frac{1}{10}$ t = 100 kg; $\frac{7}{10}$ t = 7 · 100 kg = 700 kg.
c) $\frac{1}{5}$ von 20 Personen sind 4 Personen; $\frac{2}{5}$ von 20 Personen sind 8 Personen.
d) 2 h = 120 min; $\frac{1}{6}$ von 120 min sind 20 min; $\frac{5}{6}$ von 120 min sind 5 · 20 min = 100 min.

$\frac{3}{4}$ heißt: Teile durch 4; nimm 3 dieser Teile.

$\frac{7}{10}$ heißt: Teile durch 10; nimm 7 dieser Teile.

Schreibe 2 h zunächst in Minuten. Teile dann durch 6; nimm 5 dieser Teile.

Zu d):

Aufgaben

1   Wenn die Tankanzeige „voll" anzeigt, sind 80 Liter im Tank. Wie viel Liter sind jeweils im Tank?

a)    b)    c)

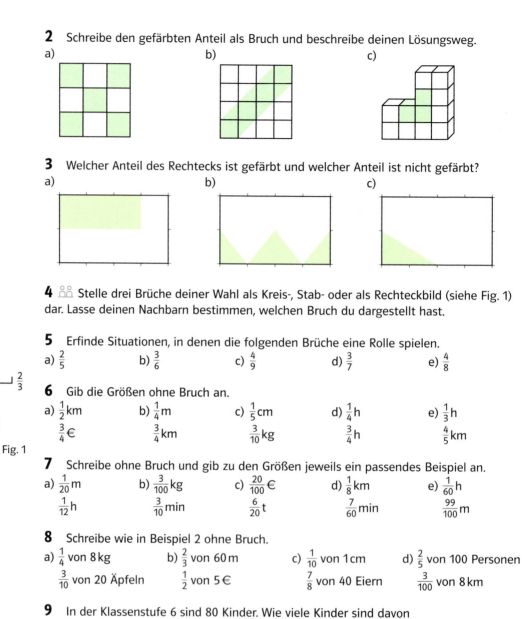

2 Schreibe den gefärbten Anteil als Bruch und beschreibe deinen Lösungsweg.
a) b) c)

3 Welcher Anteil des Rechtecks ist gefärbt und welcher Anteil ist nicht gefärbt?
a) b) c)

4 Stelle drei Brüche deiner Wahl als Kreis-, Stab- oder als Rechteckbild (siehe Fig. 1) dar. Lasse deinen Nachbarn bestimmen, welchen Bruch du dargestellt hast.

5 Erfinde Situationen, in denen die folgenden Brüche eine Rolle spielen.
a) $\frac{2}{5}$ b) $\frac{3}{6}$ c) $\frac{4}{9}$ d) $\frac{3}{7}$ e) $\frac{4}{8}$

6 Gib die Größen ohne Bruch an.
a) $\frac{1}{2}$ km b) $\frac{1}{4}$ m c) $\frac{1}{5}$ cm d) $\frac{1}{4}$ h e) $\frac{1}{3}$ h
$\frac{3}{4}$ € $\frac{3}{4}$ km $\frac{3}{10}$ kg $\frac{3}{4}$ h $\frac{4}{5}$ km

7 Schreibe ohne Bruch und gib zu den Größen jeweils ein passendes Beispiel an.
a) $\frac{1}{20}$ m b) $\frac{3}{100}$ kg c) $\frac{20}{100}$ € d) $\frac{1}{8}$ km e) $\frac{1}{60}$ h
$\frac{1}{12}$ h $\frac{3}{10}$ min $\frac{6}{20}$ t $\frac{7}{60}$ min $\frac{99}{100}$ m

8 Schreibe wie in Beispiel 2 ohne Bruch.
a) $\frac{1}{4}$ von 8 kg b) $\frac{2}{3}$ von 60 m c) $\frac{1}{10}$ von 1 cm d) $\frac{2}{5}$ von 100 Personen
$\frac{3}{10}$ von 20 Äpfeln $\frac{1}{2}$ von 5 € $\frac{7}{8}$ von 40 Eiern $\frac{3}{100}$ von 8 km

9 In der Klassenstufe 6 sind 80 Kinder. Wie viele Kinder sind davon
a) drei Viertel, b) vier Achtel, c) ein Zehntel, d) fünf Fünftel?

10 Schreibe die Flächeninhalte und Volumina ohne Bruch in einer anderen Einheit.
a) $\frac{1}{2}$ m² b) $\frac{1}{5}$ m² c) $\frac{1}{5}$ cm² d) $\frac{1}{4}$ dm² e) $\frac{1}{10}$ cm²
$\frac{1}{2}$ m³ $\frac{3}{10}$ dm³ $\frac{3}{4}$ m³ $\frac{1}{4}$ m³ $\frac{1}{5}$ dm³
$\frac{1}{2}$ a $\frac{1}{10}$ a $\frac{1}{2}$ ha $\frac{1}{10}$ ha $\frac{1}{5}$ ha

11 Schreibe in einer größeren Einheit und verwende dabei einen Bruch.
a) 50 cm b) 500 m c) 750 g d) 400 mg e) 30 min
f) 45 min g) 50 Cent h) 54 min i) 5000 cm² j) 100 cm³

Bist du sicher?

1 Stelle die Brüche als Kreis-, Rechteck- oder Stabbild dar (vgl. Fig. 1 auf S. 20): a) $\frac{2}{4}$ b) $\frac{3}{5}$

2 Gib die Größen ohne Bruch an.
a) $\frac{3}{10}$ kg
b) $\frac{1}{4}$ m²
c) $\frac{2}{3}$ von 30 min
d) $\frac{1}{8}$ von 4 m³

3 Welcher Anteil der Figur ist gefärbt?

a)   b)   c)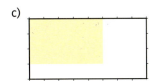

4 Von einer Tafel Schokolade mit 24 Stückchen isst Yvonne $\frac{1}{6}$ und Ricki $\frac{2}{3}$. Wie viele Stückchen bleiben übrig?

---

12 Rothirsche und Impala-Antilopen haben mit 10 m die größte Sprungweite aller Tiere. Löwen kommen auf $\frac{2}{5}$ dieser Weite, Füchse auf $\frac{1}{4}$ und Flöhe auf $\frac{1}{20}$. Berechne die Sprungweiten dieser Tiere.

13 a) Welchem Anteil von drei Schokoladentafeln mit je 24 Stücken entsprechen 12 Stücke?
b) Welchem Anteil einer Schokoladentafel mit 24 Stücken entsprechen 8; 10; 16; 20 Stücke?

14 Nina und ihre Mutter spielen für 12 € Lotto. Davon bezahlt Nina 2 € und ihre Mutter 10 €. Zu ihrer Freude gewinnen sie 300 €. Wie würdest du den Gewinn aufteilen?

15 Ordne die Strecken von kurz nach lang, die Gewichte von leicht nach schwer und die Zeiten von kurz nach lang. Tipp: $\frac{1}{2}$ km sind 500 m.

$\frac{1}{2}$ km	$\frac{1}{4}$ m	$\frac{1}{5}$ cm	$\frac{1}{4}$ h	$\frac{1}{3}$ h
$\frac{3}{4}$ cm	$\frac{3}{4}$ km	$\frac{3}{10}$ kg	$\frac{3}{4}$ h	$\frac{4}{5}$ km
$\frac{3}{10}$ t	$\frac{1}{6}$ h	$\frac{2}{6}$ h	$\frac{1}{2}$ g	$\frac{1}{10}$ cm

16 a) 80 Kinder gehen in die Jahrgangsstufe 6. Vier Achtel der Kinder sind blond, zwei Viertel haben blaue Augen, drei Fünftel sind Mädchen. Wie viele Kinder sind das jeweils?
b) Denke dir selbst Aufgaben wie in a) aus. Bei welchen Aufgaben erhältst du ein sinnvolles Ergebnis? Begründe.

17 Dreieck und Parallelogramm
Von dem Parallelogramm in Fig. 1 wird ein Dreieck abgeschnitten. Welcher Anteil der Parallelogrammfläche ist das?

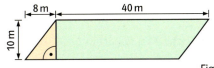

Fig. 1

I Rationale Zahlen

18 Zeichne die Figuren (Fig. 1) in dein Heft und ergänze sie zu einem Ganzen.

19 Gero hat von seinen Einnahmen des letzten halben Jahres $\frac{2}{3}$ für einen Kletterkurs gespart. Seine Einnahmen waren: Das monatliche Taschengeld von 6 € und Geldgeschenke von 15 € und 60 €. Wie viel hat er für den Kletterkurs gespart?

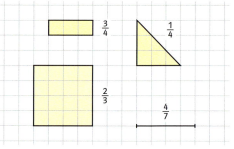

Fig. 1

Info

Anteile und Verhältnisse

Mit Brüchen kann man auch Verhältnisse angeben. Zum Beispiel gehen 16 Mädchen und 8 Jungen in die Klasse 6a. Das bedeutet, das Verhältnis von Mädchen zu Jungen beträgt 16:8 (gesprochen 16 zu 8). Pro Junge sind demnach zwei Mädchen in der Klasse. Daher kann man auch sagen, dass das Verhältnis 2:1 beträgt. Man kann die Klasse 6a also in drei gleich große Teile teilen, sodass zwei dieser Teile Mädchen und ein Teil Jungen sind. Der Anteil an Jungen beträgt folglich $\frac{1}{3}$, der Anteil an Mädchen $\frac{2}{3}$.

Verhältnis 2 : 1

20 In der Klasse 6c gibt es 12 Kinder, die mit dem Fahrrad zur Schule kommen. Die anderen 16 Kinder gehen zu Fuß. Wie groß ist das Verhältnis der Kinder, die zu Fuß gehen, zu denen, die mit dem Fahrrad zur Schule kommen? Gib jeweils auch die Anteile an.

21 a) In der Klasse 6a ist das Verhältnis von Mädchen zu Jungen 3:2. Wie groß ist der Anteil an Mädchen in dieser Klasse? Wie viele Mädchen könnten in der Klasse sein?
b) Wie groß ist das Verhältnis von Mädchen zu Jungen in eurer Klasse?

22 Fabians Fruchtcocktail ist der „absolute Renner". Nimmt man genau ein Teil Bananensaft, vier Teile Apfelsaft, ein Teil roten Traubensaft, zwei Teile Waldmeistersirup und zwei Teile Sprudelwasser, dann ist die Mischung kaum noch zu überbieten.
a) Bestimme den Anteil der verschiedenen Säfte in Fabians Cocktail.
b) Fabian hat drei Freunde eingeladen. Dafür sind 2 Liter gerade gut. Dann bekommt jeder ungefähr zwei Gläser. Wie viel der einzelnen Säfte und Wasser muss besorgt werden?
c) Lukas und Hanno haben von dem großen Erfolg von Fabians Fruchtcocktail gehört. Sie wollen bei einer Wiederholung auch teilnehmen. Wie viel Saft benötigt Fabian dann?

Kannst du das noch?

23 Berechne.
a) 24 : (−8)   b) (−6)·7   c) (−11)·(−10)   d) (−40) : (−8)   e) 72 : (−12)   f) −9 : (−3)

24 Welche Zahl gehört in das Kästchen?
a) ☐·4 = −36   b) ☐·(−7) = 28   c) 60 : ☐ = −12   d) ☐ : (−8) = −5   e) 7 : ☐ = 1

3 Kürzen und erweitern

■■■ Was könnte der Pizza-Verkäufer antworten? ■■■

Um eine Pizza gerecht auf vier Personen zu verteilen, kann man sie in vier gleich große Stücke teilen. Dann bekommt jeder ein Viertel ($\frac{1}{4}$) der Pizza. Teilt man die Pizza in acht Stücke, dann bekommt jeder zwei Stücke, also zwei Achtel ($\frac{2}{8}$) Pizza. In beiden Fällen ist der Anteil an der Pizza, die jede Person bekommt, gleich.

Die Brüche $\frac{1}{4}$ und $\frac{2}{8}$ beschreiben denselben Anteil.

Ob zwei Brüche denselben Anteil bezeichnen, ist nicht immer leicht zu erkennen. Hier können wieder Bilder von Stäben, Rechtecken oder Kreisen helfen:

Das Verfeinern einer Unterteilung heißt **Erweitern**.

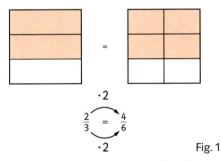

Fig. 1

Zähler und Nenner werden mit derselben Zahl multipliziert.

Das Vergröbern einer Unterteilung heißt **Kürzen**.

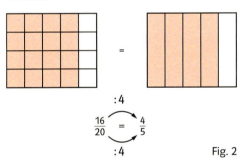

Fig. 2

Zähler und Nenner werden durch dieselbe Zahl dividiert.

> **Erweitern** eines Bruches bedeutet: Der Zähler und der Nenner des Bruches werden mit derselben Zahl multipliziert, z. B. $\frac{1}{4}$ erweitert mit 3 ergibt $\frac{3}{12}$.
>
> **Kürzen** eines Bruches bedeutet: Der Zähler und der Nenner des Bruches werden durch dieselbe Zahl dividiert, z. B. $\frac{2}{6}$ gekürzt mit 2 ergibt $\frac{1}{3}$.
>
> Wird ein Bruch erweitert oder gekürzt, dann bezeichnet der ursprüngliche und der entstandene Bruch denselben Anteil. Man schreibt: $\frac{1}{4} = \frac{3}{12}$; $\frac{2}{6} = \frac{1}{3}$.

Mit 0 darf man nicht erweitern oder kürzen.

Die Teilbarkeitsregeln können helfen herauszufinden, mit welcher Zahl man kürzen kann.

Man kann einen Bruch mit jeder natürlichen Zahl erweitern. Kürzen kann man einen Bruch nur mit einer Zahl, durch die man den Zähler und Nenner ohne Rest dividieren kann. Eine solche Zahl heißt **gemeinsamer Teiler** von Zähler und Nenner.

I Rationale Zahlen

Beispiel 1 Erweitern und kürzen

Statt „kürze so weit wie möglich" sagt man auch: „kürze vollständig".

a) Erweitere $\frac{3}{7}$ mit 3.   b) Kürze $\frac{16}{28}$ mit 4.   c) Kürze $\frac{48}{72}$ so weit wie möglich.

Lösung:

a) $\frac{3}{7} = \frac{9}{21}$ *Zähler: 3 · 3 = 9; Nenner 7 · 3 = 21*

b) $\frac{16}{28} = \frac{4}{7}$ *Zähler 16 : 4 = 4; Nenner: 28 : 4 = 7*

c) $\frac{48}{72} = \frac{24}{36} = \frac{12}{18} = \frac{6}{9} = \frac{2}{3}$ *Weitere Möglichkeiten:* $\frac{48}{72} = \frac{2}{3}$ *(gekürzt mit 24) oder*
$\frac{48}{72} = \frac{24}{36} = \frac{4}{6} = \frac{2}{3}$ *oder* $\frac{48}{72} = \frac{6}{9} = \frac{2}{3}$ *oder* $\frac{48}{72} = \frac{12}{18} = \frac{2}{3}$ *oder ...*

Beispiel 2

Ist es egal, ob du eine Torte in acht gleich große Stücke unterteilst und davon sechs Stücke nimmst oder eine Torte in zwölf gleich große Stücke unterteilst und davon neun Stücke nimmst? Begründe.

Mögliche Lösung:

Bei der Teilung in acht Stücke erhält man $\frac{6}{8}$ der Torte, bei der Teilung in zwölf Stücke $\frac{9}{12}$. Die beiden Brüche kann man z. B. mithilfe von Kreisbildern vergleichen.

In den oberen Kreisen in Fig. 1 werden die Brüche $\frac{6}{8}$ und $\frac{9}{12}$ dargestellt. Der gefärbte Anteil ist in beiden Kreisen gleich groß. Besonders gut kann man dies erkennen, wenn man in beiden Kreisbildern die Einteilung vergröbert. Man erhält jeweils drei Viertel (vgl. Fig. 1). Man kann die Brüche auch miteinander vergleichen, indem man $\frac{6}{8}$ mit 2 und $\frac{9}{12}$ mit 3 kürzt. Man erhält jeweils denselben Bruch $\frac{3}{4}$:

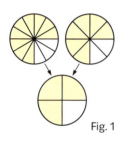
Fig. 1

$\frac{6}{8} = \frac{\cancel{2} \cdot 3}{\cancel{2} \cdot 4} = \frac{3}{4}$ $\qquad\qquad$ $\frac{9}{12} = \frac{\cancel{3} \cdot 3}{\cancel{3} \cdot 4} = \frac{3}{4}$

Aufgaben

1 Drücke den Anteil der braunen Stückchen an der ganzen Tafel mit verschiedenen Brüchen aus.

a)    b)   c)

2 a) Fasse die Bilder zusammen, die denselben Bruch beschreiben, und gib diesen an.

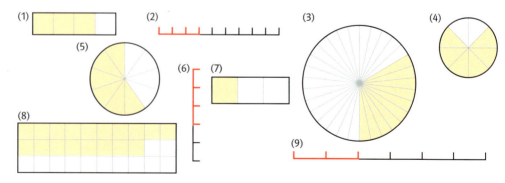

b) Zeichne selbst Bruchbilder wie in a), bei denen jeweils zwei denselben Bruch beschreiben. Lass deinen Nachbarn herausfinden, welche Bilder dies sind.

3 Erweitere.

a) $\frac{2}{3}$ mit 5 b) $\frac{1}{2}$ mit 3 c) $\frac{5}{4}$ mit 2 d) $\frac{3}{10}$ mit 10 e) $\frac{3}{2}$ mit 11 f) $\frac{1}{13}$ mit 3

$\frac{1}{12}$ mit 6 $\quad\frac{5}{7}$ mit 7 $\quad\frac{8}{8}$ mit 8 $\quad\frac{1}{4}$ mit 15 $\quad\frac{20}{25}$ mit 5 $\quad\frac{8}{9}$ mit 7

4 Kürze.

a) $\frac{6}{10}$ mit 2 b) $\frac{8}{10}$ mit 2 c) $\frac{6}{18}$ mit 6 d) $\frac{6}{12}$ mit 2 e) $\frac{6}{9}$ mit 3 f) $\frac{20}{100}$ mit 10

$\frac{15}{50}$ mit 5 $\quad\frac{14}{28}$ mit 7 $\quad\frac{26}{39}$ mit 13 $\quad\frac{28}{42}$ mit 7 $\quad\frac{18}{42}$ mit 6 $\quad\frac{19}{38}$ mit 19

5 a) Mit welcher Zahl wurde erweitert? b) Mit welcher Zahl wurde gekürzt?

$\frac{3}{5} = \frac{9}{15}$; $\frac{6}{8} = \frac{60}{80}$; $\frac{4}{9} = \frac{36}{81}$; $\frac{7}{11} = \frac{84}{132}$ $\qquad$ $\frac{15}{20} = \frac{3}{4}$; $\frac{14}{35} = \frac{2}{5}$; $\frac{25}{75} = \frac{1}{3}$; $\frac{91}{117} = \frac{7}{9}$

6 Prüfe, ob die Brüche denselben Anteil bezeichnen.

a) $\frac{4}{12}$; $\frac{1}{3}$ b) $\frac{30}{48}$; $\frac{10}{16}$ c) $\frac{12}{16}$; $\frac{9}{12}$ d) $\frac{10}{15}$; $\frac{6}{9}$ e) $\frac{18}{24}$; $\frac{15}{20}$ f) $\frac{36}{60}$; $\frac{15}{30}$

7 Kürze vollständig.

a) $\frac{12}{24}$; $\frac{12}{18}$; $\frac{30}{40}$; $\frac{25}{100}$; $\frac{50}{60}$; $\frac{50}{75}$ b) $\frac{15}{18}$; $\frac{16}{18}$; $\frac{6}{30}$; $\frac{48}{56}$; $\frac{75}{100}$; $\frac{120}{200}$ c) $\frac{8}{12}$; $\frac{35}{42}$; $\frac{13}{65}$; $\frac{80}{100}$; $\frac{125}{1000}$; $\frac{34}{51}$

8 Gib den gefärbten Anteil der Figur mit einem vollständig gekürzten Bruch an.

a) 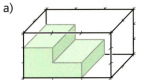 b) 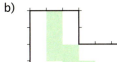 c)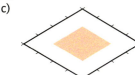

Die gesuchten Zahlen aus Aufgabe 9 ergeben ein Lösungswort.

27	T
12	U
4	C
60	I
143	H
18	L
6	S
130	H
72	C
88	T
56	S
5	H

9 Übertrage ins Heft und ergänze die fehlende Zahl.

a) $\frac{\square}{12} = \frac{1}{2}$ b) $\frac{35}{42} = \frac{5}{6}$ c) $\frac{\square}{108} = \frac{5}{9}$ d) $\frac{9}{\square} = \frac{3}{9}$ e) $\frac{45}{\square} = \frac{5}{8}$ f) $\frac{60}{144} = \frac{5}{\square}$

$\frac{32}{40} = \frac{\square}{5}$ $\quad\frac{\square}{42} = \frac{3}{7}$ $\quad\frac{\square}{121} = \frac{8}{11}$ $\quad\frac{16}{\square} = \frac{2}{7}$ $\quad\frac{91}{\square} = \frac{7}{10}$ $\quad\frac{99}{\square} = \frac{9}{13}$

10 Ergänze die richtige Zahl. a) $\frac{\square}{6} = \frac{2}{4}$ b) $\frac{\square}{8} = \frac{3}{12}$ c) $\frac{5}{25} = \frac{\square}{15}$

Bist du sicher?

1 a) Erweitere $\frac{4}{9}$ mit 6. b) Kürze $\frac{24}{32}$ vollständig. c) Schreibe $\frac{4}{6}$ mit dem Nenner 9.

2 Gib einen Bruch an, den man mit 6, aber nicht mit 4 kürzen kann.

3 Welche der Anteile $\frac{3}{12}$; $\frac{20}{100}$; $\frac{20}{80}$; $\frac{3}{15}$; $\frac{5}{20}$ sind gleich?

Das sind die Zähler und Nenner der Ergebnisse von Aufgabe 1:

3, 9, 24, 6, 4, 54

11 Jana kann den Bruch $\frac{2}{5}$ in drei Schritten zu einem Bruch mit dem Nenner 120 erweitern:

$\frac{2}{5} \xrightarrow{\cdot 2} \frac{4}{10} \xrightarrow{\cdot 3} \frac{12}{30} \xrightarrow{\cdot 4} \frac{48}{120}$ Tim findet sogar vier Schritte: $\frac{2}{5} \xrightarrow{\cdot 2} \frac{4}{10} \xrightarrow{\cdot 2} \frac{8}{20} \xrightarrow{\cdot 2} \frac{16}{40} \xrightarrow{\cdot 3} \frac{48}{120}$

Erweitere die Brüche

a) mit möglichst vielen Schritten. $\qquad \frac{1}{2} \to \frac{\square}{100} \qquad \frac{3}{4} \to \frac{\square}{120} \qquad \frac{2}{3} \to \frac{\square}{99}$

b) mit möglichst wenig Schritten. $\qquad \frac{5}{7} \to \frac{\square}{63} \qquad \frac{7}{8} \to \frac{\square}{512} \qquad \frac{1}{3} \to \frac{\square}{213}$

12 Gib die Anteile mit einem vollständig gekürzten Bruch an.
a) Von 100 Losen waren 90 Nieten.
b) Drei von 72 kontrollierten Fahrgästen fuhren ohne Fahrausweis.
c) Von 60 kontrollierten Autos fuhren 24 zu schnell.

13 Untersuche, welche Brüche den gleichen Anteil beschreiben.
$\frac{3}{5}$; $\frac{2}{3}$; $\frac{1}{3}$; $\frac{9}{15}$; $\frac{4}{12}$; $\frac{54}{90}$; $\frac{7}{12}$; $\frac{63}{189}$; $\frac{35}{60}$; $\frac{30}{45}$

14 Schreibe als Anteil und kürze.
a) 2 g von 1 kg
b) 24 g von 1 kg
c) 10 min von 1 h
d) 15 min von 1 h
e) 25 cm von 1 m
f) 625 m von 1 km
g) 18 h von 1 Tag
h) 36 min von 1 h
i) 20 ml von 1 l
j) 55 cm^2 von 1 m^2
k) 270 cm^2 von 1 m^2
l) 12 500 cm^3 von 100 l

15 a) Schreibe die Anteile $\frac{4}{5}$; $\frac{1}{4}$; $\frac{18}{60}$ und $\frac{18}{24}$ jeweils als Bruch mit dem Nenner 20.
b) Denke dir selbst mindestens drei Brüche aus, die man mit dem Nenner 20 schreiben kann.
c) Gib sechs Brüche mit dem Zähler 20 an, die man nicht mehr kürzen kann.

16 a) Nenne fünf Brüche, die man so erweitern kann, dass sie im Nenner 100 enthalten.
b) Kannst du den Brüchen ansehen, ob man sie mit 100 im Nenner schreiben kann? Formuliere eine Regel.

zu Aufgabe 17:
Die Zahl 1 ist immer dabei. Wenn du die Zahlen addierst, ergibt das folgende Ergebnisse:

12 60 3 6
18   39

17 Kürzen und Teilbarkeit
Gib nach der Größe geordnet alle Zahlen an, mit denen man den Bruch kürzen kann.
a) $\frac{8}{10}$
b) $\frac{12}{18}$
c) $\frac{15}{25}$
d) $\frac{18}{36}$
e) $\frac{10}{50}$
f) $\frac{48}{72}$

18 Mareike behauptet: „Brüche erweitern, das kann man immer. Kürzen hingegen ist gar nicht so einfach." Nimm Stellung dazu und begründe an Beispielen.

19 Welcher der folgenden Brüche lässt sich so kürzen, dass im Zähler 1 steht? Begründe.
a) $\frac{2}{653}$
b) $\frac{2}{132}$
c) $\frac{10}{7680}$
d) $\frac{3}{450}$
e) $\frac{3}{289}$
f) $\frac{4}{688}$
g) $\frac{5}{876}$
h) $\frac{9}{358}$
i) $\frac{9}{531}$

zu Aufgabe 20:
Meistens ist es hilfreich, in mehreren Schritten zu kürzen.

20 Kürze soweit wie möglich.
a) $\frac{235}{240}$
b) $\frac{195}{455}$
c) $\frac{672}{1288}$
d) $\frac{298}{306}$
e) $\frac{448}{832}$
f) $\frac{3840}{4352}$
g) $\frac{21}{658}$
h) $\frac{130}{182}$
i) $\frac{324}{405}$

21 Kürzen mithilfe von Primfaktorzerlegungen
Ist bei einem Bruch der Zähler und der Nenner in seine Primfaktoren zerlegt, so wird das Kürzen sehr einfach: $\frac{28}{210} = \frac{2 \cdot 2 \cdot 7}{2 \cdot 3 \cdot 5 \cdot 7} = \frac{2}{3 \cdot 5} = \frac{2}{15}$
Schreibe Zähler und Nenner jeweils als Produkt von Primzahlen und kürze dann.
a) $\frac{56}{110}$
b) $\frac{420}{500}$
c) $\frac{252}{360}$
d) $\frac{132}{156}$
e) $\frac{2520}{7560}$

22 Wahr oder falsch?
a) Wenn der Zähler und der Nenner eines Bruches beide eine gerade Zahl sind, dann kann man den Bruch mit einer Zahl kürzen, die größer als 1 ist.
b) Wenn der Zähler und der Nenner eines Bruches beide eine ungerade Zahl sind, dann kann man den Bruch mit einer Zahl kürzen, die größer als 1 ist.
c) Zwischen $\frac{1}{9}$ und $\frac{1}{10}$ passt kein anderer Bruch.

4 Brüche auf der Zahlengeraden

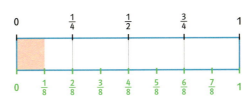

Die Zahlengerade kennt ihr schon von den ganzen Zahlen. Jetzt sollen auch noch die Brüche dort untergebracht werden. Könnt ihr den Brüchen helfen?

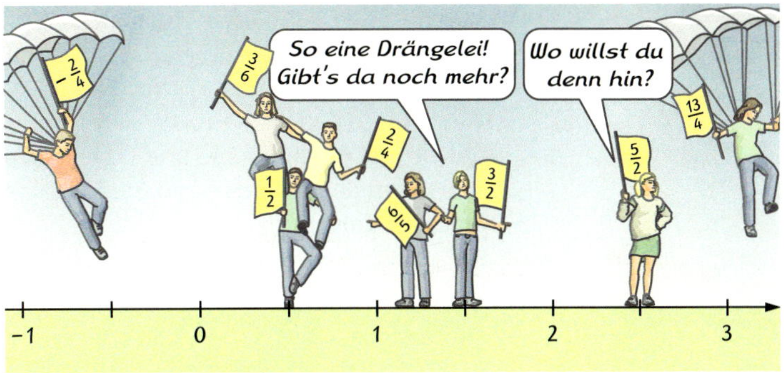

Bisher wurden Brüche als Anteile betrachtet. Diesen Anteilen kann man Zahlen auf der Zahlengeraden zuordnen. Brüche kann man auch als Ergebnis einer Division betrachten, z. B. $1 : 3 = \frac{1}{3}$. Hierbei können auch negative Brüche oder Brüche, bei denen der Zähler größer ist als der Nenner, entstehen, z. B. $4 : 3 = \frac{4}{3}$ oder $-1 : 3 = -\frac{1}{3}$.

Jeder Bruch entspricht einer bestimmten Stelle auf der Zahlengerade. Dabei werden Brüche wie $\frac{1}{2}$ und $\frac{4}{8}$, die durch Erweitern und Kürzen auseinander hervorgehen, also denselben Anteil bezeichnen, an derselben Stelle auf der Zahlengerade eingetragen. Diese Brüche bezeichnen dieselbe so genannte **rationale Zahl**.

Fig. 1

Brüche wie $\frac{3}{2}$, bei denen der Zähler größer als der Nenner ist, werden rechts von der 1 eingetragen. Wie bei den ganzen Zahlen kann man auch zu jeder rationalen Zahl wie $\frac{1}{2}$ die Gegenzahl $-\frac{1}{2}$ eintragen.

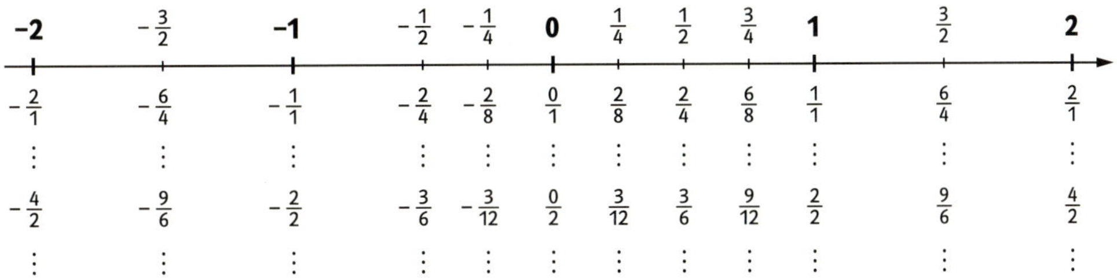

−2	$-\frac{3}{2}$	−1	$-\frac{1}{2}$	$-\frac{1}{4}$	0	$\frac{1}{4}$	$\frac{1}{2}$	$\frac{3}{4}$	1	$\frac{3}{2}$	2
$-\frac{2}{1}$	$-\frac{6}{4}$	$-\frac{1}{1}$	$-\frac{2}{4}$	$-\frac{2}{8}$	$\frac{0}{1}$	$\frac{2}{8}$	$\frac{2}{4}$	$\frac{6}{8}$	$\frac{1}{1}$	$\frac{6}{4}$	$\frac{2}{1}$
⋮	⋮	⋮	⋮	⋮	⋮	⋮	⋮	⋮	⋮	⋮	⋮
$-\frac{4}{2}$	$-\frac{9}{6}$	$-\frac{2}{2}$	$-\frac{3}{6}$	$-\frac{3}{12}$	$\frac{0}{2}$	$\frac{3}{12}$	$\frac{3}{6}$	$\frac{9}{12}$	$\frac{2}{2}$	$\frac{9}{6}$	$\frac{4}{2}$
⋮	⋮	⋮	⋮	⋮	⋮	⋮	⋮	⋮	⋮	⋮	⋮

Fig. 2

Wenn man zwei Blechkuchen auf drei Personen aufteilen möchte, teilt man zwei Kuchen durch drei Personen. Fig. 3 zeigt das Ergebnis: Jede Person erhält zwei Drittel eines Blechkuchens. Das Ergebnis der Division $2 : 3$ ist demnach die rationale Zahl $\frac{2}{3}$. Es gilt: $2 : 3 = \frac{2}{3}$.

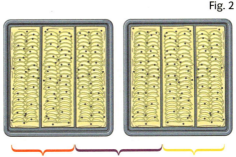

Fig. 3

Jetzt muss man beim Dividieren gar nicht mehr rechnen:

$9 : 3 = \frac{9}{3}$
$9 : 5 = \frac{9}{5}$
$9 : 1 = \frac{9}{1}$

I Rationale Zahlen **27**

+ : + = +
− : − = +
+ : − = −
− : + = −

Kommen bei der Division negative Zahlen vor, muss man auf das Vorzeichen achten.
Man weiß: $(-9) : 3 = -3 = -\frac{9}{3}$. Andererseits ist $(-9) : 3 = \frac{-9}{3}$.
Also gilt: $\frac{-9}{3} = -\frac{9}{3}$. Entsprechend überlegt man: $\frac{9}{-3} = -\frac{9}{3}$ und $\frac{-9}{-3} = +\frac{9}{3} = \frac{9}{3}$.

> Brüche, die durch Kürzen und Erweitern auseinander hervorgehen, werden auf der Zahlengeraden an derselben Stelle eingetragen. Diese Brüche bezeichnen dieselbe **rationale Zahl**.
> Eine Division von zwei Zahlen wie $(-7) : 8$ hat als Ergebnis die rationale Zahl $\frac{-7}{8} = -\frac{7}{8}$.

Bei negativen Zahlen kann man auch zuerst ohne Minuszeichen umrechnen und am Ende das Minuszeichen ergänzen, z. B.:
$\frac{6}{5} = 1 + \frac{1}{5} = 1\frac{1}{5}$
Also: $-\frac{6}{5} = -1\frac{1}{5}$

Auch ganze Zahlen können als Brüche geschrieben werden, z. B.
$1 = \frac{1}{1} = \frac{2}{2} = \frac{3}{3} = \ldots$; $2 = \frac{2}{1} = \frac{4}{2} = \frac{6}{3} = \ldots$; $-1 = -\frac{1}{1} = -\frac{2}{2} = -\frac{3}{3} = \ldots$; $-3 = -\frac{3}{1} = -\frac{6}{2} = -\frac{9}{3} = \ldots$

Ist bei einem Bruch der Zähler größer als der Nenner, wird er oft in **gemischter Schreibweise** angegeben, z. B. $\frac{7}{6} = \frac{6}{6} + \frac{1}{6} = 1 + \frac{1}{6} = 1\frac{1}{6}$

In gemischter Schreibweise lässt sich leichter erkennen, wo die Zahl auf der Zahlengerade einzutragen ist.

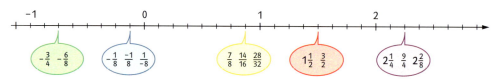

Beispiel 1 Brüche anordnen
Zeichne in eine Zahlengerade die Brüche $\frac{1}{3}$; $-\frac{1}{2}$; $\frac{5}{6}$; $\frac{4}{3}$; $\frac{2}{6}$ ein.
Lösung:

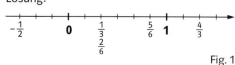

Fig. 1

Man muss überlegen, wie lang die Strecke von 0 bis 1 sein soll. Bei diesen Zahlen ist für eine günstige Einteilung 6 cm geeignet.

Beispiel 2 Brüche als Ergebnis von Divisionen
Schreibe das Ergebnis als Bruch.
a) $15 : (-12)$ b) $6\,\text{kg} : 11$ c) $(-10) : (-7)$
Lösung:
a) $15 : (-12) = \frac{15}{-12} = -\frac{15}{12} = -\frac{5}{4}$ b) $6\,\text{kg} : 11 = \frac{6}{11}\,\text{kg}$ c) $(-10) : (-7) = \frac{-10}{-7} = \frac{10}{7}$

Brüche in gemischter Schreibweise nennt man auch „gemischte Zahlen".

Beispiel 3 Gemischte Schreibweise
a) Stelle $\frac{25}{8}$ in gemischter Schreibweise dar.
Lösung:
a) $25/8 = \frac{24}{8} + \frac{1}{8} = 3 + \frac{1}{8} = 3\frac{1}{8}$
Die Division $25 : 8$ ergibt 3 Rest 1, also sind $\frac{25}{8}$ drei Ganze und ein Achtel.

b) Schreibe $-3\frac{1}{4}$ als Bruch.
Lösung:
b) $3\frac{1}{4} = 3 + \frac{1}{4} = \frac{12}{4} + \frac{1}{4} = \frac{13}{4}$ Also: $-3\frac{1}{4} = -\frac{13}{4}$
Drei Ganze sind $\frac{12}{4}$, also ergeben drei Ganze und ein Viertel $\frac{13}{4}$. Das negative Vorzeichen kann man am Ende ergänzen.

Aufgaben

1 Übertrage die Zahlengerade in Fig. 1 in dein Heft. Zeichne die Strecke $\overline{AE}$ 5 cm lang.
Zeichne die Brüche $\frac{2}{5}$; $\frac{1}{4}$; $-\frac{1}{5}$; $\frac{8}{10}$; $-\frac{7}{10}$; $\frac{80}{100}$ ein.

Fig. 1

2 Schreibe für jeden Buchstaben einen vollständig gekürzten Bruch.

a)  b)  c)

3 Zeichne eine Zahlengerade, bei der das Teilstück zwischen −2 und +2 eine Länge von 16 cm hat. Trage die Brüche $-\frac{1}{4}$; $\frac{3}{8}$; $-\frac{5}{5}$; $\frac{14}{8}$; $-\frac{18}{16}$ dort ein.

4 Gib in gemischter Schreibweise an.
a) $\frac{4}{3}$ b) $\frac{9}{4}$ c) $\frac{34}{11}$ d) $\frac{76}{8}$ e) $-\frac{8}{5}$ f) $-\frac{81}{10}$ g) $-\frac{92}{7}$ h) $\frac{232}{11}$

5 Gib die gemischte Zahl als Bruch an.
a) $1\frac{1}{2}$ b) $2\frac{3}{4}$ c) $3\frac{5}{8}$ d) $7\frac{3}{5}$ e) $5\frac{6}{7}$ f) $-2\frac{1}{4}$ g) $-5\frac{3}{7}$ h) $-17\frac{4}{9}$

6 Mit einem weißen und einem roten Würfel kann man Brüche würfeln. Die Würfel zeigen den gewürfelten Bruch $\frac{3}{5}$.
a) Welche Brüche kann man mit den Würfeln werfen?
b) Wie viele verschiedene Bruchzahlen sind dies? Gib sie, wenn möglich, in gemischter Schreibweise oder als natürliche Zahl an.
c) Würfelt auf die oben beschriebene Weise 50 Brüche und stellt die Ergebnisse in einem geeigneten Diagramm dar.

7 Schreibe mit einem positiven oder negativen Bruch. Kürze vollständig.
a) 40 : 30 b) (−25) : 20 c) 16 : (−18) d) (−6) : (−8) e) 1 : 13 f) (−81) : (−54)

8 Gib drei Divisionsaufgaben an, die als Ergebnis die angegebene rationale Zahl haben.
a) $\frac{3}{4}$ b) $-\frac{3}{4}$ c) $\frac{1}{12}$

9 Bei welchen Brüchen handelt es sich um dieselbe rationale Zahl? Begründe.
a) $\frac{4}{5}$; $\frac{12}{15}$ b) $\frac{20}{5}$; $\frac{-4}{-1}$ c) $-\frac{3}{2}$; $-\frac{2}{3}$ d) $-\frac{14}{18}$; $\frac{-7}{9}$ e) $\frac{-25}{30}$; $\frac{10}{12}$ f) $\frac{80}{-100}$; $-\frac{4}{5}$

Bist du sicher?

1 Schreibe für jeden Buchstaben einen vollständig gekürzten Bruch.

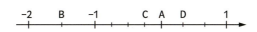

2 Prüfe, ob es sich um dieselbe rationale Zahl handelt.
a) $4\frac{3}{8}$; $\frac{70}{16}$ b) $-\frac{9}{15}$; $\frac{-12}{20}$ c) $-\frac{9}{6}$; $-\frac{32}{8}$ d) $-\frac{8}{3}$; $-2\frac{4}{6}$ e) $\frac{-66}{-4}$; $17\frac{1}{4}$

10 Überprüfe, welche Brüche jeweils dieselbe rationale Zahl auf der Zahlengerade beschreiben.

$\frac{4}{3}$; $\frac{15}{2}$; $1\frac{1}{3}$; $7\frac{1}{2}$; $\frac{-3}{11}$; $\frac{31}{10}$; $\frac{-96}{9}$; $3\frac{1}{10}$; $\frac{-10}{11}$; $\frac{2}{3}$

$\frac{-30}{33}$; $\frac{7}{-6}$; $\frac{-5}{4}$; $\frac{-30}{110}$; $\frac{-10}{8}$; $\frac{-22}{-33}$; $-10\frac{6}{9}$; $-1\frac{1}{6}$

11 Memory® mit rationalen Zahlen
Erstellt jeweils zwei Kärtchen, die dieselbe rationale Zahl darstellen. Mit diesen Kärtchen könnt ihr dann Memory® spielen. Man kann durch Kürzen, Erweitern oder Umformen in die gemischte Schreibweise herausfinden, welche Kärtchen zusammengehören und ein Pärchen bilden.

Diese Einheitsstrecken können in Aufgabe 12 sinnvoll sein.

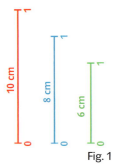

Fig. 1

12 Trage die Brüche auf einer Zahlengeraden ein. Überlege vorher, wie lang du die Einheitsstrecke (das ist die Strecke zwischen den Zahlen 0 und 1) zeichnest.
a) $\frac{1}{5}$; $\frac{2}{10}$; $\frac{5}{10}$; $\frac{4}{5}$; $\frac{2}{20}$; $\frac{7}{20}$ b) $\frac{5}{8}$; $\frac{-3}{-4}$; $\frac{9}{8}$; $\frac{-3}{8}$; $\frac{-1}{4}$ c) $-\frac{4}{12}$; $\frac{7}{12}$; $\frac{1}{6}$; $\frac{12}{12}$; $\frac{11}{-12}$

13 Welche ganze Zahl steht im Kästchen?
a) $-\frac{100}{150} = \frac{\square}{15}$ b) $\frac{11}{2} = \frac{-44}{\square}$ c) $\frac{-1}{\square} = \frac{4}{12}$ d) $\frac{150}{\square} = -\frac{300}{150}$ e) $\frac{\square}{22} = \frac{22}{11}$

14 Finde passende Zahlen für das Kästchen und das Dreieck.
a) $3 : \square = \frac{9}{\triangle}$ b) $\square : 18 = \frac{1}{-6}$ c) $-27 : \square = \frac{9}{\triangle}$ d) $-\square : 24 = \frac{\triangle}{18}$
e) Notiere einen Bruch mit mindestens vier Minuszeichen, den man auch komplett ohne Minuszeichen schreiben kann.

15 Rechne in die angegebene Einheit um. Geeignetes Kürzen oder Erweitern kann helfen.
a) $\frac{3}{4}$ h (in min)   b) $1\frac{1}{5}$ h (in min)   c) $3\frac{1}{30}$ h (in min)   d) $1\frac{1}{2}$ Tage (in h)
e) $5\frac{9}{12}$ Tage (in h)   f) $6\frac{3}{8}$ km (in m)   g) $\frac{132}{24}$ Tage (in h)   h) $\frac{29}{3}$ h (in min)

16 a) Zeichne eine Zahlengerade von 0 bis 1 und trage dort die Zahlen 0; $\frac{1}{2}$ und 1 ein.
b) Nenne einen Bruch, der zwischen 0 und $\frac{1}{2}$ liegt. Suche dann einen Bruch, der zwischen 0 und dem neuen Bruch liegt. Führe das Verfahren weiter fort (mindestens vier weitere Schritte).
c) Nenne einen Bruch, der zwischen $\frac{1}{3}$ und $\frac{1}{2}$ liegt. Suche dann einen Bruch, der zwischen dem neuen Bruch und $\frac{1}{2}$ liegt. Fahre weiter so fort (mindestens vier weitere Schritte).
d) Vergleicht die Ergebnisse aus b) und c) in der Klasse. Wie oft lässt sich das Verfahren in b) und c) wohl durchführen?

17 Zum Knobeln
Welche Brüche wohnen in der Bruchbude? Lies den Text sorgfältig durch.
Im 1. Stock wohnt ein Bruch mit dem Nenner 8. Im 2. Stock und 3. Stock wohnen Brüche, die dieselbe rationale Zahl bezeichnen. Bei den Brüchen im Dachgeschoss und im 4. Stock sind Zähler und Nenner vertauscht. Im 4. Stock wohnt ein Bruch, dessen Zähler dem Flächeninhalt und dessen Nenner dem Umfang eines Quadrates mit der Seitenlänge 3 entspricht. Der Zähler des Bruches im 1. Stock ist ein Viertel von seinem Nenner. Beim Bruch im 2. Stock sind Zähler und Nenner gleich und ihre Summe entspricht der Stocknummer. Beim Bruch im 3. Stock ist die Summe aus Zähler und Nenner 10.

Fig. 2

5 Dezimalschreibweise

Teile eines Ganzen kann man mit Brüchen bezeichnen. Einige der Messgeräte zeigen eine andere Schreibweise. Vergleiche die abgebildeten Gewichte und Messbecher. Welche Schreibweise findest du praktischer? Warum?

Was bedeutet eine Kommazahl wie 0,63? Man erkennt dies, wenn man die Zahl mit einer Größe verbindet.

0,1 m = 1 dm = $\frac{1}{10}$ m;   0,63 € = 63 ct = $\frac{63}{100}$ €;   0,308 kg = 308 g = $\frac{308}{1000}$ kg

0,1 bedeutet $\frac{1}{10}$;   0,63 bedeutet $\frac{63}{100}$;   0,308 bedeutet $\frac{308}{1000}$

0,63 liest man: null Komma sechs drei

Die Beispiele zeigen: Bei der Kommaschreibweise oder **Dezimalschreibweise** von Zahlen entscheidet die Anzahl der Stellen hinter dem Komma darüber, ob in der Bruchschreibweise der Nenner 10, 100 oder 1000 steht. Dies gilt auch, wenn vor dem Komma keine 0 steht: 1,53 € = 153 ct = $\frac{153}{100}$ €.

Bei der Bruchschreibweise kann eine Zahl verschieden dargestellt werden.

$\frac{3}{10} = \frac{30}{100}$ ($\frac{3}{10}$ erweitert mit 10)

$\frac{3}{10} = \frac{300}{1000}$ ($\frac{3}{10}$ erweitert mit 100)

Diese verschiedenen Darstellungen finden sich entsprechend in der Dezimalschreibweise.

$\frac{3}{10} = 0,3$; $\frac{30}{100} = 0,30$; $\frac{300}{1000} = 0,300$.

Dies zeigt: 0,3 = 0,30 = 0,300.

„Dezi" ist ein lateinisches Wort mit der Bedeutung „Zehntel". Zum Beispiel bedeutet ein Dezimeter übersetzt ein Zehntelmeter.

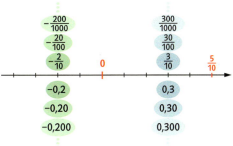

Fig. 1

Man kann die Bedeutung der Ziffern nach dem Komma auch mit einer Stellenwerttafel erklären. Hierzu trägt man die Zahl in Kommaschreibweise in eine Stellenwerttafel mit Komma ein.

Siehe Erkundung 4, Seite 12.

Hunderter H	Zehner Z	Einer E	,	Zehntel z	Hundertstel h	Tausendstel t
1	3	5	,	4		
		0	,	7	5	0

Der Tabelle kann man entnehmen, dass gilt:
$135,4 = \frac{1354}{10}$
$0,750 = \frac{750}{1000}$

Rationale Zahlen können mit Komma, d.h. in **Dezimalschreibweise**, angegeben werden. Eine rationale Zahl in Dezimalschreibweise nennt man kurz **Dezimalzahl**.

Hat eine Dezimalzahl eine, zwei, drei … Stellen hinter dem Komma, dann kann man sie als Bruch mit dem Nenner 10; 100; 1000 … schreiben.

$0,7 = \frac{7}{10}$;   3,31 = $\frac{331}{100}$;   8,039 = $\frac{8039}{1000}$; $-10,05 = -\frac{1005}{100}$

Umwandeln in die Dezimalschreibweise:
Um einen Bruch wie $\frac{1}{4}$ als Dezimalzahl zu schreiben, kann man ihn zunächst so erweitern, dass der Nenner 10 oder 100 oder 1000 oder … ist: $\frac{1}{4} = \frac{25}{100} = 0{,}25$.
Nicht jeder Bruch lässt sich auf diese Weise als Dezimalzahl schreiben. Bei Brüchen wie $\frac{1}{3}$ muss man ein anderes Verfahren anwenden (vgl. Lerneinheit 6, Seite 34 – 36).

Umwandeln in die Bruchschreibweise:
Die Dezimalzahl 0,75 hat zwei Stellen hinter dem Komma. Man schreibt sie als Bruch mit dem Nenner 100, d.h. $0{,}75 = \frac{75}{100}$. Gekürzt erhält man $0{,}75 = \frac{75}{100} = \frac{3}{4}$.
Entsprechend gilt: 2,050 hat drei Stellen hinter dem Komma. Man schreibt die Zahl als Bruch mit dem Nenner 1000 (und kürzt den Bruch): $2{,}050 = \frac{2050}{1000} = \frac{205}{100} = \frac{41}{20}$.

Beispiel 1 Eine Dezimalzahl als Bruch schreiben
Schreibe als Bruch.

In Beispiel 1b) könnte man den Bruch $\frac{-48}{100}$ noch kürzen.

a) 0,9 b) –0,48 c) 0,700 d) –8,030
Lösung:
a) $0{,}9 = \frac{9}{10}$ b) $-0{,}48 = -\frac{48}{100}$ c) $0{,}700 = \frac{700}{1000} = \frac{7}{10}$ d) $-8{,}030 = -\frac{8030}{1000} = -\frac{803}{100}$

Beispiel 2 Einen Bruch als Dezimalzahl schreiben
Schreibe als Dezimalzahl.
a) $\frac{71}{100}$ b) $-\frac{1}{5}$ c) $-\frac{18}{15}$ d) $\frac{5}{8}$
Lösung:
a) $\frac{71}{100} = 0{,}71$ b) $-\frac{1}{5} = -\frac{2}{10} = -0{,}2$ c) $-\frac{18}{15} = -\frac{6}{5} = -\frac{12}{10} = -1{,}2$ d) $\frac{5}{8} = \frac{625}{1000} = 0{,}625$

Aufgaben

Siehe Erkundung 5, Seite 13.

1 Übertrage die Zahlengerade in dein Heft und notiere unter den Brüchen die entsprechenden Dezimalzahlen.

a)

b)

2 Schreibe als Bruch.

a) 0,3	b) –0,27	c) 0,90	d) –0,4	e) 0,67	f) –0,10
–0,06	0,84	0,11	0,60	–0,108	0,010
0,800	–0,006	0,012	–0,404	0,999	–1,001
–1,4	3,8	–2,90	4,25	–10,80	10,100

$0{,}1 = \frac{1}{10}$
$0{,}5 = \frac{1}{2}$
$0{,}25 = \frac{1}{4}$
$0{,}75 = \frac{3}{4}$
$0{,}2 = \frac{1}{5}$
$0{,}125 = \frac{1}{8}$

3 Schreibe als Dezimalzahl.

a) $\frac{1}{2}$	b) $-\frac{1}{5}$	c) $\frac{1}{4}$	d) $-\frac{3}{5}$	e) $\frac{7}{10}$	f) $-\frac{12}{100}$
$-\frac{10}{100}$	$\frac{25}{20}$	$-\frac{6}{1000}$	$\frac{7}{200}$	$-\frac{1}{8}$	$\frac{20}{25}$
$\frac{5}{4}$	$-\frac{3}{4}$	$\frac{11}{5}$	$-\frac{2}{8}$	$\frac{9}{18}$	$-\frac{24}{30}$

4 Schreibe für die Buchstaben in Aufgabe a) und b) die passende rationale Zahl in Bruchschreibweise und in Dezimalschreibweise.

a) D C –1 B A 0

b) 0 A B C D 0,1

5 Trage die Zahlen auf einer Zahlengeraden ein.
a) 0,9; 0,6; 0,15; 1,1; −1,2   b) 0,25; 0,5; 0,75; −0,25   c) −0,75; −2,5; −1,25; −1,75

6 Zwei Flöhe springen von der Startzahl aus in beide Richtungen die angegebene Zahl von Sprüngen. Schreibe die Dezimalzahlen auf, bei denen sie landen.

Startzahl	Sprungweite	Anzahl der Sprünge
0,8	0,1	5
89,5	0,1	6
−0,4	0,1	6
0	0,01	20

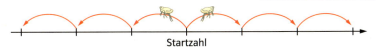

7 Ordne den Bällen die richtigen Gewichte zu.

Bist du sicher?

1 Schreibe als Bruch.
a) 0,8   b) −0,09   c) 0,25   d) −0,011   e) 0,4500

2 Schreibe als Dezimalzahl.
a) $\frac{3}{5}$ b) $-\frac{70}{100}$ c) $-\frac{3}{4}$ d) $\frac{7}{1000}$ e) $\frac{990}{1000}$

3 Schreibe für die Buchstaben die passende Zahl als Bruch und als Dezimalzahl.

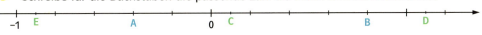

8 Notiere die Dezimalzahlen in einer Stellenwerttafel und schreibe sie dann als Bruch. Kürze, wenn möglich.
a) 1,2   b) 2,06   c) 0,004   d) 0,654   e) 0,805   f) 1,0005
g) 5,500   h) 0,815   i) 900,100   j) 17,505   k) 3,045   l) 20,125

Denke beim Kürzen an die Teilbarkeitsregeln.

9 Schreibe als Dezimalzahl. Kürze zuerst. Erweitere dann, falls notwendig, sodass der Nenner 10, 100, 1000 usw. beträgt.
a) $\frac{27}{30}$ b) $\frac{49}{70}$ c) $\frac{45}{150}$ d) $\frac{57}{60}$ e) $\frac{3}{600}$
f) $\frac{81}{225}$ g) $\frac{55}{220}$ h) $\frac{33}{48}$ i) $\frac{1377}{90}$

10 Milli und Mikro
Bei Größen bedeutet das Beiwort **Kilo** „Tausend": 1 Kilometer = 1000 Meter. Solche Beiworte gibt es auch für „Tausendstel", „Million" usw. (siehe Tabelle).

Beiwort	Giga	Mega	Kilo	Milli	Mikro
Bedeutung	10^9	$1\,000\,000 = 10^6$	$1000 = 10^3$	$0,001 = \frac{1}{1000}$	$0,000\,001 = \frac{1}{1\,000\,000}$

Schreibe als Dezimalzahl.
a) eine Millisekunde   b) ein Mikrometer   c) ein Milliliter   d) ein Gigabyte (1 GB)

Der Ausdruck 1 MB (Megabyte) bedeutet übersetzt 1 Million Bytes. Da bei Computern ein anderes Zahlensystem (das Zweiersystem) verwendet wird, ergibt sich die leicht abweichende Zahl
1 MB = 1 048 576 Bytes.

6 Abbrechende und periodische Dezimalzahlen

Sprechblase links: Ein Drittel ist das Gleiche wie 1:3. Mit dem Taschenrechner kann ich dann ganz schnell ausrechnen, dass $\frac{1}{3} = 0{,}333333333$ ist.

Sprechblase rechts: Das Ergebnis des Taschenrechners kann aber nicht stimmen. Man kann ein Drittel nicht so erweitern, dass im Nenner 1 000 000 000 steht.

▬ Wer hat Recht? Begründe. Versucht mit dem Taschenrechner weitere Brüche in Dezimalzahlen umzuwandeln. Notiert eure Ergebnisse und überlegt, ob die Ergebnisse des Taschenrechners exakt sind. ▬

Bisher wurden Brüche in Dezimalzahlen umgewandelt, indem man sie auf den Nenner 10 oder 100 oder 1000 usw. erweitert hat. Man kann einen Bruch aber auch als Quotient auffassen und eine schriftliche Division durchführen. Hierzu muss man den Bruch, z. B. $\frac{37}{8}$, als Quotient, d.h. als Ergebnis der Rechnung 37 : 8, betrachten. Statt bei der schriftlichen Division den Rest zu notieren, kann man im Ergebnis ein Komma ergänzen und die Division mit dem Rest fortsetzen.

Um bei der schriftlichen Division eine Dezimalzahl zu erhalten, schreibt man den Bruch $\frac{37}{8}$ als 37 : 8 und ergänzt bei der 37 ein Komma und Nullen hinter dem Komma, d.h. 37,000 : 8. Hierdurch ändert sich der Wert nicht. Man teilt nun 37 durch 8 und erhält 4 mit dem Rest 5. Man kann nun die erste Null hinter dem Komma herunterholen und mit 50 Zehnteln weiterrechnen. Wenn man nun 50 Zehntel durch 8 teilt, erhält man 6 Zehntel und den Rest 2. Um 6 Zehntel im Ergebnis zu notieren, muss an dieser Stelle ein Komma gesetzt werden. Auf diese Weise kann man die Division fortsetzen, bis man den Rest 0 erhält. Das Ergebnis ist eine **abbrechende Dezimalzahl**.

```
Z  E , z  h  t       E , z  h  t
3  7 , 0  0  0 : 8 = 4 , 6  2  5
-3  2
   (5)(0)            ← Hier wird das Komma gesetzt.
  -(4)(8)            50 Zehntel
      2  0
     -1  6
         4  0        6 Zehntel mal 8 ergeben 48 Zehntel.
        -4  0
            0
```

Es lassen sich aber nicht alle Divisionen so lange durchführen, bis man den Rest 0 erhält. Bei der Division 13 : 11 z.B. wiederholen sich die Ergebnisse, die man als Rest erhält. Man könnte daher die Rechnung unendlich lange fortsetzen. Um das Ergebnis der Rechnung anzugeben, kennzeichnet man die Ziffern, die sich im Ergebnis nach dem Komma ständig wiederholen, mit einem Strich über den Ziffern und nennt sie **periodische Dezimalzahlen**. (13 : 11 = $1{,}\overline{18}$, gesprochen „eins Komma Periode eins acht").

```
13 : 11 = 13,0 : 11 = 1,1818... = 1,18
-11
  20      ← Rest 2
 -11
   90     ← Rest 9
  -88
    20    ← Rest 2
   -11
    90    ← Rest 9
   -88
     ⋮
```

periodos (griech.): Umlauf, Wiederholung

34 | Rationale Zahlen

Mithilfe einer schriftlichen Division lässt sich jeder Bruch als Dezimalzahl schreiben. Man muss hierzu den Zähler durch den Nenner dividieren.
Man erhält dabei entweder eine endliche **abbrechende** Dezimalzahl oder eine unendliche **periodische** Dezimalzahl, z.B.:

$\frac{13}{40} = 0{,}325$

$\frac{1}{3} = 0{,}\overline{3}$ (sprich: null-Komma-Periode-drei),

$\frac{29}{110} = 0{,}2\overline{63}$ (sprich: null-Komma-zwei-Periode-sechs-drei)

Beispiel 1
Schreibe $\frac{57}{80}$ als Dezimalzahl.
Lösung:
$\frac{57}{80} = 57{,}0 : 80 = 0{,}7125$
-0
570
-560
100
-80
200
-160
400
-400
0

Beispiel 2
Schreibe $\frac{25}{90}$ als Dezimalzahl.
Lösung:
$25{,}0 : 90 = 0{,}2\overline{7}$
-0
250
-180
$700 \leftarrow$
-630
$700 \leftarrow$ Der Rest 70 wiederholt sich.

Man erhält eine gemischt-periodische Dezimalzahl, d.h. dass die Periode nicht unmittelbar nach dem Komma beginnt.

*Bei **negativen Brüchen** kann man die Rechnung zunächst mit positiven Zahlen durchführen und am Ende das Minuszeichen ergänzen.
Aus Beispiel 1 und 2 erhält man dann:*
$-\frac{57}{80} = -0{,}7125$
und $-\frac{25}{90} = -0{,}2\overline{7}$

Aufgaben

1 Führe eine schriftliche Division durch und schreibe als Dezimalzahl.
a) $\frac{1}{2}$ b) $\frac{2}{3}$ c) $\frac{4}{5}$ d) $\frac{3}{25}$ e) $\frac{1}{6}$ f) $\frac{10}{11}$
g) $\frac{5}{24}$ h) $\frac{43}{25}$ i) $\frac{14}{9}$ j) $\frac{39}{65}$ k) $\frac{7}{30}$ l) $\frac{49}{112}$

2 Schreibe als Dezimalzahl.
a) $-\frac{2}{9}$ b) $-\frac{5}{9}$ c) $-\frac{3}{7}$ d) $11\frac{2}{9}$ e) $-\frac{1}{15}$
f) $2\frac{1}{15}$ g) $3\frac{1}{11}$ h) $-20\frac{1}{7}$ i) $-\frac{24}{11}$ j) $\frac{11}{90}$

k) Welche der Aufgaben a) bis j) kann man mithilfe anderer Ergebnisse lösen, ohne dass man eine schriftliche Division durchführen muss?

3 Caroline rechnet mit ihrem Taschenrechner 1 : 6. Das Ergebnis siehst du in Fig. 1. Rechne selbst schriftlich nach und erkläre die Anzeige des Taschenrechners.

4 Bilde aus den Zahlen im Sack (Fig. 2) Pärchen gleicher Zahlen.

Fig. 1

Fig. 2

5 Peter, Sven und Oliver berechnen die Dezimaldarstellung von $\frac{17}{22}$. Ihre Ergebnisse sind in Fig. 1 dargestellt.
Welches Ergebnis ist richtig?

Fig. 1

Bist du sicher?

1 Führe eine schriftliche Division durch und schreibe als Dezimalzahl.
a) $\frac{5}{6}$ b) $\frac{81}{8}$ c) $-\frac{1}{9}$ d) $-\frac{23}{16}$ e) $1\frac{1}{18}$ f) $11\frac{2}{11}$ g) $-4\frac{17}{13}$

2 Bilde Pärchen aus jeweils gleichen Zahlen.

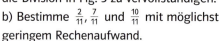

$\frac{1}{7}$ | $0,\overline{13}$ | $0,\overline{142857}$ | $0,1\overline{3}$ | $\frac{13}{99}$ | $0,1875$ | $\frac{2}{15}$ | $\frac{3}{16}$

$0,\overline{1} = \frac{1}{9}$
$0,\overline{2} = \frac{2}{9}$
$0,\overline{3} = \frac{3}{9}$
...
$0,\overline{9} = \frac{9}{9} = 1$

Fig. 2

6 a) Fig. 2 zeigt periodische Dezimalzahlen mit den zugehörigen Brüchen. Stelle eine Vermutung auf, welcher Bruch zu $0,\overline{4}$; $0,\overline{5}$; $0,\overline{7}$ gehört. Überprüfe deine Vermutung durch eine Rechnung.
b) Bestimme die periodischen Dezimalzahlen, die sich für $\frac{1}{99}$; $\frac{2}{99}$; $\frac{3}{99}$ ergeben. Stelle eine Vermutung auf, welcher Bruch zu $0,\overline{13}$; $0,\overline{20}$; $0,\overline{65}$ gehört. Überprüfe deine Vermutung durch eine Rechnung.

7 a) Schreibe $\frac{4}{11}$ als Dezimalzahl, ohne die Division in Fig. 3 zu vervollständigen.
b) Bestimme $\frac{2}{11}$, $\frac{7}{11}$ und $\frac{10}{11}$ mit möglichst geringem Rechenaufwand.

Fig. 3

Wenn man 10, 100, 1000 usw. in Primfaktoren zerlegt erhält man:

$10 = 2 \cdot 5$
$100 = 2 \cdot 2 \cdot 5 \cdot 5$
$1000 = 2 \cdot 2 \cdot 2 \cdot 5 \cdot 5 \cdot 5$
...

8 a) Kevin behauptet: „Wenn der Nenner eines Bruchs ungerade ist, dann erhält man eine periodische Dezimalzahl. Ist der Nenner gerade, erhält man eine abbrechende Dezimalzahl." Überprüft Kevins Vermutung anhand von Beispielen.
b) Marie meint: „Man muss einen Bruch auf 10; 100; 1000 usw. erweitern können, damit er eine abbrechende Dezimalzahl ergibt. Das geht nur, wenn im Nenner 2 oder 5 steht oder sich der Nenner als Produkt schreiben lässt, das sich nur aus Zweien und Fünfen ergibt. Bei $\frac{3}{200}$ z. B. steht 200 im Nenner und 200 lässt sich als Produkt von Zweien und Fünfen schreiben, denn $2 \cdot 2 \cdot 2 \cdot 5 \cdot 5 = 200$. Man kann diesen Bruch auf Tausendstel erweitern und als Dezimalzahl schreiben: $\frac{3}{200} = \frac{15}{1000} = 0,015$." Überprüft Maries Behauptung an mehreren Beispielen.
c) Leon meint, dass Marie unrecht hat, denn $\frac{3}{15} = 0,2$ und $15 = 3 \cdot 5$. Der Nenner lässt sich nicht als Produkt aus Zweien und Fünfen schreiben, aber der Bruch ergibt dennoch eine abbrechende Dezimalzahl. Was könnte Marie antworten? Versucht Maries Regel zu perfektionieren.

Für Aufgabe 9 sind die Ergebnisse aus Aufgabe 8 notwendig.

9 Kürze zuerst mithilfe der dir bekannten Teilbarkeitsregeln. Entscheide dann, ob man den Bruch als abbrechende Dezimalzahl schreiben kann oder ob man eine periodische Dezimalzahl erhält.
a) $\frac{27}{225}$ b) $\frac{75}{225}$ c) $\frac{26}{250}$ d) $\frac{25}{625}$ e) $\frac{81}{18}$ f) $\frac{51}{150}$ g) $\frac{123}{480}$

h) Überlege dir jeweils fünf Brüche, die eine abbrechende Dezimalzahl ergeben, und fünf, die eine periodische Dezimalzahl ergeben. Lass deinen Nachbarn herausfinden, ob die zugehörigen Dezimalzahlen abbrechend oder periodisch sind.

7 Prozente

Was bedeuten die Prozentangaben auf den Schildern? Wie kann man mithilfe von Brüchen die gleichen Aussagen wie auf den Schildern machen? Wo kommen im Alltag noch Prozentangaben vor? Was bedeuten diese?

Die Preise wackeln!
Bei einem Warenwert von mehr als 100 € erhalten Sie 10 % Preisnachlass

Alles muss raus!
Sie bezahlen 50 % und erhalten 100 %

Räumungsverkauf
Viele Artikel kosten nur noch 50 %

Preissturz
80 von 100 Artikeln sind im Preis reduziert

Oft werden für die Beschreibung von Anteilen Prozente verwendet. Wie man Prozentzahlen ermittelt, wird im Folgenden erklärt.

Bei einer Kontrolle wurden 200 LKWs untersucht. 40 LKWs hatten Mängel. Zwei weitere LKWs hatten so schwere Mängel, dass sie stillgelegt wurden. Der Anteil der stillgelegten LKWs beträgt $\frac{2}{200} = \frac{1}{100}$ (vgl. Tabelle).
Statt $\frac{1}{100}$ schreibt man auch 1% (ein Prozent).
Der Anteil der bemängelten LKWs beträgt $\frac{40}{200} = \frac{1}{5}$. Wenn man auch diesen Anteil in Prozent angeben möchte, kann man $\frac{40}{200}$ so kürzen, dass im Nenner 100 steht:
$\frac{40}{200} = \frac{20}{100} = 20\%$.
Also hatten 20% der LKWs Mängel.

200 LKWs kontrolliert	davon mit Mängeln	davon stillgelegt
Anzahl	40	2
Anteil	$\frac{40}{200} = \frac{1}{5}$	$\frac{2}{200} = \frac{1}{100}$
Anteil in Prozent	$\frac{40}{200} = \frac{20}{100} = 20\%$	$\frac{1}{100} = 1\%$

pro cento (lat.): von Hundert

> Anteile werden häufig in der **Prozentschreibweise** angegeben.
> 1% (gesprochen „ein Prozent") ist dabei eine andere Schreibweise für $\frac{1}{100}$.
> Ein Anteil lässt sich in Prozent angeben, indem man den Bruch so kürzt oder erweitert, dass im Nenner 100 steht.
> Der Anteil $\frac{1}{4}$ ist in Prozent: $\frac{1}{4} = \frac{25}{100} = 25\%$.

Wenn man eine Dezimalzahl in Prozent schreibt, dann verschiebt man das Komma um zwei Stellen nach rechts und ergänzt gleichzeitig das Prozentzeichen. Auch periodische Dezimalzahlen lassen sich so in Prozent schreiben.
Man kann einen Bruch auch in die Prozentschreibweise umwandeln, indem man ihn zunächst z. B. durch eine schriftliche Division in die Dezimalschreibweise umformt. Auf diese Weise lassen sich auch Brüche in Prozent schreiben, deren Nenner sich nicht auf 100 erweitern lassen.

Bruch	Dezimalzahl	Prozent
$\frac{1}{8}$	0,125	12,5%
$\frac{1}{6}$	$0,1\overline{6} = 0,1666\ldots$	$16,\overline{6}\%$
$\frac{1}{5}$	0,2	20%
$\frac{1}{4}$	0,25	25%
$\frac{1}{3}$	$0,\overline{3} = 0,333\ldots$	$33,\overline{3}\%$
$\frac{1}{2}$	0,5	50%
$\frac{3}{4}$	0,75	75%
1	1	100%
$\frac{3}{2}$	1,5	150%

I Rationale Zahlen

Beispiel 1 Bruch- und Prozentschreibweise
a) Schreibe den Anteil als Bruch: 5%; 75%; 20%; 95%.
b) Drücke den Anteil in Prozent aus: $\frac{1}{2}$; $\frac{1}{10}$; $\frac{3}{5}$; $\frac{1}{4}$.
c) Wie viel sind 8% von 50 €?
Lösung:
a) $5\% = \frac{5}{100} = \frac{1}{20}$; $75\% = \frac{75}{100} = \frac{3}{4}$; $20\% = \frac{20}{100} = \frac{1}{5}$; $95\% = \frac{95}{100} = \frac{19}{20}$
b) $\frac{1}{2} = \frac{50}{100} = 50\%$; $\frac{1}{10} = \frac{10}{100} = 10\%$; $\frac{3}{5} = \frac{60}{100} = 60\%$; $\frac{1}{4} = \frac{25}{100} = 25\%$
c) $8\% = \frac{8}{100}$; $\frac{1}{100}$ von 50 € sind 50 Cent, also sind $\frac{8}{100}$ von 50 € 8 · 50 Cent = 400 Cent = 4 €

Bei der Bluttransfusion muss auf die Blutgruppe geachtet werden. Jeder Mensch kann einem anderen Menschen mit derselben Blutgruppe Blut spenden. Menschen mit der Blutgruppe 0 können jedem Blut spenden. Sie sind Universalspender. Menschen mit der Blutgruppe AB können von jedem Blut empfangen. Sie sind Universalempfänger.

Beispiel 2 Prozentuale Anteile bestimmen und darstellen
Bei einer Blutspendeaktion wurden 300 Menschen auf ihre Blutgruppe untersucht. Die Tabelle rechts zeigt das Ergebnis. Bestimme die Anteile der Blutgruppen in Prozentschreibweise. Stelle das Ergebnis übersichtlich in einer Tabelle und einem Diagramm dar.
Lösung:
Anteil der Blutgruppen:
A: 150 von 300; $\frac{150}{300} = \frac{50}{100} = 50\%$
B: 30 von 300; $\frac{30}{300} = \frac{10}{100} = 10\%$
AB: 15 von 300; $\frac{15}{300} = \frac{5}{100} = 5\%$
O: 105 von 300; $\frac{105}{300} = \frac{35}{100} = 35\%$

Blutgruppe	Anzahl
A	150
B	30
AB	15
0	105

Blutgruppe	A	B	AB	O
Anteil in %	50	10	5	35

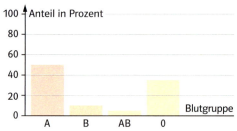

Fig. 1

Aufgaben

1 Finde die Prozentzahlen, die hier versteckt sind.
a) 94 von 100 Kindern können im Alter von zehn Jahren schwimmen.
b) Von 25 Schülern der Klasse wohnen zwei außerhalb des Stadtbezirks.
c) 30 von 250 Befragten lesen jede Woche ein Buch.
d) Denke dir selber Aufgaben aus, in denen Prozentzahlen versteckt sind.

2 Wie viel Prozent der Fläche sind gefärbt?

a) b) c) d) e)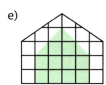

3 Drücke mit einem Bruch und in Prozent aus.
a) Jedes zwanzigste Los gewinnt.
b) Bei dem Unwetter wurde jedes vierte Haus beschädigt.
c) Am letzten Samstag fielen vier von fünf Bundesligaspielen aus.
d) Im Mittelalter verlangten die Grundherren von den Bauern den Zehnten.

4 Schreibe als Bruch. Kürze, wenn möglich.
a) 2 %   b) 6 %   c) 10 %   d) 5 %   e) 50 %   f) 8 %
   20 %   3 %   40 %   80 %   12 %   60 %
   25 %   75 %   90 %   95 %   30 %   33 %

5 Schreibe als Prozentangabe.
a) $\frac{1}{2}$ b) $\frac{1}{5}$ c) $\frac{3}{5}$ d) $\frac{1}{4}$ e) $\frac{2}{3}$ f) $\frac{6}{11}$
   $\frac{3}{10}$ $\frac{20}{50}$ $\frac{4}{20}$ $\frac{60}{200}$ $\frac{5}{6}$ $\frac{6}{13}$

6 Wie viel sind
a) 5 % von 10 kg,   b) 20 % von 80 €,   c) 50 % von 25 000 Menschen,
   60 % von 4000 €,   4 % von 50 Dollar,   12 % von 50 ct,
   10 % von 3 km,   90 % von 1 kg,   2 % von 10 €?

7 Schreibe als Bruch und in Prozent.
a) 0,99   b) 0,23   c) 0,6   d) 1,89   e) 0,9812   f) 0,0044   g) 0,0001   h) 10

8 Bei einer Radarmessung in der Stadt fuhren am Sonntag 45 von 250 gemessenen Autos zu schnell. Am Montag waren es 171 von 900. Bestimme die Anteile in Prozent und vergleiche.

9 Die Tabelle zeigt das Ergebnis einer Schätzung der Klasse 6a.

Von 50 Ferientagen waren		
langweilig	gelungen	durchwachsen
30	15	5

Von 200 Schultagen waren		
langweilig	gelungen	durchwachsen
80	70	50

Finden die Schüler der 6a die Ferien oder die Schule besser?

10 Vergleiche und entscheide, welche Angabe nicht zu den anderen passt.
a) jeder Fünfte; 20 %; 3 von 15; $\frac{1}{4}$
b) jede Dritte; 33,$\overline{3}$ %; 30 %; 10 von 90
c) $\frac{5}{125}$; jeder 25.; 25 %; 6 von 150; $\frac{1}{25}$
d) $\frac{9}{63}$; 5 von 35; etwa 14,3 %; 14,28571429 %; jeder Siebte

Bist du sicher?

1 a) Schreibe als Bruch und kürze.
     2 %; 25 %; 70 %; 4 %; 44 %

b) Schreibe als Dezimalzahl und in Prozent.
   $\frac{1}{5}$; $\frac{6}{10}$; $\frac{35}{100}$; $\frac{16}{40}$; $\frac{4}{9}$; $\frac{8}{15}$; $\frac{11}{18}$

2 Wie viel ergeben
a) 20 % von 20 €,   b) 11 % von 2 m,   c) 82 % von 1 kg?

3 Die Tabelle zeigt, wie die 80 Schülerinnen und Schüler der Klassenstufe 6 in die Schule kommen.
Bestimme die Anteile in Prozent und stelle sie in einer Tabelle zusammen.

zu Fuß	Fahrrad	Bus	Auto
8	28	40	4

11 Der Eintritt in den Zoo wurde für Kinder von 5,00 € auf 6,50 € erhöht und für Erwachsene von 8,00 € auf 10,40 €. Meike freut sich: „Für Kinder wurden die Preise nicht so sehr erhöht wie für Erwachsene". Tim meint: „Die Preise wurden für Erwachsene und Kinder um gleich viel erhöht." Erkläre, wieso die beiden mit ihren Äußerungen Recht haben können.

12 Welcher Geldbetrag ergibt sich,
a) wenn sich der Preis eines Autos von 15 000 € um 3 % erhöht?
b) wenn der Verkäufer die 40 € teure Hose 5 % billiger abgibt?

13 Eine normale Kinokarte kostet 8 €. Wegen Überlänge wird ein Aufschlag von 20 % verlangt. Berechne, wie hoch der Aufschlag ist und was die Karte jetzt kostet.

14 Förster erstellen in regelmäßigen Abständen eine Bestandsaufnahme der von ihnen betreuten Wälder. Um einen Überblick darüber zu gewinnen, wie viele Bäume der verschiedenen Arten vorhanden sind, zählt der Förster z. B. 400 Bäume eines Waldstückes aus. Die Tabelle zeigt das Ergebnis.

Fichte	Kiefer	Buche	Eiche	Sonstige
160	80	100	40	20

Bestimme die prozentualen Anteile der Baumarten und stelle das Ergebnis in einer Tabelle und in einem Diagramm dar.

15 Zu dem Eishockeyspiel Düsseldorf gegen Köln kamen 11 250 Zuschauer. 46 % davon kamen aus Köln. Von diesen kamen 84 % mit dem Auto. Berechne, wie viele Zuschauer aus Köln kamen und wie viele Kölner mit dem Auto zum Spiel gefahren sind.

Info

Drei Schreibweisen einer rationalen Zahl

Man kann eine rationale Zahl als Bruch, als Dezimalzahl oder als Prozentangabe schreiben. Brüche und Prozente verwendet man üblicherweise, um Anteile anzugeben. Dezimalzahlen verwendet man häufig, wenn man Größen oder die Lage einer Zahl auf der Zahlengerade angeben möchte.

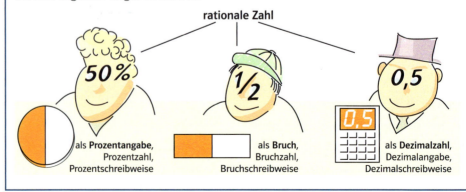

Rationale Zahlen können drei verschiedene „Gesichter" zeigen.

16 Achte auf Dezimalzahlen, Brüche und Prozentangaben in deiner Umwelt und notiere dir Beispiele, z. B. aus Zeitungen, aus Werbungen oder aus dem Fernsehen. In welchem Zusammenhang werden Prozente, wann werden Dezimalzahlen und wann werden Brüche verwendet? Wäre eine andere Schreibweise jeweils auch sinnvoll?

17 a) Die Zahlen in der Zeitung, in dem Rezept oder auf dem Joghurt werden so üblicherweise nicht angegeben. Warum?
b) Schreibe die Zahlen so, wie sie in dem jeweiligen Zusammenhang üblich sind.

Knapp verfehlt: James Carter schrammte mit einer Zeit von $47\frac{43}{100}$ sek. nur knapp an dem WM Gold auf 400 m Hürden vorbei.

Ergebnis der Landtagswahlen 2005 in NRW:
CDU   0,45   SPD   0,37
Grüne 0,06   FDP   0,06
Sonstige 0,05

18 Oje. Tim hat die Tafel zu schnell gewischt. Was hat bloß da gestanden? Kannst du helfen? Kann man das richtige Ergebnis immer eindeutig bestimmen? Begründe.

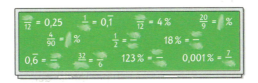

19 👥 Welche Zahlen gehören zusammen?

20 👥👥 Erstellt ein Dominospiel mit 30 Kärtchen, auf denen sechs verschiedene rationale Zahlen in unterschiedlichen Schreibweisen stehen. Es kann dann nach den üblichen Domino-Regeln gespielt werden, indem jeweils Kärtchen aneinander gelegt werden, die dieselbe Zahl beschreiben. Die Schreibweisen können jedoch unterschiedlich sein.

So könnten Domino-Kärtchen zu Aufgabe 20 aussehen:

125%	$0,\overline{73}$
$1\frac{1}{4}$	
43%	

Kannst du das noch?

21 Berechne.
a) 12 − 30   b) −40 + 100   c) −22 − 33   d) 8 − (−4)

22 Wie weit und in welche Richtung muss man auf der Zahlengeraden gehen,
a) um von −11 zur 30 zu kommen,   b) um von −110 zur −190 zu kommen?

23 Rechne in die angegebene Einheit um.
a) 24 cm (in mm)   b) 27 t (in kg)   c) 45 km (in m)   d) 600 mm (in cm)
e) 35 m² (in cm²)   f) 31 cm² (in mm²)   d) 3 cm³ (in mm³)   h) 4 l (in cm³)

8 Umgang mit Größen

... ergibt
im Jahr
auch
0,1 m³

An der Wasseruhr lässt sich ablesen, wie viel Wasser verbraucht wurde. Wie stehen die Zeiger der Uhr, nachdem
- eine 0,75-l-Flasche
- ein 10-l-Eimer
- eine Badewannenfüllung
- ein Schwimmbad

mit Wasser gefüllt wurde?

Eine in Dezimalschreibweise gegebene Größe kann man mit einer anderen Maßeinheit schreiben, wenn man die Maßzahl entsprechend verändert.

Für Längen gilt:
Da $1\,\text{mm} = \frac{1}{10}\,\text{cm} = 0{,}1\,\text{cm}$,
sind $17\,\text{mm} = \frac{17}{10}\,\text{cm} = 1{,}7\,\text{cm}$.
Das Komma wurde von 17,0 mm zu 1,7 cm um **eine Stelle** nach **links** verschoben.
$1{,}4\,\text{m} = \frac{14}{10}\,\text{m} = 14\,\text{dm}$.
Das Komma wurde von 1,4 m zu 14,0 dm um **eine Stelle** nach **rechts** verschoben.

Für Gewichte gilt:
Da $1\,\text{g} = \frac{1}{1000}\,\text{kg} = 0{,}001\,\text{kg}$,
sind $105\,\text{g} = \frac{105}{1000}\,\text{kg} = 0{,}105\,\text{kg}$.
Das Komma wurde von 105,0 g zu 0,105 kg um **drei Stellen** nach **links** verschoben.
$0{,}045\,\text{kg} = \frac{45}{1000}\,\text{kg} = 45\,\text{g}$.
Das Komma wurde von 0,045 kg zu 45,0 g um **drei Stellen** nach **rechts** verschoben.

Wo ist bei 14 dm ein Komma? Ganz einfach: 14 dm = 14,0 dm.

Für Flächeninhalte gilt:
$9\,\text{mm}^2 = \frac{9}{100}\,\text{cm}^2 = 0{,}09\,\text{cm}^2$.
Das Komma wurde von 9,0 mm² zu 0,09 cm² um **zwei Stellen** nach **links** verschoben.
$0{,}02\,\text{dm}^2 = \frac{2}{100}\,\text{dm}^2 = 2\,\text{cm}^2$.
Das Komma wurde von 0,02 dm² zu 2,0 cm² um **zwei Stellen** nach **rechts** verschoben.

Für Rauminhalte gilt:
$16\,\text{mm}^3 = \frac{16}{1000}\,\text{cm}^3 = 0{,}016\,\text{cm}^3$.
Das Komma wurde von 16,0 mm³ zu 0,016 cm³ um **drei Stellen** nach **links** verschoben.
$0{,}68\,\text{m}^3 = \frac{68}{100} = \frac{680}{1000}\,\text{m}^3 = 680\,\text{dm}^3$.
Das Komma wurde von 0,68 m³ zu 680,0 dm³ um **drei Stellen** nach **rechts** verschoben.

Wie verschiebt man bei 16 das Komma um drei Stellen nach links? Man fügt Nullen dazu, verändert aber die Zahl nicht: 16 = 16,0 = 0016,0. Jetzt kann man das Komma nach links verschieben.

Denke daran:
1 m = 10 dm
1 m² = 100 dm²
1 m³ = 1000 dm³

Eine Stellenwerttafel mit Einheiten kann hier helfen. Man sieht, dass
3 m² = 300 dm², aber auch 0,03 a sind.

km²	ha	a	m²	dm²	cm²	mm²
			3			
			3	0	0	
		0	0	3		

kleinere Maßzahl, größere Maßeinheit

0,189 m = 18,9 cm

größere Maßzahl, kleinere Maßeinheit

Bei der **Dezimalschreibweise von Größen** entspricht der Wechsel zu einer größeren Maßeinheit einer **Kommaverschiebung** nach links. Der Wechsel zu einer kleineren Maßeinheit entspricht einer Kommaverschiebung nach rechts.

Das Komma wird um eine, um zwei, um drei Stellen verschoben, wenn die eine Maßeinheit das 10fache, das 100fache, das 1000fache der anderen Maßeinheit ist.

Beispiel 1 Kommaverschiebung beim Wechsel von Maßeinheiten
Schreibe in der angegebenen Einheit.
a) 2,68 m (in dm) b) 420 m² (in a) c) 34,2 m³ (in l)
Lösung:
a) 2,68 m = 26,8 dm *Kleinere Maßeinheit; 1 m = 10 dm; Komma eine Stelle nach rechts*
b) 420 m² = 4,20 a *Größere Maßeinheit; 1 a = 100 m²; Komma zwei Stellen nach links*
d) 34,2 m³ = 34 200 l *Kleinere Maßeinheit; 1 m³ = 1000 l; Komma drei Stellen nach rechts*

Beispiel 2 Größenangaben ohne Komma und Bruch schreiben
Schreibe so, dass die Maßzahl eine natürliche Zahl ist.
a) 0,2 m² b) 0,371 m
Lösung:
a) 0,2 m² = 20 dm² *Wechsel zur kleineren Maßeinheit 1 dm²; 1 m² = 100 dm²;*
b) 0,371 m = 371 mm *0,371 m = 3,71 dm = 37,1 cm = 371 mm*

Beispiel 3 Größenangaben mit Komma schreiben
Schreibe mit Komma.
a) 10 km 56 m b) 1 m³ 3 dm³ c) $\frac{1}{20}$ m d) 6% von 2 m²
Lösung:
a) 10 km 56 m = 10 056 m = 10,056 km b) 1 m³ 3 dm³ = 1003 dm³ = 1,003 m³
c) $\frac{1}{20}$ m = $\frac{5}{100}$ m = 0,05 m d) 2 m² = 200 dm²;
$\frac{6}{100}$ von 200 dm² sind 12 dm² = 0,12 m².

Zur Erinnerung:
Flächeneinheiten
1 km² = 1 km · 1 km
1 ha = 100 m · 100 m
1 a   = 10 m · 10 m
1 m² = 1 m · 1 m
1 dm² = 1 dm · 1 dm
1 cm² = 1 cm · 1 cm
1 mm² = 1 mm · 1 mm

Volumeneinheiten
1 m³ = 1 m · 1 m · 1 m
1 dm³ = 1 l
1 cm³ = 1 ml
…

Aufgaben

1 In der Schlange steht rechts die nächst größere Einheit. Vervollständige im Heft.
a) b)

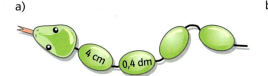

c) Erfinde für andere Maßeinheiten weitere Schlangen.
d) Erstelle ein Diagramm wie in Fig. 1 für Flächen, Volumina und Gewichte.

2 Schreibe mit Komma in der angegebenen Einheit.
a) 2 cm (in dm) b) 30 g (in kg) c) 4,2 m (in cm) d) 1,06 t (in kg)
   4,8 kg (in g)   3,09 km (in m)   104 m (in km)   560 mm (in dm)
   6 ct (in €)   6,831 m (in cm) 17,3 € (in ct)   91,5 kg (in t)

3 Schreibe für das Kästchen die passende Zahl oder die passende Maßeinheit.
a) 69 cm² = □ dm² b) 400 mm³ = □ cm³ c) 2,4 a = □ m² d) 4900 cm² = □ m²
   120 l = 0,12 □   40 dm³ = 0,4 □   75 cm³ = □ l   3,7 m³ = 3700 □
   532 m² = □ a   3 a = 300 □   300 ha = □ m²   8840 m² = 0,8840 □

4 Schreibe so, dass die Maßzahl eine natürliche Zahl ist.
a) 5,07 t   b) 0,078 km c) 0,60 m³ d) 1,2 ha   e) 0,08 km² f) 4,60 cm²
   0,03 m²   10,70 €   8,930 kg   10,12 kg   3,2 m³   405,70 l
   0,1 cm³   0,4 ha   8,04 km   10,5 m³   5,05 €   4,8 cm

So kann man die Maßzahl bei Längen berechnen, wenn man die Maßeinheit verändert:

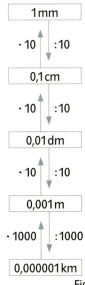

Fig. 1

5 Schreibe mit Komma.
a) 30 m 20 cm   b) 2 m³ 200 dm³   c) 40 km 40 m   d) 8 m² 1 dm²   e) 5 € 7 ct
   30 a 20 m²   2 kg 200 g   40 l 40 cm³   8 m 10 cm   5 ha 7 a
   30 m³ 20 l   2 km² 20 ha   40 dm² 40 cm²   8 cm³ 1 mm³   5 t 7 kg

6 Gib mit Komma in der Einheit an, die in der Klammer steht.
a) 20 % von 600 g (in kg)   b) $\frac{2}{5}$ von 20 dm² (in m²)   c) 3 % von 900 l (in m³)
   $\frac{3}{4}$ von 10 a (in a)   5 % von 1 l (in l) $\frac{9}{10}$ von 25 m² (in dm²)
   60 % von 12 € (in €) $\frac{1}{50}$ von 2 km² (in km²)   4 % von 88 cm³ (in cm³)

7 a) Was gehört zusammen?

b) Überlege dir ähnliche Maßzahlen und Maßeinheiten wie in a), von denen einige zusammengehören. Lass deinen Nachbarn herausfinden, welche zusammengehören.

8 Schreibe als Dezimalzahl.
a) $\frac{2}{5}$ m   b) $\frac{7}{10}$ kg   c) $2\frac{1}{2}$ cm   d) $\frac{24}{120}$ km²   e) $\frac{3}{25}$ cm²   f) $\frac{18}{20}$ m³   g) $\frac{14}{50}$ l   h) $\frac{5}{8}$ dm³
i) Schreibe die Größen aus a) bis h) in einer anderen Maßeinheit ohne Komma.

Bist du sicher?

1 Schreibe in der Einheit, die in Klammern steht.
a) 106 m (in km)   b) 10 g (in kg)   c) 0,4 m² (in dm²)   d) 8,03 a (in m²)   e) 45 l (in m³)

zu Aufgabe 3:

60   4   0,05

2 a) 2 m² 40 dm² (in dm²)   b) 30 m³ 30 dm³ (in m³)   c) 7 ha 20 a (in ha)

3 a) 10 % von 0,5 m² (in m²)   b) $\frac{2}{5}$ von 0,01 m³ (in l)   c) 5 % von 1,2 cm³ (in mm³)

9 Gib den Flächeninhalt in der Einheit 1 cm² an.

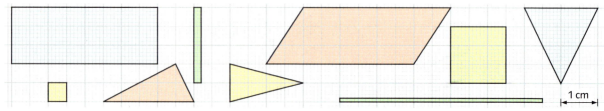

10 Welches Volumen (in dm³) hat ein Quader mit den Seitenlängen 0,04 m, 5 cm, 0,8 dm?

11 Gib den Anteil als Bruch und in Prozent an.
a) 0,2 m von 80 cm   b) 50 m² von 2,5 a   c) 20 dm³ von 0,1 m³
   40 mm² von 1,60 cm²   400 g von 0,8 kg   0,01 m² von 20 dm²

12 Hier siehst du für dieselbe Größe viele verschiedene Schreibweisen:
2,5 m² = 250 dm² = $\frac{25}{10}$ m² = 2 m² 50 dm² = 25 000 cm² = $\frac{5}{2}$ m² = 0,025 a = 2,50 m² …
Wer findet dafür die meisten Schreibweisen?   a) 6,02 kg   b) 0,05 dm³

13 Raphaela hat folgende Gewichte notiert: Gib die Gewichte in kg an.
Elefant: $3\frac{1}{4}$ t   Gorilla: 0,31 t   Dackel: 8340 g   Pferd: $\frac{1}{2}$ t
Wellensittich: 25 g   Löwe: 62 500 g   Hamster: 275 g   Schäferhund: 0,05 t

14 a) Ein Grundstück ist 6,4 a groß, ein anderes 599 m². Welches Grundstück ist größer?
b) Ein Quader ist 0,24 m³ groß, ein anderer 75,2 l. Welcher hat den größeren Rauminhalt?
c) Ein Messbecher fasst 0,75 l. Ein anderer Becher hat die Form eines Quaders mit den Maßen a = 8 cm, b = 7 cm und c = 12 cm. In welchen Becher passt mehr Wasser?

15 Ein Erwachsener soll täglich mindestens 2700 cm³ Flüssigkeit zu sich nehmen. Wie viel Liter sind das? Wie viele Gläser mit 0,3 l Inhalt sind das?

16 Schreibe die Längenangaben als Bruchteile von 1 m. Kürze, wenn möglich.
a) Ein Floh hat eine Länge von 3 mm.
b) Ein Öltropfen bildet auf Wasser eine Ölschicht von 0,000 000 3 mm Dicke.
c) Recherchiere nach sehr kurzen Längen. Schreibe sie als Bruchteil von einem Meter.

Fig. 1

Bei Zeitangaben ist die Schreibweise als Bruch oft praktischer als Dezimalzahlen.

Info

Wie werden Zeiteinheiten umgerechnet?
Das Besondere an den Maßeinheiten der Zeitdauern ist die Umrechnungszahl **60**.
1 h = **60** min; 1 min = **60** s.
Ein solches Zahlsystem mit Umrechnungszahl 60 ist vor 4000 Jahren in Babylonien entstanden.
Das bedeutet: **0,1 h** = $\frac{1}{10}$ h = **60** min : 10 = **6 min**.
Beim Wechsel der Maßeinheit erhält man die eine Maßzahl nicht durch Kommaverschiebung aus der anderen Maßzahl.

17 Schreibe als Bruch und kürze falls möglich. Schreibe dann in der angegebenen Einheit.
a) 0,1 min (in s)   b) 1,5 h (in min)   c) 1,2 min (in s)   d) 0,9 min (in s)
e) 0,25 h (in min)   f) 0,2 h (in min)   g) 1,2 Tage (in h)   h) 0,025 h (in s)

18 Welche Zeitangaben gehören zusammen?

Kannst du das noch?

19 Zeichne das „Auge", die „Blume" und das „Kugellager" mit dem Zirkel in dein Heft.

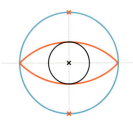 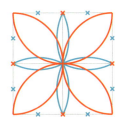 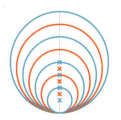

9 Rationale Zahlen vergleichen

Catrin und Elena würfeln um die Wette Sechsen. In je 20 Würfen erzielt Catrin 4-mal und Elena 3-mal die Sechs. Im zweiten Durchgang mit je 30 Würfen erreicht Catrin 6-mal und Elena 5-mal die Sechs. Sie notieren die Ergebnisse in Bruchschreibweise.
Welche Serie war die beste?
Würfelt selbst Serien und vergleicht.

Von zwei ganzen Zahlen ist diejenige kleiner, die auf der Zahlengeraden weiter links liegt. Z. B. ist 4 < 5; −1 < 2; −3 < −1.

Auch für zwei rationale Zahlen gilt: Diejenige rationale Zahl ist die kleinere, die auf der Zahlengeraden weiter links liegt. Um dies zu entscheiden, kann es hilfreich sein, wenn die Zahlen beide in Dezimalschreibweise oder beide in Bruchschreibweise vorliegen.

Möchte man zwei positive rationale Zahlen in Bruchschreibweise vergleichen, so kann man drei Fälle unterscheiden, die sich anhand des Rechteckmodells verdeutlichen lassen:

1. Fall: Haben beide Zahlen den gleichen Nenner, so ist die Zahl mit dem größeren Zähler größer, z. B. $\frac{7}{12} > \frac{4}{12}$.

2. Fall: Haben beide Zahlen den gleichen Zähler, dann ist die Zahl mit dem kleineren Nenner größer, z. B. $\frac{5}{6} > \frac{5}{10}$.

3. Fall: Die Zahlen haben verschiedene Zähler und Nenner, z. B. $\frac{2}{3}$ und $\frac{1}{2}$.
Man muss die beiden Brüche so erweitern oder kürzen, dass sie einen gemeinsamen Nenner haben, z. B. $\frac{2}{3} = \frac{4}{6}$ und $\frac{1}{2} = \frac{3}{6}$.
Weil $\frac{4}{6} > \frac{3}{6}$ ist, ist auch $\frac{2}{3} > \frac{1}{2}$.

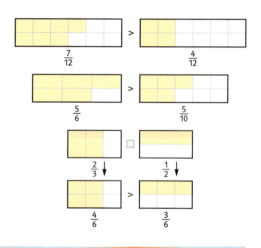

Wenn man die Nenner von zwei Brüchen multipliziert, erhält man immer einen gemeinsamen Nenner. Bei den Brüchen $\frac{1}{6}$ und $\frac{1}{4}$ erhält man dadurch 24 als gemeinsamen Nenner. Das ist aber nicht immer der kleinste gemeinsame Nenner. Der ist in diesem Fall 12. (vgl. Info-Box, Seite 50)

$\frac{4}{7} > \frac{3}{7}$
$\frac{7}{3} > \frac{7}{4}$

99,9 < 123,187
6,5 < 7,1
0,7418 < 0,7462
12,059 < 12,19

> Die **Größe von zwei positiven Brüchen** kann man wie folgt **vergleichen**:
> Man erweitert oder kürzt so, dass Zähler oder Nenner übereinstimmen.
> − Wenn die Nenner gleich sind, dann ist der Bruch mit dem größeren Zähler größer.
> − Wenn die Zähler gleich sind, dann ist der Bruch mit dem kleineren Nenner größer.
>
> Die **Größe von zwei positiven Dezimalzahlen** kann man wie folgt **vergleichen**:
> − Die Zahl, die mehr Stellen vor dem Komma hat, ist größer.
> − Bei gleicher Stellenzahl vor dem Komma ist die Zahl größer, die von links nach rechts gelesen zuerst eine größere Ziffer hat.

Vergleicht man eine positive und eine negative Zahl, dann liegt die positive Zahl auf der Zahlengeraden rechts von der negativen Zahl. Die positive Zahl ist stets die größere Zahl.

Für den Größenvergleich zweier **negativer Zahlen** wie −1,3 und −1,4 kann man diese Zahlen und ihre Gegenzahlen 1,3 und 1,4 auf der Zahlengeraden eintragen (Fig. 1). Es gilt: 1,4 liegt rechts von 1,3; −1,4 liegt links von −1,3; also: 1,4 > 1,3; aber −1,4 < −1,3.

Zur Erinnerung: −1,3 ist die Gegenzahl von 1,3.

Vergleicht man anstelle zweier Zahlen ihre Gegenzahlen nach der Größe, so dreht sich das Ungleichheitszeichen um. Dies lässt sich zum Größenvergleich von zwei negativen Zahlen nutzen.

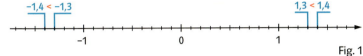

Fig. 1

> Um von zwei negativen Zahlen die größere zu bestimmen, vergleicht man zunächst die positiven Gegenzahlen und dreht dann das Ungleichheitszeichen um.
>
> $$0{,}76 > 0{,}72 \qquad \frac{7}{11} < \frac{9}{11}$$
> $$-0{,}76 < -0{,}72 \qquad -\frac{7}{11} > -\frac{9}{11}$$

Beispiel 1
Finde mithilfe von Rechteckbildern, der Zahlengerade oder einer Rechnung heraus, welche Zahl größer ist.

a) $\frac{3}{4}$ oder $\frac{2}{3}$ b) −1,05 oder −1,22   c) 0,4 oder $\frac{3}{5}$

Mögliche Lösung:

a)

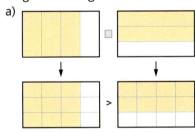

b)

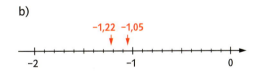

−1,22 ist auf der Zahlengerade weiter links als −1,05. Folglich gilt: −1,22 < −1,05.

c) $0{,}4 = \frac{4}{10} = \frac{2}{5}$. $\frac{2}{5}$ ist kleiner als $\frac{3}{5}$, da der Zähler kleiner ist. Somit ist auch $0{,}4 < \frac{3}{5}$.

Beispiel 2   Vergleich von Anteilen
In welchem Gefäß ist der Anteil der Gewinnlose höher?
Lösung:
Im linken Gefäß beträgt der Anteil der Gewinnlose 4 von 16, also $\frac{4}{16} = \frac{1}{4}$.
Im rechten Gefäß beträgt der Anteil der Gewinnlose 3 von 10, also $\frac{3}{10}$.
$\frac{1}{4} = \frac{10}{40}$; $\frac{3}{10} = \frac{12}{40}$. Der Anteil der Gewinnlose ist im rechten Gefäß höher.

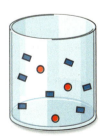

■ Niete   ● Gewinn

Fig. 2

I Rationale Zahlen

Aufgaben

1 Ordne die beim Sporttag von den Mädchen der 6b erzielten 50-m-Zeiten:
Anita 8,93 s; Barbara 9,21 s; Franca 9,02 s; Doris 8,99 s; Fatma 8,96 s; Eleni 9,00 s;
Lisa 8,88 s; Marja 9,20 s; Sabina 8,78 s; Petra 9,03 s; Gina 8,98 s; Anne 9,04 s.

2 Welche Zahl ist jeweils größer? Erkläre, bei welchen Aufgabenteilen du den Zähler und bei welchen du den Nenner verglichen hast.
a) $\frac{3}{5}$; $\frac{1}{5}$ b) $\frac{1}{3}$; $\frac{1}{2}$ c) $\frac{3}{4}$; $\frac{4}{5}$ d) $\frac{2}{7}$; $\frac{4}{10}$ e) $\frac{11}{6}$; 2 f) $\frac{9}{8}$; $1\frac{3}{8}$ g) $\frac{10}{4}$; $2\frac{3}{5}$
h) Erfinde selbst Aufgaben, bei denen man besser den Zähler vergleicht, und solche, bei denen man besser den Nenner vergleicht.

3 Ordne die rationalen Zahlen der Größe nach.
a) 0,4; 0,6 b) 0,76; 0,71 c) 1,45; 1,29 d) 6,958; 6,955 e) 5,09; 5,111
 0,034; 0,04   2,98; 2,89   0,004; 0,010   3,900; 3,055   7,701; 7,107

4 In welchem Gefäß ist der Anteil der Gewinnlose höher?
a) 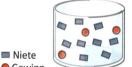 b)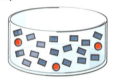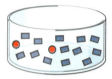

■ Niete
● Gewinn

5 Setze im Heft für □ eines der Zeichen < oder > und für △ eine passende Ziffer ein.
a) $-0{,}5 > -0{,}△$ b) $-2{,}2 < -△{,}4$ c) $-\frac{2}{5}$ □ $-\frac{1}{4}$ d) $-2{,}1$ □ $-\frac{18}{10}$ e) $-0{,}△9 < -\frac{1}{10}$

$-\frac{5}{2}$ □ $-\frac{8}{3}$ $-0{,}010$ □ $-0{,}101$ $-0{,}△7 < \frac{1}{7}$ $-\frac{1}{2}$ □ $-\frac{1}{3}$ $-3\frac{1}{3}$ □ $-3{,}1$

6 Ordne der Größe nach.
a) 25 %; 2,5; $\frac{50}{200}$; $\frac{50}{2}$; $\frac{1}{4}$; 0,25; $\frac{5}{20}$; $2\frac{7}{100}$; 2,5 %; 0,0025
b) 0,125; $\frac{25}{2}$; $\frac{125}{10\,000}$; $\frac{250}{200}$; $\frac{2}{16}$; 1,25 %; 125 %; $\frac{2}{8}$; $3\frac{4}{5}$

7 In den Klassen 6a und 6b des Einstein-Gymnasiums sind 30 bzw. 24 Schüler. Von diesen singen 12 bzw. 10 im Chor. In welcher Klasse ist dieser Anteil höher?

Bist du sicher?

Bei Aufgabe 1 gibt es dreimal <; zweimal >.

1 Setze < oder > passend im Heft ein.
a) 0,63 □ 0,71 b) $\frac{3}{5}$ □ $\frac{7}{10}$ c) 1,245 □ $\frac{126}{100}$ d) 8,051 □ 8,049 e) $\frac{8}{3}$ □ $1\frac{5}{6}$

Bei Aufgabe 2 gibt es dreimal >; zweimal <.

2 a) $-0{,}88$ □ $-0{,}59$ b) $-\frac{6}{8}$ □ $-\frac{8}{10}$ c) $-3{,}5$ □ $\frac{30}{10}$ d) $-5{,}05$ □ $-5{,}27$ e) $-\frac{3}{10}$ □ $-\frac{7}{20}$

3 Von zwei gleichen Torten wird eine in 12 Stücke und die andere in 16 Stücke geschnitten. Welcher Anteil ist größer: 4 Stücke der ersten oder 6 Stücke der zweiten Torte?

8 Ordne die Strecken, die Zeitdauern und die Gewichte der Größe nach.

9 Für das Kästchen soll jeweils die gleiche Ziffer eingesetzt werden. Gib, wenn möglich, eine Lösung an.
a) 10,5☐ < 10,6 < 10,☐5   b) 5,☐12 < 5,213 < 5,21☐   c) −1,5☐ < −1,5 < −1,☐9

10 Welche ganze Zahlen können für das Kästchen stehen?
a) $1{,}6 < \frac{\square}{10}$ b) $\frac{6}{4} < \square{,}39$ c) $\frac{1}{\square} > 0{,}1$

11 Gib eine Zahl an, die zwischen den gegebenen Zahlen liegt.
a) 3,4; 3,5   b) $\frac{4}{8}$; $\frac{6}{10}$ c) −0,3; −0,34   d) $\frac{1}{4}$; $\frac{1}{5}$ e) 1,06; 1,07   f) −0,01; −0,011

12 Sortiere die Bilder nach der Größe des Anteils der farbigen Teile.

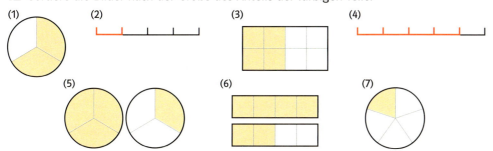

13 Lege aus den Kärtchen auf dem Rand alle möglichen Dezimalzahlen, die vor dem Komma die Ziffer 1 haben, und ordne sie nach der Größe.

14 Die Tabelle zeigt die Geburtenzahlen einer Klinik während einer Woche.
a) Wurden mehr Jungen oder mehr Mädchen geboren?
b) An welchem Tag war der Anteil der Jungengeburten am größten?

	Mo	Di	Mi	Do	Fr	Sa	So
Jungen	40	45	56	36	48	24	35
Mädchen	60	45	42	44	42	36	25

15 👥 Stellt 16 Bruchkarten her. Auf einer Seite ist ein Bruch zwischen 0 und 1 dargestellt, die Rückseite bleibt leer. Spielt nun zu zweit das Spiel nach folgenden Regeln:
− Ihr mischt die Karten und verteilt sie an Spieler A und Spieler B. Jeder erhält 8 Karten.
− A und B legen ihre Karten auf einen Stapel und decken die oberste Karte auf. Wer den größeren Bruch hat, gewinnt beide Karten und legt sie unter seinen Stapel. Sind beide Brüche gleich groß, entscheidet die nächste Karte, wer die beiden Karten erhält.
− Es geht mit der nächsten Karte genauso weiter. Wer keine Karte mehr hat, hat verloren.

16 a) Begründe, warum $3{,}1\overline{2}$ größer als $3{,}\overline{12}$ ist.
b) Welche Zahl ist jeweils größer? Begründe.
a) $3{,}1$; $3{,}\overline{1}$ b) $2{,}9\overline{1}$; $2{,}\overline{91}$ c) $1{,}41\overline{2}$; $1{,}4\overline{12}$ d) $3{,}\overline{102}$; $3{,}10\overline{2}$ e) $3{,}32\overline{3}$; $3{,}3\overline{2}$

Info

Der kleinste gemeinsame Nenner

Um zwei Brüche, z. B. $\frac{17}{24}$ und $\frac{11}{16}$, zu vergleichen, kann man sie auf den gleichen Nenner bringen. Man sagt dazu auch, dass man die Brüche **gleichnamig** macht.
Als gemeinsamen Nenner wählt man am besten die kleinste Zahl, in der 24 und 16 enthalten sind. Man nennt diese Zahl das **kleinste gemeinsame Vielfache (kgV)**.
Die Vielfachen von 24 sind: 24, 48, 72, ..., die Vielfachen von 16 sind: 16, 32, 48, ...
Das kleinste gemeinsame Vielfache (kgV) von 24 und 16 ist folglich 48.
Man schreibt auch: kgV(24; 16 = 48).

Es gilt: $\frac{17}{24} = \frac{17 \cdot 2}{24 \cdot 2} = \frac{34}{48}$; $\frac{11}{16} = \frac{11 \cdot 3}{16 \cdot 3} = \frac{33}{48}$ Also gilt: $\frac{17}{24} > \frac{11}{16}$.

17 Bestimme das kleinste Vielfache der beiden Zahlen.
a) 15 und 20   b) 21 und 28   c) 30 und 45   d) 7 und 30   e) 72 und 108   f) 11 und 12
g) Bei welchen Zahlenpaaren entspricht das kleinste gemeinsame Vielfache dem Produkt der beiden Zahlen. Wie lautet für diese Zahlen der größte gemeinsame Teiler? Suche weitere Zahlenpaare, deren Produkt dem kleinsten gemeinsamen Vielfachen entspricht.

18 Bestimme den kleinsten gemeinsamen Nenner der beiden Brüche und entscheide dann, welche Zahl größer ist.
a) $\frac{8}{35}; \frac{3}{14}$ b) $\frac{7}{18}; \frac{5}{12}$ c) $\frac{41}{55}; \frac{25}{33}$ d) $-\frac{11}{12}; -\frac{25}{33}$ e) $-\frac{9}{56}; -\frac{13}{84}$ f) $-\frac{110}{81}; -1\frac{10}{27}$

g) Bei welchen Aufgaben wäre es einfacher gewesen, den kleinsten gemeinsamen Zähler zu bestimmen, um die Brüche zu vergleichen? Warum?

19 Der größte gemeinsame Nenner?
a) Lies dir den Abschnitt des Zeitungsartikels durch. Warum wird Fußball dort als der größte gemeinsame Nenner bezeichnet?
b) Knuts Mathematiklehrer meint, dass es in der Mathematik keinen Sinn hat, von einem größten gemeinsamen Nenner zu sprechen. Knut versteht das nicht. Versuche Knut in einem kurzen Text zu erklären, was sein Mathematiklehrer gemeint haben könnte.

Aus sueddeutsche.de vom 3.11.2007
Fußball ist der größte gemeinsame Nenner dieser Welt. Jugendliche in Rostock tragen Barcelona-Trikots, Männer in Barcelona schauen samstags – na gut, nicht Hansa Rostock – aber Sunderland gegen Manchester City im Fernsehen. Schaffner in Rom schwärmen von fernen, unbedeutenden Mannschaften. Es ist die Weltsprache der Sprachlosen, am Strand, in der Bar, im Nachtzug; das globale Spiel. Aber ist es deswegen so weltweit gleich, wie alle tun?

20 Zusammenhang zwischen kgV und ggT

24 = 3 · 2 · 2 · 2
42 = 3 · 2 · 7

ggT(24; 42) = 2 · 3

kgV(24; 42) = 24 · 7
bzw.
kgV(24; 42) = 42 · 2 · 2

Man kann das kleinste gemeinsame Vielfache auch mithilfe der Primfaktorzerlegung bestimmen. Bei den Zahlen 24 und 42 erhält man: 24 = 3 · 2 · 2 · 2 und 42 = 3 · 2 · 7.
Die Faktoren 2 und 3 kommen jeweils einmal in beiden Primfaktorzerlegungen vor. Deshalb gilt ggT(42; 24) = 2 · 3 = 6. Der Faktor 7 kommt in der Primfaktorzerlegung von 42 vor, aber nicht in der von 24. Multipliziert man 24 mit 7 erhält man das kgV:
kgV(24; 42) = 24 · 7 = 168. Alternativ kann man auch 42 mit den Faktoren aus der Primfaktorzerlegung von 24 multiplizieren, die nicht in der von 42 vorkommen.
a) Bestimme jeweils ggT und kgV mithilfe der Primfaktorzerlegungen der beiden Zahlen.
(1) 120; 196   (2) 28; 196   (3) 42; 35   (4) 84; 210   (5) 135; 56
b) Vergleiche bei den Zahlenpaaren aus a) das Produkt der beiden Zahlen mit dem Produkt aus ggT und kgV. Was stellst du fest?

Wiederholen – Vertiefen – Vernetzen

1 Enio hat eine interessante Entdeckung gemacht: „Ich kann dem Bruch $\frac{31}{341}$ sofort ansehen, dass man ihn kürzen kann, denn 341 ist gleich 310 + 31 und deshalb durch 31 teilbar."
Überprüfe mithilfe von Enios Überlegung, ob man die folgenden Brüche kürzen kann.
a) $\frac{17}{187}$ b) $\frac{23}{483}$ c) $\frac{11}{1109}$ d) $\frac{43}{4386}$ e) $\frac{17}{153}$

2 Welcher Anteil der Fläche ist gefärbt? Gib das Ergebnis als Bruch und in Prozent an.
a)   b)    c)

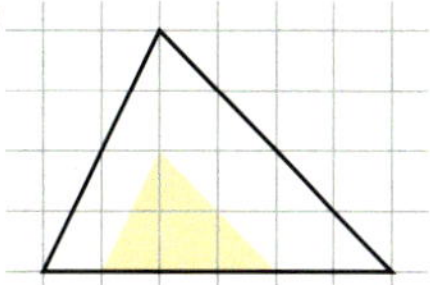

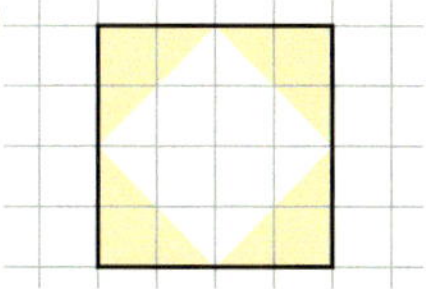

3 Zeichne einen geeigneten Zahlenstrahl in dein Heft und trage die Brüche ein.
$\frac{1}{2}; \frac{2}{2}; \frac{1}{4}; \frac{2}{4}; \frac{3}{4}; \frac{4}{4}; \frac{1}{5}; \frac{2}{5}; \frac{3}{5}; \frac{4}{5}; \frac{5}{5}; \frac{1}{8}; \frac{4}{8}; \frac{5}{8}; \frac{1}{10}; \frac{2}{10}; \frac{5}{10}; \frac{7}{10}; \frac{9}{10}$

4 Wenn es auf Blätter und Nadeln einer Baumkrone regnet, so verdunsten je nach Witterung etwa 20 % des Regenwassers. Das meiste Wasser tropft auf den Boden und versickert. Ungefähr 30 % des Regenwassers kann der Waldboden im Wurzelraum speichern und 50 % des Regenwassers gelangen ins Grundwasser.
a) Stelle die Prozentanteile in einem Diagramm dar.
b) Bei einem Landregen prasseln auf eine Baumkrone 8000 l Wasser. Wie viele Liter davon verdunsten, wie viele werden im Waldboden gespeichert?

Fig. 1

5 Zum Forschen
a) Welcher Anteil an der Fläche des großen Dreiecks ist jeweils gefärbt (siehe Fig. 2)? Gib den Anteil mit einem vollständig gekürzten Bruch an.
b) Bei einem großen Dreieck seien 100 kleine Dreiecke wie in Fig. 2 gefärbt. Welcher Anteil ist dies vermutlich?

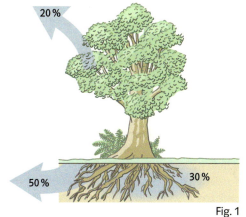

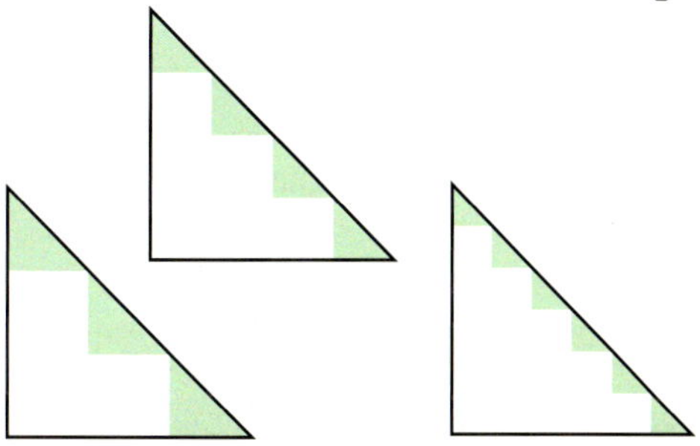

Fig. 2

6 Beim Schulfest darf man mit Wurfpfeilen auf eine der in Fig. 3 abgebildeten Scheiben schießen. Wenn man auf ein farbiges Feld trifft, erhält man einen Gewinn. Welche Zielscheibe würdest du nehmen, wenn du mit verbundenen Augen werfen würdest?

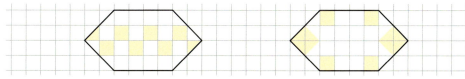

Fig. 3

Wiederholen – Vertiefen – Vernetzen

7 In Zeitungen und Prospekten werden Anteile oft bildlich dargestellt. Dabei kann es passieren, dass die bildliche Darstellung nicht zu den angegebenen Zahlen passt (Fig. 1 und Fig. 2). Beschreibe jeweils, warum die Darstellung irreführend ist.

Fig. 1

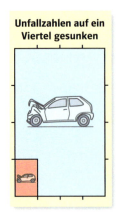

Fig. 2

8 Zahlenvergleich mit Köpfchen
Versuche durch Nachdenken und ohne Rechnung die größere Zahl anzugeben. Beschreibe deine Überlegung.
a) $\frac{5}{11}$; $\frac{5}{12}$ b) $\frac{8}{20}$; $\frac{8}{30}$ c) $\frac{15}{18}$; $\frac{19}{16}$ d) $\frac{7}{5}$; $\frac{19}{22}$ e) $\frac{13}{14}$; $\frac{8}{9}$ f) $\frac{25}{24}$; $\frac{7}{6}$

9 Zum Forschen
a) Schreibe die Bruchzahlen $\frac{1}{4}$; $\frac{1}{40}$; $\frac{1}{400}$ ... in Dezimalschreibweise. Was beobachtest du? Beschreibe, wie sich die Dezimalschreibweise einer Bruchzahl ändert, wenn man an ihren Nenner eine Null anhängt.
b) Bei Brüchen, wie $\frac{1}{2}$; $\frac{2}{3}$; $\frac{3}{4}$ usw., ist der Zähler um eins kleiner als der Nenner. Bei welchen dieser Brüche ist in Dezimalschreibweise die erste Stelle nach dem Komma eine 9?

10 Denke dir einen Würfel mit der Kantenlänge 4 cm. Er ist aus kleinen Würfeln mit der Kantenlänge 1 cm zusammengesetzt. Alle kleinen Würfel, die man von außen sehen kann, haben die Farbe Grün, die anderen haben die Farbe Rot. Wie viele der Würfel sind rot? Gib den Anteil der kleinen roten Würfel mit einem vollständig gekürzten Bruch an.

11 Prozentangaben kritisch verwenden
Bei einem Fernsehkanal wurde an sieben aufeinander folgenden Tagen die Zeitdauer der Sendungen in verschiedenen Sparten aufgeschrieben und dann in Prozente umgerechnet (siehe Tabelle). Welche Aussagen sind durch die Tabelle belegt?
a) Mehr als die Hälfte der Sendezeit ist Unterhaltung.
b) Etwa jede zweite Sendung ist eine Unterhaltungssendung.
c) Pro Stunde Sendezeit sind im Schnitt drei Minuten Musiksendungen.
d) Von 100 Sendungen waren 14 Sportsendungen.

Sparte	Anteil an der Sendezeit
Information	12 %
Unterhaltung (ohne Musik)	53 %
Natursendungen	8 %
Musiksendungen	5 %
Sport	14 %
Sonstiges	8 %

12 a) Ein Hühnerei besteht zu etwa drei Viertel aus Wasser, zu 15 % aus Eiweiß und zu 10 % aus Fett. Wie viel Prozent Wasser enthalten zwei Hühnereier?
b) Ein Ei wird in $\frac{1}{10}$ h hartgekocht. Wie lange brauchen fünf Eier?

Exkursion Größter gemeinsamer Teiler (ggT) mit Schere und Papier

Einen Bruch kann man vollständig kürzen, wenn man mit dem größten gemeinsamen Teiler (ggT) von Zähler und Nenner kürzt. Diesen ggT kann man auch ohne Rechnung, mit Schere und Papier ermitteln.

Beispiel
Gesucht ist der ggT von 21 und 6.

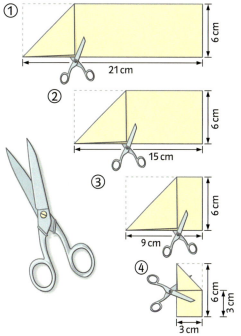

1. Schneide von einem 21 cm langen und 6 cm breiten Rechteck auf die angegebene Weise ein Quadrat ab. Jede Länge, die in 21 cm und 6 cm aufgeht, geht auch in den Seiten des verbleibenden Rechtecks auf, denn jeder Teiler von 21 und 6 teilt auch 21 − 6.
2. Schneide von dem verbleibenden Rechteck auf die gleiche Weise ein Quadrat ab. Du erhältst ein neues Rechteck. Jede Länge, die in den Seiten des ursprünglichen Rechtecks aufgeht, muss auch in den Seiten des neuen Rechtecks aufgehen.
3. Entsprechendes gilt, wenn du nochmals ein Quadrat abschneidest. Es bleibt ein Rechteck übrig, das „auf dem Kopf steht".
4. Verfahre mit dem verbleibenden Rechteck analog dem ursprünglichen. Diesmal bleibt als besonderes Rechteck ein Quadrat übrig und das Verfahren endet. Die Seitenlänge des Quadrates ist die größte Länge, die in beiden Seiten des ursprünglichen Rechtecks aufgeht. Ihre Maßzahl 3 ist der größte gemeinsame Teiler von 21 und 6.

Ergebnis: Der ggT von 21 und 6 ist 3. Man schreibt dafür:
ggT (21; 6) = 3.

Rechnerisch sieht das so aus:

	Länge		Breite		neue Länge
1.	21	−	6	=	15
2.	15	−	6	=	9
3.	9	−	6	=	3
4.	6	−	3	=	3

Es geht sogar noch einfacher, wenn man das wiederholte Subtrahieren durch eine Division ersetzt:
  21 : 6 = 3 Rest 3
   6 : 3 = 2

Der letzte auftretende Divisor, bei dem die Division schließlich aufgeht, ist der ggT von 21 und 6; hier also 3.
Man nennt das Verfahren in der Kurzform auch den **euklidischen Algorithmus**.

Beispiel
Bestimme den ggT von 144 und 60.
Lösung:
144 : 60 = 2 Rest 24
 60 : 24 = 2 Rest 12
 24 : 12 = 2
Der letzte auftretende Divisor ist der ggT von 144 und 60: ggT(144; 60) = 12.

1 Ermittle den ggT mit „Schere und Papier" und kürze damit den Bruch vollständig.
a) ggT(15; 6); $\frac{6}{15}$
b) ggT(18; 8); $\frac{8}{18}$
c) ggT(25; 10); $\frac{10}{25}$
d) ggT(21; 12); $\frac{12}{21}$
e) ggT(20; 16); $\frac{16}{20}$
f) ggT(24; 9); $\frac{9}{24}$

2 Warum endet das beschriebene Verfahren stehts mit einem Quadrat?

Erinnerung:
Bei der Rechnung
6 : 3 = 2 nennt man die
*Zahl 6 **Dividend** und die*
*Zahl 3 **Divisor**.*

Algorithmus *(griech.):*
Rechenverfahren

Euklid war ein bekannter griechischer Mathematiker, der etwa 300 v. Chr. lebte.

Rückblick

Teilbarkeitsregeln
Eine Zahl ist teilbar
- durch 10, wenn sie auf 0 endet.
- durch 5, wenn sie auf 5 oder 0 endet.
- durch 2, wenn sie auf 0, 2, 4, 6 oder 8 endet.
- durch 4, wenn die aus den letzten beiden Ziffern gebildete Zahl durch 4 teilbar ist.
- durch 3 bzw. 9, wenn ihre Quersumme durch 3 bzw. 9 teilbar ist.

14532 ist
- teilbar durch 2, weil die Zahl auf 2 endet.
- teilbar durch 4, weil 32 durch 4 teilbar ist.
- teilbar durch 3, weil die Quersumme (1 + 4 + 5 + 3 + 2 = 15) durch 3 teilbar ist (15 : 3 = 5).
- nicht teilbar durch 10
- nicht teilbar durch 5
- nicht teilbar durch 9

Brüche und Anteile
Mit einem Bruch kann man einen Anteil beschreiben.
Der **Nenner** gibt an, in wie viele gleich große Teile man ein Ganzes teilt. Der **Zähler** gibt an, wie viele dieser Teile man betrachtet.
Man kann Brüche auch als Ergebnis einer Division betrachten (z. B. $\frac{3}{4}$ = 3 : 4).

Erweitern und kürzen
Ein Bruch wird erweitert, indem man den Zähler und den Nenner mit derselben Zahl ($\neq 0$) multipliziert.
Ein Bruch wird gekürzt, indem man den Zähler und den Nenner durch dieselbe Zahl dividiert.
Gekürzte und erweiterte Brüche beschreiben dieselbe **rationale Zahl** auf der Zahlengeraden.

Dezimalzahlen
Dezimalzahlen mit ein, zwei, drei … Stellen nach dem Komma sind eine andere Schreibweise für Brüche mit dem Nenner 10, 100, 1000, …
Man kann einen Bruch in eine Dezimalzahl umwandeln, indem man eine schriftliche Division durchführt und ein Komma ergänzt. Das Ergebnis ist eine **abbrechende** oder **periodische Dezimalzahl**.

$0{,}4 = \frac{4}{10}$; $0{,}17 = \frac{17}{100}$; $0{,}513 = \frac{513}{100}$
$\frac{12}{75} = \frac{4}{25} = \frac{16}{100} = 0{,}16$
$\frac{15}{40} = 15 : 40 = 0{,}375$
$\frac{15}{99} = 15 : 99 = 0{,}151515\ldots = 0{,}\overline{15}$

Prozente
Anteile werden häufig in Prozent angegeben. 1% ist eine andere Schreibweise für $\frac{1}{100}$. Dies entspricht der Dezimalzahl 0,01.

$\frac{1}{4} = \frac{25}{100} = 25\%$; $\frac{1}{8} = \frac{125}{1000} = 0{,}125 = 12{,}5\%$
$\frac{1}{3} = 1 : 3 = 0{,}\overline{3} = 0{,}333\ldots \approx 33{,}3\%$
$0{,}006741 = 0{,}6741\%$

Kommaverschiebung bei Größen
Bei der Dezimalschreibweise von Größen entspricht der Wechsel zu einer größeren Maßeinheit einer Kommaverschiebung nach links und der Wechsel zu einer kleineren Maßeinheit einer Kommaverschiebung nach rechts.

Kleinere Maßzahl, größere Maßeinheit → *Größere Maßzahl, kleinere Maßeinheit*

$0{,}189\,m = 18{,}9\,cm$

Rationale Zahlen vergleichen
Dezimalzahlen vergleicht man, indem man die Ziffern stellenweise miteinander vergleicht.
Brüche lassen sich vergleichen, indem man sie so erweitert oder kürzt, dass der Nenner oder der Zähler gleich sind. Ist der Nenner gleich, so ist der Bruch mit dem größeren Zähler größer. Ist der Zähler gleich, so ist der Bruch mit dem kleineren Nenner größer.

$0{,}4 < 0{,}5$ $0{,}091 < 0{,}126$ $0{,}0102 < 0{,}02$
$\frac{2}{5} < \frac{1}{2}$, denn $\frac{2}{5} < \frac{2}{4} = \frac{1}{2}$
$\frac{1}{7} < \frac{4}{21}$, denn $\frac{1}{7} = \frac{3}{21} < \frac{4}{21}$

Training

1 Prüfe mithilfe der Teilbarkeitsregeln, ob man die Brüche kürzen kann.
a) $\frac{3}{111}$ b) $\frac{5}{167}$ c) $\frac{9}{5445}$ d) $\frac{4}{524}$ e) $\frac{9}{1257}$ f) $\frac{12}{891}$ g) $\frac{18}{9873}$

Mit diesen Aufgaben kannst du überprüfen, wie gut du die Themen dieses Kapitels beherrschst. Danach weißt du auch besser, was du vielleicht noch üben kannst.

2 Schreibe als Bruch und kürze vollständig.
a) 4% b) 60% c) 0,2 d) −0,3 e) −2,6

3 Schreibe als Dezimalzahl und in Prozent.
a) $\frac{7}{10}$ b) $-\frac{4}{5}$ c) $\frac{21}{4}$ d) $\frac{230}{1000}$ e) $3\frac{6}{100}$

4 Schreibe ohne Bruch, Komma und Prozent in einer anderen Einheit.
a) $\frac{3}{5}$ kg b) $\frac{1}{20}$ von 4 km c) 2,6 m² d) 25% von 80 € e) 3% von 1 Liter

5 Welcher Anteil in Fig. 1 ist jeweils grün gefärbt? Schreibe mit einem vollständig gekürzten Bruch und in Prozent.

6 Schreibe in der angegebenen Einheit.
a) 280 m (in km) b) 3,45 m³ (in dm³)
c) 20% von 1,5 t (in t) d) $\frac{3}{100}$ von 3 a (in a)

7 Setze im Heft passend < oder > ein.
a) 2,786 ☐ 2,699   b) $\frac{7}{9}$ ☐ $\frac{8}{12}$ c) $-0{,}34$ ☐ $-\frac{9}{25}$

8 Schreibe die zu dem Buchstaben in Fig. 2 gehörende Zahl in Dezimal- und Bruchschreibweise.

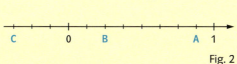

Fig. 2

9 Mit einem Wurfpfeil wird auf die schnell rotierenden Scheiben in Fig. 3 geworfen. Rot zählt als Treffer. Sind die Zielscheiben bei einem Wettkampf gleichwertig?

10 Ordne die folgenden Zahlen nach ihrer Größe und beginne bei der kleinsten.
a) 25%; 2,5; $\frac{50}{200}$; $\frac{50}{2}$; $\frac{1}{4}$; 0,25; $\frac{5}{20}$; $2\frac{7}{100}$; 2,5%; 0,0025
b) 0,125; $\frac{25}{2}$; $\frac{125}{10000}$; $\frac{250}{200}$; $\frac{2}{16}$; 1,25%; 125%; $\frac{2}{8}$; $3\frac{4}{5}$

11 Gib an, welche Bruchzahl größer ist und beschreibe, wie du vorgegangen bist.
a) $\frac{5}{9}$; $\frac{10}{11}$ b) $\frac{3}{4}$; $\frac{4}{3}$ c) $\frac{4}{6}$; $\frac{4}{7}$ d) $\frac{3}{5}$; $\frac{7}{10}$ e) $\frac{2}{3}$; $\frac{6}{7}$ f) $\frac{6}{3}$; $1\frac{1}{3}$ g) $4\frac{5}{6}$; $5\frac{4}{5}$

12 Stelle die folgenden Brüche grafisch als Kreis-, Rechteck- oder Stabbild dar.
$\frac{2}{3}$; $\frac{5}{4}$; $\frac{3}{8}$; $\frac{3}{10}$; $\frac{7}{7}$; $\frac{21}{16}$

13 In der Klasse 6a sind 14 Mädchen und 12 Jungen, in der 6b sind 12 Mädchen und 10 Jungen und in der 6c sind 13 Mädchen und 13 Jungen.
a) Gib die Verteilung der Mädchen und Jungen in den drei Klassen als Verhältnisse an.
b) In welcher Klasse sind anteilig die meisten Mädchen bzw. die meisten Jungen?

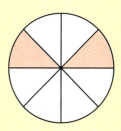

Fig. 3

14 👥 Lege mit den Kärtchen auf dem Rand alle möglichen Dezimalzahlen und ordne sie der Größe nach. Vor dem Komma dürfen höchstens zwei Ziffern stehen. Wie viele Möglichkeiten gibt es? Vergleiche deine Ergebnisse mit dem deines Nachbarn.

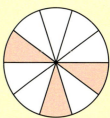

Lösungen auf den Seiten 251–252.

II Addition und Subtraktion von rationalen Zahlen
Mit Brüchen muss man rechnen … mit Kommas aber auch!

Der Mathematiker

Es war sehr kalt, der Winter dräute,
da trat – und außerdem war's glatt –
Professor Wurzel aus dem Hause,
weil er was einzukaufen hat.

Kaum tat er seine ersten Schritte,
als ihn das Gleichgewicht verließ,
er rutschte aus und fiel und brach sich
die Beine und noch das und dies.

Jetzt liegt er nun, völlig gebrochen,
im Krankenhaus in Gips und spricht:
„Ich rechnete schon oft mit Brüchen,
mit solchen Brüchen aber nicht!"

Heinz Erhardt

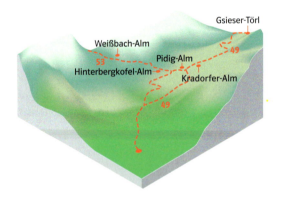

Das kannst du schon
- Mit ganzen Zahlen rechnen
- Rationale Zahlen in Bruch- und Dezimalschreibweise darstellen
- Situationen mit rationalen Zahlen beschreiben
- Brüche kürzen und erweitern

Arithmetik/Algebra

Funktionen

Geometrie

Stochastik

He - jo, spann **den Wa-gen** an. Denn der Wind treibt Re-gen ü-bers Land.

Erfrischungsdrink

$\frac{1}{2}$ l Mineralwasser
$\frac{2}{4}$ l naturtrüber Apfelsaft
$\frac{1}{8}$ l Orangensaft
$\frac{1}{4}$ l Ananassaft

Zutaten mischen.
Fertig!

Das kommt in den Rucksack

☐ Rucksack	1,040 kg
☐ Regenjacke	0,369 kg
☐ Regenhose	0,358 kg
☐ Gamaschen, Überschuhe	–
☐ Fleece-Jacke	0,650 kg
☐ Beinlinge	0,125 kg
☐ Armlinge	0,117 kg
☐ Windstopper-Weste	0,148 kg

Das kannst du bald

- Rationale Zahlen addieren und subtrahieren
- Rationale Zahlen runden und eine Überschlagsrechnung durchführen

Argumentieren/Kommunizieren Problemlösen **Modellieren** Werkzeuge

II Addition und Subtraktion von rationalen Zahlen

Erkundungen

Siehe Lerneinheit 1, Seite 60.

1. Mit Kreisteilen rechnen

Vorbereitung
- Schneidet aus farbigem Papier vier Kreise mit gleichem Radius aus.
- Faltet die Kreise so über die Mitte, dass zwei Hälften, vier Viertel, acht Achtel und sechzehn Sechzehntel entstehen.
- Schneidet entlang der Faltlinien folgende Kreisausschnitte aus:
  $\frac{1}{2}; \frac{1}{2}\ \ \frac{1}{4}; \frac{1}{4}; \frac{2}{4}\ \ \frac{1}{8}; \frac{1}{8}; \frac{1}{8}; \frac{2}{8}; \frac{3}{8}$
  $\frac{1}{16}; \frac{1}{16}; \frac{2}{16}; \frac{2}{16}; \frac{3}{16}; \frac{3}{16}; \frac{4}{16}$
- Beschriftet jeden Kreisausschnitt mit dem dazugehörigen Bruchanteil.

Forschungsaufträge
- Versucht zu zweit auf möglichst verschiedene Weisen einen ganzen Kreis zusammenzustellen. Schreibt euch jeweils die Brüche der Kreisstücke auf, mit denen euch dies gelungen ist (z. B. $\frac{1}{2} + \frac{1}{2}$). Könnt ihr Regelmäßigkeiten feststellen? Versucht danach in gleicher Weise auf möglichst verschiedene Arten einen Halbkreis zu legen.

- Legt mithilfe der Kreisausschnitte wie in Fig. 1 verschiedene Additionsaufgaben mit jeweils zwei Brüchen und versucht das Ergebnis abzulesen. Welche Aufgaben lassen sich leicht lösen? Welche Lösungen können nicht sofort abgelesen werden?

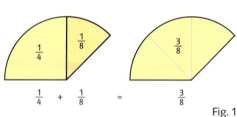

$\frac{1}{4} + \frac{1}{8} = \frac{3}{8}$

Fig. 1

- Legt nun die Kreisausschnitte beiseite. Schreibt Bruchaufgaben mit den Bruchzahlen wie eben auf und versucht sie ohne Kreisausschnitte zu lösen.

- Formuliert eine eigene Regel, wie man zwei Brüche addiert. Überprüft eure Regel mithilfe selbst gewählter Aufgaben und versucht sie bei Bedarf zu verbessern. Vergleicht eure Regel anschließend mit der einer anderen Zweiergruppe.

- Versucht, gemeinsam mit der anderen Zweiergruppe ein Verfahren für die Subtraktion von Brüchen zu entwickeln. Schreibt eure Gedanken auf. Formuliert dann eine Regel, vergleicht sie mit einer anderen Vierergruppe und verbessert sie wenn nötig.

- Arbeitet in der Vierergruppe einen kleinen Vortrag aus, bei dem die Addition und Subtraktion von Brüchen erläutert wird.

2. Australian triple jump (Spiel)

Fips the kangaroo is practicing for the famous Australian triple jump. With three jumps he must land near the ten meter mark. You can play the practice jumps with two, three or four players. You need a dice and a pen.
First write the scoreboard on a piece of paper or in your exercise book. Player 1 throws the dice. He writes the number in a space on his scoreboard. Remember, the jumps should add up to about 10, so choose the best space for each number!
Then Player 2 throws the dice and writes the number in the best space on his scoreboard. Go on throwing the dice and write down the numbers in the best free spaces.
The game ends when there are no more free spaces. Now you can find out how long the jump is. Each player adds up the three jumps on his scoreboard. The player who is farthest away from 10 meters gets only one point, the next player gets two points and so on. Play again. When you stop, the player with the most points is the winner. Have fun!

Siehe Lerneinheit 2, Seite 66, und Lerneinheit 3, Seite 70.

Score board	
1. jump:	_ , _ _
2. jump:	_ , _ _
3. jump:	_ , _ _

triple jump = Dreisprung
to practice = üben
dice = Würfel
close to = nahe bei
farthest away = am weitesten weg
to add up = addieren

3. Überschlag dich nicht ... (Spiel)

Pro Spielgruppe (3 oder 4 Spieler) benötigt ihr einen Würfel und eine Spielfigur. Der erste Spieler setzt die Spielfigur auf ein beliebiges rechteckiges Feld. Mit einem Würfel bestimmt er die Anzahl der (rechteckigen) Felder, die die Figur im Uhrzeigersinn vorrücken darf. Jetzt müssen alle anderen Mitspieler möglichst schnell die Lösung der auf dem Feld verzeichneten Rechnung in einem der Kreise finden. Der Würfelnde hat die Aufgabe, die genannten Ergebnisse zu überprüfen; er selbst darf sich nicht an der Lösungssuche beteiligen. Derjenige, der als Erster das richtige Ergebnis nennen kann, erhält einen Punkt. Anschließend eröffnet dieser die nächste Runde, indem er mit dem Würfel die Anzahl der Felder bestimmt, die die Spielfigur vorrücken darf. Gewonnen hat, wer nach einer vorher vereinbarten Zeit (z.B. 10 Minuten) die meisten Punkte sammeln konnte.

Siehe Lerneinheit 3, Seite 70.

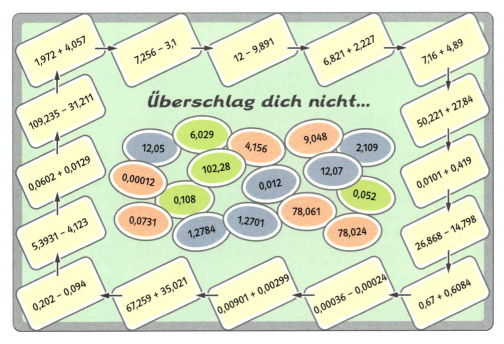

1 Addieren und Subtrahieren von Brüchen

Kerstin will für ihre Freundinnen einen Obstsalat machen. Auf dem Markt hat sie sich verschiedene Obstsorten abwiegen lassen. Der Verkäufer bietet Papiertüten zu 10 Cent an, die jeweils bis zu einem Gewicht von 2 kg halten. Wie viele Tüten wird sie wohl nehmen?

Siehe Erkundung 1, Seite 58.

Addieren und Subtrahieren von Brüchen ist leicht, wenn die Brüche **gleiche Nenner** haben.

Addieren von Brüchen mit gleichem Nenner.

Subtrahieren von Brüchen mit gleichem Nenner.

$$\frac{2}{8} + \frac{1}{8} = \frac{2+1}{8} = \frac{3}{8} \qquad \frac{7}{16} - \frac{2}{16} = \frac{7-2}{16} = \frac{5}{16}$$

Vorsicht:
$\frac{1}{2} + \frac{1}{3} \neq \frac{1+1}{2+3}$

Brüche mit **verschiedenen Nennern** kann man addieren, wenn man sie durch Erweitern oder Kürzen zunächst auf gleiche Nenner bringt.

$$\frac{1}{2} + \frac{1}{3} = \frac{3}{6} + \frac{2}{6} = \frac{3+2}{6} = \frac{5}{6}$$

Entsprechend geht man bei der Subtraktion vor: $\frac{5}{6} - \frac{4}{9} = \frac{15}{18} - \frac{8}{18} = \frac{15-8}{18} = \frac{7}{18}$

Treten bei Additions- und Subtraktionsaufgaben sowohl positive als auch negative Brüche auf, so geht man vor wie beim Rechnen mit ganzen Zahlen.

$$-\frac{2}{3} + \frac{7}{3} = \frac{-2}{3} + \frac{7}{3} = \frac{-2+7}{3} = \frac{5}{3} \qquad \frac{4}{3} - \frac{5}{3} = \frac{4-5}{3} = \frac{-1}{3} = -\frac{1}{3}$$

Zur Erinnerung:
$-3 + (-5) = -3 - 5$
$-3 - (+5) = -3 - 5$
$4 - (-5) = 4 + 5$
$4 + (+5) = 4 + 5$

Wenn in einer Rechnung Plus- oder Minuszeichen direkt aufeinander folgen, so vereinfacht man zuerst die Schreibweise nach den bekannten Regeln und rechnet dann wie bisher.

$$-\frac{3}{7} + \left(-\frac{5}{7}\right) = -\frac{3}{7} - \frac{5}{7} = \frac{-3-5}{7} = \frac{-8}{7} = -\frac{8}{7} \qquad \frac{4}{7} - \left(-\frac{5}{7}\right) = \frac{4}{7} + \frac{5}{7} = \frac{4+5}{7} = \frac{9}{7}$$

Addieren bzw. Subtrahieren von Brüchen

1. Vereinfache die Schreibweise.
2. Bringe die Brüche auf gleiche Nenner.
3. Schreibe die Brüche auf einen gemeinsamen Bruchstrich.
   Nimm dabei alle Plus- und Minuszeichen in den Zähler mit.
4. Berechne den Zähler.

$$-\frac{15}{36} - \left(-\frac{1}{8}\right) = -\frac{5}{12} + \frac{1}{8}$$
$$= -\frac{10}{24} + \frac{3}{24}$$
$$= \frac{-10 + 3}{24}$$
$$= \frac{-7}{24} = -\frac{7}{24}$$

$$\frac{-2}{3} = \frac{2}{-3} = -\frac{2}{3}$$

Beispiel 1
Berechne und gib das Ergebnis mit einem vollständig gekürzten Bruch an.

a) $\frac{3}{8} + \frac{1}{8}$
b) $\frac{5}{6} - \frac{1}{2}$

Lösung:

a) $\frac{3}{8} + \frac{1}{8} = \frac{3+1}{8} = \frac{4}{8} = \frac{1}{2}$
b) $\frac{5}{6} - \frac{1}{2} = \frac{5}{6} - \frac{3}{6} = \frac{5-3}{6} = \frac{2}{6} = \frac{1}{3}$

Beispiel 2
Berechne und gib das Ergebnis als vollständig gekürzten Bruch an.

a) $-\frac{7}{9} + \frac{4}{9}$
b) $-\frac{3}{4} - \frac{1}{10}$
c) $\frac{3}{11} + \left(-\frac{9}{11}\right)$

Lösung:

a) $-\frac{7}{9} + \frac{4}{9} = \frac{-7}{9} + \frac{4}{9} = \frac{-7+4}{9} = \frac{-3}{9} = -\frac{3}{9} = -\frac{1}{3}$ *Plus- und Minuszeichen mitnehmen.*

b) $-\frac{3}{4} - \frac{1}{10} = -\frac{15}{20} - \frac{2}{20} = \frac{-15-2}{20} = -\frac{17}{20}$ *Zuerst gemeinsamen Nenner bestimmen.*

c) $\frac{3}{11} + \left(-\frac{9}{11}\right) = \frac{3}{11} - \frac{9}{11} = \frac{3-9}{11} = -\frac{6}{11}$ *Zuerst die Schreibweise vereinfachen.*

Aufgaben

1 Welche Summe ist durch die gefärbten Flächen dargestellt?
Welcher Anteil der Fläche ist ungefärbt?

a)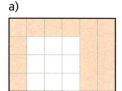
b)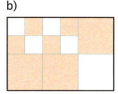
c)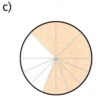
d)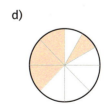

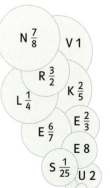

N $\frac{7}{8}$ V 1   R $\frac{3}{2}$ K $\frac{2}{5}$ L $\frac{1}{4}$ E $\frac{2}{3}$ E $\frac{6}{7}$ E 8   S $\frac{1}{25}$ U 2

2 Wohin geht die Reise?

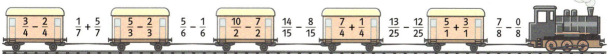

$\frac{3}{4} - \frac{2}{4}$ $\frac{1}{7} + \frac{5}{7}$ $\frac{5}{3} - \frac{2}{3}$ $\frac{5}{6} - \frac{1}{6}$ $\frac{10}{2} - \frac{7}{2}$ $\frac{14}{15} - \frac{8}{15}$ $\frac{7}{4} + \frac{1}{4}$ $\frac{13}{25} - \frac{12}{25}$ $\frac{5}{1} + \frac{3}{1}$ $\frac{7}{8} - \frac{0}{8}$

Fig. 1

In Aufgabe 3 erfährst du, woran Uta gerade denkt.

3 Berechne und gib das Ergebnis mit einem vollständig gekürzten Bruch an. Die Lösungen findest du auf dem Rand. Überlege vorher, wo du erweiterst bzw. kürzt.

a) $\frac{9}{4} - \frac{3}{4}$ b) $\frac{4}{3} - \frac{1}{3}$ c) $\frac{12}{19} + \frac{20}{19}$ d) $\frac{45}{13} - \frac{6}{13}$ e) $\frac{3}{5} + \frac{2}{10}$

f) $\frac{7}{8} + \frac{5}{2}$ g) $\frac{4}{14} + \frac{5}{7}$ h) $\frac{5}{4} - \frac{1}{3}$ i) $\frac{6}{4} - \frac{4}{6}$ j) $\frac{3}{20} + \frac{2}{15}$

4 👥 Formuliere mit deinem Nachbarn fünf Additionsaufgaben und fünf Subtraktionsaufgaben mit Brüchen wie in Aufgabe 1 oder 3. Tauscht die Aufgaben mit einer anderen Gruppe. Kontrolliert eure Ergebnisse anschließend gemeinsam.

5 👥 Überlegt euch zu zweit jeweils zwei Additionsaufgaben und zwei Subtraktionsaufgaben, deren Ergebnis der angegebene Bruch ist.

a) $\frac{3}{4}$ b) $\frac{7}{8}$ c) $\frac{9}{4}$ d) $\frac{1}{8}$ e) $\frac{13}{10}$

Tipp zu Aufgabe 5: Bei den Teilaufgaben a) und b) können die Kreisscheiben der Erkundung 1, Seite 58, helfen.

6 Vor dem Rechnen kann Kürzen nützlich sein.

a) $\frac{45}{60} + \frac{9}{72}$ b) $\frac{30}{36} - \frac{32}{80}$ c) $\frac{105}{150} + \frac{24}{144}$ d) $\frac{190}{240} - \frac{96}{256}$

7 Berechne und gib das Ergebnis als vollständig gekürzten Bruch an.

a) $\frac{1}{3} + \frac{3}{4} + \frac{3}{2}$ b) $\frac{8}{4} - \frac{1}{6} - \frac{2}{1}$ c) $\frac{30}{4} + \frac{20}{30} - \frac{10}{6}$ d) $\frac{11}{8} + \frac{11}{5} + \frac{1}{20}$

$\frac{3}{15} + \frac{4}{10} + \frac{7}{5}$ $\frac{4}{12} - \frac{2}{9} - \frac{5}{9}$ $\frac{1}{2} - \frac{5}{12} + \frac{8}{8}$ $4 - \frac{9}{7} + \frac{7}{9}$

8 Welcher Anteil der folgenden Rechtecke ist jeweils gefärbt? Begründe dein Ergebnis.

a)   b)   c)

d)   e)   f)

Nr. 9

9 Berechne und gib das Ergebnis als vollständig gekürzten Bruch an. Überlege zunächst, ob das Ergebnis positiv oder negativ ist.

a) $\frac{3}{4} - \frac{7}{4}$ b) $\frac{1}{9} + \frac{11}{9}$ c) $-\frac{11}{8} - \frac{19}{8}$ d) $\frac{4}{17} - \frac{21}{17}$

$-\frac{3}{4} - \frac{7}{4}$ $-\frac{1}{9} + \frac{11}{9}$ $-\frac{8}{8} + \frac{5}{8}$ $-\frac{0}{17} - \frac{21}{17}$

$-\frac{3}{4} + \frac{7}{4}$ $-\frac{1}{9} - \frac{11}{9}$ $1\frac{1}{8} - \frac{10}{8}$ $\frac{1}{17} - 2\frac{1}{17}$

Fig. 1

10 Es gibt sechs verschiedene Möglichkeiten, die Karten ⟨3⟩ ⟨4⟩ ⟨5⟩ ⟨5⟩ so in die Form in Fig. 1 einzusetzen, dass der Wert der Differenz größer als null ist (Bsp. $\frac{4}{5} - \frac{3}{5}$)

a) Finde und berechne die Differenzwerte und ordne dann die Ergebnisse in aufsteigender Reihenfolge.

b) Wie viele Möglichkeiten gibt es, ein negatives Ergebnis zu erhalten? Gib die Ergebnisse an und ordne sie in aufsteigender Reihenfolge.

11 Vereinfache die Schreibweise und berechne.

a) $\frac{4}{45} + \left(-\frac{4}{90}\right)$
   $-\frac{1}{6} - \left(-\frac{1}{9}\right)$

b) $-\frac{3}{4} - \left(-\frac{4}{5}\right)$
   $-\frac{5}{6} + \left(-\frac{1}{2}\right)$

c) $\frac{3}{5} - \left(-\frac{1}{2}\right)$
   $-\frac{1}{5} + \left(+\frac{1}{2}\right)$

d) $-\frac{1}{6} + \left(-\frac{1}{9}\right)$
   $-\frac{1}{6} - \left(+\frac{1}{9}\right)$

12 Flipp, der Zahlenfloh, springt vorwärts und rückwärts. Nenne jeweils fünf Landeplätze.

a)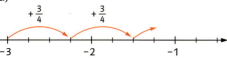
b)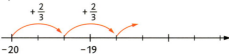
c)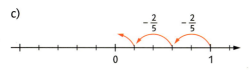
d)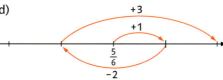

13 a) Subtrahiere $\frac{17}{13}$ von 1. b) Wie viel fehlt von $-\frac{27}{10}$ bis $\frac{4}{15}$? c) Ergänze $-3\frac{5}{9}$ auf $2\frac{1}{3}$.
d) Addiere $-\frac{2}{17}$ zu $\frac{2}{17}$.   e) Ist die Differenz oder die Summe von $-\frac{4}{9}$ und $-\frac{5}{9}$ größer?
f) Addiere zur Differenz von $\frac{1}{8}$ und $-\frac{2}{3}$ die Summe von $-\frac{3}{4}$ und $\frac{1}{2}$.

14 Vereinfache, falls nötig, die Schreibweise und berechne.

a) $\frac{1}{2} - \frac{1}{8} - \frac{1}{16}$
b) $\frac{1}{4} - \frac{1}{6} + \left(-\frac{1}{3}\right)$
c) $-\frac{21}{48} + \frac{7}{16} - \frac{3}{8} - \left(-\frac{1}{2}\right)$
d) $\frac{5}{2} + 3\frac{2}{3} - 4\frac{1}{6} - \frac{22}{4}$
e) $9\frac{5}{12} - \left(-7\frac{5}{18}\right) + 3\frac{1}{60} + \left(-3\frac{22}{45}\right)$
f) $3\frac{7}{9} - 2\frac{1}{3} - \left(5\frac{5}{6} - \left(3\frac{1}{3} + 2\frac{1}{6}\right)\right) - \frac{1}{9}$

15 Beschreibe und verbessere den Fehler.

a) $\frac{1}{2} + \frac{1}{3} = \frac{2}{5}$
b) $-\frac{4}{5} + \frac{2}{5} = -\frac{6}{5}$
c) $-\frac{1}{2} - \frac{1}{3} = -\frac{2}{6}$
d) $\frac{2}{5} + \frac{2}{3} = \frac{2}{8}$
e) $-\frac{5}{3} - \left(-1\frac{1}{6}\right) = -\frac{17}{6}$
f) $\frac{8}{9} - \left(\frac{2}{9} + \frac{1}{3}\right) = \frac{6}{9} + \frac{1}{3} = 1$

16 Die Summe der Brüche in jeder Zeile, Spalte und Diagonale eines magischen Quadrats ist immer gleich.
a) Finde die fehlenden Zahlen der ersten beiden Quadrate, so dass die Summe der Zeilen, Spalten und Diagonalen immer 1 ist.
b) Finde die fehlenden Zahlen der letzten beiden Quadrate, so dass sie „magisch" sind.

	$\frac{1}{3}$	
$\frac{2}{5}$		$\frac{4}{30}$

	$\frac{4}{9}$	
		$\frac{2}{6}$
$\frac{5}{10}$		

	$\frac{4}{4}$	$\frac{5}{8}$
$\frac{3}{8}$	$\frac{3}{4}$	$\frac{3}{2}$
	$\frac{11}{8}$	$\frac{2}{4}$
$\frac{16}{8}$		$\frac{7}{8}$

$\frac{2}{4}$	$\frac{1}{10}$	
	$\frac{3}{10}$	
	$\frac{1}{5}$	$\frac{14}{20}$
$\frac{4}{8}$	$\frac{2}{5}$	$\frac{6}{8}$	$\frac{2}{8}$

17 Anja spart ein Drittel ihres Taschengeldes, ein Fünftel gibt sie für eine Jugendzeitschrift aus. Welcher Teil ihres Taschengeldes bleibt ihr für Sonstiges übrig?

18 Für ein Klassenfest mischen die Schülerinnen und Schüler der Klasse 6c ein Erfrischungsgetränk aus $3\frac{1}{2}$ l Orangensaft, $\frac{3}{4}$ l Limonade und 2 Flaschen Grapefruitsaft zu je $\frac{7}{10}$ l zusammen. Welche Gesamtmenge erhalten sie?

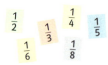

19 a) Kombiniere alle Karten mit den Rechenzeichen + und − so, dass das Ergebnis möglichst nahe bei der Zahl Null liegt.
b) Nimm zwei Karten doppelt, damit du genau auf null kommst. Welche sind dies?
c) Finde selbst fünf Brüche, die mit den Rechenzeichen + und − kombiniert das Ergebnis $\frac{1}{3}$ haben. Überlege dir zuerst eine Lösungsstrategie.

20 Welcher Rechenausdruck gehört zu welcher Geschichte? Erfinde zu den beiden Rechenausdrücken, die übrig bleiben, jeweils eine passende Geschichte und berechne anschließend die fünf Rechenausdrücke.

a) $4 - 1\frac{1}{2} + \frac{3}{4}$ b) $4 - \left(1\frac{1}{2} + \frac{3}{4}\right)$ c) $\frac{3}{4} + 1\frac{1}{2} + 4$ d) $1\frac{1}{2} + 4 - \frac{3}{4}$ e) $4 - \left(1\frac{1}{2} + \left(1\frac{1}{2} - \frac{3}{4}\right)\right)$

① Irene hat am Montag $1\frac{1}{2}$ Stunden ferngesehen. Ein Tag später waren es sogar 4 Stunden. Allerdings hat sie davon auch eine $\frac{3}{4}$ Stunde Pause gemacht. Wie viele Stunden saß sie also an den beiden Tagen insgesamt vor dem Fernseher?

② Ein Vierliterkanister wird mit $1\frac{1}{2}$ l Wasser gefüllt. Wie viel Wasser lässt sich noch nachfüllen, nachdem man einen $\frac{3}{4}$ Liter in eine Flasche abgefüllt hat?

③ Tobias möchte in seinem Zimmer zwei Regale nebeneinander stellen. Das größere ist $1\frac{1}{2}$ m breit, das kleinere ist $\frac{3}{4}$ m kürzer. Wie viel Platz bleibt noch, wenn die Wand insgesamt 4 m lang ist?

Bist du sicher?

1 Berechne und kürze.
a) $\frac{7}{3} - \frac{13}{10}$ b) $\frac{5}{18} - \frac{7}{9}$ c) $\frac{-11}{12} + \frac{3}{8}$ d) $\frac{9}{14} - \left(-\frac{5}{6}\right)$

2 a) Schreibe $\frac{3}{4}$ auf drei verschiedene Arten als Summe.
b) Schreibe $\frac{1}{2}$ als Summe von Brüchen, deren Nenner alle größer als 10 sind.

3 Frau Mall berichtet: „Von meinem Monatslohn brauche ich ein Drittel für die Miete und ein Achtel für mein Auto. Dann ist bereits mehr als die Hälfte weg." Stimmt das?

21 Übertrage die Rechenschlange ins Heft und vervollständige sie.

d) Carl rechnet $\frac{1}{2} + \frac{1}{4} = \frac{3}{4} + \frac{3}{8} = \frac{9}{8} - \frac{7}{16} = \frac{11}{16}$. Was stimmt hier nicht?

22 a) In der Zahlenmauer (Fig. 1) steht über zwei Zahlen stets die Summe. Übertrage die Figur in dein Heft und ergänze die fehlenden Zahlen.
b) Gehe so durch das Labyrinth (Fig. 2), dass du eine möglichst große Summe erhältst.

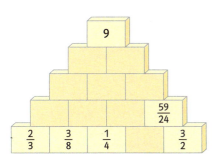

Fig. 1

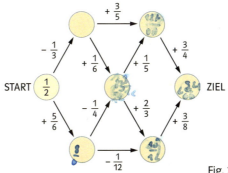

Fig. 2

23 a) Erstelle zwei Zahlenmauern wie in Fig. 3. Tausche die beiden Zahlenmauern mit einem Nachbarn aus. Kontrolliert eure Ergebnisse anschließend gemeinsam.
b) Wie sehen die Rechnungen aus, wenn ihr in die unteren Kästchen drei Brüche mit dem gleichen Nenner schreibt?
c) Wie müsst ihr die drei Brüche $\frac{1}{3}$, $\frac{1}{6}$ und $\frac{1}{2}$ in die unteren drei Kästchen setzen, damit das Ergebnis an der Spitze möglichst groß (möglichst klein) wird?
d) Wählt die drei Brüche in der unteren Reihe so, dass an der Spitze „2" als Ergebnis herauskommt. Wie viele Möglichkeiten findet ihr? Welche Möglichkeiten sind besonders einfach zu berechnen?

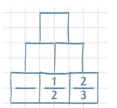

Fig. 3

24 Bei der Ermittlung zu einem Schmuckdiebstahl will der Kommissar wissen, wie Diamanten-Ede den letzten Tag verbracht hat.

25 Peter möchte gerne ein neues Mountainbike kaufen. Die Hälfte des Kaufpreises hat er bereits gespart. Von seinen Eltern erhält er $\frac{1}{4}$ des Preises. Die Großeltern beteiligen sich mit 20 %. Welchen Rabatt muss der Händler gewähren, damit Peter es sofort kaufen kann?

26 Ein Lastwagen kann $11\frac{1}{2}$ t laden. Er wird nacheinander mit $2\frac{1}{8}$ t, 600 kg, $1\frac{3}{4}$ t, 900 kg und $3\frac{3}{4}$ t beladen. Formuliere verschiedene Fragen und stelle sie deinem Partner.

27 Schreibe in dein Heft und ergänze.

a) $\frac{\triangle}{14} + \frac{3}{14} = \frac{9}{14}$
b) $\frac{11}{6} - \frac{\triangle}{6} = \frac{5}{6}$
c) $\frac{6}{17} + \frac{5}{\triangle} = \frac{11}{17}$
d) $\frac{\triangle}{22} - \frac{5}{22} = \frac{22}{22}$
e) $-\frac{2}{4} - \frac{\triangle}{4} = -\frac{3}{4}$
f) $\frac{2}{5} - \frac{\triangle}{5} = -\frac{8}{5}$
g) $\frac{\triangle}{7} - \frac{4}{7} = -\frac{1}{7}$
h) $\frac{\triangle}{2} - \frac{6}{4} = -1$

28 **Gemeinsamen Nenner finden**
Was meinst du zu der Aussage auf der Randspalte? Formuliert eine Gebrauchsanweisung, wie man bei zwei Brüchen den gemeinsamen Nenner möglichst einfach finden kann.

Was sagst du dazu? Einen gemeinsamen Nenner findet man ganz schnell, wenn man die beiden Nenner miteinander multipliziert.

2 Addieren und Subtrahieren von Dezimalzahlen

Läuferin	1. Durchgang	2. Durchgang
Anja Pärson	51,88 s	50,37 s
Line Viken	53,62 s	50,25 s
Marlies Schild	51,13 s	51,46 s
Martina Ertl	52,42 s	50,28 s
Monika Bergmann-Schmuderer	51,82 s	50,88 s
Kristina Koznick	53,23 s	50,65 s

Beim Slalom gibt es zwei Durchgänge. Die Summe der benötigten Zeiten entscheidet über die Platzierung.

▬▬ Wer belegte beim Slalom der Damen die ersten drei Plätze? ▬▬

$0{,}1 = \frac{1}{10}$

$0{,}04 = \frac{4}{100}$

$-0{,}007 = \frac{-7}{1000}$

$0{,}23 = \frac{2}{10} + \frac{3}{100} = \frac{23}{100}$

Siehe Erkundung 2, Seite 59.

Bei der Dezimalschreibweise bedeutet die 1. Stelle hinter dem Komma Zehntel, die 2. Stelle Hundertstel, die 3. Stelle Tausendstel, …. Der Wert der Ziffer hängt also wie bei den natürlichen Zahlen von der Stelle ab, an der sie steht.

Hunderter	Zehner	Einer	,	Zehntel	Hundertstel	Tausendstel
1	0	3	,	7	2	9

(jeweils :10 von links nach rechts)

$\begin{array}{r} 0{,}14 \\ +\,0{,}64 \\ \hline 0{,}78 \end{array}$

Wie man Dezimalzahlen addiert und subtrahiert, kann man sich herleiten, wenn man die Dezimalzahlen als Brüche schreibt. Es ist

$0{,}14 + 0{,}64 = \frac{14}{100} + \frac{64}{100} = \frac{78}{100} = 0{,}78$ und $2{,}7 - 0{,}41 = \frac{27}{10} - \frac{41}{100} = \frac{270}{100} - \frac{41}{100} = \frac{229}{100} = 2{,}29$.

Wie bei den ganzen Zahlen addiert und subtrahiert man auch Dezimalzahlen stellenweise. Dies gilt ebenso, wenn die Anzahl der Nachkommastellen unterschiedlich ist.

Fehler vermeiden, Nullen ergänzen!

Addieren bzw. Subtrahieren von Dezimalzahlen

Addiere bzw. subtrahiere einander entsprechende Stellen der Dezimalzahlen.

$5{,}\mathbf{3}7 + 4{,}\mathbf{1} = 9{,}\mathbf{4}\mathbf{7}$

$\begin{array}{r} 1\,2{,}5\,3\,4 \\ +\quad 8{,}9\,1\,0 \\ \scriptsize 1\;1 \\ \hline 2\,1{,}4\,4\,4 \end{array}$ $\begin{array}{r} 1\,2{,}5\,3\,4 \\ -\quad 8{,}9\,1\,0 \\ \scriptsize 1\;1 \\ \hline 3{,}6\,2\,4 \end{array}$

Damit gleiche Stellen untereinander stehen, muss **Komma unter Komma** stehen.

Bei einer Aufgabe wie $-5{,}9 + 2{,}7$ hilft das Pfeildiagramm, das Vorzeichen des Ergebnisses und die Nebenrechnung zu finden.
Das Ergebnis von $-5{,}9 + 2{,}7$ ist negativ.
Die Nebenrechnung lautet $5{,}9 - 2{,}7 = 3{,}2$.
Damit ist $-5{,}9 + 2{,}7 = -3{,}2$.
Das Ergebnis der Aufgabe $-5{,}9 - 2{,}7$ ist ebenfalls negativ.
Die Nebenrechnung lautet hier $5{,}9 + 2{,}7 = 8{,}6$.
Damit ist $-5{,}9 - 2{,}7 = -8{,}6$.

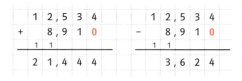
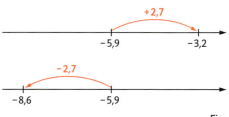

Fig. 1

Beispiel 1
Berechne. Bestimme zunächst das Vorzeichen des Ergebnisses.
a) 5,8 − 1,9　　　　b) − 6,2 + 8,4　　　　c) − 1,05 − 7,3　　　　d) 17,3 − (− 18,5)
Mögliche Lösung:
a) 5,8 − 1,9 = 3,9　　　　　　　　 Vorzeichen positiv
b) − 6,2 + 8,4 = 2,2　　　　　　　 Vorzeichen positiv; Nebenrechnung: 8,4 − 6,2 = 2,2
c) − 1,05 − 7,3 = − 8,35　　　　　 Vorzeichen negativ; Nebenrechnung: 1,05 + 7,3 = 8,35
d) 17,3 − (− 18,5) = 17,3 + 18,5 = 35,8　Zuerst vereinfachen; Vorzeichen positiv.

Beispiel 2　Schriftliches Rechnen
Berechne schriftlich. Bestimme zunächst das Vorzeichen des Ergebnisses.
a) 7,89 − 5,63　　　b) 38,9 + 19,57　　　c) − 13,28 + (− 55,19)　　　d) 6,708 − 10,31
Lösung:
a)　7,89　　Komma unter Komma schreiben;　　b)　38,90　Komma unter Komma schreiben;
　− 5,63　　Vorzeichen positiv.　　　　　　　　　+ 19,57　eventuell „Endnull" ergänzen;
　 2,26　　　　　　　　　　　　　　　　　　　　　58,47　Vorzeichen positiv.

c) Vorzeichen negativ.　　　　　　　　　　　　　d) Vorzeichen negativ.
Nebenrechnung:　　　　　　　　　　　　　　　　Nebenrechnung:
　 13,28　　　　　　　　　　　　　　　　　　　　　10,310
　+ 55,19　　　　　　　　　　　　　　　　　　　　− 6,708
　 68,47　　　　　　　　　　　　　　　　　　　　　3,602
Also ist − 13,28 + (− 55,19) = − 68,47.　　　　　Also ist 6,708 − 10,31 = − 3,602.

Aufgaben

1 Rechne im Kopf. Bestimme zunächst das Vorzeichen des Ergebnisses.
a) 1,4 + 0,6　　　b) 9,8 − 7　　　　c) 1,9 + 2,3　　　d) − 0,5 + 1,7
　 0,8 + 2,1　　　　 2 − 1,3　　　　　 1,9 − 2,3　　　　 12,3 − 15
　 3,7 + 1,7　　　　− 4,2 − 2,4　　　 − 1,9 − 2,3　　　 − 25 − 13,3
Überlege eigene Aufgaben und stelle sie deinem Nachbarn.

Bei der Aufgabe 2 kannst du eine Ergebniskontrolle durch die Quersummenprobe machen.

2　Berechne schriftlich.
a) 5,22 + 2,73　　　b) 2,03 + 1,28　　　c) 4,27 + 16,2　　　d) 0,021 + 5,23
e) 3,45 − 1,89　　　f) 0,473 − 0,289　　g) 1 − 0,097　　　 h) 3,999 − 3,7

3　Bestimme das Vorzeichen und überschlage zuvor.
a) − 16,5 − 23,2　　b) − 16,5 + 23,2　　c) 16,5 + 23,2　　　d) 16,5 − 23,2
e) − 1,2 + 25,2　　 f) 12,3 − 23,9　　　g) − 1,5 − 2,33　　 h) 7 − 10,6

4　a) Um wie viel sind die Zahlen größer als 1? 1,5; 1,04; 1,33; 2,22; 1,001; 10,01
b) Wie viel fehlt noch bis 1? 0,5; 0,7; 0,36; − 1,5; − 0,15; − 10,5
c) Wie groß ist der Abstand zu 15 km? 9,7 km; 9270 m; 16,64 km; 17866 m

5　Übertrage in dein Heft und setze im Ergebnis das Komma an die richtige Stelle.
a) 4,4 + 0,8 = 52　　b) 1,04 + 0,4 = 144　　c) 2,55 − 7,6 = − 505　　d) − 3,2 − 4,1 = − 73

6　Berechne jeweils die Summe und die Differenz der Zahlen.
a) 5,7;　3,6　　　b) − 1,8;　0,9　　　c) 99,9;　9,99　　　d) − 10,01;　− 1,1

7 Frau Hinz erledigte noch ein paar Ostereinkäufe. Ihr Einkaufsbon ist in Fig. 1 abgebildet.
a) Wie viel hat Frau Hinz für Süßigkeiten und Osterdekor ausgegeben? Überschlage erst und berechne anschließend genau.
b) Das Wildlachsfilet und die Margarine hat Frau Hinz für ihre Nachbarin mitgebracht. Wie viel Geld bekommt sie von der Nachbarin, und wie viel hat ihr eigener Einkauf gekostet?

8 Ergänze in deinem Heft die magischen Quadrate (Fig. 2 und Fig. 3). In jeder Zeile, Spalte und jeder Diagonalen beträgt die Summe 4,5.

9 a) Im Laufe eines Jahres beträgt die Entfernung der Erde zur Sonne bei Sonnenferne 152,009 Mio. km und bei Sonnennähe 147,096 Mio. km. Wie groß ist der Unterschied? Woher kommt er?
b) Der Erdumfang über die Pole gemessen beträgt 40008,006 km und entlang des Äquators 40075,161 km. Wie groß ist der Unterschied? Woran liegt das?

```
Montag – Samstag   8 – 20 Uhr
                             EUR
Atlantik Wildlachsfilet     2.69    A
Atlantik Wildlachsfilet     2.69    A
Bunte Baiser Eier           0.79    A
Bunte Baiser Eier           0.79    A
Großes Ostersortiment       1.29    A
Großes Ostersortiment       1.29    A
Marzipan-Ei                 0.59    A
Marzipan-Ei                 0.59    A
Dekor-Marienkäfer           0.99    A
Dekor-Küken                 0.99    A
    4  x  0.48
H-Sahne 30 %                1.92    A
      ------
Summe          11 Pos.     14.62
Bockwurst 1 000 g           3.59    A
Pflanzen Margarine          1.19    A
Fleischsalat Joghurt        0.95    A
Metzgersalat                0.95    A
Metzgersalat                0.95    A
American Sandwich           0.72    A
      ------
Summe          17 Pos.     22.97    A
               ======
Geg                        50.00
Rueck                      27.03
A   7 %         1.50       22.97
      *      *      *      *
   VIELEN DANK FÜR IHREN EINKAUF
      *      *      *      *
          Frohe Ostern
```

Fig. 2

Fig. 3

Fig. 1

10 Hier wurde falsch gerechnet. Suche den Fehler und erkläre ihn. Gib anschließend das richtige Ergebnis an.

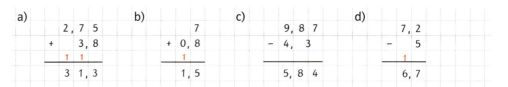

Bist du sicher?

1 a) Berechne im Kopf: 5,2 + 2,4   − 2,7 − 3,8   1,5 − 10,2
  b) Berechne schriftlich: 6,59 + 13,8   − 3,608 + 2,22   6,97 − 10,5
  c) Berechne: 15,8 kg + 6,3 kg   27,2 kg − 1100 g   47,8 m³ − 800 dm³

2 a) Welche Zahl vermindert um 3,55 ergibt 7,99?
  b) Welche Zahl muss man zu − 6,57 addieren, um 17,22 zu erhalten?

11 Welche Zahl musst du einsetzen, damit die Gleichung stimmt?
a) 6,4 + 4,8 = ☐   b) 7,2 + ☐ = 9,6   c) ☐ + 10,5 = 15
d) 12,45 − 8,05 = ☐   e) 0,02 − ☐ = 0,005   f) ☐ − 3,15 = 8,25

12 ☐☐,☐ − 0,☐ = ? Setze die Ziffern 4; 5; 6 und 7 so ein, dass das Ergebnis
a) möglichst groß wird,   b) möglichst klein wird,   c) genau 55,7 beträgt.

13 Welche Zahlen (Fig. 1) ergeben die Summe 1? Verwende zwei, drei oder vier Summanden.

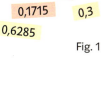

Fig. 1

14 Der Regierungsbezirk Köln hat eine Gesamtfläche von 7365 km², davon werden 3527,77 km² landwirtschaftlich genutzt. 19,31 km² bestehen aus Wald- und Grünland. Der Rest sind Ödland, Wasserflächen, Verkehrs- und Siedlungsflächen. Wie viel km² sind das?

15 Die Tabelle unten zeigt die Ergebnisse des olympischen Rodelwettbewerbs der Herren 2006 in Torino.
a) An wen gingen die Medaillen? Notiere die Reihenfolge nach dem gesamten Lauf.
b) Um wie viel Sekunden war der Sieger schneller als der Silbermedaillengewinner?
c) In welchem Durchgang war der Zeitabstand zwischen dem ersten und dem sechsten am größten bzw. geringsten?

Name	Land	Zeiten in s			
		1. Durchgang	2. Durchgang	3. Durchgang	4. Durchgang
Zöggeler	Italien	51,718	51,414	51,430	51,526
Demtschenko	Russland	51,747	51,543	51,396	51,512
Rubenis	Lettland	51,913	51,497	51,561	51,474
Benshoof	USA	51,907	51,458	51,674	51,559
Möller	Deutschland	52,085	51,533	51,655	51,438
Eichhorn	Deutschland	52,103	51,469	51,656	51,515

16 Übertrage Fig. 2 in dein Heft. Jedes Kästchen steht für eine der Ziffern 0, 2, 3, 6, 7, 9. Jede Ziffer darf nur einmal vorkommen. Setze die Ziffern so ein, dass
a) der Wert der Summe möglichst klein ist,   b) der Wert der Summe möglichst groß ist,
c) der Wert der Summe 9,45 beträgt,   d) der Wert der Differenz möglichst klein ist,
e) der Wert der Differenz 6,12 beträgt.
f) Erkläre, warum es bei den Aufgaben mit Summen immer mehrere Möglichkeiten gibt.

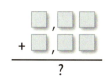

Fig. 2

17 Karl Schmidt soll mit seinem Kleintransporter verschiedene Kisten zu einem Kunden fahren. Die Maße für den Laderaum betragen 3,30 × 1,70 × 1,70, jeweils in Meter. Die Maße der acht Kisten stehen in der nebenstehenden Tabelle.

Kistenmaße (Länge × Breite × Höhe) in m	
1,76 × 0,65 × 1,14	1,51 × 0,29 × 0,75
1,76 × 0,92 × 1,14	1,49 × 1,38 × 0,75
0,76 × 1,65 × 0,51	1,48 × 0,68 × 0,89
0,98 × 1,65 × 0,51	1,48 × 1,00 × 0,89

Das ist leider nicht erlaubt!

Überlege dir mit deinem Nachbarn eine Empfehlung für Herrn Schmidt, wie er seinen Transporter beladen sollte. Vergleicht eure Empfehlung mit der einer anderen Gruppe.

18 Berechne. Überlege dir jeweils eine passende Sachsituation und schreibe sie auf.
a) 610 m + 0,45 km − 0,05 km   b) 3,2 m³ + 255 l − 3300 dm³

19 a) Forme bei 0,35 + 1,25 beide Summanden als Brüche um und addiere sie.
b) Forme bei $\frac{24}{100} + \frac{3}{10}$ beide Summanden als Dezimalzahlen um und addiere sie.
c) Begründe allgemein mithilfe der Regeln für Brüche, dass man Dezimalzahlen stellenweise unter Berücksichtigung des Übertrags addieren kann.

3 Runden und Überschlagen bei Dezimalzahlen

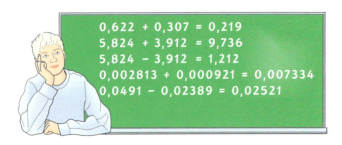

0,622 + 0,307 = 0,219
5,824 + 3,912 = 9,736
5,824 − 3,912 = 1,212
0,002813 + 0,000921 = 0,007334
0,0491 − 0,02389 = 0,02521

Bei den fünf Rechnungen auf der Tafel hat Sven mit einem Blick erkannt, dass hier etwas nicht stimmt.

Siehe Erkundung 3, Seite 59.

Beim Runden von positiven und negativen Dezimalzahlen geht man wie beim Runden von natürlichen Zahlen vor.

Die Stellen nach dem Komma nennt man auch Dezimalen.

> Vor dem **Runden** von Dezimalzahlen muss man festlegen, wie viele Stellen nach dem Komma die gerundete Zahl haben soll.
> Ist die erste Ziffer, die man weglässt, 0; 1; 2; 3 oder 4, so wird **abgerundet**.
> Ist die erste Ziffer, die man weglässt, 5; 6; 7; 8 oder 9, so wird **aufgerundet**.

Rundet man 1,099 auf Hundertstel, so erhält man 1,099 ≈ 1,10. Durch die Null verdeutlicht man, dass auf zwei Dezimalen gerundet wurde.

Eine Anwendung des Rundens ist der **Überschlag**. Bei umfangreichen Rechnungen kann man mit der Überschlagsrechnung schnell einen Näherungswert bestimmen. Mit ihm lässt sich kontrollieren, ob das Ergebnis der genauen Rechnung ungefähr stimmt. Dabei werden die Zahlen so gerundet, dass der Überschlag im Kopf gerechnet werden kann:

              123,86 + 37,41 = 161,27   1,736 − 0,497 = 1,239
Überschlag: 120   + 40   = 160   1,7 − 0,5 = 1,2

Beim Umgang mit **Messwerten** sind noch weitere Aspekte zu beachten. Wird eine Schülerin auf Zentimeter genau gemessen, so bedeutet die Angabe 142 cm, dass ihre Größe gerundet 142 cm beträgt. So könnte sie z.B. 141,5 cm oder 142,3 cm groß sein.

Fig. 1

Beispiel 1 Runden
a) Runde 3,029 auf Zehntel.   b) Runde 3,029 m auf cm.
Lösung:
a) 3,029 ≈ 3,0   *Die Ziffer 2 an der Hundertstelstelle entscheidet für Abrunden.*
b) 3,029 m ≈ 3,03 m   *Die Ziffer 9 an der mm-Stelle entscheidet für Aufrunden.*

Beispiel 2 Überschlagen
a) Überschlage zuerst. Rechne dann genau: 47,47 + 52,52 − 19,19 − 63,63.
b) 1,03 + 10,11 + 100,01 − 0,05
Welcher Wert ist dem richtigen Ergebnis am nächsten: +90; −90; +100; −100; +110; −110?
Lösung:
a) Überschlag: 50 + 50 − 20 − 60 = 20   Genaues Ergebnis: 17,17
b) Überschlag: 10 + 100 = 110, also liegt +110 dem richtigen Wert am nächsten.

Was ist denn hier los?
1,455 ≈ 1,5 ≈ 2
aber
1,455 ≈ 1

Aufgaben

1 Überlege, ob es sinnvoll ist, in jeder Situation zu runden. Begründe deine Entscheidung.
a) Der Rundwanderweg für den Ausflug ist 17,462 km lang.
b) Die Essensvorräte der Expedition reichen noch für 1,5 Monate.
c) Timo hat berechnet, dass das Auto im Schnitt 8,162 Liter pro 100 km verbraucht.
d) Martin hat errechnet, dass man $4\frac{1}{4}$ Rollen zum Tapezieren des Zimmers benötigt.

Was sagst du dazu?
0,02549 = 0

2 a) Runde auf eine Dezimale: 3,24; −1,346; −30,96; 0,99; 1,001; 1,009; 1,01; 1,09
b) Runde auf zwei Dezimalen: −2,837; 0,608; −0,905; 6,998; 9,995; 9,994; 9,999; 10,004

3 a) Runde auf Tausendstel: 0,4451; 0,0516; 8,86471; −13,50069; 0,0097; −3,9999
b) Um wie viel weicht der gerundete Wert vom exakten Wert ab?

4 Runde a) auf kg: 7,52 kg; 4963 g; 0,7537 t   b) auf m: 2,412 m; 24,89 dm; 0,0126 km

5 Sarah hat zur Konfirmation 450 € bekommen. Überschlage, was sie sich von ihrem abgebildeten Wunschzettel kaufen könnte. Schreibe verschiedene Möglichkeiten auf.

6 a) Schreibt mit den 9 Zahlen auf den farbigen Kärtchen eine Additions- oder Subtraktionsaufgabe, deren Ergebnis möglichst nahe an 10 (−10) liegt.

b) Vergleicht die Rechenausdrücke untereinander und stellt euch dann ähnliche Aufgaben.

7 Beim Sturm wurde das Dach des Hauses von Familie Kern beschädigt. Der Schaden wurde vom Dachdecker beseitigt. Frau Kern hat 150 € Bargeld. Überschlage, ob sie die Rechnung (Fig. 1) sofort bezahlen kann. Ermittle dann den exakten Rechnungsbetrag.

```
Dachdecker Freiluft
Rechnung
Familie Kern

Dachplatten  47,42 €
Kleinteile    9,04 €
Lohn         73,95 €
MwSt.        24,78 €
```
Fig. 1

8 Nenne fünf Zahlen, die gerundet 5,3 ergeben. Gibt es eine größte bzw. eine kleinste?

9 Zwischen welchen Euro-Beträgen lagen die genauen Kosten für die Schule (Fig. 2)?

10 a) Wie viele Stimmen hat jede Partei mindestens bzw. höchstens erhalten?
b) Sammle Zeitungsnotizen, in denen gerundete Zahlenangaben verwendet werden. Überprüfe, ob es sinnvoll ist, gerundete Angaben zu verwenden.

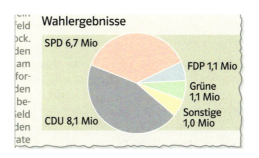

Die Kosten für das Schiller-Gymnasium betrugen 9,5 Mio. €.

Fig. 2

Centi-Markt
2,45 €
12,99 €
9,56 €
23,98 €

Bist du sicher?

1 Runde jeweils auf eine bzw. zwei Dezimalen: 1,2543; 1,5991; −0,58739; −199,0099.

2 Überschlage zuerst und rechne dann genau. a) 1122,7 + 3,9 − 0,75 b) −7,66 − 5,9 − 4,8

3 Reicht Carola ein 50-€-Schein zum Bezahlen an der Kasse des Centi-Marktes?

11 a) Schätze, wie schwer deine volle Schultasche ist. Wiege sie anschließend.
b) Katja hat ihre Schultasche ausgepackt und die einzelnen Stücke gewogen.

5 Hefte je 0,135 kg   0,45 kg   0,56 kg   0,64 kg
287 g   0,98 kg   0,78 kg

Fig. 1

Die leere Schultasche wiegt 1,13 kg. Überschlage zunächst, welches Gewicht Katjas gefüllte Schultasche besitzt, und berechne dann genau.
c) Als Empfehlung für das Gewicht einer Schultasche einschließlich Inhalt wird häufig 10–12,5 % des Körpergewichts des Schülers angegeben. Hierbei sollte das Eigengewicht der Schultasche nicht mehr als 1,5 kg betragen.
Überprüfe, ob das Gewicht deiner Schultasche der Empfehlung entspricht.

Erkundige dich, wie man mit deinem Taschenrechner runden kann.

12 Runde mit dem Taschenrechner
a) auf eine Dezimale: 2,74; 2,75; −5,666;
b) auf m^3: 19,81 m^3; 22 561 dm^3; 2 156 122 cm^3.
c) Forschungsauftrag: Wie rundet dein Taschenrechner negative Zahlen?

Info

Auf vielen Taschenrechnern bestimmt man mit den beiden Tasten 2nd und FIX, auf wie viele Dezimalen eine Zahl angezeigt werden soll. Die Zahl wird dazu auf- oder abgerundet.

13 a) Berechne die Summe der Näherungswerte von 1,5376 + 1,6103 + 1,7105, indem du zunächst jeden Summand auf Einer rundest. Bestimme anschließend das genaue Ergebnis (schriftlich oder mit dem Taschenrechner).
b) Begründe, warum der Näherungswert in Teilaufgabe a) so ungenau ist. Wie hätte man einen besseren Näherungswert erhalten?

14 a) Überlegt euch zu zweit, wie man Zeitangaben runden könnte.
b) Runde auf h: 2 h 20 min; 4 h 35 min 21 s
Runde auf min: 20 min 42 s; 27 s   Runde auf s: 2,184 s; 10,72 s

Kannst du das noch?

15 a) Benenne die Vierecke (Fig. 2) und untersuche sie auf Punkt- und Achsensymmetrie.
b) Zeichne ein Viereck, das sowohl punkt- als auch achsensymmetrisch ist.

16 Gegeben ist das Viereck ABCD mit A(0|−3), B(1|0), C(0|1), D(−1|0). Ergänze es zu einer punktsymmetrischen Figur durch Spiegelung an D. Gib die Bildpunkte an.

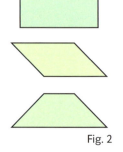

Fig. 2

4 Geschicktes Rechnen

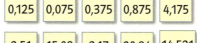

Mit den 20 Kärtchen lassen sich Rechenausdrücke legen, deren Werte folgende Zahlen ergeben: 14,28; 3,51; 2,31; 10,58; 13,521; 2,21; 20,44; 1,51
Wie im Beispiel kann man sich mithilfe von Klammern das Rechnen erleichtern.

Britta hat für 14,28 eine einfache Lösung gefunden:

$$1\,5{,}0\,8 - (\,0{,}8\,7\,5 - 0{,}0\,7\,5\,)$$
$$= 1\,5{,}0\,8 - 0{,}8$$
$$= 1\,4{,}2\,8$$

Bei der Berechnung eines Rechenausdrucks mit rationalen Zahlen gelten die gleichen Rechenregeln wie bei ganzen Zahlen:

 −7,3 − 0,8 + 7,3 − (13,7 + 1,5)
= −7,3 − 0,8 + 7,3 − 15,2   Klammern werden zuerst berechnet
= −7,3 + 7,3 − 0,8 − 15,2   Minus- und Pluszeichen beim Vertauschen mitnehmen
=   0   − 0,8 − 15,2   von links nach rechts rechnen
=   −16

Manchmal kann man einen mehrgliedrigen Rechenausdruck geschickter berechnen, wenn man zuerst die Zahlen zusammenfasst, die subtrahiert werden sollen.

Statt von links nach rechts zu rechnen,   kann man auch so vorgehen:
= 17,4 − 8,5 − 1,5   = 17,4 − 8,5 − 1,5
=   8,9   − 1,5   = 17,4 − (8,5 + 1,5)
=   7,4   = 17,4   − 10   = 7,4

> Werden in einem Rechenausdruck rationale Zahlen addiert oder subtrahiert, so werden zunächst die Klammern berechnet. Danach rechnet man von links nach rechts.
> Außerdem dürfen
> − Terme vertauscht werden, wenn   3,5 − 2,1 + 1,5 = 3,5 + 1,5 − 2,1
>   man die Vorzeichen mitnimmt.
> − statt mehrere Zahlen auch   21,7 − 14,9 − 0,1 − 5
>   ihre Summe subtrahiert werden.   = 21,7 − (14,9 + 0,1 + 5) = 21,7 − 20

Zur Erinnerung:
3,5 + 1 = 1 + 3,5
Kommutativgesetz
(Vertauschungsgesetz)

(3,5 + 1) + 2
= 3,5 + (1 + 2)
Assoziativgesetz
(Verbindungsgesetz)

Durch das geschickte Zusammenfassen erhält man oft Rechenvorteile:
= 15,3 − 21,7 + 4,2 − 8,3   Vertauschen der Reihenfolge
= 15,3 + 4,2 − 21,7 − 8,3   Zusammenfassen
= (15,3 + 4,2) − (21,7 + 8,3)
=   19,5   − 30   = −10,5

Hier lohnt sich Umformen nicht:
15,3 − 5,3 + 6 − 4,2

Beispiel Rechenvorteile nutzen
Fasse geschickt zusammen und berechne.
a) 15,9 − 29,2 − 0,8   b) 4,3 − 13,4 + 2,7 − 0,6
Lösung:
a) 15,9 − 29,2 − 0,8 = 15,9 − (29,2 + 0,8)   b) 4,3 − 13,4 + 2,7 − 0,6 = (4,3 + 2,7) − (13,4 + 0,6)
    = 15,9 − 30 = −14,1   = 7 − 14 = −7

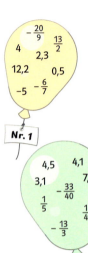

Aufgaben

1 Fasse geschickt zusammen und rechne im Kopf.
a) $5{,}5 - 1{,}5 - 2{,}5 - 1$ b) $6{,}3 + 1{,}7 - 2{,}4 - 3{,}3$ c) $5{,}6 - 4{,}5 + 6{,}4 - 3{,}5$ d) $9 + 0{,}9 - 0{,}9 + 3{,}2$
e) $\frac{3}{4} - \frac{7}{4} - \frac{11}{4} - \frac{5}{4}$ f) $\frac{1}{7} + \frac{9}{7} - \frac{12}{7} - \frac{4}{7}$ g) $\frac{2}{9} - \frac{5}{9} + \frac{8}{9} - \frac{25}{9}$ h) $\frac{8}{3} - \frac{7}{6} + \frac{13}{3} + \frac{2}{3}$

2 Überlege, ob sich durch das Anwenden von Rechenregeln die Berechnung vereinfachen lässt. Berechne anschließend.
a) $34{,}5 - 23{,}2 - 6{,}8$ b) $25{,}9 - 35{,}9 + 17{,}1$ c) $-5{,}9 + 6{,}3 - 6{,}3 + 9$ d) $-5{,}9 + 6{,}3 - 6 + 9{,}7$
e) $\frac{12}{5} - \frac{9}{10} - \frac{11}{10} - \frac{2}{10}$ f) $\frac{7}{6} + \frac{7}{4} - \frac{11}{6} - \frac{5}{6}$ g) $\frac{7}{9} - \frac{13}{9} - \frac{11}{3}$ h) $\frac{1}{8} + \frac{3}{10} - \frac{5}{4}$

3 Von je zwei Aufgaben musst du nur eine rechnen. Welche wählst du?
a) $-3{,}6 + 25{,}8 + 3{,}6 - 1{,}2 - 25{,}8$ b) $\frac{1}{4} - \frac{8}{5} + \frac{17}{10} - \frac{3}{5}$ c) $-0{,}5 + \frac{3}{4} + 10{,}38 - 0{,}75 + \frac{1}{2}$
   $3{,}6 + 25{,}8 + 3{,}6 - 1{,}2$ $\frac{1}{4} - 0{,}3 + \frac{3}{10} - 0{,}25$ $-0{,}5 + 2{,}83 + 10{,}38 - 0{,}75 + 2{,}9$

4 Berechne.
a) $2{,}8 - (1{,}3 - 2{,}8)$ b) $-2{,}6 - (8{,}2 + 2{,}8)$ c) $5{,}3 - 2{,}3 - 8{,}4$ d) $-4{,}2 + (8{,}3 - 4{,}2)$
   $2{,}8 - 1{,}3 - 2{,}8$ $-2{,}6 - 8{,}2 - 2{,}8$ $-5{,}3 + 2{,}3 + 8{,}4$ $-4{,}2 + 8{,}3 - 4{,}2$

5 Schreibe zuerst einen entsprechenden Rechenausdruck und rechne anschließend.
a) Addiere $4{,}6$ zu der Differenz von $17{,}4$ und $3{,}9$.
b) Subtrahiere von $-29{,}8$ die Summe von $9{,}3$ und $0{,}35$.
c) Subtrahiere die Differenz der Zahlen $19{,}3$ und $5{,}1$ von deren Summe.

6 Welche Zahl ist kleiner? $\frac{7}{8}$, vermindert um die Differenz von $0{,}4$ und $\frac{1}{4}$, oder die Summe von $\frac{7}{8}$ und $0{,}25$, vermindert um $\frac{2}{5}$?

7 100 g Buttermilch enthalten 3,3 g Eiweiß, 4,0 g Kohlenhydrate, 0,7 g Mineralstoffe und 0,5 g Fett. Der Rest ist Wasser. Stelle einen Rechenausdruck zur Berechnung der Wassermenge auf und rechne.

Bist du sicher?

1 Berechne. Zur Kontrolle: die Summe aller Lösungen ist 24.
a) $7 - 0{,}7 - 1{,}3 - 2{,}9$ b) $16{,}9 - 0{,}6 - 0{,}3 - 0{,}6$ c) $-3{,}1 + 5{,}8 + 9{,}4 - 4{,}1$ d) $\frac{3}{4} - \frac{8}{3} - \frac{7}{3} + \frac{11}{4}$

8 Hans verwaltet die Klassenkasse. Am Ende des Schuljahres muss er über die Einnahmen und Ausgaben Bilanz ziehen.
a) Stelle mithilfe des Kassenbuches einen geeigneten Term auf und berechne den aktuellen Stand der Klassenkasse.
b) Hans möchte auch über den höchsten und niedrigsten Kassenbetrag berichten. Wie hoch waren diese?

15.9.	Übertrag aus Klasse 5	+115,23 Euro
10.12.	Deko für die Party	− 43,20 Euro
20.12.	Weihnachtsbazar	+ 150,71 Euro
13.5.	Verkauf der Klassenzeitung	+ 273,10 Euro
20.6.	Bus für Ausflug	− 540,00 Euro
28.6.	Spende der Fa. Trico	+ 50,00 Euro
3.7.	Kuchenverkauf	+ 75,20 Euro

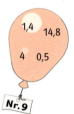

9 Welche Zahl musst du für das Kästchen einsetzen?
a) $4{,}25 + 3{,}75 + \square = 8{,}5$ b) $14{,}4 + 5{,}6 - \square = 5{,}2$ c) $2{,}9 + \square - 1{,}9 = 5$ d) $\square \frac{-1}{10} - \frac{7}{10} = \frac{3}{5}$

Info

Beim Rechnen mit dem Taschenrechner ist es manchmal geschickt, Zwischenergebnisse einer langen Rechnung in einem Speicher abzulegen.

Ziele:
Eine Zahl wie 0,51 speichern.
Den Speicherwert aufrufen.
Den Speicher löschen.

Tipps:
0,51 eingeben, die Taste ⎡STO ->⎤ benutzen (eventuell den Speichernamen hinzufügen).
Die Taste ⎡RCL⎤ benutzen.
Die Taste heißt z. B. ⎡CLRVAR⎤.

Gibt es auf deinem Taschenrechner mehrere Speicher? Wie kannst du sie aufrufen? Durch welchen Speichernamen unterscheiden sie sich?

10 **Ein Spiel für die ganze Klasse**
Durch Addieren und Subtrahieren der Zahlen auf den Kärtchen sollt ihr die Zahl 1 erreichen. Wer findet die meisten Möglichkeiten? AUF DIE PLÄTZE – FERTIG – LOS!

| 0,3 | 0,44 | 0,9 | −0,6 | 0,444 | $-\frac{1}{100}$ | $\frac{7}{10}$ | $\frac{2}{50}$ | 0,09 | $-\frac{1}{10}$ | 0,4 |

11 Beim Unterstufenfest ist die Klasse 6c für die Bewirtung der Gäste zuständig. Sie richtet 5 verschiedene Stände ein. Das eingenommene Bargeld wird stündlich von jedem Stand zur Hauptkasse gebracht. Der Kassierer notiert (Angaben in €):

	Pizza	Waffeln	Fleischkäse	Limo	Milchshake
18 Uhr	52,50	7,70	27,00	17,00	40,50
19 Uhr	67,50	3,50	40,50	25,00	22,50
20 Uhr	47,50	7,00	35,10	33,00	15,00
21 Uhr	25,00	14,70	8,10	45,00	13,50

Notizen und Kassenzettel Ende April:

Fig. 2

a) Entnimm der Tabelle möglichst viele Informationen. Arbeite dabei mit den Speichern.
b) In der Schülerzeitung erscheint ein Artikel über das Fest. Was könnte der Berichterstatter darin über die Bewirtung berichten? Verfasse einen Abschnitt für den Artikel.

12 Daniela sammelt jeden Monat alle Kassenzettel ihrer Einkäufe. Ihr monatliches Taschengeld von 25 € bessert sie durch verschiedene kleine Tätigkeiten auf. Von den Monaten März (Fig. 1) und April (Fig. 2) hat sie folgende Notizen und Kassenzettel:

Minigolf 3,60 €   Cola −,79 €   Babysitten 6,80 €   Süßigkeiten 6,98 €   T-Shirt 23,99 €   Fahrrad putzen 5 €

Fig. 1

Stelle mithilfe der Angaben aus Fig. 1 und 2 verschiedene Berechnungen an, bei denen du die Speicher geschickt nutzen kannst. Formuliere zu den Berechnungen passende Fragestellungen. Stelle sie deinem Partner.

13 Tricks mit Köpfchen
a) Frau Nagel kauft ein. Als sie die Preise addieren will, ärgert sie sich über die Rechnerei. Ihre Tochter Simone hat das genaue Ergebnis sofort. Wie rechnet sie (Fig. 3)?
b) Rolf rechnet 87,581 − 0,999 fix im Kopf. Wie geht er vor?
c) Findet selbst entsprechende Aufgaben, die man mit kleinen Tricks schnell im Kopf rechnen kann. Erfindet dazu ein Wettspiel!

2,99 €   14,98 €   7,99 €   4,97 €

Fig. 3

II Addition und Subtraktion von rationalen Zahlen

Wiederholen – Vertiefen – Vernetzen

1 Hier wurde falsch gerechnet. Suche den Fehler und erkläre ihn. Gib anschließend das richtige Ergebnis an.

a) $\frac{3}{5} + \frac{6}{7} = \frac{9}{12}$ b) $\frac{2}{7} + \frac{3}{2} = \frac{6}{25}$ c) $\frac{7}{4} - \frac{4}{5} = \frac{3}{20}$ d) $\frac{3}{7} + 10\% = \frac{13}{7}\%$

Lösungskontrolle zu Aufgabe 2:

(Die Ziffern der Teilaufgaben nach der Größe geordnet.)

0; 0; 1; 1; 2; 3; 4; 4; 5; 6; 6; 7; 7; 7; 8; 9

2 Ersetze jeweils die □ so, dass die Rechnung richtig wird.

a) 8 6 , 0 7
  + □ 2 , 6 3
  ―――――
   9 □ , □ □

b) 1 2 , □ □
  + 2 □ , 6 3
  ―――――
   □ 2 , 3 4

c) 8 5 , □ 5
  − 2 □ , 2 0
  ―――――
   □ 2 , 5 □

d) 7 0 , □ □
  − □ □ , 8 3
  ―――――
   6 7 , 8 1

3 **Welche Darstellung?**
Berechne die folgenden Rechenausdrücke möglichst geschickt. Vergleiche anschließend den Rechenweg mit deinem Nachbarn.

a) $0{,}2 + 10\% - 1{,}9$ b) $\frac{7}{10} - 1{,}27 + 0{,}27$ c) $\frac{3}{14} - 2{,}4 + \frac{11}{14}$ d) $-\frac{2}{25} + 10\% - 4\%$

Tipp: Bei den Aufgaben 2 und 3 kann es mehrere Lösungsmöglichkeiten geben.

4 Fülle die Zauberquadrate.

a)   b)   c)

5 Zeichne die Zahlenmauer in dein Heft. Beschrifte die Steine anschließend so, dass in jedem Stein die Summe der Brüche der Steine steht, auf dem der Stein liegt.

a) 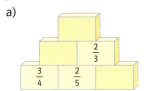   b) 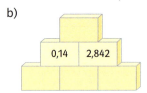   c)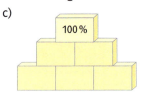

6 a) Zeichnet die Zahlenmauer auf einen großen Zettel. Beschrifte die Steine anschließend so, dass in jedem Stein die Summe der Brüche der Steine steht, auf dem der Stein liegt. Hierbei könnt ihr euch die Arbeit in der Gruppe aufteilen.
b) Vergleicht eure Zahlenmauer anschließend mit der einer anderen Gruppe. In welchen Bereichen stimmen die Zahlen überein? In welchen unterscheiden sie sich?

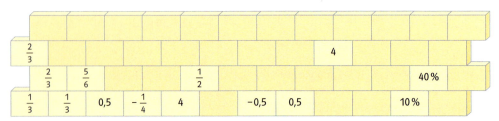

7 Addiere die Zahlen auf den Kärtchen geschickt. Schreibe die dazugehörige Rechnung in dein Heft und vergleiche sie mit deinem Nachbarn.

a)   b) 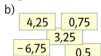   c) 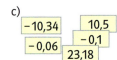   d)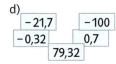

8 Bestimme jeweils die Summe und die Differenz.
a) 0,4; $\frac{1}{2}$
b) −0,25; −0,31
c) 25%; $\frac{2}{5}$
d) 0,045; 45%

9 Bruchbuden
In den Bruchbuden ist heute was los (Fig. 1)!
Im Erdgeschoss sind die Startzahlen eingezogen.
Im 1. Stock wohnt links die Summe der Erdgeschosszahlen und rechts deren Differenz.
Im 2. Stock wohnt links die Summe der Zahlen aus dem 1. Stock und rechts deren Differenz. Baue weitere Bruchbuden. Was stellst du fest?

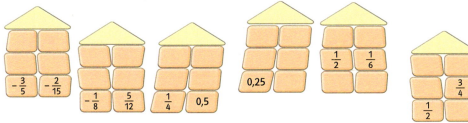

Fig. 1

10 2,5 ☐ $\frac{1}{4}$ ☐ 0,2 ☐ −$\frac{1}{10}$ ☐ 10,4
a) Setze zwei „+" und zwei „−" in die Kästchen. Wie viele Möglichkeiten gibt es?
b) Welcher Rechenausdruck liefert das größte Ergebnis, welcher das kleinste? Berechne.
c) Welcher Rechenausdruck liefert ein Ergebnis, das möglichst nahe bei 0 liegt?
d) Wie sehen die Antworten für die Teilaufgaben b) bis c) aus, wenn man zusätzlich noch beliebig viele Klammern verwenden darf?

11 Die nebenstehenden Schachteln sollen so auf eine Balkenwaage gelegt werden, dass die Waage im Gleichgewicht ist (vgl. Fig. 2). Dabei ist das Gewicht jeweils auf den Schachteln verzeichnet.
Wie viele Möglichkeiten findest du?

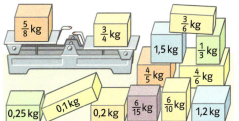

Fig. 2

Bei Aufgabe 11 müssen nicht alle Schachteln auf die Waage gelegt werden.

12 Die Speicherkarte von Lauras Fotoapparat ist schon halb voll. Sie nimmt noch zwölf Bilder auf, danach ist noch ein Drittel leer. Wie viele Bilder passen auf die Speicherkarte?

In Bruchdorf ist $\frac{1}{8}$ der Fläche mit Wohnhäusern, $\frac{1}{24}$ mit öffentlichen Gebäuden und $\frac{1}{5}$ mit Scheunen und Ställen bebaut. Gärten und Wiesen nehmen den Anteil $\frac{7}{12}$ ein. Der Rest, das ist der Anteil von 10%, wird von Straßen, Wegen und Plätzen beansprucht.

13 Lies dir den Artikel in Fig. 3 genau durch und schreibe einen geeigneten Leserbrief an die Zeitung.

Fig. 3

14 Schlangenrekord
Im indonesischen Dorf Curugsewu auf der Insel Java ist eine Rekordschlange zu bestaunen. Der Python misst nach Behördenangaben 14,85 Meter und wiegt 447 Kilogramm. Damit ist das Tier die größte jemals gefangene Schlange, denn der Guinnessrekord liegt bei 9,75 Metern. Sie frisst einer Zeitung zufolge drei bis vier Hunde pro Monat. Stelle Informationen über andere Schlangen zusammen und vergleiche mit den Angaben aus dem Artikel.

Wiederholen – Vertiefen – Vernetzen

15 Auf der 20. Etappe der Tour de France 2005 mussten die Fahrer im Einzelzeitfahren auf dem Rundkurs von Saint-Etienne 55,0 km zurücklegen. Die Gesamtwertungen vor und nach der Etappe sind unten stehend aufgelistet.
Bestimme mit diesen Angaben möglichst viele weitere Informationen.

Gesamtwertung **vor** der 20. Etappe				
1.	Lance Armstrong	US	81 h	22 min	19 s
2.	Ivan Basso	I	81 h	25 min	05 s
3.	Michael Rasmussen	DK	81 h	26 min	05 s
4.	Jan Ullrich	D	81 h	28 min	17 s
5.	Francisco Mancebo	E	81 h	29 min	27 s
6.	Levi Leipheimer	US	81 h	30 min	31 s
7.	Cadel Evans	AU	81 h	32 min	08 s
8.	Alexander Vinokourov	KZ	81 h	32 min	30 s
9.	Floyd Landis	US	81 h	33 min	01 s
10.	Oscar Pereiro Sio	E	81 h	34 min	28 s

Gesamtwertung **nach** der 20. Etappe				
1.	Lance Armstrong	US	82 h	34 min	05 s
2.	Ivan Basso	I	82 h	38 min	45 s
3.	Jan Ullrich	D	82 h	40 min	26 s
4.	Francisco Mancebo	E	82 h	44 min	04 s
5.	Levi Leipheimer	US	82 h	45 min	30 s
6.	Alexander Vinokourov	KZ	82 h	45 min	32 s
7.	Michael Rasmussen	DK	82 h	45 min	38 s
8.	Cadel Evans	AU	82 h	46 min	00 s
9.	Floyd Landis	US	82 h	46 min	49 s
10.	Oscar Pereiro Sio	E	82 h	50 min	09 s

16 Die Karte in Fig. 1 zeigt einen Ausschnitt aus Nordrhein-Westfalen.
a) Bestimme die Entfernungsdifferenzen (Luftlinie) von Münster zu den beiden Flughäfen Düsseldorf und Köln/Bonn. Welche Entfernungsdifferenzen würden sich ergeben, wenn man mit dem Auto über die Autobahn fährt?
b) Ein Pilot möchte mit seinem Flugzeug von Köln/Bonn über Düsseldorf nach Dortmund/Wickede fliegen. Welche Strecke muss er zurücklegen? Wie lang wäre die Strecke, wenn er startend von Köln/Bonn im Uhrzeigersinn alle fünf auf der Karte verzeichneten Flughäfen anfliegen würde?

Fig. 1

17 Bei einer Umfrage wurden die Schüler und Lehrer eines Gymnasiums von den Sechstklässlern befragt, ob die Hausaufgabenbelastung angemessen sei. Die mit dem Taschenrechner berechneten prozentualen Ergebnisse wurden in der Tabelle in Fig. 2 festgehalten.

Die Hausaufgabenbelastung ist …	Prozentuale Anteile
… zu hoch	83,709 677 42 %
… in Ordnung	12,935 483 87 %
… zu gering	2,903 225 81 %

Fig. 2

a) Stellt in einer Dreiergruppe die Anteile auf einem Plakat übersichtlich in einem Säulen- oder Balkendiagramm dar.
b) Wie groß ist etwa der Anteil derjenigen, die sich bei der Umfrage enthalten haben?
c) Wie wäre die Umfrage vermutlich ausgegangen, wenn man nur die Schüler oder nur die Lehrer gefragt hätte?

18 Die Punkte A, B, C und D sind die Eckpunkte eines Rechtecks. Skizziere sie in einem Koordinatensystem und miss die Seitenlängen näherungsweise. Rechne anschließend genau.
a) A(1|1), B(4|1), C(4|3,5) und D(1|3,5)
b) A(0,518|1,49), B(5,118|1,49), C(5,118|4,08) und D(0,518|4,08)
c) A(−2,217|−1,97), B(3,17|−1,97), C(3,17|6,27) und D(−2,217|6,27)

Näherungswerte erhält man mit einer Skizze – genaue Werte müssen berechnet werden.

19 a) Die Punkte A(4,12|3,54), B(6,81|3,54) und C(6,81|7,05) sind drei Eckpunkte eines Rechtecks. Bestimme die x-Koordinate und die y-Koordinate des vierten Eckpunktes D.
b) Die Punkte A(0,427|2,17) und B(4,07|2,17) sind zwei Eckpunkte eines Quadrates. Bestimme die x-Koordinaten und die y-Koordinaten der anderen beiden Eckpunkte C und D.
c) Die Punkte A(0,251|1,3), B(5,17|1,3) und D(3,541|4,12) sind drei Eckpunkte eines Parallelogramms. Bestimme die x-Koordinate und die y-Koordinate des vierten Eckpunktes C.
d) Der Punkt P(3,167|2,18) liegt auf dem Kreis mit dem Mittelpunkt M(3,167|4,715). Bestimme die x-Koordinaten und die y-Koordinaten von drei weiteren Punkten des Kreises.

20 Skizziere die Punkte A(1,241|2,09) und B(−3,043|−1,26) sowie die Gerade, die senkrecht auf der x-Achse steht und die durch den Punkt P(2,812|2,09) geht.
Bestimme die Koordinaten der Punkte A' und B', die man erhält, wenn man die Punkte A und B an der Gerade spiegelt.

21 Gemischte Zahlen
Mirko mischt $1\frac{1}{2}$ l Zitronenlimo mit $1\frac{3}{4}$ l Mineralwasser und $2\frac{1}{4}$ l Orangensaft.
a) Wie viel l Mixgetränk erhält er?
b) Gib verschiedene Möglichkeiten an, die Aufgabe $2\frac{1}{8} + 5\frac{3}{4}$ zu lösen.
c) Wie kann man bei der Subtraktion $8\frac{5}{6} - 4\frac{1}{12}$ vorgehen?

Überprüfe, ob man bei deinem Taschenrechner gemischte Zahlen eingeben kann.

22 Experimente mit Brüchen
Setze die Zahlenreihen wie in Figur 1 fort. Sage die Rechnung und das Ergebnis der zehnten Zeile vorher. Erfinde eine eigene Zahlenreihe, bei der man Vorhersagen machen kann. Stelle die Aufgabe deinem Partner.

23 Wahr oder falsch?
a) Die Differenz zweier verschiedener Brüche ergibt nie eine natürliche Zahl.
b) Addiert man mehrmals denselben positiven Bruch, so ergibt sich irgendwann eine natürliche Zahl.
c) Der Nenner einer Summe von zwei positiven Brüchen ist stets größer als die Nenner der Summanden.

$\frac{1}{3} - \frac{1}{2}$	$\frac{3}{5} - \frac{3}{4}$
$\frac{1}{4} - \frac{1}{3}$	$\frac{3}{7} - \frac{3}{6}$
$\frac{1}{5} - \frac{1}{4}$	$\frac{3}{9} - \frac{3}{8}$
...	...

Fig. 1

24 Zum Knobeln
Ein alter Araber bestimmte vor seinem Tod, dass der erste seiner Freunde die Hälfte, der zweite den vierten und der dritte den fünften Teil seiner Kamele erben sollte. Da der Alte 19 Kamele hinterließ, konnten sich die drei Freunde nicht einigen.
Sie wandten sich an einen Derwisch, der auf einem alten Kamel dahergeritten kam, und baten ihn um Hilfe. Dieser sagte: „Ich will euch mein Kamel leihen." Nun nahm sich der Erste die Hälfte von den 20 Kamelen heraus, der Zweite ein Viertel und der Dritte ein Fünftel. Zum Schluss blieb das Kamel des Derwischs übrig. Der Derwisch bestieg es wieder und ritt davon. Alle waren zufrieden. Rechne nach.
a) Warum konnten sich die Freunde zunächst nicht einigen?
b) Hat der Derwisch die 19 Kamele gerecht auf die drei Freunde aufgeteilt?

II Addition und Subtraktion von rationalen Zahlen

Exkursion   Musik und Bruchrechnung

Aus dem Musikunterricht kennst du die **Notenwerte**:

Mehr über Takte kannst du von deinem Musiklehrer erfahren. Frage ihn danach.

Addiert man die Notenwerte, so erhält man einen Hinweis auf den jeweiligen **Takt**:

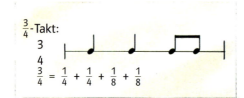

Gib die Notenwerte an und stelle fest, ob es sich um einen 2/4-, 4/4- oder 3/4-Takt handelt.

Schreibe die Brüche als Noten und gib an, ob es sich um einen 2/4-, 4/4- oder einen 3/4-Takt handelt.

a) $\frac{1}{4} + \frac{1}{4}$ b) $\frac{1}{8} + \frac{1}{8} + \frac{1}{8} + \frac{1}{8}$

c) $\frac{1}{4} + \frac{1}{4} + \frac{1}{4}$ d) $\frac{1}{8} + \frac{1}{2} + \frac{1}{8}$

e) $\frac{1}{4} + \frac{1}{4} + \frac{1}{2}$ f) $\frac{1}{4} + \frac{1}{8} + \frac{1}{8} + \frac{1}{2}$

a) Welchen Wert müsste die Note ◊ besitzen?

b) Die Note ◊ gibt es nicht. Man schreibt für ◊ ◊ ◊ diese Triole

Welchen Wert hat diese Triole ?

Dies ist der Bolero-Rhythmus:

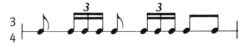

Welchen Wert hat die hier vorkommende Triole ?

Ein Punkt hinter einer Note verlängert den Notenwert um seine Hälfte. Man spricht von **Punktierung**:

$\frac{3}{4} = \frac{1}{2} + \frac{1}{4}$

$\frac{3}{8} = \frac{1}{4} + \frac{1}{8}$

$\frac{3}{16} = \frac{1}{8} + \frac{1}{16}$

Gib die Notenwerte an und berechne den jeweiligen Takt:

a)   b)

Schreibe einen 2/4-Takt mit zwei punktierten Noten und einer nicht punktierten Note.

In der Mathematik ist $\frac{3}{4} = \frac{6}{8}$ denn 3 Viertel sind genauso viel wie 6 Achtel. Das gilt auch in der Musik: 3 Viertelnoten sind genauso lang wie 6 Achtelnoten. Trotzdem unterscheidet man in der Musik zwischen einem 3/4-Takt von einem 6/8-Takt. Denn hier kommt es neben der Länge des Taktes auch darauf an, wie er unterteilt ist. Aus diesem Grund schreiben Komponisten vor manche Musikstücke 3/4- und vor andere 6/8.

Der 3/4-Takt ist in drei gleiche Teile unterteilt. Wenn man einen 3/4-Takt hört (oder z. B. als Walzer tanzt) zählt man nur die betonten Teile (mit dem > darunter). Die anderen drei Noten sind unbetont und man sagt leise „und". Der 3/4-Takt klingt also so:

„Eins – (und) – zwei – (und) – drei – (und)"

Der 6/8-Takt wird nicht in drei Teile, sondern nur in zwei gleiche Teile unterteilt. Jeder Teil enthält drei Achtel.

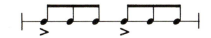

„Eins – (und) – (und) – zwei – (und) – (und)"

Man erkennt Musikstücke im 6/8-Takt häufig daran, dass drei Achtel durch einen gemeinsamen Balken zu einer Gruppe zusammengefasst werden. Hierbei wird jeweils die erste Achtelnote betont.

Die auf dem unteren Teil dieser Seite abgedruckten Noten sind ein Auszug aus
CARILLON
(L'Arlésienne Suite No. I)
von GEORGES BIZET

Das ist eines der seltenen Stücke, in dem 6/8- und 3/4-Takte vorkommen. Vergleiche die Takte der Flöten und Hörner. Wo spielen die Instrumente einen 3/4-Takt, wo einen 6/8-Takt?

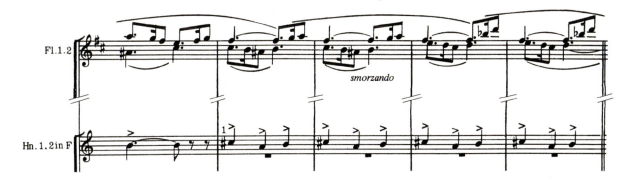

Rückblick

Addieren und Subtrahieren von rationalen Zahlen
Sollen rationale Zahlen addiert bzw. subtrahiert werden, so unterscheidet man, ob sie in Bruchdarstellung oder in Dezimaldarstellung vorliegen.

1. Addieren und Subtrahieren von rationalen Zahlen in **Bruchdarstellung**
   - Vereinfachen der Schreibweise.
   - Auf gleichen Nenner bringen.
   - Auf einen gemeinsamen Bruchstrich schreiben.
     Dazu alle Plus- und Minuszeichen in den Zähler mitnehmen.
   - Den Zähler berechnen.
   - Falls möglich kürzen.

$$-\frac{3}{8} + \left(-\frac{5}{6}\right) + \frac{7}{21}$$
$$= -\frac{3}{8} - \frac{5}{6} + \frac{1}{3}$$
$$= -\frac{9}{24} - \frac{20}{24} + \frac{8}{24}$$
$$= \frac{-9 - 20 + 8}{24}$$
$$= -\frac{21}{24}$$
$$= -\frac{7}{8}$$

2. Addieren und Subtrahieren von rationalen Zahlen in **Dezimaldarstellung**
   - Über das Vorzeichen des Ergebnisses und die zugehörige Nebenrechnung entscheiden.
   - Entsprechende Stellen der Dezimalzahlen addieren bzw. subtrahieren.
   - Beim schriftlichen Rechnen Komma unter Komma schreiben.

$25,366 - 136,5$
Vorzeichen negativ
Nebenrechnung:
$\quad 136,500$
$- \; 25,366$
$\quad\quad\;\; _{1\;1}$
$\overline{\quad 111,134}$
Also ist $25,366 - 136,5 = -111,134$.

Berechnen eines Rechenausdrucks
1. Was in der Klammer steht, muss zuerst berechnet werden.
2. Minus- und Pluszeichen beim Vertauschen mitnehmen.
3. Wenn mehrere Zahlen subtrahiert werden, kann man diese zusammenfassen.
4. Wenn keine Klammer vorkommt, von links nach rechts rechnen

$-0,5 + 10,7 - (8,5 - 7,2)$
$= -0,5 + 10,7 - 1,3$
$= 10,7 - 0,5 - 1,3$
$= 10,7 - (0,5 + 1,3)$
$= 10,7 - 1,8$
$= 8,9$

Beim Einsatz des Taschenrechners kann die Verwendung der Speicher sinnvoll sein.

Runden und Überschlagen bei Dezimalzahlen
Steht rechts von der Rundungsstelle eine 5, 6, 7, 8 oder 9, so wird aufgerundet.
Steht rechts von der Rundungsstelle eine 0, 1, 2, 3 oder 4, so wird abgerundet.

$5,79 \approx 5,8$

$5,74 \approx 5,7$

Bei umfangreichen Rechnungen kann man mit einer Überschlagsrechnung schnell einen Näherungswert finden oder kontrollieren, ob das Ergebnis einer genauen schriftlichen Rechnung oder einer Taschenrechnerrechnung ungefähr stimmt.
Die Überschlagsrechnung wird im Kopf gerechnet.

$-10,75 + 8,69 - 22,8 + 0,1$
$= -11 + 9 - 23 + 0$
$= -25$

Training

1 Berechne.

a) $\frac{3}{5} + \frac{7}{3}$ b) $\frac{3}{10} - \frac{5}{2}$ c) $0,3 + \left(-\frac{2}{15}\right)$ d) $-\frac{5}{8} - \frac{7}{12}$

e) $2 - 0,7$ f) $-5,1 - 2,6$ g) $-2 + \frac{1}{10}$ h) $\frac{10}{4} - 10,9$

Mit diesen Aufgaben kannst du überprüfen, wie gut du die Themen dieses Kapitels beherrschst. Danach weißt du auch besser, was du vielleicht noch üben kannst.

2 Welche Zahl musst du einsetzen?

a) $\square + \frac{4}{9} = \frac{16}{15}$ b) $\frac{2}{15} - \square = \frac{1}{25}$ c) $\square + 2,8 = -14,7$ d) $\square - 0,6 = 4,9$

3 Berechne geschickt.

a) $23,9 + 7,1 - 6 - 23,9$ b) $5,3 - 0,8 + 3,2 + 1,5 - 12,2$ c) $-0,75 + 0,3 - 12,5 + \frac{3}{4} + \frac{7}{10}$

4 Führe zuerst eine Überschlagsrechnung durch und berechne anschließend genau.

a) $(100,75 - 15,9) - (-13,83 + 5,2)$ b) $200,9 - 63,5 - 123,6$ c) $(-13,5 - 3,9) - (18,9 + (-13,2))$

5 a) Entscheide ohne Rechnung, ob das Ergebnis positiv oder negativ ist: $\frac{2}{3} - \frac{1}{4}$; $\frac{1}{12} - \frac{1}{6}$.

b) Subtrahiere den größeren vom kleineren Bruch: $\frac{4}{5}, \frac{8}{9}$; $-\frac{4}{5}, \frac{8}{9}$; $-\frac{4}{5}, -\frac{8}{9}$; $\frac{2}{3}, \frac{7}{8}$; $\frac{5}{8}, \frac{5}{11}$.

c) Welchen Abstand haben die beiden Zahlen auf der Zahlengeraden?

$\frac{1}{6}, \frac{7}{15}$; $-\frac{1}{6}, \frac{7}{15}$; $\frac{1}{6}, -\frac{7}{15}$.

104. nationale Titelkämpfe in Braunschweig 10./11.7. 2004

6 Opa Gustav möchte sein Vermögen von 120 000 € seinen fünf Söhnen vererben. Konrad soll $\frac{1}{6}$, Karl $\frac{1}{5}$, Knut $\frac{1}{4}$ und Konstantin $\frac{1}{3}$. Das restliche Vermögen soll der kleine Kunibert erben.

a) Wie viel Prozent des Vermögens erhält Kunibert?
b) Wie viel Geld erhält jeder der fünf Söhne?

7 Der Läufer Filmon Ghirmai erzielte beim Hindernislauf im Jahr 2003 mit 8:20,50 Minuten seine Bestzeit. Obwohl er bester Deutscher über diese Strecke war, musste er die Hoffnung auf eine Olympiateilnahme in Athen 2004 begraben, da er in Braunschweig mit 8:38,91 Minuten deutlich über der Olympianorm (8:21,00 Minuten) geblieben ist.
a) Um wie viel hätte er für eine Olympia-Qualifikation seine Zeit steigern müssen?
b) Wie groß ist der Unterschied zwischen seinen Läufen von 2003 und 2004?

3000-m-Hindernisläufer Filmon Ghirmai holte sich den Titel bei den deutschen Meisterschaften.

8 Als Tanja ihre Radtour beginnt, zeigt ihr Kilometerzähler 2653,1 km an. Auf der Radtour notiert sie bei der Ankunft an jedem Abend den Kilometerstand. Leider sind die Zettel durcheinander geraten.

| 2715,7 | 2869,0 | 2795,2 | 2688,4 | 2909,3 |

a) Wie weit ist sie an den einzelnen Tagen gefahren?
b) Insgesamt möchte sie ca. 400 km zurücklegen. Wie viele Kilometer muss sie noch fahren? Was zeigt der Tacho dann an? Schätze, wie viele Tage sie noch unterwegs ist.

9 Familie Flüssig hatte im vergangenen Jahr folgenden Wasserverbrauch (vgl. Fig. 1).
a) Berechne den Jahresverbrauch.
b) Wie groß ist der Unterschied zwischen dem geringsten und dem höchsten Verbrauch?
c) Nenne mögliche Gründe, warum der Wasserverbrauch der Familie im Sommer stark schwankte.

Januar	15,8 m³
Februar	16,2 m³
März	15,9 m³
April	16,5 m³
Mai	16,7 m³
Juni	24,6 m³
Juli	26,5 m³
August	1,6 m³
September	16,8 m³
Oktober	16,5 m³
November	15,9 m³
Dezember	16,0 m³

Fig. 1

III Winkel und Kreis
Rechnen bei 10°

Etwa 150 Jahre v. Chr. gingen die Astronomen davon aus, dass die Erde ruht und die Sterne und der Mond sich auf Kreisbahnen um die Erde bewegen. In der Vorstellung bestand die Kreisbahn aus 12 Teilen von 30 Tagen Länge, etwa der Dauer eines Mondzyklus.

Deutschland: 10° ö. L.
Indien: 80° ö. L.
Mexiko: 100° w. L.

Das kannst du schon

- Größen schätzen und messen
- Mit Größen rechnen
- Mit dem Geodreieck zueinander senkrechte und parallele Geraden zeichnen

Arithmetik/Algebra   Funktionen   **Geometrie**   Stochastik

Argumentieren/ Kommunizieren

Problemlösen

Modellieren

Werkzeuge

Das kannst du bald

- Die Bedeutung von Winkeln erkennen und erforschen
- Die Größe von Winkeln schätzen und messen
- Winkel nach Vorgabe zeichnen
- Mit Zirkel und Geodreieck regelmäßige Figuren zeichnen

III Winkel und Kreis

Erkundungen

Siehe Lerneinheit 1, Seite 88, und Lerneinheit 2, Seite 90.

1. Winkel erleben

Wenn man sehen kann, wo man hingeht, verfehlt man sein Ziel selten. Schwieriger ist es jedoch, wenn man durch ein dunkles Zimmer geht oder sich die Augen verbunden hat. Dann muss man sich genau merken, in welche Richtung und wie weit man laufen muss, oder jemand anderes erklärt einem den Weg. Hierbei ist es wichtig, dass die Erklärungen gut verständlich und genau sind.

Mögliche Kommandos:

> Dreh dich um 90 Grad nach links und mache drei Schritte vorwärts.

> Mache eine $\frac{1}{4}$-Drehung nach rechts und gehe zwei Gänseschritte vorwärts.

Einem Roboter den Weg beschreiben

Bildet Gruppen mit je drei Schülern. Jede Gruppe markiert im Klassenraum oder auf dem Schulhof einen Startpunkt und ein Ziel. Start und Ziel sollten bei allen Gruppen gleich weit auseinander liegen.

In jeder Dreiergruppe gibt es einen „Roboter", einen Kommandogeber und einen Schiedsrichter. Der Roboter verbindet sich die Augen, sodass er nichts mehr sehen kann. Er stellt sich auf den Startpunkt und wird dort vom Schiedsrichter mehrfach im Kreis gedreht. Der Kommandogeber hat nun die Aufgabe, den Roboter durch seine Anweisungen vom Start zum Ziel zu führen. Er überlegt sich hierzu Kommandos. Jedes Kommando enthält eine Angabe, wie viel sich der Roboter drehen und wie viele Schritte er laufen soll. Es sind pro Kommando höchstens drei Schritte erlaubt, und es muss eine Drehung um mindestens 90° vorkommen. Der Kommandogeber schreibt das Kommando auf eine Karteikarte oder einen Zettel. Dieses Kommando wird dann vom Schiedsrichter vorgelesen und vom Roboter ausgeführt. Mündliche Kommandos oder Tipps vom Kommandogeber sind nicht erlaubt. Wenn der Roboter das Ziel erreicht hat, werden die Rollen getauscht, sodass jeder in der Gruppe jede Rolle einmal einnimmt.

> **Strafpunkte**
> – Der Kommandogeber gibt dem Roboter mündliche Hinweise: 2 Strafpunkte.
> – Der Roboter stößt mit dem einer anderen Dreiergruppe zusammen: 2 Strafpunkte.
> Die Strafpunkte werden am Ende zu der Zahl der gegebenen Kommandos addiert.

Wenn die Kommandos zusätzliche Informationen außer der Angabe einer Drehung und der Zahl der Schritte enthalten, kann der Schiedsrichter das Vorlesen des Kommandos ablehnen und ein neues Kommando verlangen. Der Schiedsrichter notiert die Anzahl der Versuche, die der Roboter benötigt. Falls notwendig, notiert er auch Strafpunkte.
- Bestimmt die Summe aus der Anzahl der Kommandos und den Strafpunkten. Welches Zweierteam aus Kommandogeber und Roboter war am besten?
- Was war schwerer: Kommandos geben oder als Roboter den Weg laufen? Warum? Vergleicht eure Ergebnisse in der Klasse.

Projektidee:
Man könnte auch ein Brettspiel bauen, bei dem eine Figur ähnlich wie der Roboter von einem Startpunkt ein Ziel erreichen muss. In dem Spiel sollten Drehungen in Grad angeben werden. Versucht auch das Geodreieck in eurem Spiel zu berücksichtigen.

Weiterentwicklung des Spiels

Überlegt gemeinsam, welche Regeln in dem Spiel sinnvoll waren und welche Regeln man noch verändern könnte. Überlegt euch anschließend in Gruppen andere Regeln und Spielvariationen. Stellt eure Ergebnisse den anderen Gruppen vor.

2. Sehwinkel bei Mensch, Tier und Technik

Siehe Lerneinheit 1, Seite 88, und Lerneinheit 2, Seite 90.

Wenn man ohne den Kopf zu bewegen geradeaus schaut, so überblickt man vor sich einen bestimmten Bereich, der durch den Sehwinkel beschrieben wird. Die Größe des Sehwinkels ist davon abhängig, ob die Augen bewegt werden oder nicht.
Ähnlich wie das menschliche Auge kann auch die Linse eines Fotoapparats einen bestimmten Winkel aufnehmen. Diesen Winkel nennt man Bildwinkel. Durch einen Zoom oder verschiedene Objektive kann die Brennweite der Linse und somit der Bildwinkel verändert werden.

Sehwinkel und Bildwinkel von Fotoapparaten bestimmen
Bearbeitet die folgenden Forschungsaufträge in Vierergruppen. Haltet eure Ergebnisse mit geeigneten Zeichnungen schriftlich fest (z. B. auf einer Folie).
- Bestimmt die Sehwinkel sämtlicher Gruppenmitglieder mit und ohne Bewegung der Augen. Überlegt vorher, wie man dazu am besten vorgeht.
- Bringt Fotoapparate mit in den Unterricht und bestimmt deren Bildwinkel bei verschiedenen Einstellungen des Zooms.

Sehfelder von Tieren
Verschiedene Tiere haben zum Teil sehr unterschiedliche Augen. In den Bildern ist jeweils der Bereich markiert, den die Tiere mit dem linken bzw. dem rechten Auge sehen können. Vergleicht die Sehwinkel der Tiere und beschreibt, welche Vor- und Nachteile sich daraus für die Tiere ergeben. Überlegt zunächst, ob es sich um Raub- oder um Fluchttiere handelt.

Für das räumliche Sehen und das Schätzen von Entfernungen ist es wichtig, dass man Gegenstände mit beiden Augen sieht.

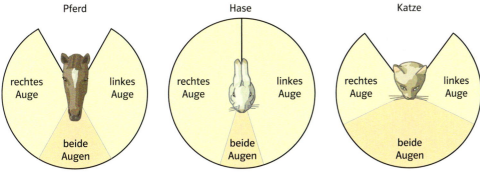

Ihr könnt im Internet nach den Sehwinkeln weiterer Tiere suchen. Gebt hierzu in einer Suchmaschine den Namen des Tieres und den Begriff „Gesichtsfeld" ein. Die Ergebnisse könnt ihr auf einem Plakat oder einer Folie festhalten und den Mitschülern vorstellen.

3. Das Geodreieck

Das Geodreieck ist eines der wichtigsten Hilfsmittel, um geometrische Größen zu messen und exakte Zeichnungen anzufertigen. Hierzu sind eine ganze Menge Hilfslinien und Zahlen auf dem Geodreieck. Aber wozu dienen all diese Linien und Zahlen?
Versucht herauszufinden, was man mit den Hilfslinien und den Zahlen auf dem Geodreieck messen und zeichnen kann und schreibt eine Gebrauchsanleitung für Geodreiecke.
Überlegt euch mindestens drei Aufgaben, bei denen man die Linien und Zahlen auf dem Geodreieck zum Messen oder Zeichnen benötigt.
Tauscht die Aufgaben untereinander aus, versucht die Aufgaben der anderen zu lösen und besprecht anschließend die Lösungen.

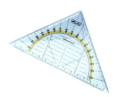

1 Winkel

Aus der Geometrie kennst du bereits den rechten Winkel. Es gibt aber noch andere Winkel, die im Alltag vorkommen. Finde solche Winkel und erläutere deren Bedeutung.

Der Begriff Winkel wird in vielen Situationen gebraucht.
Ein Flugzeug erreicht seine Flughöhe mit einem **Steigungswinkel**.
Zwei Straßen kreuzen sich mit einem **Kreuzungswinkel**.

Fig. 1   Fig. 2

Dies sind die ersten Buchstaben des griechischen Alphabets.

α Alpha   β Beta
γ Gamma   δ Delta

Ein **Winkel** wird von zwei Schenkeln mit gemeinsamen Anfangspunkt eingeschlossen. Der gemeinsame Punkt heißt **Scheitelpunkt** S.

Winkel bezeichnet man mit griechischen Buchstaben
α – Alpha; β – Beta; γ – Gamma; δ – Delta.

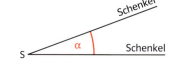

Beispiel
In Figur 3 sind drei Flugkurven beim Kugelstoßen abgebildet. Welche Rolle spielt der Abstoßwinkel für die Weite des Stoßes?
Mögliche Lösung:
Der Abstoßwinkel (vgl. Fig. 3) spielt eine wichtige Rolle für die Weite des Stoßes. Bei der grünen Flugkurve ist der Abstoßwinkel sehr klein, die Kugel fliegt daher sehr flach und nicht sehr weit. Bei der roten Kurve ist der Abstoßwinkel zu groß, die Kugel fliegt hoch, aber nicht sehr weit. Bei der blauen Kurve wurde ein günstiger Abstoßwinkel gewählt. Die Kugel fliegt hier weiter als bei den beiden anderen Flugkurven.

Fig. 3

Aufgaben

1 Der Neigungswinkel eines Dachs gibt die Schräge des Dachs an.
a) Zeichne Dächer mit verschiedenen Neigungswinkeln und erkläre, welche Auswirkungen der Neigungswinkel auf den Wohnraum unter dem Dach hat.
b) Zeichne Bilder zu anderen Situationen aus dem Alltag, wo Winkel eine Rolle spielen.

2 Im Auto werden wichtige Informationen häufig durch Drehwinkel angezeigt.
a) Vergleiche die beiden Bilder aus Fig. 1.
b) Entwirf selber Tachos verschiedener Fahrzeuge (z. B. Autos, Mofas, Fahrräder) und zeichne jeweils den Winkel ein, der entsteht, wenn man z. B. 25 km/h fährt.

Fig. 1

3 Der Minutenzeiger der Uhr in Fig. 2 überstreicht in 20 Minuten den gefärbten Winkel.
a) Zeichne mehrere Zifferblätter in dein Heft und markiere den Winkel, den der Minutenzeiger in 10 Minuten, 25 Minuten und 40 Minuten überstreicht.
b) Welche Zeitspanne vergeht, wenn der Minutenzeiger den grünen Bereich überstreicht?

1) 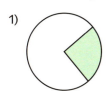 2)  3) 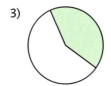 4)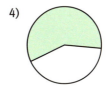

Fig. 2

4 Detektiv Emil steht zwischen zwei Häusern hinter einem Busch und beobachtet die gegenüberliegende Straßenseite.
a) Welche Personen kann er sehen?
b) Wie verändert sich Emils Blickwinkel auf die andere Straßenseite, wenn er einen anderen Standort wählt? Zeichne verschiedene Möglichkeiten in dein Heft. Von welcher Position aus kann er am meisten sehen und dennoch versteckt bleiben?

Fig. 3

5 Laura sieht die Höhe eines Turmes unter einem bestimmten Blickwinkel. Wie ändert sich dieser Blickwinkel, wenn Laura auf den Turm zugeht bzw. sich vom Turm entfernt?

Fig. 4

Vergleiche die Winkel aus den Aufgaben 4 und 5 mit den Sehwinkeln aus Erkundung 2, Seite 87.

2 Winkel schätzen, messen und zeichnen

Eine der steilsten Eisenbahnstrecken ist die Pöstlingbergbahn in der österreichischen Stadt Linz mit einem Steigungswinkel von etwa 6 Grad. Standseilbahnen und Zahnradbahnen können wesentlich größere Steigungen bewältigen. Die Gelmerbahn (Schrägaufzug Handeck–Gelmer) in der Schweiz ist die steilste Bergbahn Europas mit einer maximalen Steigung von 106 %.
Vergleiche die Steigungen der beiden Bahnen durch geeignete Zeichnungen. Besorge dir über das Internet weitere Informationen über die beiden Bahnlinien.

Zum Messen von Winkeln verwendet man eine Maßeinheit. Sie entsteht durch Zerlegung eines Kreises in 360 gleiche Teile. Man nennt diese Einheit 1°, gelesen *ein Grad*.
Auf dem Geodreieck ist ein Halbkreis eingezeichnet, der in 180 gleiche Teile unterteilt ist. Hiermit kann man Winkel messen und zeichnen.

Das Geodreieck hat zwei Skalen, die links bzw. rechts mit 0° beginnen.

Siehe Erkundung 3, Seite 87.

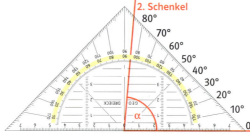

Winkel messen
Am besten man verfolgt die Skala, die am ersten Schenkel bei 0° beginnt, und zählt 0°, 10°, 20° … bis man den zweiten Schenkel erreicht. Dort liest man den Wert ab ($\alpha = 85°$).

Die Nullmarke des Geodreiecks wird am Scheitelpunkt des Winkels angelegt.

Manchmal ist der zweite Schenkel zu kurz, um den Wert auf dem Geodreieck abzulesen. Zum Messen des Winkels kann man ihn dann verlängern.

Zum **Zeichnen eines Winkels**, z. B. $\alpha = 30°$, wird zuerst ein Schenkel und der Scheitelpunkt des Winkels gezeichnet. Für das Zeichnen des zweiten Schenkels gibt es zwei Möglichkeiten:

1. Möglichkeit:

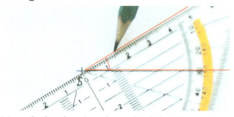

Man dreht das Geodreieck, dabei liegt die 30°-Markierung auf dem ersten Schenkel.

2. Möglichkeit:

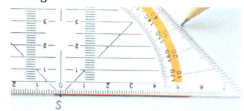

Man markiert die Größe des Winkels bei 30°, dabei liegt die Grundseite des Geodreiecks auf dem bereits gezeichneten Schenkel.

Die Größe von Winkeln wird in Grad angegeben. Ein Winkel von 1 Grad (kurz 1°) entsteht, wenn ein Kreis in 360 gleiche Teile zerlegt wird.
Winkel werden nach ihrer Größe in verschiedene Winkelarten eingeteilt.

spitzer Winkel	rechter Winkel	stumpfer Winkel	gestreckter Winkel	überstumpfer Winkel	voller Winkel
(kleiner als 90°)	(genau 90°)	(zwischen 90° und 180°)	(180°)	(zwischen 180° und 360°)	(360°)

Winkel werden im mathematischen Drehsinn, d. h. gegen den Uhrzeigersinn gemessen.

Mit dem Geodreieck kann man auch **überstumpfe Winkel** zeichnen, z. B. α = 210°.
Dabei gibt es zwei Möglichkeiten:

1. Möglichkeit:

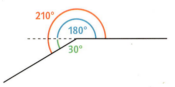

Fig. 1

Man zeichnet zu einem 180°-Winkel noch 30° dazu (180° + 30° = 210°).

2. Möglichkeit:

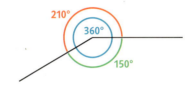

Fig. 2

Man zeichnet den Winkel, der den 210°-Winkel zu 360° ergänzt (360° − 210° = 150°).

Beispiel Winkel schätzen und messen
Schätze die Größe des Winkels α, gib die Art des Winkels an und miss ihn anschließend.

Mögliche Lösung:
α ist ein überstumpfer Winkel, der ungefähr 225° groß ist. Zum Messen legt man das Geodreieck so an, als ob man den Winkel messen würde, der α zu 360° ergänzt (vgl. Fig. 4). Es gibt nun zwei Möglichkeiten den Winkel α zu bestimmen.
1. Möglichkeit:
Man misst den Winkel, der zu 180° addiert werden muss, um α zu erhalten (37°), und berechnet α: (α = 180 + 37° = 217°)
2. Möglichkeit:
Man misst den Winkel, der α zu einem Vollwinkel ergänzt (143°), und berechnet α: (α = 360° − 143° = 217°)

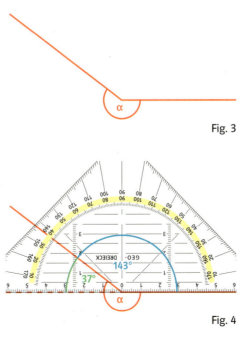

Fig. 3

Fig. 4

III Winkel und Kreis

Aufgaben

1 👥 **Die Winkelscheibe**

a) Baut aus zwei Kreisen mit 5 cm Radius, die ihr aus verschiedenfarbigem Karton ausschneidet, eine Winkelscheibe wie links angegeben.
Zeichnet auf den gelben Karton eine Winkelskala in 10°-Schritten ein, auf den anderen jedoch nicht. Schneidet die beiden Scheiben entlang des Radius bis zur Mitte durch. Bei der gelben Scheibe muss der Schnitt durch die Nullmarke gehen. Schiebt die Scheiben wie im Bild zusammen. Jetzt kann man auf der gelben Scheibe die Größe eines eingestellten blauen Winkels ablesen.

b) Stellt unterschiedlich große Winkel ein. Lasst euren Partner bei zehn Winkeln nacheinander die Größe schätzen. Dann tauscht ihr die Rollen. Ein Schätzwert kann als richtig gelten, wenn er auf 10° genau angegeben wurde.

c) Überlegt euch gemeinsam, wie man am geschicktesten vorgeht, um Winkel zu schätzen und notiert euer Ergebnis.

2 a) Schätze zuerst die Größe der Winkel in Fig. 1 und gib an, um welche Winkelart es sich handelt. Miss anschließend mit dem Geodreieck.

b) Suche nach Winkeln, deren Summe 90°, 180° bzw. 360° ergibt.

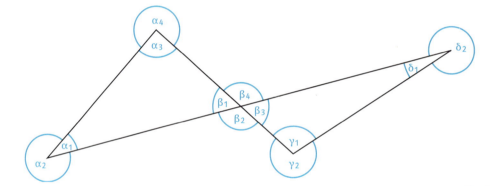

3 Zeichne Winkel mit der Größe 17°, 82°, 98°, 262°, 278° und 343°.
Vergleiche die Zeichnungen und schreibe deine Entdeckungen in eigenen Worten auf.

4 a) Entscheide nur durch Schätzen, welche der angegebenen Gradzahlen auf die Winkel in Fig. 2 zutreffen.
16°; 51°; 90°; 42°; 112°; 5°; 27°; 77°; 110°

b) Miss die Größe der Winkel. Vergleiche die Messwerte mit den Schätzungen.

5 In Fig. 3 sind zwei gleiche Winkel vorgegeben. Zeichne die Figur in dein Heft und ergänze sie, sodass neun solcher Winkel aneinander gereiht sind.
Miss den Gesamtwinkel.

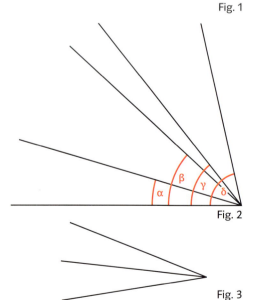

Fig. 1

Fig. 2

Fig. 3

6 👥 Übertrage die Tabellen jeweils in dein Heft. Zeichne ohne zu messen nur durch Abschätzen einen Winkel, der ungefähr die angegebene Größe hat. Dein Partner misst die wirkliche Größe und berechnet die Abweichung.

Siehe Erkundung 1, Seite 86.

a)

verlangte Größe	45°	110°	30°	220°	316°
gezeichnete Größe					
Abweichung					

b)

verlangte Größe	60°	135°	195°	10°	299°
gezeichnete Größe					
Abweichung					

Bist du sicher?

1 a) Schätze die Größe der Winkel in Fig. 1 und gib an, um welche Winkelart es sich handelt.
b) Übertrage die Zeichnung aus Fig. 1 in dein Heft und miss die Größe der Winkel. Vergleiche die Messwerte mit deinen Schätzungen.

2 Zeichne die Winkel α = 12°, β = 101° und γ = 191° so wie in Fig. 2 aneinander. Welcher Gesamtwinkel entsteht?

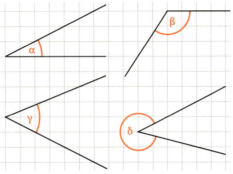
Fig. 1

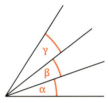
Fig. 2

3 Trage in ein Koordinatensystem die Punkte S und A ein. Zeichne einen Winkel mit dem Scheitel S und der Größe α, bei dem ein Schenkel durch den Punkt A geht.
a) S(3|1); A(7|3); α = 50°
b) S(6|7); A(1|2); α = 175°
c) S(5|5); A(10|1); α = 255°
d) S(5|5); A(0|1); α = 302°

7 Die Winkel innerhalb einer Figur nennt man Innenwinkel.
a) Wie viele spitze, stumpfe und überstumpfe Innenwinkel enthält das Fünfeck in Fig. 3?
b) Beantworte die folgenden Fragen und begründe deine Antwort mithilfe geeigneter Beispiele:
– Wie viele spitze Innenwinkel kann es höchstens in einem Viereck geben?
– Wie viele stumpfe Innenwinkel kann es höchstens in einem Dreieck geben?
– Wie viele überstumpfe Innenwinkel kann es höchstens in einem Fünfeck geben?

Fig. 3

8 a) Sebastian hat den Winkel α mit dem Geodreieck gemessen wie in Fig. 4 abgebildet. Er behauptet α sei 25° groß. Erkläre, welchen Fehler er beim Messen des Winkels gemacht hat.
b) Beschreibe, worauf man beim Messen und Zeichnen von Winkeln achten muss und welche Fehler man machen kann.

Fig. 4

9 Warum nennt man die verschiedenen Winkelarten eigentlich *spitzer Winkel, rechter Winkel, stumpfer Winkel, gestreckter Winkel, überstumpfer Winkel* und *voller Winkel*? Formuliere sinnvolle Begründungen und zeichne dazu geeignete Bilder.

10 Treppen

Beim Bau von Treppen gibt es drei Regeln, die man beachten kann:
1) *Die Schrittmaßregel:* Sie besagt, dass die Summe aus der doppelten Stufenhöhe und der Stufenlänge der mittleren Schrittlänge entsprechen soll (59 cm bis 65 cm).
2) *Die Sicherheitsregel:* Sie besagt, dass die Summe aus der Stufenlänge und der Stufenhöhe 46 cm betragen soll.
3) *Die Regel für bequeme Begehbarkeit:* Sie besagt, dass die Differenz aus Stufenlänge und Stufenhöhe 12 cm betragen soll.

a) Überprüfe, ob für Treppen mit der Stufenlänge 29 cm und der Stufenhöhe 17 cm alle drei Regeln erfüllt sind. Bestimme zeichnerisch den Steigungswinkel für eine solche Treppe.
b) Erfinde Treppen, die zwei Regeln erfüllen, aber nicht alle drei. Zeichne sie und miss jeweils den Steigungswinkel.
c) Untersucht die Treppen in der Schule und in anderen Gebäuden und bestimmt jeweils den Steigungswinkel. Welche der drei Regeln werden eingehalten und welche nicht?

Steigung

Gefälle Fig. 2

11 Verkehrsschilder geben die Steigung oder das Gefälle einer Straße in Prozent an. 10 % Steigung bedeutet, dass die Straße auf 100 m einen Höhenunterschied von 10 m hat (vgl. Fig. 1).

a) Die Steigungswinkel zu den beiden Schildern in Fig. 2 sollen durch Zeichnen und Messen bestimmt werden. Zeichne dazu ein geeignetes Dreieck in dein Heft.

b) Eine steile Straße im Gebirge hat eine Steigung von 16 %, ein Skihang hat eine Steigung von 40 %. Bestimme jeweils mithilfe einer Zeichnung die Steigungswinkel.

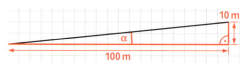

Fig. 1

Kannst du das noch?

12 Gib die gefärbten Anteile der Figuren als Bruch und in der Prozentschreibweise an.

a)   b)   c)  d)

13 Annika kauft sich ein Fahrrad, das 200 € kosten soll. Ein Viertel dieses Preises zahlt ihre Oma, 50 % des Preises erhält sie von ihren Eltern. Mit diesem Geld geht sie zum Händler, der ihr bei Barzahlung einen Rabatt gibt, sodass sie nur 30 € von ihrem ersparten Taschengeld dazulegen muss.
a) Wie viel Geld erhält Annika von ihrer Oma und ihren Eltern?
b) Wie viel Prozent Rabatt hat Annika vom Händler beim Kauf des Fahrrades erhalten?

14 Berechne und gib das Ergebnis in vollständig gekürzten Brüchen an.

a) $\frac{7}{5} + \frac{3}{5}$ b) $\frac{24}{7} - \frac{10}{7}$ c) $\frac{4}{8} + \frac{5}{12}$ d) $\frac{7}{3} - \frac{2}{9}$ e) $\frac{9}{20} - \frac{3}{8}$

3 Kreisfiguren

▬▬ Beschreibe die beiden Sterne und zeichne sie ab. Zeichne weitere Sterne mit unterschiedlicher Anzahl von Zacken. Beschreibe jeweils, wie du vorgehst, um die Sterne möglichst genau zu zeichnen. Versuche die Sterne durch Falten zu erstellen. ▬▬

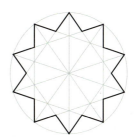

Der Kreis als regelmäßige symmetrische Figur ohne Ecken und Kanten bewegt seit vielen tausend Jahren die Aufmerksamkeit von Künstlern, Architekten und Wissenschaftlern. Er bildet auch die Grundlage für viele regelmäßige Kreisfiguren.

Beim Zeichnen von regelmäßigen Kreisfiguren werden 360° gleichmäßig aufgeteilt. Es entstehen gleich große **Kreisausschnitte** als Grundlage der Kreisfigur.
In Fig. 1 ist der Kreis in sechs gleiche Teile zerlegt. Es entsteht ein **Mittelpunktswinkel** von 360° : 6 = 60° mit dem Mittelpunkt als Scheitelpunkt. Durch das Verbinden der Eckpunkte entsteht das Sechseck in Fig. 2.

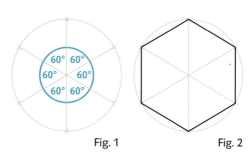

Fig. 1 Fig. 2

Zur Erinnerung:

> Durch die gleichmäßige Aufteilung des 360°-Winkels im Kreismittelpunkt wird der Kreis in gleich große Ausschnitte geteilt.

Beispiel Grundstruktur einer Kreisfigur
Bestimme den Mittelpunktswinkel des Kirchenfensters aus Fig. 3 und zeichne die Grundstruktur.
Mögliche Lösung:
Das Fenster besteht aus fünf gleichen Teilen. Mittelpunktswinkel: 360° : 5 = 72°
1) Durch Einzeichnen der Mittelpunktswinkel erhält man fünf gleich große Kreisausschnitte (vgl. Fig. 4).
2) Vom Schnittpunkt der Schenkel mit dem Kreis kann man Kreisteile zeichnen, die durch die benachbarten Schnittpunkte gehen (vgl. Fig. 5).
3) Zuletzt zeichnet man die fünf gleich großen Kreise (vgl. Fig. 6).

Fig. 3 Fig. 4

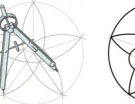

Fig. 5 Fig. 6

Ecken-zahl	Mittel-punktswinkel
3	120°
4	90°
5	72°
6	60°
8	45°
9	40°
10	36°

III Winkel und Kreis

Aufgaben

1 a) Hier ist die Kuppel des Berliner Doms mit der Pfingsttaube abgebildet. Zeichne die Kreisfigur ab und überprüfe durch geeignetes Falten, ob du genau gezeichnet hast.
b) 👥👥👥 Kreisfiguren begegnen einem an vielen Stellen im Alltag, in der Technik, in der Kunst oder in der Architektur. Sucht in Dreiergruppen nach Beispielen und fertigt zu einem Beispiel ein Plakat an, dass ihr den anderen Schülern präsentiert.

2 Schon im Altertum war den Römern das Prinzip von Windmühlen bekannt: Die „geradlinige" Bewegung der Luft wird in eine Drehbewegung umgewandelt.

a) In welchem Winkel zueinander stehen jeweils zwei benachbarte Windmühlenflügel bei den abgebildeten Windmühlen?
b) Entwürfe zu möglichen Windmühlenrotoren entstehen als Kreisbilder. Zeichne die Windmühlenrotoren aus Fig. 1 in dein Heft. Entwirf selbst einen Windmühlenrotor.

3 Mandalas zeichnen und ausmalen ist eine alte indische Form sich zu konzentrieren und Ruhe zu finden. Dabei steht der Kreis durch seine Form ohne Anfang und Ende für das Symbol der Mitte.
a) Zeichne die Form der Mandalas aus Fig. 2 jeweils auf einem großen Blatt ab und male sie bunt aus.
b) Entwirf eigene Mandalas.

Fig. 1

 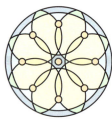

Fig. 2

4 In Kirchen und alten Klöstern findet man speziell gestaltete Fenster, in denen Kreise und Kreisfiguren zu finden sind. Nach der Anzahl der inneren Kreise nennt man diese Formen Dreipass, Vierpass und Sechspass (vgl. Fig. 3).
a) Zeichne die Grundfiguren ins Heft.
b) Entwirf mit den Grundfiguren ein eigenes Kirchenfenster.

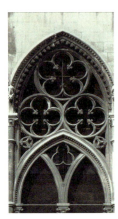

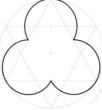
Dreipass

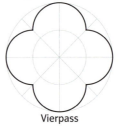
Vierpass

Sechspass

Fig. 3

Wiederholen – Vertiefen – Vernetzen

1 Im Deckel eines Camembert-Käses befand sich der Hinweis auf die Geschmacksentfaltung des Käses.
a) Welcher Fehler wurde beim Darstellen in der gewählten Diagrammform gemacht?
b) Zeichne ein Diagramm, welches den zeitlichen Verlauf der Käsereifung besser darstellt.
c) Welche Gründe könnten zur Darstellung des zeitlichen Verlaufs der Käsereifung in der abgebildeten Form geführt haben?

2 Petra behauptet, dass sie einen Winkel halbieren kann, ohne den Winkelmesser zu benutzen. Dazu zeichnet sie eine Verbindungslinie zwischen den beiden Schenkeln und halbiert sie. Sie behauptet, dass sich der Winkel halbiert, wenn man den Scheitelpunkt S mit dem Mittelpunkt dieser Strecke verbindet.
a) Zeige, dass Petras Verfahren zur Winkelhalbierung nicht immer funktioniert. Zeichne geeignete Beispiele.
b) Wie muss man die Punkte auf dem Schenkel wählen, damit die Behauptung stimmt?
c) Maria denkt, dass man den Winkel vielleicht auch durch eine Dreiteilung der Strecke in drei gleiche Teile teilen kann. Überprüfe Marias Überlegung.

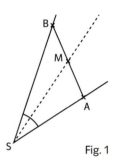

Fig. 1

3 Um den Steigungswinkel α einer Dachschräge, eines Weges oder einer Straße zu bestimmen, kann man sich ein einfaches Messgerät selber bauen. Stellt man das Gerät auf eine geneigte Ebene, so zeigt α den Steigungswinkel an.
a) Baut euch ein solches Messgerät. Zeichnet hierzu auf ein Rechteck aus Pappe einen Halbkreis und tragt die Skala wie im Bild dargestellt auf. Bringt einen Faden und eine Nadel als Zeiger im Mittelpunkt des Halbkreises an. Der Faden wird auf der Rückseite der Scheibe mit einem Klebestreifen befestigt.
b) Bestimmt mit dem Messgerät den Steigungswinkel der Treppen in eurer Schule.

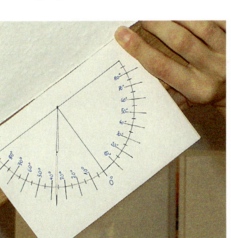

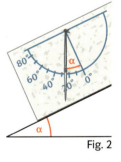

Fig. 2

c) Messt auf einem Weg, der einen Höhenunterschied überwindet, den Steigungswinkel an verschiedenen Stellen.
d) Messt weitere Winkel in eurer Umgebung und gebt Beispiele für Steigungen an.
e) Die Steigung von Straßen wird in % angegeben. Der Wert gibt an, um wie viele Meter eine Straße auf 100 m ansteigt (vgl. auch Aufgabe 11 auf Seite 94). Durch geeignete Zeichnungen kannst du die Steigung der Straße bestimmen, wenn du den Steigungswinkel kennst. Leon hat zeichnerisch herausgefunden, dass ein Steigungswinkel von 10° einer Steigung von etwa 17,6 % entspricht. Er behauptet: „Jetzt kann ich für einen Winkel von 20° ganz leicht die Steigung ausrechnen. Ich brauche nur 17,6 % mit 2 zu multiplizieren. Und für 30° mit 3 usw." Was meint ihr dazu?

Versucht die Ergebnisse eurer Messungen übersichtlich zusammenzufassen und zu präsentieren. Ihr könnt auch eure Ergebnisse nutzen, um einen Artikel für die Schülerzeitung zu schreiben.

Wiederholen – Vertiefen – Vernetzen

So kannst du den Abstand eines Punktes von einer Geraden messen:

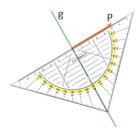

4 Auf einem Kompass sind häufig sowohl Himmelsrichtungen als auch Winkel angegeben. Die Richtung Nord entspricht dabei 0°, Osten entspricht 90° usw.
Ein Segelboot fährt von A-Dorf nach B-Dorf. Um den Wind günstig zu nutzen, fährt es zunächst 1200 m mit Kurs 30° und dann 500 m mit Kurs 345°.
a) Übertrage die Karte in dein Heft, ergänze den Kurs des Segelbootes und bestimme die Position des Boots auf dem See.
b) Wie weit ist das Boot noch von B-Dorf entfernt? Welchen Kurs muss das Boot nun einschlagen, um B-Dorf auf direktem Wege zu erreichen?
c) Welchen Kurs müsste das Boot bei der Rückfahrt einschlagen, um geradlinig nach A-Dorf zurückzufahren?
d) Aufgrund starken Nebels beträgt die Sichtweite auf dem See nur etwa 200 m. Kann man das Boot während seiner Fahrt von der Insel aus sehen?

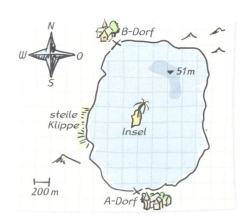

5 👥 **Fahrradprojekt**
Bei Fahrrädern können die Speichen radial oder tangential angebracht werden. Radial angebrachte Speichen kreuzen sich nicht. Sie verlaufen wie der Radius eines Kreises von der Mitte des Rades bis zur Kreislinie bzw. zur Felge des Rades. Tangential angebrachte Speichen kreuzen sich. Die Speichen verlaufen tangential zum Speichenlochkreis, dem kleinen Kreis in der Mitte des Rades, wo die Speichen befestigt werden. Diese Speichen schneiden den Speichenlochkreis also nicht, sondern berühren ihn nur.

Radial verlaufende Speichen

Tangential verlaufende Speichen

Ihr könnt die Ergebnisse auch in einem kurzen Vortrag präsentieren. Überlegt euch vorher, was ihr beachten müsst, damit eure Präsentation interessant und gut verständlich ist.

a) Ein normales Rad hat 36 Speichen. Zeichnet ein radial und ein tangential eingespeichtes Rad in euer Heft.
b) Untersucht die Räder und die Speichen von Fahrrädern in eurer Umgebung. Wie sind sie eingespeicht? Wie groß sind die Radien der Felgen und des Speichenlochkreises? Notiert die Ergebnisse und fertigt Zeichnungen der Räder an.
c) Sucht im Internet nach Vor- und Nachteilen radial und tangential eingespeichter Räder und erstellt ein Informationsblatt oder Poster über Fahrradspeichen.

6 In Stuttgart ist ein Rettungshubschrauber stationiert, der im Umkreis von 60 km alle Notfälle anfliegen kann.
a) Welche größeren Orte liegen im Einsatzgebiet des Helikopters?
b) Der Hubschrauber fliegt von Stuttgart nach Kirchheim und dann weiter nach Tübingen. Um welchen Winkel muss der Hubschrauber über Kirchheim drehen?
c) In welche Himmelsrichtung muss der Hubschrauber starten, wenn sein Einsatzgebiet in Reutlingen bzw. Ludwigsburg liegt?
d) Der Helikopter startet in Stuttgart und fliegt 50 km Richtung Norden. Nach einer Drehung um 60° Richtung Osten werden 18 Flugkilometer absolviert. Dann wird um 50° in gleicher Richtung gedreht und ungefähr 20 km geflogen. Wo befindet sich der Hubschrauber?
e) 👥 Gib eine eigene Flugroute an, die dein Partner auf der Karte verfolgen kann.

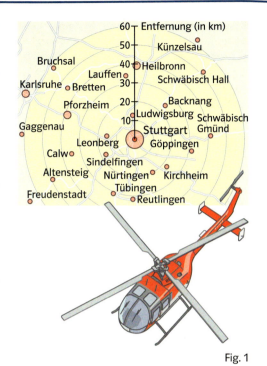

Fig. 1

7 Das erste der drei Zahnräder ist in seiner Bewegung durch einen Bolzen B eingeschränkt.
a) In welche Richtung und um wie viel Grad werden Z_2 und Z_3 gedreht, wenn Z_1 nach links bis zum Anschlag gedreht wird?
b) Wo müsste man den Bolzen anbringen, damit sich das Zahnrad Z_3 maximal um 360° drehen kann?

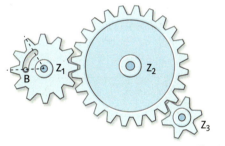

Fig. 2

8 Zu jedem Punkt A kann man einen Punkt B durch Vertauschen der Koordinaten bilden. Zu dem Punkt A(3|1) gehört der Punkt B(1|3). Zeichne die Punkte A, B und O(0|0) in ein Koordinatensystem. Durch das Verbinden von A mit O und von B mit O erhält man den Winkel α (Fig. 3).
a) Zeichne die in der Tabelle angegebenen Winkel in ein Koordinatensystem und miss ihre Größe. Übernimm die Tabelle in dein Heft und ergänze die fehlenden Angaben.
b) Wann entstehen rechte Winkel bzw. gestreckte Winkel? Gib jeweils geeignete Beispiele an.
c) Welche Koordinaten muss der Punkt A haben, damit besonders kleine bzw. besonders große Winkel entstehen?

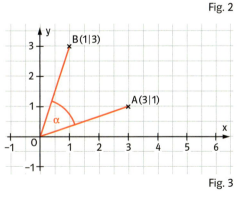

Fig. 3

A	(3|1)	(7|3)	(−5|3)		
B	(1|3)			(−1|−4)	(3|8)
α					30°

Exkursion   Orientierung im Gelände

Orientierung mit Karte und Kompass
Die farbige Nadel eines Kompasses zeigt in Richtung des magnetischen Nordpols der Erde. Auf einem Kompass sind nicht nur die Himmelsrichtungen Norden, Osten, Süden und Westen angegeben, sondern auch Gradzahlen. Die Richtung Nord entspricht 0°, Osten entspricht 90° usw. Mit den Gradzahlen lassen sich die Himmelsrichtungen genauer angeben als mit den vier Himmelsrichtungen.

✳ Angenommen, du befindest dich in Plettenberg im Sauerland. In welcher Himmelsrichtung befinden sich dann die Orte Arnsberg, Iserlohn, Lüdenscheid, Olpe, Schwerte und Warstein? Bestimme die Himmelsrichtung in Grad mit einem Kompass oder mit einem Geodreieck.

✳ Besorge dir eine genaue Karte deiner Region oder einen Stadtplan. Suche auf dem Plan die Position deiner Schule, deiner Wohnung und weiterer Orte, z.B. deines Sportvereins, die Wohnung von Freunden und Verwandten oder einer Kirche. Bestimme mithilfe eines Kompasses oder eines Geodreiecks, in welcher Richtung diese Orte von der Schule aus liegen.

Punkte anpeilen
Im Gelände kann es wichtig sein zu wissen, in welcher Himmelsrichtung markante Punkte liegen, z.B. ein Kirchturm, ein großer Baum oder die Spitze eines Berges. Man kann sich dann an diesen Punkten orientieren. Ein guter Kompass bietet Hilfen zum Anpeilen. Er besitzt ein drehbares Gehäuse und eingezeichnete Linien und Pfeile.

2. Das Gehäuse so drehen, dass die farbige Nadel auf die Markierung N (Norden) zeigt.

1. In Richtung des Pfeiles sein Ziel anpeilen.

3. Die Himmelsrichtung ablesen, in der das angepeilte Ziel liegt.

✳ Bestimme mit einem Kompass durch Anpeilen die Himmelsrichtung von markanten Punkten in deinem Klassenzimmer, auf dem Schulhof oder in freiem Gelände.

✳ Erkläre in einem kurzen Text mit eigenen Worten, wie du beim Anpeilen vorgehst, um die Himmelsrichtung von Punkten zu bestimmen.

Der Kompasslauf
Mit Kompass und Karte kann man relativ genau den eigenen Wanderkurs bestimmen.

1. Schritt: Kompass anlegen
Man legt den Kompass so an, dass die Kante des Kompasses den eigenen Standort mit dem Ziel verbindet. Die Pfeile auf dem Kompass zeigen dabei in die Richtung des Ziels.

2. Schritt: Karte einnorden
Man dreht die Karte und das Gehäuse des Kompasses, sodass die Nadel in Richtung Norden auf der Karte und in Richtung Norden auf dem Kompassgehäuse zeigt.

3. Schritt: Punkte anpeilen
Oft ist es günstig, Punkte anzupeilen, die in der Richtung liegen, in die man laufen muss. Dann muss man beim Laufen nicht ständig auf den Kompass gucken. Man läuft dann bis zu diesem Punkt und zählt die Anzahl der Schritte. Auf der Karte kann man dann seine neue Position bestimmen. Hierzu muss man jedoch sein eigenes Schrittmaß bestimmen, d.h. wie viele Schritte man macht, um 100 Meter zu laufen.

Virtueller Kompasslauf
- Sebastian hat eine Beschreibung erhalten, wie er vom Baumstumpf zu einem versteckten Schatz kommen kann. Welchen Weg muss Sebastian laufen? Wo befindet sich der Schatz?
- Sebastian hat den Winkel für die erste Richtung ungenau gemessen und ist 250 m mit Kurs 100° gelaufen. Die anderen Angaben hat er genau befolgt. Um wie viele Meter verfehlt er den Schatz?

Einen Kompasslauf organisieren
Überlegt euch für den nächsten Klassenausflug einen Weg, bei dem man sich mit Kompass und Karte orientieren muss. Ihr könnt auch eine Schatzsuche organisieren. Dann muss eine Gruppe von Schülern oder der Lehrer vorher den Schatz verstecken und die Position in der Wanderkarte angeben bzw. eine entsprechende Wegbeschreibung verfassen.

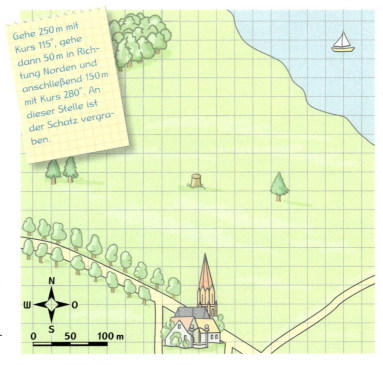

Gehe 250 m mit Kurs 115°, gehe dann 50 m in Richtung Norden und anschließend 150 m mit Kurs 280°. An dieser Stelle ist der Schatz vergraben.

Weiterführende Aufträge
- Suche nach Erklärungen, wie ein Kompass funktioniert. Man kann sich einen Kompass auch selber bauen. Suche nach geeigneten Bauanleitungen. Gib hierzu in einer Suchmaschine im Internet die Begriffe „Kompass" und „bauen" ein.
- Man kann auch ohne Kompass näherungsweise die Himmelsrichtungen bestimmen, indem man sich an der Sonne, den Sternen oder dem Mond orientiert. Sucht im Internet nach Informationen hierzu, indem ihr z.B. „Mond" und „Orientierung" in eine Suchmaschine eingebt. Die Ergebnisse könnt ihr dann in Form eines Referates präsentieren.

Rückblick

Winkel
Ein Winkel wird von zwei Schenkeln mit gemeinsamen Anfangspunkt eingeschlossen.
Der gemeinsame Punkt heißt Scheitelpunkt.
Winkel werden durch einen Kreisbogen gekennzeichnet und mit griechischen Buchstaben bezeichnet:

α – Alpha, β – Beta, γ – Gamma, δ – Delta

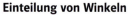
Fig. 1

Winkelgrößen
Die Größe von Winkeln wird in Grad angegeben. Ein Winkel von 1 Grad (kurz 1°) entsteht, wenn ein Kreis in 360 gleiche Teile zerlegt wird. Anstatt „Größe eines Winkels" sagt man auch „Winkelweite".

Einteilung von Winkeln
Winkel werden nach ihrer Größe in verschiedene Winkelarten eingeteilt: in spitze Winkel (kleiner als 90°), rechte Winkel (genau 90°), stumpfe Winkel (zwischen 90° und 180°), gestreckte Winkel (genau 180°), überstumpfe Winkel (zwischen 180° und 360°) und Vollwinkel (genau 360°).

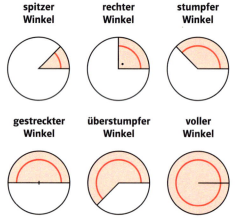
Fig. 2

Winkel messen und zeichnen
Winkel lassen sich mit dem Geodreieck messen und zeichnen. Man legt hierzu das Geodreieck mit der Grundseite auf einen Schenkel, sodass die Nullmarke auf dem Scheitelpunkt liegt. Der andere Schenkel verläuft durch den Punkt auf der Skala, der die Größe des Winkels angibt.
Man benutzt die Skala, bei der die Werte vom ersten zum zweiten Schenkel immer größer werden.

Um überstumpfe Winkel, z. B. $\alpha = 250°$, zu messen oder zu zeichnen, gibt es zwei Möglichkeiten. Man berechnet entweder den Winkel, der zu 180° ergänzt werden muss, oder den Winkel, der 250° zu 360° ergänzt (vgl. Fig. 3).

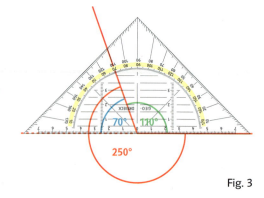
Fig. 3

Regelmäßige Kreisfiguren
Durch Einteilung des 360°-Winkels im Kreismittelpunkt wird der Kreis in gleich große Kreisausschnitte aufgeteilt. Diese bilden die Grundstruktur regelmäßiger Kreisfiguren.
Den Mittelpunktswinkel kann man berechnen, indem man 360° durch die Anzahl der entstehenden Kreisausschnitte teilt.

Bei der Aufteilung des Kreises in 10 Kreisausschnitte beträgt der Mittelpunktswinkel 360° : 10 = 36°. Es entsteht ein regelmäßiges Zehneck als Grundlage einer Kreisfigur (vgl. Fig. 4).

Fig. 4

Training

1 Die Uhr in Fig. 1 zeigt 6:15 Uhr.
a) Es vergehen 17 Minuten. Gib die Größe des Winkels an, den der Minutenzeiger in dieser Zeit überstreicht.
b) Der Minutenzeiger der Uhr bewegt sich um einen Winkel von 240° weiter. Welche Uhrzeit zeigt die Uhr jetzt an? Wie viel Zeit ist vergangen?

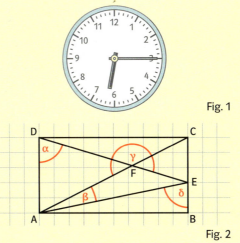
Fig. 1

Mit diesen Aufgaben kannst du überprüfen, wie gut du die Themen dieses Kapitels beherrschst. Danach weißt du auch besser, was du vielleicht noch üben kannst.

2 a) Schätze zunächst die Größe der Winkel in Fig. 2 und gib an, um welche Winkelart es sich jeweils handelt.
b) Übertrage die Zeichnung in dein Heft und miss die Größe der Winkel.

Fig. 2

3 a) Zeichne die Winkel α = 38°, β = 127°, γ = 233° und δ = 322°.
b) Jochen behauptet: „Ich habe nur zwei Winkel gezeichnet und die Aufgabe trotzdem vollständig gelöst." Erkläre, wie Jochen vorgegangen sein könnte.

4 Zeichne zwei parallele Geraden g und h im Abstand von 4 cm. Lege auf der Geraden g zwei Punkte A und B fest, die eine Entfernung von 6 cm haben. Zeichne auf der Geraden h einen Punkt C ein. Bestimme die Größe des Winkels α, dessen Scheitelpunkt in C liegt und dessen Schenkel durch A und B gehen. Gibt es eine Stelle für C auf der Geraden h, bei der der Winkel α am größten ist?

5 Autofelgen bestehen häufig aus regelmäßigen Kreisfiguren.
a) Erkläre, welche Grundstruktur die Felge hat und bestimme den Mittelpunktswinkel.
b) Zeichne die Grundstruktur der Felge in dein Heft.

6 a) Zeichne in ein Koordinatensystem einen Kreis mit Mittelpunkt M(5|6), der durch die Punkte A(0|6) und B(2|10) geht.
b) Wie groß ist der Mittelpunktswinkel des Kreisausschnittes, der durch M, A und B festgelegt wird.
c) Kann man das Bild so ergänzen, dass es die Grundlage für eine regelmäßige Kreisfigur bildet? Warum? Warum nicht?

7 Wie hoch ist der Eiffelturm?
Übertrage die Skizze in einem geeigneten Maßstab in dein Heft und bestimme mithilfe der Skizze in deinem Heft die Höhe des Eiffelturms sowie die Abstände der Punkte A und B zum Fuße des Turms.

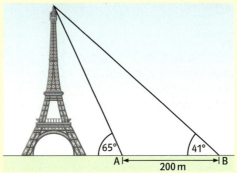
Fig. 3

*Tipp:
Zeichne zuerst die Strecke $\overline{AB}$.*

IV Strategien entwickeln – Probleme lösen

Probleme lösen mit Strategie und Pfiff

Jede Lösung eines Problems ist ein neues Problem.
> Johann Wolfgang von Goethe
> (1749–1832)

Es gibt immer eine Lösung. Es ist nicht unbedingt die richtige, aber irgendeinen Einfall hat man immer.
> Roman Polanski
> Filmregisseur, (*1933)

Theseus und der Minotaurus, E. Burne-Jones (1833–1896)

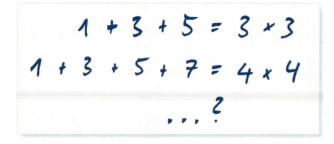

$1 + 3 + 5 = 3 \times 3$
$1 + 3 + 5 + 7 = 4 \times 4$
$\ldots\,?$

Das kannst du schon
- Mit Zahlen forschen und rechnen
- Mit Formen und Figuren umgehen
- Mit Daten arbeiten

 Arithmetik/Algebra
 Funktionen
 Geometrie
 Stochastik

Thomas Alva Edison (1847–1931) gilt als einer der bedeutendsten Erfinder der Weltgeschichte. Seinen ersten Erfolg hatte der amerikanische Elektotechniker mit der Konstruktion eines verbesserten Börsentelegrafen. Weitere bahnbrechende Erfindungen, unter ihnen der Fonograf, Filmaufnahmegeräte und das Kohlekörnermikrofon, ein Bestandteil des Telefons, folgten. Insgesamt erhielt Edison Patente für 1500 Erfindungen, zu denen sogar das Fertighaus gehört.

Das kannst du bald
- Probleme erkunden und verändern
- Probleme mit Strategien lösen
- Lösungen bewerten

Argumentieren/Kommunizieren | **Problemlösen** | Modellieren | Werkzeuge

IV Strategien entwickeln – Probleme lösen

Erkundungen

Manchmal ist das Lösen einer Mathematikaufgabe wie eine Flussfahrt. Man muss immer nur den Fluss entlang fahren, dann kommt man irgendwann ans Ziel.

$7 + ((12 + 3) \cdot 97 + 20) \cdot 5 - 100 = ?$

Manchmal ist das Lösen einer Mathematikaufgabe aber auch aufregender. Man weiß gar nicht genau, wohin man fährt, und entdeckt auf dem Weg Unerwartetes. Dann fühlt man sich eher wie die frühen Seefahrer, die auszogen, um unbekannte Meere zu erkunden und neue Kontinente zu entdecken. Das ist ein ganz anderes Gefühl. Man weiß nie ganz genau, wo man gerade ist und wann man neues Land sichtet. Trotzdem ist man nicht ganz verloren, denn man kann sich nach der Sonne und den Sternen richten, man kann günstige Winde ausnutzen und manchmal kann man sich von Insel zu Insel vorarbeiten.

Solche Mathematikaufgaben nennt man auch „Probleme". Ihr habt in diesem Mathebuch auf den Seiten „Erkundungen" schon viele Probleme gelöst und dabei schon manches Neuland selbst entdeckt. In diesem Kapitel sollt ihr nun zu erfahrenen Seeleuten auf dem Meer des Problemlösens werden. Dazu gehört vor allem, dass ihr zunächst noch einige Reisen unternehmt und dabei mathematische Erkundungen durchführt. Papagei Polly weiß darüber Bescheid und wird euch begleiten. Also los geht's ...

Wie man die Übersicht behält ...
Aber Halt! Damit ihr hinterher noch wisst, was so passiert ist und was ihr alles entdeckt habt, solltet ihr eine gute Tradition aus der Seefahrt übernehmen: Das Logbuch. Das kann z. B. so aussehen:

Problem 1 (aus dem Bereich Geometrie)
Wenn man zwei Geraden zeichnet, dann können sie einen Schnittpunkt haben, sie können aber auch keinen einzigen Schnittpunkt haben.
Wenn man drei Geraden zeichnet, wie viele Schnittpunkte können sie haben? Gibt es eine Möglichkeit, dass sie 0, 1, 2, 3, 4 oder sogar mehr Schnittpunkte haben? Wie müssen die Geraden liegen, damit sie jeweils so viele Schnittpunkte haben?
Was kann alles passieren, wenn man vier Geraden schneidet? Und bei fünf?

Pollys Tipp:
Vielleicht malst du von jedem Fall immer ein Bild oder mehrere verschiedene Bilder.

Problem 2 (aus dem Bereich Rechnen mit Zahlen)
Ihr habt eine bestimmte Zahl von gleichen Münzen und sollt daraus Türme bauen:
Mit 11 Münzen kann man zwei Türme bauen, bei denen einer genau ein Stockwerk höher ist als der andere. Mit wie viel Münzen kann man noch solche Türme bauen, die sich nur um ein Stockwerk unterscheiden?
Mit 12 Münzen kann man auch drei Türme bauen, die sich jeweils um ein Stockwerk unterscheiden (siehe Fig. 1). Mit wie vielen Münzen geht das noch?
Kannst du dir andere Turmprobleme ausdenken?
Pollys Tipp:
Finde erst einmal möglichst viele Beispiele und schaue dann, was sie gemeinsam haben.

Fig. 1

Problem 3 (aus dem Bereich Daten)
Die drei Kinder von Familie Johanson sind durchschnittlich 10 Jahre. Wie alt könnten die drei Kinder von Familie Johanson sein? Finde alle Möglichkeiten!
Pollys Tipp:
Finde erst einige einfache Beispiele und erstelle dir dann eine Übersicht.

Problem 4 (aus dem Bereich Rechnen, Geometrie und Daten)
Jeder kennt Dominos. Spannender sind da schon *Triominos*, die aus *drei* Quadraten bestehen. Da gibt es nämlich schon zwei verschiedene Steine (siehe Fig. 2). Wie mag es erst bei *Tetrominos* (Steine aus 4 Quadraten) oder *Pentominos* (Steine mit 5 Quadraten) aussehen?

Fig. 2

Problem 5: Flussfahrt oder auf hoher See?
Inzwischen bist du ein mutiger Seefahrer und kannst deine Reiseroute selbst bestimmen. Das heißt, du kannst dir auch eigene Probleme stellen.
Stell dir eigene Aufgaben, bei denen es darum geht, auf welche Weise sich Figuren

Fig. 3

schneiden. Also z. B. wie oft, welche Anzahl oder Form die Schnittgebiete haben usw. Nimm Kreise, Quadrate, Rechtecke, ... wie immer du willst. Deine Aufgaben müssen nicht genau zu diesen Bildern passen. Sie dienen nur zur Anregung.
Pollys Tipp:
1. Du stellst dir (mindestens) drei verschiedene Aufgaben.
2. Du probierst, sie zu lösen (wenn ihr zur zweit arbeitet, könnt ihr euch die Aufgaben auch gegenseitig stellen).
3. Du überlegst nachher, ob es eine Flussfahrt oder eine Fahrt auf offener See war.

Nicht vergessen: Auch hier ein Logbuch führen.

⟪⟪⟪ Blick zurück ⟪⟪⟪
Du hast schon fünf Erkundungsfahrten hinter dir. Dabei hast du viele Entdeckungen gemacht und sie in deinem Logbuch festgehalten. Schau es dir noch einmal durch und schreibe auf:
– Was war schwierig, was war einfach? Warum?
– Bist du bei den fünf Problemen in ähnlicher Weise vorgegangen? Wie?
– Hast du bei den Problemen unterschiedliche Erfahrungen gemacht? Welche?

1 Mathematische Probleme

Cafeteria im Jugendgästehaus

Pfandliste Tasse   2,50 €
            Glas   0,15 €
            Flasche 0,70 €

Grigori hat zwei Tassen, zwei Gläser und fünf Flaschen zurückgegeben.
Michel hat für sein Leergut an der Pfandkasse 7,80 € bekommen.

$2 \cdot 3 \cdot 4 \cdot 5 = $ ___

$\_ \cdot \_ \cdot \_ \cdot \_ = 1680$

Mathematikaufgaben können ganz unterschiedlich sein:
– Bei manchen Aufgaben weiß man sofort, was zu tun ist. Man weiß auch, dass man am Schluss eine Lösung haben wird.
– Bei anderen Aufgaben gibt es keinen direkten Weg zur Lösung. Es kann sogar sein, dass es keine Lösung oder mehrere Lösungen gibt. Solche Aufgaben nennt man auch „mathematische Probleme".

> Eine Aufgabe ist ein **mathematisches Problem**, wenn man mit dem, was man gelernt hat, nicht sofort weiterkommt.

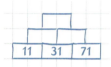

Fig. 1

Beispiel 1
Vervollständige die Zahlenmauer in Fig. 1. Die Zahl in jedem Stein ist die Summe der beiden darunter liegenden Steine.
Mögliche Lösung:
Peter hat in sein Logbuch eingetragen:

> Ich habe von unten nach oben einfach alles ausgerechnet:
> 11 + 31 = 42, 31 + 71 = 102, 42 + 102 = 144. Ich habe schon vorher gewusst, dass es eine Lösung gibt und wie ich sie bekomme. Für mich war das kein mathematisches Problem.

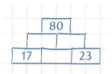

Fig. 2

Beispiel 2
Vervollständige die Zahlenmauer in Fig. 2. Die Zahl in jedem Stein ist die Summe der beiden darunter liegenden Steine.
Mögliche Lösung:
Anja hat in ihr Logbuch eingetragen:

Fig. 3

Ich probier's mal mit 10. Da kommt leider nicht 80 raus, sondern nur 60.

> Die Aufgabe ist genauso wie bei Peter, aber die Zahlenmauer ist anders. Sie hat Lücken an anderen Stellen, deswegen kann ich gar nichts ausrechnen. Vielleicht gibt es ja gar keine Lösung?
> Weil ich nichts Besseres weiß, probiere ich einfach mal eine Zahl aus und setze eine 10 in das unterste leere Feld. Oben kommt dann 60 heraus (Fig. 3). Wäre ja auch Glück gewesen, wenn ausgerechnet 80 herausgekommen wäre. Vielleicht klappt es, wenn ich unten etwas größeres einsetze, z.B. noch 20 mehr, also 30. Jetzt kommt oben 100 heraus, also sind oben nicht nur 20, sondern 40 dazugekommen. Vielleicht kommt oben immer doppelt so viel wie ich unten einsetze dazu. Dann müssten unten 20 reichen. Toll – jetzt klappt es!
> Das war wirklich ein mathematisches Problem. Was ich gelernt habe, hat mir irgendwie nicht weitergeholfen. Ich musste mir was Neues ausdenken.

Aufgaben

1 Bilde Additionsaufgaben. In jedem Kästchen soll eine der Ziffern 1, 2, 3, 4, 5, 6, 7, 8 oder 9 stehen. Aber Achtung: Du darfst keine Ziffer doppelt verwenden!
a) ☐☐ + ☐☐ = 99
b) 123 + 65 = ☐☐☐
c) 1☐ + ☐1 = 50
d) 123 + ☐☐☐ = 912
e) ☐☐☐ + ☐☐☐ = 999
f) ☐☐☐ + ☐☐☐ = ☐☐☐
g) Bei welcher Aufgabe gibt es genau eine Lösung? Bei welcher gibt es mehrere Lösungen? Bei welcher Aufgabe gibt es keine?
h) Welche Aufgaben waren direkt lösbar, welche waren ein mathematisches Problem? Warum?

2 Quadrate aus Quadraten bilden
a) Lege oder zeichne aus vier kleinen Quadraten so viele verschiedene Figuren wie möglich. Bei den Quadraten soll immer Seite an Seite stoßen. Diese Figuren heißen „Quadrominos". Fig. 1 zeigt zwei Beispiele.
b) Lege mit jeweils vier gleichen Quadrominos nun ein Quadrat zusammen.
c) Zeichne ein Quadrat, das 6 Kästchen breit und 6 Kästchen lang ist, auf kariertes Papier. Zerteile es entlang der Linien in vier gleich aussehende Figuren. Welche Möglichkeiten gibt es?
d) Welche der Aufgaben a) bis c) waren direkt lösbar, welche waren eher ein mathematisches Problem? Warum?

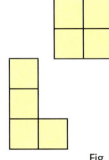

Fig. 2

3 Es gibt Falschspieler, die ihre Würfel zinken, sodass auf den sechs Seiten nicht die Zahlen 1, 2, 3, 4, 5 und 6 stehen, sondern manche Zahlen fehlen und andere mehrfach auftauchen. Beim schnellen Spiel tauschen sie dann, ohne dass es jemand bemerkt, normale Würfel gegen solche Würfel aus. Fig. 2 zeigt das Netz eines solchen Würfels.

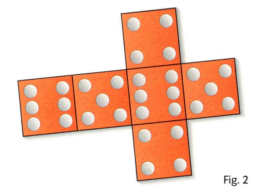

Fig. 2

Bei einem geläufigen Würfelspiel würfelt man mit zwei Würfeln und berechnet die Summe der Augen auf beiden Würfeln. Wer dann z. B. die Augensumme 7 hat, gewinnt.

a) Welche Augensummen können beim Werfen mit zwei fairen Würfeln auftreten? Welche nicht?
b) Wenn der eine Würfel nur die Augenzahlen 1, 3 und 5 hat und der andere nur die 2, 4 und 6, welche Augensummen kommen dann nie?
c) Du sollst Zahlen auf die beiden Würfel schreiben, sodass niemals eine 7 gewürfelt werden kann. Es sollen aber trotzdem möglichst viele verschiedene Augenzahlen auf den Würfeln stehen. Mache sinnvolle Vorschläge.
d) Wenn man bei zwei normalen Würfeln nur einen fälscht und bei diesem nur eine Zahl gegen eine andere austauscht, welche Auswirkungen kann das auf die möglichen Augensummen haben?
e) Welche der Aufgaben a)–d) waren direkt lösbar, welche waren eher ein mathematisches Problem? Warum?

Entdeckst du den Fehler auf der Briefmarke?

2 Strategien anwenden

▬ Ein Briefmarkenheftchen soll Marken zu 55 Cent und zu 95 Cent enthalten. Es soll ganze Euro kosten. Welche Möglichkeiten der Zusammenstellung gibt es? ▬

Wenn man bei einem mathematischen Problem nicht sofort weiterkommt, muss man nicht aufgeben. Es gibt einige Strategien, die man oft anwenden kann.

Problem:
Die 75 Stühle im Saal sollen für eine Vorstellung „auf Lücke" gestellt werden. In jeder Reihe steht dann ein Stuhl mehr als in der Reihe davor. Wie kann die Aufstellung aussehen?

Mögliche Strategie:
Karen sieht keine unmittelbare Lösung. Daher will sie erst einmal **„einzelne Beispiele finden"**. Sie probiert zunächst 7 + 8 + 9 + 10 + 11 + 12 + 13 = 70. Also noch eine Reihe 70 + 14 = 84, aber das ist schon zu viel. Dann kann man ja die erste Reihe wieder wegnehmen 84 − 7 = 77. Leider immer noch knapp zu viel. Vielleicht mit einer anderen Zahl anfangen: 6 + 7 + 8 + 9 + 10 + 11 + 12 = 63. Klar, das sind ja in jeder Reihe ein Stuhl weniger als am Anfang, also 7 weniger als 70. Jetzt noch eine Reihe 63 + 13 = 76. Schon wieder zu viel. Bei diesem Problem scheint sie mit der Strategie „einzelne Beispiele finden" nicht weiterzukommen.

Eine andere mögliche Strategie:
Karen probiert es jetzt systematischer mit der Strategie **„eine Tabelle anlegen"**. Sie trägt ihre Ergebnisse ein und rechnet weitere aus:

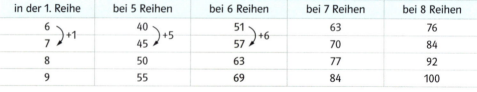

in der 1. Reihe	bei 5 Reihen	bei 6 Reihen	bei 7 Reihen	bei 8 Reihen
6	40	51	63	76
7	45	57	70	84
8	50	63	77	92
9	55	69	84	100

Dabei erkennt sie Regelmäßigkeiten: Wenn man bei 6 Reihen einen Stuhl zur ersten Reihe stellt, muss man das auch bei den folgenden Reihen tun. Es kommen also immer 6 Stühle dazu. Wenn man die Zahlenreihe 51, 57, 63, 69 fortsetzt bekommt man bei 10 Stühlen in der ersten Reihe die gesuchten 75. (Übrigens kann man mit der Tabelle auch die Lösung 13 Stühle in der 1. Reihe und 5 Reihen finden.)

Mögliche Strategie:
Lukas mag es gern konkret, er verwendet die Strategie **„eine Zeichnung anlegen"**. Er rechnet 75 = 5 · 15 und stellt die Stühle erst einmal im Rechteck auf (Fig. 1). Um das „Versetzt stehen" macht er sich erst einmal keine Gedanken, man kann ja später noch rücken. Wenn er jetzt von den vorderen Reihen Stühle wegnimmt und nach hinten stellt, bekommt er sofort eine Lösung. In diesem Fall hat die Zeichnung schnell weitergeholfen.

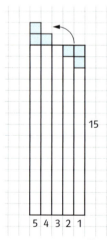

Fig. 1

110 IV Strategien entwickeln – Probleme lösen

Drei Strategien, die bei mathematischen Problemen manchmal weiterhelfen, sind:
- **Einzelne Beispiele ausprobieren**
- **Eine Tabelle anlegen**
- **Eine Zeichnung anlegen**

Nicht *jede* Strategie hilft bei *jedem* Problem weiter.

Aufgaben

1 Miriam wohnt 4 km und Dimitri 3 km von der Schule entfernt. Wie weit könnten Miriam und Dimitri voneinander entfernt wohnen? Gib verschiedene Lösungen an.

2 Versuche mit 20 m Zaun eine möglichst große rechteckige Fläche zu umschließen.

3 Ottfried, Olaf und Gudrun teilen sich einen Kuchen. Ottfried bekommt fünfmal so viel wie Olaf. Olaf bekommt doppelt so viel wie Gudrun. Wie viel bekommt jeder?

Überlege bei jeder der folgenden Aufgaben, ob dir eine der drei Strategien weiterhilft.

4 Ein Würfelspiel geht so: Du würfelst mit drei Würfeln und setzt aus den drei gewürfelten Ziffern alle möglichen Zahlen zusammen, also z. B. aus einer 1, 3 und 3 eine 331 oder auch eine 313. Dann darfst du alle verschiedenen Zahlen, die du aus diesen drei Ziffern bilden konntest, zusammenzählen. Was ist das größte Ergebnis?

Wenn du hier ein Logbuch führst (s. S. 106), kannst du deine Ideen besser nachvollziehen.

5 Melanie, Ralf und Peter helfen in den Sommerferien im Tierheim aus. Melanie hilft alle 3 Tage am Empfang, Ralf fegt alle 5 Tage die Hundezwinger und Peter hilft alle 2 Tage beim Füttern. Wie oft treffen die drei in den 6 Wochen Ferien im Tierheim aufeinander?

6 Wie oft am Tag ist die Summe der Ziffern auf der Digitaluhr gleich 6?

7 Peter, Hans, Tina und Susi sind Vierlingsgeschwister und Eisfans. In den Sommerferien haben sie sich vorgenommen, jeden Tag ein Eis zu essen. Ihr Vater hat also schon einmal eine große Ration eingekauft und in die Tiefkühltruhe gestellt: Zitrone, Vanille, Erdbeer, Banane und Schlumpf. Er entscheidet: Jeden Tag gibt es für jeden ein Eis mit drei Kugeln.
a) Peter will jeden Tag ein anderes Eis essen. Und jeden Tag sollen drei verschiedene Sorten dabei sein. Wie viele Tage kann er das durchhalten?
b) Hans will auch jeden Tag ein anderes Eis essen. Ihm macht es aber nichts aus, wenn auch mal zwei oder drei Kugeln gleich sind. Wie viele Tage kommt er aus?
c) Tina und Susi könnten andere Wünsche haben. Welche? Wie viel Tage kommen sie aus?

8 Marvins Mathelehrer hat sich einen Weg ausgedacht, wie er Marvin länger beschäftigen kann. Er gibt ihm am Anfang der Stunde auf: Addiere alle ungeraden Zahlen (also 1, 3, 5 usw.) bis 99 – ohne Taschenrechner. Aber Marvin findet einen Weg, wie er sich die Arbeit vereinfachen kann. Er ist nach 5 Minuten fertig.

IV Strategien entwickeln – Probleme lösen **111**

3 Messen, schätzen oder rechnen?

Stimmt die Rechnung des verrückten Professors? Wie genau sind die einzelnen Angaben eigentlich? Wie viel Gramm Spucke bleibt bei jedem Befeuchten am Brief vermutlich hängen?

Bei manchen Problemen liegen nicht alle Informationen, die man benötigt, vor oder sie sind nur sehr ungenau. Zuerst vergewissert man sich: Welche Informationen liegen eigentlich schon vor? Dann gibt es verschiedene Strategien, wie man weiterarbeiten kann.

> Wenn man bei einem Problem nicht unmittelbar die Lösung angeben kann, weil noch Informationen fehlen, kann man überlegen:
>
> – Gibt es Informationen, die man durch **Messen** erhält?
> – Gibt es Informationen, die man durch **Schätzen** erhält?
> – Gibt es Informationen, die man durch **Rechnen** findet?
>
> Oft kann man mehrere der Strategien anwenden und kommt dann bei einem Problem besser weiter.

Beispiel
Janina, Martin und Nicole haben diesen Satz im Internet gefunden: „Ein tropfender Wasserhahn kann pro Tag bis zu 100 Liter Wasser verschwenden." Sie wollen herausfinden, ob das stimmen kann oder ob sich die Autoren der Internetseite nicht gehörig verschätzt haben. Nun kann man aber erst einmal nichts ausrechnen.

Jeder versucht es mit einer anderen Strategie:
Janina geht das Problem durch **Messen** an: Sie lässt den Wasserhahn tropfen und fängt das Wasser in einem Trinkbecher auf. In 10 Minuten ist der Becher, der ein Volumen von 0,2 Liter hat, voll. Dann rechnet sie nach: Nach 50 Minuten hat sie einen Liter. Ein Tag hat $24 \cdot 60 = 1440$ Minuten, also berechnet sie $1500 : 50$ und kommt auf etwa 30 Liter am Tag.

Eine andere mögliche Strategie:
Martin probiert es zunächst mit **Schätzen**: Er stellt sich einen Tropfen etwa 5 Millimeter groß vor. Ein Liter ist ein Würfel mit 1 dm, also 100 mm, Kantenlänge. Also passen in einen Liter $20 \cdot 20 \cdot 20 = 8000$ Tropfen, eher mehr, weil ein Tropfen ja kleiner ist als ein Würfel, also eher 10 000 Tropfen.

Nun rechnet er: In 100 Liter Wasser sind dann etwa 1 000 000 Tropfen. Ein Tag hat 24 · 60 · 60 = 86 400 Sekunden. Dann müssten jede Sekunde 1 000 000 : 86 400, also etwa 10 Tropfen durch den Wasserhahn gehen. Das scheint ihm eher ein sehr stark tropfender Hahn zu sein.

Eine andere mögliche Strategie:
Nicole macht zunächst – soweit wie es die Informationen zulassen – eine **Rechnung**:
100 Liter am Tag, das sind 100 : 24, also etwa 4,2 Liter in der Stunde, das sind 4,2 : 60 = 0,07 Liter in der Minute. 0,07 Liter sind 0,07 · 1000 cm³ = 70 cm³. In jeder Sekunde sind das etwa 70 : 60 ≈ 1,2 cm³. Nun zeichnet sie das Schrägbild eines Quaders mit den Maßen 1 cm · 1 cm · 1,2 cm. Das soll die Wassermenge sein, die jede Sekunde durchtropft? Das scheint ihr etwas viel. Ein Zehntel davon wäre wohl eher realistisch.

Janina, Martin und Nicole haben verschiedene Ergebnisse, aber alle drei sind sich sicher, dass die Internetseite übertrieben hat.

Die drei runden zwischendurch immer wieder, weil sie wissen, dass sie nur einen groben Wert benötigen und weil ihre Ausgangsschätzungen bereits sehr unsicher sind.

Aufgaben

1 Was man mit DIN-A4-Papier so alles machen kann ...
a) Ein gefaltetes Blatt Papier kann man wieder in der Mitte falten usw. Dabei wird es immer dicker. Wie oft müsstest du das Papier falten, damit es höher wird als du?
b) Wie viele Konfetti kann man aus einem DIN-A-4 Blatt Papier stanzen?
c) Wie hoch wäre der Stapel an Papier, wenn man alle Kopien, die in deiner Schule jedes Jahr gemacht werden, aufeinander legt?
d) Der längste Roman der Welt hat über 5000 Seiten. Er heißt „Auf der Suche nach der verlorenen Zeit" und ist vom französischen Schriftsteller Marcel Proust. Wie lange bräuchtest du wohl, um einen solchen Roman zu schreiben? Und wie lange, um ihn zu lesen?

2 Nach den Schulbauempfehlungen sollte der Pausenhof so groß sein, dass rechnerisch für jeden Schüler 5 m² zur Verfügung stehen. Prüft das an dem Pausenhof im Bild oder an eurem eigenen Pausenhof nach.

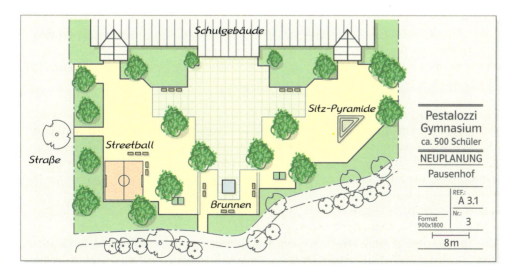

Schreibe dir bei jedem Problem auf:
– *Was ich messen kann: ...*
– *Was ich schätzen kann: ...*
– *Was ich sofort berechnen kann: ...*
Du kannst auch hier wieder eine Tabelle oder eine Zeichnung anlegen.

3 „Schulforschung"
a) Welcher Lehrer redet am meisten?
b) Wie viele Kilometer Weg legt ein Lehrer im Schulgebäude pro Tag zurück?
c) Was ist eigentlich schwerer? Alle Lehrerinnen und Lehrer der Schule zusammen? Oder alle Schülerinnen und Schüler zusammen? Oder alle Schulbücher in der Schule? Oder alle Tische und Stühle?
d) Denkt euch eine eigene Frage aus, die ihr erforschen könnt.

Bist du sicher?

1 Sucht eine Ampel in eurem Ort aus und bestimmt, wie viele Stunden am Tag das grüne Licht leuchtet.

4 Die Erbauer dieses Wegelabyrinths neben der St.-Pauls-Kirche in Kentucky möchten gerne Werbung für das Labyrinth machen. Dazu möchten sie die Fläche der Anlage und die Länge des Weges auf ein Hinweisschild schreiben. Welche Angaben sollten sie machen? (Die rot markierte Strecke zwischen den beiden Bäumen am Eingang beträgt 5 Meter.)

Du kannst auch hier deine Ideen und den Lösungsweg in einem Logbuch festhalten, damit hinterher jeder nachvollziehen kann, wie du zu deinem Ergebnis gekommen bist.

5 Eltern stellen oft seltsame Behauptungen auf: „Wenn ich den ganzen Tag im Haus arbeite, habe ich mindestens 10 Kilometer hinter mir." Überprüfe dies einmal.

6 Sammelt eigene Fragen, bei denen man messen, rechnen oder schätzen muss – vielleicht sogar alles drei? Solche Fragen könnten z. B. lauten:
Wie viele Tropfen Wasser füllen ein Trinkglas? Wie viele Bäume stehen in unserem Ort? Schreibt eure besten drei Fragen auf ein Blatt Papier und fertigt zu jeder Frage eine Beispiellösung an. Dann werden alle Aufgaben im Klassenraum ausgehängt und jeder sucht sich eine Aufgabe der anderen zur Bearbeitung aus. Ihr könnt auch einen Preis für die „schönste" Aufgabe vergeben.

Kannst du das noch?

7 Berechne im Kopf.
a) $7 \cdot (-3)$ 　　b) $-120 : 10$ 　　c) $6 \cdot (-4)$ 　　d) $135 : (-9)$ 　　e) $20 \cdot (-12)$

8 a) $\square \cdot (-4) = 32$ 　　b) $12 + \square = -84$ 　　c) $-54 : \square = 9$ 　　d) $\square - 13 = -5$

9 Beachte die Reihenfolge beim Rechnen.
a) $12 + 3 \cdot (-7)$ 　　b) $-42 : 6 - 13$ 　　c) $12 \cdot (-3) : (-53 + 49)$ 　　d) $7 - 10 \cdot (4 + (-3))$

10 Schreibe eine Rechenaufgabe, bei der acht Zahlen zu multiplizieren sind und ein negatives Ergebnis herauskommt, auf.

4 Probleme finden

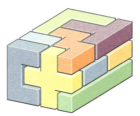

▬ Peter: „Ich habe im Internet das Puzzle gefunden." Nicola: „Na und?" Peter: „Ich glaube, die Steine sind alle verschieden, aber irgendetwas haben sie alle gemeinsam …." ▬

In vielen Situationen sind mathematische Probleme versteckt. Meist steht aber nicht eine Aufgabenstellung daneben – dann kann man selbst versuchen, sinnvolle Fragestellungen zu finden. Oft beginnen solche Fragen mit: „Wie viele …?", „Welche …?" oder „Ist das immer so?" oder „Warum ist das so?" oder „Was passiert, wenn …?"

Beispiel 1
Eine einfache Rechenaufgabe sieht z. B. so aus: $1 + 3 + 5 = 9$.
- Michael probiert weiter: „$1 + 3 + 5 + 7 = 16$. Schon wieder eine Quadratzahl. Warum ist das so?"
- Joana probiert etwas anderes: „Sie addiert immer drei Zahlen, die im Abstand 2 aufeinander folgen: $2 + 4 + 6 = 12$, $3 + 5 + 7 = 15$. Diesmal sind es keine Quadratzahlen. Aber die Ergebnisse sind immer durch drei teilbar. Ist das immer so?"

Ein Problem kommt selten allein. Wenn man ein Problem gelöst hat, kann man es oft verändern und erhält ein neues Problem. Das geht zum Beispiel, wenn man bei der Aufgabenstellung bestimmte Teile weglässt oder verändert. Das neue Problem kann schwieriger oder leichter sein, das kann man nie vorhersehen.

Beispiel 2
Ein gelöstes Problem sieht z. B. so aus: Addiert man drei aufeinander folgende Zahlen, so ist das Ergebnis durch drei teilbar. $11 + 12 + 13 = 36$. Marcel hat erkannt, dass das Ergebnis das Dreifache der mittleren Zahl ist, also $36 = 3 \cdot 12$, denn die anderen beiden Summanden sind ja jeweils eins größer und eins kleiner als die mittlere Zahl.
- Mirjam fragt: „Wodurch kann man das Ergebnis teilen, wenn man vier aufeinander folgende Zahlen addiert?"
- Dennis fragt: „Was passiert, wenn man drei aufeinander folgende Brüche addiert?"
- Matthias hakt nach: „Welcher Bruch folgt denn überhaupt auf $\frac{1}{3}$?"
- Marisa fragt: „Was kann man über die Ergebnisse sagen, wenn man drei aufeinander folgende Zahlen *multipliziert*?"

> In manchen Situationen ist keine Aufgabe vorgegeben. Hier kann man verschiedene Probleme finden, wenn man z. B. fragt: „Wie viele …?", „Warum …?" oder „Ist das immer so?"
>
> Wenn man ein mathematisches Problem gelöst hat, kann man oft ein neues Problem daraus machen, z. B. indem man die Frage etwas verändert.

Aufgaben

1 Mit 6 Streichhölzern kann man eine Fläche von 2 Quadraten umranden (Fig. 1). Welche Fragen kann man hier stellen? Versuche auch, die aufgeworfenen Fragen zu beantworten.

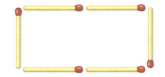
Fig. 1

Überlegt bei gefundenen Fragen: Ist das überhaupt ein Problem? Erinnert ihr euch an alle Strategien aus diesem Kapitel? Vielleicht helfen sie ja auch hier.

2 Das „Haus vom Nikolaus" kann man mit einem Mal durchzeichnen, ohne den Bleistift abzusetzen. Wie sieht es aus, wenn der Nikolaus in ein anderes Haus umzieht (z. B. das in Fig. 2)? Wie oft muss man den Stift höchstens absetzen? Welche anderen Probleme kann man hier finden?

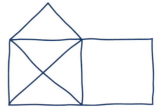
Fig. 2

3 Man kann nicht nur Zahlen, sondern auch ebene Figuren addieren. Ein Dreieck und ein Viereck kann man z. B. zu einem Fünfeck zusammensetzen, also 3 + 4 = 5 (siehe Fig. 3). Welche anderen „Rechnungen" kann man mit Vielecken noch machen?

5 = 4 + 3 ?
Fig. 3

4 Du sollst vier Teelichter in einen rechteckigen Karton verpacken. Der Karton soll so klein wie möglich sein. Fig. 4 zeigt, wie es mit 3 Teelichtern funktionieren könnte. Versuche auch andere, ähnliche Probleme zu finden und zu untersuchen.

Fig. 4

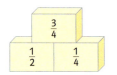

Eine Zahlenmauer mit Brüchen funktioniert genauso, wie mit natürlichen Zahlen.

5 Untersuche die Zahlenmauer in Fig. 5. Was kannst du für Regeln entdecken?

6 a) Untersuche, wie die Maschine in Fig. 6 funktioniert: Was kommt unten heraus, wenn man oben eine andere Startzahl als 8 einwirft? Ziel ist es, dass unten 50 herauskommt!
b) Wähle auch andere Additionszahlen oder konstruiere andere Maschinen und gib sie deinem Nachbarn zur Untersuchung.

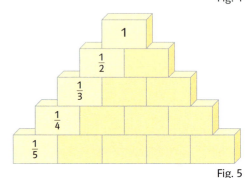
Fig. 5

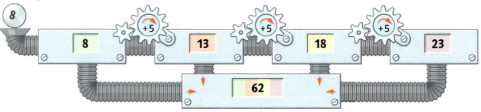
Fig. 6

116   IV Strategien entwickeln – Probleme lösen

7 Wassermengen abzumessen ist leicht, wenn man einen Messbecher hat. Was aber, wenn man nur zwei Eimer hat, bei denen einer 5 Liter fasst und der andere 8 Liter? Dann kann man z.B. den großen ganz füllen und dann in den kleinen umgießen, sodass man im großen Topf danach 3 Liter übrig hat. Kann man auch andere Mengen, z.B. 4 Liter, erhalten?

8 **Spiel: Autorennen**
Ihr braucht dazu nur ein kariertes Blatt Papier und für jeden Mitspieler einen anders farbigen Stift. Mit den folgenden Regeln könnt ihr beginnen:
1. Ein Spieler zeichnet einen Rundkurs mit Start- und zugleich Ziellinie auf kariertes Papier (ein Ausschnitt ist in Fig. 1 dargestellt).
2. Der jüngste beginnt, dann geht es *gegen* den Uhrzeigersinn weiter.
3. Jeder platziert sein Auto auf einem Punkt der Startlinie.
4. Ab jetzt geht es in umgekehrter Reihenfolge, wer zuletzt sein Auto platziert hat, darf anfangen.
5. Jeder Spieler darf bei jedem Zug seine Geschwindigkeit nur um *eine* Einheit in *eine* Richtung verändern. Beispiele:
   – Wer sich noch gar nicht bewegt hat, darf wenn er dran ist, eine Einheit nach oben, nach unten, nach rechts oder nach links ziehen.
   – Wer beim letzten Schritt 4 nach rechts und 1 nach oben gegangen ist, darf wenn er wieder dran ist, genau um eine Einheit beschleunigen (4 nach rechts und 2 nach oben oder 5 nach rechts und 1 nach oben) oder um eine Einheit abbremsen (3 nach rechts und 1 nach oben oder 4 nach rechts und 0 nach oben) oder mit derselben Geschwindigkeit weiterfahren.
6. Wer die Bahn verlässt, muss sich wieder in die Bahn stellen, und zwar auf den Punkt welcher der Stelle, wo er die Bahn verlassen hat, am nächsten ist. Er muss wieder mit der Geschwindigkeit 0 anfangen.
7. Legt vorher fest, ob auch zwei Autos auf einem Punkt stehen dürfen.

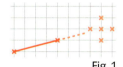
Fig. 1

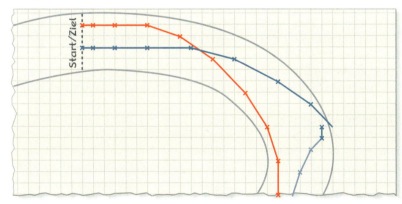
Fig. 2

Nach einigen Spielrunden könnt ihr mathematische Probleme formulieren und lösen wie zum Beispiel: Wie weit kommt man, wenn man bis 5 oder 6 beschleunigt und dann wieder bremst?
Wie gut kommt man um eine enge Kurve, je nachdem, wie viel Zeit man hat? usw.

Geschichte   Elementar, mein lieber Watson …

Timo Leuders

Als der große Detektiv Sherlock Holmes an einem kühlen Novemberabend des Jahres 1877 in die Baker Street zurückkehrte, öffnete ihm ein verstörter Dr. Watson atemlos die Tür. „Holmes! Sie müssen … Was für eine Frechheit … Sie glauben gar nicht …" „Nun beruhigen Sie sich doch, Watson. Gehen wir erst einmal in den Salon."

Nachdem Holmes seine Pfeife entzündet hatte, hörte er sich Watsons Geschichte an. „Da hat sich doch tatsächlich ein Spitzbube heute Nachmittag in ihr Arbeitszimmer geschlichen und hat das Kästchen mit den wertvollen Orden Ihrer Majestät entwendet. Noch um vier Uhr habe ich hier im Salon gesessen und die Times gelesen. Kurz nach vier habe ich dann zu Fuß eine Besorgung gemacht, und als ich um halb fünf zurückkam, habe ich sofort die Klappe am Schreibtisch offen stehen sehen. Die Orden waren spurlos verschwunden."
„Lieber Watson, Sie erwähnten noch nicht, dass sich keine Einbruchspuren an den Türen und am Sekretär finden lassen – ich habe diesen ansonsten unveränderten Zustand des Hauses bereits beim Heimkehren festgestellt. In diesem Fall werden wir die Angelegenheit wohl schnell klären können. Es wussten in der Tat nur ganz wenige unserer gemeinsamen Bekannten vom Ort und Inhalt des Kästchens. Lassen Sie uns eine Aufstellung machen und dann die Betreffenden per Telefon nach ihrem Aufenthaltsort befragen. Ich schlage vor, Sie nutzen den Apparat unserer freundlichen Nachbarn, dann sind wir schneller."

Dennoch dauerte es mehr als eine Stunde, bis alle Anrufe und Kontrollanrufe erledigt waren. Watson und Holmes erstatteten sich gegenseitig Bericht. „Mrs. Thatchett, unsere alte Haushälterin, die jetzt beim Bahnhof King's Cross wohnt, ist um fünf vom Regen durchnässt heimgekehrt, das hat mir die Pförtnerin bestätigt. Hätte sie sich mit einem Nachschlüssel um vier Uhr Zutritt verschafft, hätte sie die Strecke nach Hause niemals geschafft. Und Droschken fuhren an diesem Nachmittag nicht. Sie wissen, Watson – der Streik."

„Tja, lieber Holmes, unsere jetzige Haushälterin, Miss Meadow scheidet auch aus. Die habe ich auf meinem Besorgungsgang persönlich getroffen. Wir beide haben offensichtlich dieselbe Vorliebe für die Pralinen, die man im kleinen Laden am Victoria Embankment erstehen kann."

„Als letzte Möglichkeit bliebe also noch Mr. Mollingham, der Hausmeister, der bisweilen die Möbel reinigt. Der weilte aber zu der fraglichen Zeit bei seinem Bruder in der Wigmore Street." „Da haben wir es – die beiden haben sicher zusammengearbeitet!", rief Watson. „Pech gehabt, mein Lieber", erwiderte Holmes, „Mr. Mollinghams Bruder ist ein angesehener Police Officer und über jeden Verdacht erhaben. Aber ich glaube nicht, dass wir hier vor einem Rätsel stehen, denn ich denke, ich habe den Fall gelöst. Sie selbst, guter Freund, haben die Orden entwendet – wohl um mich auf die Probe zu stellen."

Watson verstummte und erst als er sich vom Schrecken erholt hatte, wagte er zu fragen: „Holmes, Sie sind mir unheimlich! Wie konnten Sie dies so schnell herausfinden?". „Elementar, lieber Watson. Wenn Sie alles Unmögliche ausgeschlossen haben, ist das, was übrig bleibt – wie unwahrscheinlich auch immer es klingt – die Wahrheit. Außerdem hätten Sie sich etwas mehr Mühe beim Erfinden Ihrer Geschichte geben können. Und nun stellen Sie das Kästchen am besten wieder zurück, oder möchten Sie die Orden selbst tragen?"

Erstes Problem: Bist du Watson auch auf die Schliche gekommen?

Zweites Problem: Natürlich ist die Geschichte erfunden – Sir Arthur Conan Doyle, der Erfinder von Sherlock Holmes, hätte seinen Watson so etwas nie tun lassen. Noch dazu wäre ihm ein anderer Fehler in der Geschichte nicht passiert. Kannst du herausfinden, was für ein Fehler das sein könnte? Vielleicht hilft dir dabei das Internet.

Die Lösungen findest du auf der Seite mit der Hausnummer von Sherlock Holmes Wohnung in der Baker Street.

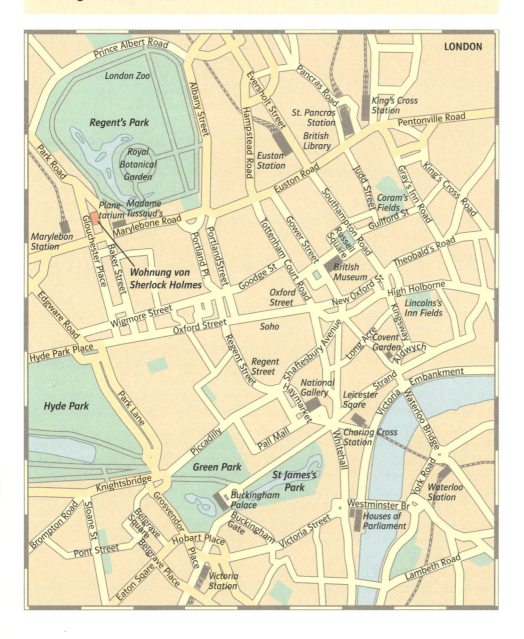

Rückblick

Mathematische Probleme
Eine Aufgabe ist ein mathematisches Problem, wenn man mit dem, was man gelernt hat, nicht sofort weiterkommt. Probleme haben manchmal auch keine Lösung oder mehrere Lösungen.

Wenn man sofort weiß, was zu tun ist und dass man am Schluss eine Lösung hat, so liegt kein mathematisches Problem vor.

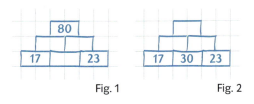

Fig. 1 Fig. 2

Beispiele finden:

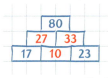

Fig. 3

Strategien für das Problemlösen
Strategien, die bei Problemen weiterhelfen können, sind z. B.

- einzelne Beispiele ausprobieren,
- eine Tabelle anlegen,
- eine Zeichnung anlegen.

Dann kann man überlegen:

- Gibt es Informationen, die man durch Messen erhalten kann?
- Gibt es Informationen, die man durch Schätzen erhält?
- Gibt es Informationen, die man durch Rechnen findet?

Oft kann man mehrere der Strategien anwenden und kommt dann bei einem Problem besser weiter.

Ein tropfender Wasserhahn kann pro Tag bis zu 100 Liter Wasser verschwenden. Kann das stimmen?

Probleme finden
In manchen Situationen kann man verschiedene Probleme finden, wenn man z. B. fragt:
- „Wie viele…?"
- „Warum…?"
- „Ist das immer so?"

Man kann auch gelöste Probleme verändern und dabei neue, interessante Probleme entdecken.

17 + 18 + 19 = 54 ist durch 3 teilbar. Gilt das immer: addiert man drei aufeinander folgende Zahlen, so ist das Ergebnis durch 3 teilbar?

Gilt das auch: addiert man vier aufeinander folgende Zahlen, so ist das Ergebnis durch 4 teilbar? Und mit 5 …?

Probleme aufschreiben
Wenn man beim Problemlösen nachvollziehen will, was man bereits probiert oder herausgefunden hat, ist es günstig, seine Ideen und Lösungsschritte aufzuschreiben, z. B. in einem Logbuch.

Training

1 Ergänze die fehlenden Werte in der Zahlenmauer.

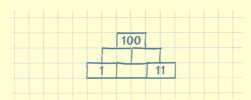

Mit diesen Aufgaben kannst du überprüfen, wie gut du im Problemlösen geworden bist. Danach weißt du auch besser, was du vielleicht noch üben kannst.

2 Gib jeweils vier möglichst unterschiedliche Rechnungen mit ganzen Zahlen an, die zum jeweiligen Ergebnis führen.
a) ☐ + ☐ + ☐ + ☐ = 10
b) ☐ · ☐ · ☐ · ☐ = 500

3 Old MacDonalds hat Hühner und Schweine, insgesamt 100 Tiere. Zusammen haben sie 300 Beine. Wie viele Hühner und wie viele Schweine sind es?

4 Ein rechteckiger Kuchen soll in rechteckige Stücke zerschnitten werden. Wie viele Schnitte braucht man mindestens, um ihn in 10, in 15 oder in 20 Stücke zu zerteilen? Erkennst du günstige Schneidestrategien?

5 a) Wie viel Schnitte braucht man, um aus einem kreisrunden Kuchen ein rechteckiges Stück herauszuschneiden?
b) Kannst du ähnliche Aufgaben erfinden und lösen?

6 Bestimme ungefähr.
a) Wenn sich alle 30 Schüler einer Klasse eng nebeneinander stellen, wie lang ist die Kette dann? Wie lang ist sie, wenn sie sich mit seitlich ausgestreckten Armen anfassen?
b) Wie hoch wären die 30 Schüler, wenn sie alle übereinander stünden?

7 Wie oft stehen der Minuten- und der Stundenzeiger einer Uhr während eines ganzen Tages übereinander?

8 Die vier Brüder Julius, Nicolas, Silas und Robin sind zusammen 5,20 m groß. Julius, der größte, und Robin, der kleinste, unterscheiden sich um 20 cm. Wie groß könnten die vier sein? Wie viele Lösungen gibt es, wenn die Größen in ganzen Zentimetern angegeben werden?

9 Zeichne ein Fantasieverkehrsschild, das achsensymmetrisch, aber nicht punktsymmetrisch ist.
b) Zeichne auch eines, das punktsymmetrisch aber nicht achsensymmetrisch ist.

10 Gib zwei verschiedene Brüche an, die addiert $\frac{1}{6}$ ergeben.

⋘ Blick zurück ⋘

Wenn du die Aufgaben 1–10 bearbeitet hast, kannst du vielleicht auch sagen, welche Strategien du verwendet hast?
- Hast du Beispiele betrachtet?
- Hast du eine Tabelle angelegt?
- Hast du eine Zeichnung gemacht?
- Hast du geschätzt oder gerechnet?

An welchen Stellen sind dir zu den Aufgaben weitere Fragen eingefallen?

Lösungen auf den Seiten 256–257.

V Multiplikation und Division von rationalen Zahlen

Jetzt kannst du mit allem rechnen!

Die Hälfte der Hälfte waren zufriedene Rote;
und ein Viertel dieser Hälfte waren Grüne.
Da riefen ein Drittel der anderen Hälfte:
„Wir sind gelb!" Der Rest war Orange; dies
waren 11. Sie riefen: „Wir sind die Mehrheit!"
Das glaubten die anderen nicht, denn sie
taten sich zusammen!
(aus einem Knobelbuch)

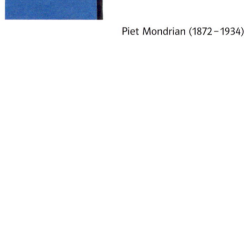

Piet Mondrian (1872–1934)

Noten: Das Lummerlandlied aus „Jim Knopf und Lukas der Lokomotivführer"
© by Macht die Musik Musikverlag – Musik-Edition Discoton GmbH
TMM. Jenning, H. Amann

Das kannst du schon

- Rationale Zahlen in Bruch- und Dezimaldarstellung addieren und subtrahieren
- Ganze Zahlen multiplizieren und dividieren

Arithmetik/Algebra

Funktionen

Geometrie

Stochastik

Aus einem Bauantrag

Grundstücksfläche
ca. $0{,}5 \cdot (12{,}5 + 3{,}0) \cdot 30{,}5 = 236{,}38$

GRZ $\dfrac{82{,}37}{236{,}38} = 0{,}35$

GFZ $\dfrac{159{,}02}{236{,}38} = 0{,}67$

Verbrauchszeitraum vom 06.01.2004 bis 01.02.2004						
Identifikations-nummer	Zählerstand alt	Zählerstand neu	Differenz	Multi-plikator	Verbrauch	Tage
4.534.232.31	81.645.000	82.112.000	467.000	1	467 kWh	26
Arbeitspreisberechnung	11.210 ct/kWh		x	467.00 kWh		52.35 EUR
Grundpreisberechnung	93.100 EUR/jährlich			für 26 Tage		6.63 EUR
					Nettobetrag	58.98 EUR
					MWSt. 16 %	9.44 EUR
					Bruttobetrag	68.42 EUR
Stromsteuer:	2.050 ct/kWh	im Arbeitspreis auf		467.000 kWh	=	9.57 EUR

Das kannst du bald

- Bruchzahlen und Dezimalzahlen multiplizieren und dividieren
- Mit Maßstäben rechnen

Argumentieren/Kommunizieren

Problemlösen

Modellieren

Werkzeuge

V Multiplikation und Division von rationalen Zahlen

Erkundungen

Siehe Lerneinheit 1, Seite 128.

1. Streifentausch (Spiel für 3 bis 5 Personen)

Vorbereitungen
Für das Spiel benötigt man 10 blaue, 10 gelbe und 10 rote Papierstreifen sowie einen Spielwürfel. Jeder Spieler erhält zu Beginn drei Papierstreifen – entweder drei rote, drei blaue oder drei gelbe. Der Rest wird auf einem Stapel an die Seite gelegt – die Streifenbank.

Tipp:
Eine Gruppe kann sich das Spiel zu Hause anschauen und es den anderen erklären!

Warum könnte man die dritte Angabe bei den Tauschverhältnissen auch weglassen?

Augenzahl/ Punkte	zu zahlender Preis
1	1 gelben Streifen
2	2 blaue Streifen
3	1 roten und 1 gelben Streifen
4	1 gelben und 2 blaue Streifen
5	1 blauen und 2 rote Streifen
6	1 roten und 2 gelbe Streifen

Fig. 1

Tauschverhältnisse
1 gelber Streifen : 2 blaue Streifen
2 gelbe Streifen : 3 rote Streifen
4 blaue Streifen : 3 rote Streifen

Fig. 2

Spielverlauf
Der Jüngste fängt an und darf einmal würfeln. Würfelt er eine „1", so muss er einen gelben Streifen an die Bank zahlen, um einen Punkt zu erhalten (vgl. Fig. 1). Würfelt er eine „4", so muss er entsprechend einen gelben und zwei blaue Streifen an die Bank zahlen und erhält dafür vier Punkte. Man erhält also immer so viele Punkte wie man gewürfelt hat, wenn man die entsprechenden Streifen an die Bank zahlen kann. Hat ein Spieler nicht die erforderlichen Streifen, kann er seine Streifen mit denen der anderen Spieler nach den festgelegten Tauschverhältnissen (Fig. 2) tauschen. Man kann auch halbe, drittel, … Streifen tauschen. Dazu kann der Spieler, der an der Reihe ist, die Streifen entsprechend knicken und durchschneiden. Er darf auch die Streifen der anderen Spieler durchschneiden. Wichtig ist nur, dass das Tauschverhältnis erfüllt ist. (Beispielsweise kann ein halber gelber Streifen gegen einen blauen Streifen getauscht werden.) Die anderen Spieler dürfen den Tauschwunsch nicht verweigern. Man kann in einer Runde auch mit mehreren Spielern nacheinander tauschen. Ist ein Tauschvorgang abgeschlossen und der Spieler hat sich seine Punkte bei der Bank „gekauft", werden die Punkte in einer Liste notiert und der Spieler erhält von der Bank einen Streifen seiner Wahl. Wenn man keine Punkte „kaufen" kann, erhält man trotzdem einen Streifen seiner Wahl. Nun ist der Spielzug abgeschlossen und der nächste Spieler ist an der Reihe.

Spielvarianten:
- *Ihr könnt euch auch eigene Tauschverhältnisse überlegen.*
- *Man kann die Streifen auch mit Geldwerten beschriften (z.B.: gelb = 6 €; blau = 3 €; rot = 4 €).*

Ziel des Spieles
Gewonnen hat der Spieler, der mit seinen Streifen zuerst 20 Punkte „gekauft" hat.

Auf dem linken Bild seht ihr eine mögliche Markierung der Papierstreifen, wenn das Papier nicht bunt ist.

2. „$\frac{1}{3}$ von $\frac{1}{2}$ ist ..." – Bruchteile von Bruchteilen sehen

Siehe Lerneinheit 2, Seite 132.

Forschungsauftrag 1

Kira hat den Bruchteil $\frac{1}{3}$ von $\frac{1}{2}$ mithilfe eines Papierbogens dargestellt.
- Wie viel vom Ganzen ist der dritte Teil von einer Hälfte?
- Was hat sich Kira beim Falten des Bogens gedacht?

Forschungsauftrag 2

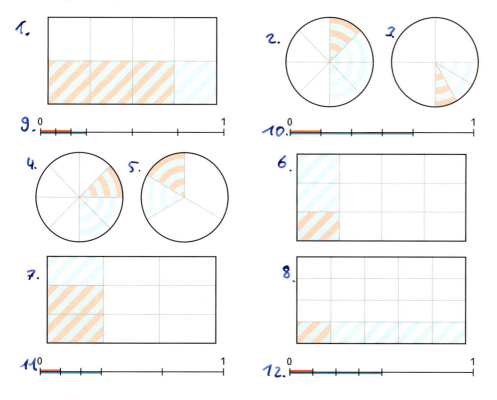

Der Bruchteil $\frac{1}{3}$ von $\frac{1}{4}$ kommt zweimal vor!

- Welche Bruchteile sind hier dargestellt? Schreibe in der Form „$\frac{1}{3}$ von $\frac{1}{2}$ ist gleich ..."
- Welche Darstellungen beschreiben den gleichen Bruchteil?
- Stellt alle abgebildeten Bruchteile in den drei Darstellungen (Stab, Rechteck, Kreis) dar.
- Erfindet in Partnerarbeit selber Aufgaben der Form „$\frac{1}{3}$ von $\frac{1}{2}$" und stellt die Lösung dar.
- Wie kann man $\frac{1}{12}$ darstellen? Versucht, selbst gewählte Bruchteile darzustellen.
- Versucht andere eigene Darstellungen für Bruchteile zu finden.

Man kann alle drei Darstellungen auch aus Papier falten!

Erkundungen

Siehe Lerneinheit 2, Seite 132, und Lerneinheit 3, Seite 137.

3. Rezept

Sandra sucht in einem Kochbuch nach einem Rezept für eine Karamellcremesoße als Soße für einen Eisnachtisch.

Ihr könnt auch eigene Messbecher mit anderen Skalen verwenden.

Karamellcremesoße
(für 4 Personen)

180 g Zucker
$\frac{1}{4}$ l Wasser
$\frac{1}{2}$ Teelöffel Vanillinzucker
$\frac{3}{8}$ l Milch
20 g Cremepulver (oder Stärke)
3 Eidotter

Den Zucker langsam zu Karamell schmelzen, mit dem Wasser und $\frac{2}{3}$ von der Milchmenge ablöschen und den Karamell darin auflösen. Die restliche Milch mit dem Cremepulver (oder Stärke) glattrühren, einrühren, aufkochen und mit dem Eidotter legieren.

– Mit wie viel ml Wasser und wie viel ml Milch wird der karamellisierte Zucker gelöscht?
– Sandra möchte die Karamellcremesoße für drei Personen zubereiten. Welche Mengen muss sie verwenden?
– Formuliert eine Anleitung, wie man das Rezept für eine Personenzahl zwischen 1 und 20 umschreiben kann.
– Sucht in Rezeptbüchern nach Rezepten und schreibt sie für ein, zwei, drei, … Personen um. Ob ihr dort irgendwo Brüche findet?

Siehe Lerneinheit 3, Seite 137.

4. „passt in"

Was ist eigentlich $7 : \frac{3}{4}$?

Ja, stimmt. Also müsste das Ergebnis etwa 5 sein.

Na ja, 7 : 1 ist ja 7. Dann ist $\frac{3}{4}$ von 7 etwa 5.

Das stimmt natürlich. Vielleicht probieren wir es mal mit 7 Äpfeln.

Man kann doch fragen, wie viele $\frac{3}{4}$-Apfelstücke man aus 7 Äpfeln erhält.

Ich weiß nicht genau! Aber immer wenn man eine Zahl dividiert, wird das Ergebnis kleiner.

Wieso gerade 5?

Aber so kann man es doch nicht rechnen. Denn bei der Rechnung 7 : 1 sagt man ja auch nicht 1 von 7. Das wäre nämlich 1 und nicht 7.

Was haben denn die 7 Äpfel mit der Aufgabe $7 : \frac{3}{4}$ zu tun?

Das müssten dann doch mehr als 5 sein, oder?

– Führt den Dialog zu Ende und versucht dabei, die zentrale Fragestellung zu lösen.

„… das Zimmer ist genau 6 m lang und eine Fliese ist $\frac{1}{5}$ m breit …"

„… jeder soll mindestens $\frac{1}{3}$ einer Pizza bekommen …"

„… eine $\frac{2}{3}$-Tafel für jeden …"

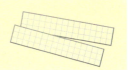
„… $\frac{3}{4}$ der Länge reicht …"

- Stellt zu den Situationen Fragen der Form „wie viel … passen in …" und beantwortet sie.
- Formuliert eine Regel für das Dividieren durch eine Bruchzahl und gebt drei Beispiele an.

5. Zollforschung

Siehe Lerneinheit 5, Seite 146.

20-Zoll-Einrad mit 3,75-Zoll-Reifen

Zollstock

17"-Bildschirm

5,25-Zoll- und 3,5-Zoll-Diskette

Die Rolle ist passend für 50 m 0,5-Zoll- bzw. 30 m $\frac{3}{4}$-Zoll-Gartenschlauch

Preußisches Maß
Bei dem preußischen Maß von 1816 bleiben Rute und Meile wie beim Vorgängermaß (dem Magdeburger Maß) gleich, aber nach Vorbild des neuen französischen, metrischen Systems werden die kleineren Einheiten durch dezimale Teilung erreicht:

Zoll = 10 Strich
Fuß = 10 Zoll
Rute = 10 Fuß
Meile = 2000 Ruten

Digitale Bildauflösung
Die meisten Digitalkameras zeichnen mit 72 dpi auf. Das bedeutet, dass auf einen Zoll 72 Punkte dargestellt werden. Beim Druck verwendet man etwa 150 dpi für gute bzw. 300 dpi für sehr gute Bilder.
Bei einer Kameraauflösung von beispielsweise 640 × 480 kann man also bei 150 dpi folgende Bildgröße drucken:
Länge: 640 Pixel; entspricht 4,27 Zoll.
Breite: 480 Pixel; entspricht 3,2 Zoll.

- Versucht herauszufinden, was die Zollangaben jeweils bedeuten.
- Sucht weitere Dinge mit Zollangaben.

1 Vervielfachen und Teilen von Brüchen

Bei einem Zeitfahren beteiligen sich 61 Radfahrer. Die Teilnehmer starten um 10 Uhr im Abstand von $2\frac{1}{4}$ Minuten. Der langsamste Fahrer benötigt für die Rennstrecke ca. eine $\frac{3}{4}$ Stunde.
Der Fernsehredaktion Sport wurden $2\frac{1}{2}$ Stunden für die Übertragung des Rennens genehmigt.

Siehe Erkundung 1, Seite 124.

Tom hat vier Freunde eingeladen. Zum Abendessen soll es selbst gemachte Pizza geben. Jeder der fünf Jungen behauptet, dass er alleine ein Dreiviertel Pizzastück essen kann. Toms Mutter fragt sich nun, wie viele Pizzas sie backen soll.
Um diese Frage zu beantworten, muss man fünf Dreiviertel Pizzastücke addieren; man vervielfacht also den Bruch $\frac{3}{4}$ mit 5. Anschaulich kann man diese Rechnung mithilfe von Kreisbildern (Pizzabildern) darstellen.

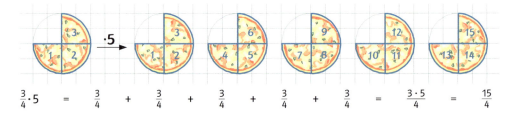

$$\frac{3}{4} \cdot 5 \;=\; \frac{3}{4} + \frac{3}{4} + \frac{3}{4} + \frac{3}{4} + \frac{3}{4} \;=\; \frac{3 \cdot 5}{4} \;=\; \frac{15}{4}$$

Multiplizieren von Brüchen mit einer ganzen Zahl
Multipliziert man einen Bruch mit einer ganzen Zahl, so wird der Zähler mit der Zahl multipliziert und der Nenner beibehalten. Zum Beispiel: $6 \cdot \frac{2}{5} = \frac{6 \cdot 2}{5} = \frac{12}{5}$

Will man beispielsweise den Rest einer Tafel Schokolade (hier acht Neuntel) gerecht aufteilen, so muss man den Bruch durch die Anzahl der Personen dividieren. Bei vier Personen muss man also acht Neuntel durch 4 teilen und erhält zwei Neuntel, wie am Rechteckbild veranschaulicht ist.
Will man den Rest auf drei Personen aufteilen, ist es etwas schwieriger, da man 8 nicht direkt durch 3 teilen kann. Hier muss zunächst jedes der 8 Neuntel gedrittelt werden. Man erhält also 8 Siebenundzwanzigstel, wie am Rechteckbild veranschaulicht ist.

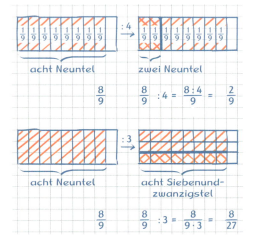

Dividieren von Brüchen durch eine ganze Zahl
Wenn man einen Bruch durch eine ganze Zahl dividiert, hat man zwei Möglichkeiten:
1. Der Zähler wird durch die Zahl geteilt und der Nenner beibehalten,
   z. B.: $\frac{6}{7} : 3 = \frac{6:3}{7} = \frac{2}{7}$.
2. Der Zähler wird beibehalten und der Nenner mit der Zahl multipliziert,
   z. B.: $\frac{6}{7} : 5 = \frac{6}{7 \cdot 5} = \frac{6}{35}$.

Die zweite Möglichkeit ist sinnvoll, wenn die Zahl, durch die geteilt wird, kein Teiler des Zählers ist.

Bevor man im Zähler oder Nenner des Bruches multipliziert, ist es sinnvoll zu überprüfen, ob man kürzen kann. Beispielsweise ist in der Multiplikation $25 \cdot \frac{13}{10} = \frac{25 \cdot 13}{10} = \frac{325}{10} = \frac{65}{2}$ die Rechnung $25 \cdot 13$ schon etwas aufwändiger. Wenn man aber vorher kürzt, ist die Rechnung einfacher: $25 \cdot \frac{13}{10} = \frac{\cancel{25}^5 \cdot 13}{\cancel{10}_2} = \frac{5 \cdot 13}{2} = \frac{65}{2}$.

Beispiel 1 Multiplikation und Division von positiven Zahlen
Berechne. a) $\frac{8}{27} \cdot 18$ b) $\frac{3}{7} : 5$ c) $\frac{8}{11} : 4$
Lösung:
a) $\frac{8}{27} \cdot 18 = \frac{8 \cdot \cancel{18}^2}{\cancel{27}_3} = \frac{8 \cdot 2}{3} = \frac{16}{3}$ Es wurde mit 9 gekürzt.
b) $\frac{3}{7} : 5 = \frac{3}{7 \cdot 5} = \frac{3}{35}$
c) $\frac{8}{11} : 4 = \frac{8}{11 \cdot 4} = \frac{2 \cdot \cancel{4}}{11 \cdot \cancel{4}} = \frac{2}{11}$ Es wurde mit 4 gekürzt.

Beispiel 2 Multiplikation und Division mit negativen Vorzeichen
Berechne. a) $-4 \cdot \frac{3}{8}$ b) $\frac{-5}{8} \cdot (-12)$ c) $\frac{35}{36} : (-5)$
Lösung:
a) $-4 \cdot \frac{3}{8} = -\frac{\cancel{4}^1 \cdot 3}{\cancel{8}_2} = -\frac{3}{2}$
b) $\frac{-5}{8} \cdot (-12) = \frac{5}{8} \cdot 12 = \frac{5 \cdot \cancel{12}^3}{\cancel{8}_2} = \frac{15}{2}$
c) $\frac{35}{36} : (-5) = -\frac{35}{36} : 5 = -\frac{35:5}{36} = -\frac{7}{36}$

Zur Erinnerung:
$-3 \cdot (-5) = 15$
$-3 \cdot 5 = -15$
$3 \cdot (-5) = -15$

Aufgaben

1 Übertrage die Bilder in dein Heft, vervollständige die Darstellung und berechne.

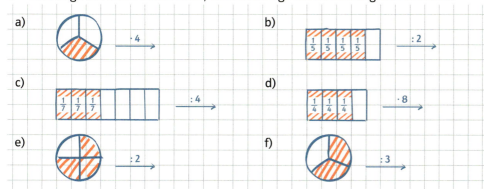

V Multiplikation und Division von rationalen Zahlen

2 Stelle anschaulich beispielsweise mithilfe von Kreis- oder Rechteckbildern dar und berechne. Führe die Berechnungen der Divisionsaufgaben auf zwei Weisen durch und vergleiche beide Berechnungen.

a) $6 \cdot \frac{2}{3}$ b) $5 \cdot \frac{5}{6}$ c) $\frac{8}{11} : 4$ d) $\frac{7}{9} : 3$

e) $\frac{6}{7} \cdot 70$ f) $\frac{15}{7} : 5$ g) $\frac{23}{8} : 7$ h) $\frac{73}{4} : 11$

zu Aufgabe 3:

3 Rechne im Kopf. Die Ergebnisse findest du auf dem Rand.

a) $4 \cdot \frac{1}{9}$ b) $7 \cdot \frac{1}{12}$ c) $\frac{2}{11} \cdot 5$ d) $32 \cdot \frac{1}{8}$ e) $28 \cdot \frac{2}{7}$

$\frac{1}{5} : 2$ $\frac{1}{2} : 3$ $\frac{9}{5} : 3$ $\frac{6}{11} : 2$ $\frac{15}{7} : 5$

zu Aufgabe 4:

4 Die Ergebnisse ergeben ein Lösungswort.

a) $4 \cdot \frac{1}{2}$ b) $15 \cdot \frac{1}{-30}$ c) $-64 \cdot \frac{3}{4}$ d) $320 \cdot \frac{1}{660}$ e) $108 \cdot \frac{7}{48}$

$\frac{4}{31} : 4$ $\frac{-25}{27} : 5$ $\frac{56}{59} : 7$ $-\frac{68}{11} : 102$ $\frac{23}{24} : 92$

5 Setze die Zahlen 2; 5 und 12 so in die Kästchen ein, dass
a) eine ganze Zahl,
b) eine Zahl kleiner als 1,
c) eine Zahl größer als 1 entsteht.

6 Setze die richtigen Zahlen ein.

a) $5 \cdot \frac{\square}{7} = \frac{10}{7}$ b) $\frac{\square}{20} \cdot 7 = \frac{49}{20}$ c) $\frac{2}{3} : \square = \frac{2}{9}$ d) $\square : 9 = \frac{2}{117}$ e) $16 \cdot \frac{\square}{35} = 1\frac{13}{35}$

f) $7 \cdot \frac{\square}{\square} = \frac{56}{11}$ g) $11 \cdot \frac{\square}{12} = \frac{77}{\square}$ h) $\frac{6}{\square} \cdot 8 = \frac{\square}{7}$ i) $\square \cdot \frac{13}{15} = \frac{78}{\square}$ j) $\frac{\square}{14} \cdot 20 = \frac{90}{\square}$

7 Karin trainiert in der Woche dreimal eineinhalb Stunden Tennis, Dennis fünfmal eine Dreiviertelstunde Tischtennis und Susanne viermal eineinviertel Stunden Badminton. Wer macht in der Woche am längsten Sport?

8 Sebastian und Thomas vergleichen ihre Laufleistungen.
Sebastian läuft $3\frac{1}{2}$ km in 15 Minuten, Thomas $5\frac{1}{4}$ km in 21 Minuten. Wer läuft schneller?

Bist du sicher?

1 Berechne.

a) $4 \cdot \frac{2}{11}$ b) $\frac{5}{46} \cdot 23$ c) $\frac{15}{23} : (-5)$ d) $\frac{3}{4} : 51$ e) $\frac{-2}{21} \cdot 7$

2 In einem Kasten sind 6 Flaschen mit Apfelsaft. Jede Flasche enthält $\frac{3}{4}$ l Saft. Wie viel Liter Apfelsaft sind dies insgesamt?

3 Anika möchte das Kaffee-Eis mit ihrer Freundin Janine ausprobieren. Welche Mengen benötigt sie, wenn das Rezept für vier Personen ist?

Kaffee-Eis
35 g Pulverkaffee
$2\frac{1}{3}$ Esslöffel Zucker
$\frac{1}{5}$ l süße Sahne
$\frac{1}{4}$ Stange Vanille
$\frac{3}{8}$ l Milch (3 Tassen)
2 Eigelb

9 Petra betrachtet winzige Pflanzenzellen nacheinander unter einem Mikroskop mit 20facher, 25facher und 75facher Vergrößerung.
Wie groß sehen die Zellen unter dem Mikroskop jeweils aus, wenn sie $\frac{1}{5}$mm, $\frac{1}{10}$mm und $\frac{1}{15}$mm lang sind?

10 Falte ein Blatt Papier so, dass du $\frac{1}{4}$ des Blattes blau färben kannst.
Falte das Blatt anschließend weiter, sodass du die blaue Fläche nun in 8 gleich große Teile zerlegst. Färbe einen dieser Teile schwarz.
a) Wie groß ist der Anteil der schwarzen Fläche bezogen auf die Fläche des Blattes?
b) Erläutere den Zusammenhang zwischen dem Faltvorgang des Blattes und der Divisionsaufgabe „$\frac{1}{4} : 8$"?
c) Wie viele Faltvorgänge hast du jeweils benötigt? Begründe.
d) Denke dir weitere Divisionsaufgaben aus und falte sie.

11 Setze die Zahlen 3; 5 und 15 so in die Kästchen ein, dass
a) das größtmögliche Ergebnis entsteht.
b) das kleinstmögliche Ergebnis entsteht.

12 a) Teile durch 5 und kürze mit 5. Vergleiche.
$\frac{5}{45}$; $\frac{25}{90}$; $\frac{100}{135}$; $\frac{185}{10}$
b) Erläutere den Unterschied zwischen Kürzen mit 4 und Teilen durch 4.

13 In Fig. 1 ist der Bruch $\frac{2}{6}$ dargestellt.
Welche Rechnungen werden durch die unteren Kreisbilder veranschaulicht? Begründe.

14 Finde drei verschiedene mögliche Rechnungen.
a) $\frac{\Box}{\Box} \cdot \frac{\Box}{\Box} = \frac{2}{5}$ b) $\Box \cdot \frac{\Box}{\Box} = -\frac{7}{9}$
c) $\frac{\Box}{\Box} : \Box = 4$ d) $\frac{\Box}{\Box} : \Box = -\frac{1}{12}$

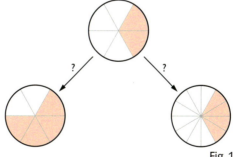

Fig. 1

15 In der Metzgerei werden aus $1\frac{3}{4}$kg Schweinefleisch 14 etwa gleich große Schnitzel geschnitten.
a) Wie viel wiegt ein Schnitzel im Durchschnitt?
b) Peters Vater kauft sechs dieser Schnitzel. Wie viel wiegen sie zusammen?
c) 1kg Schnitzelfleisch kostet 10,80 €. Wie viel hat Peters Vater ungefähr zu zahlen?

16 Sortiere und berechne. Begründe, warum du so sortiert hast.
$4 \cdot \frac{1}{2}$; $4 : \frac{1}{8}$; $4 \cdot \frac{1}{8}$; $4 : \frac{1}{2}$; $4 : \frac{1}{4}$; $4 \cdot \frac{1}{4}$; $4 : 1$

2 Multiplizieren von Brüchen

Der Schulgarten wird neu angelegt. Von der Gesamtfläche soll $\frac{3}{4}$ bepflanzt werden. Die Klasse 6a soll $\frac{2}{3}$ der Beete pflegen, der andere Teil wird von der 6b versorgt. Die 6a möchte auf der Hälfte ihrer Fläche Radieschen und Bohnen und auf der restlichen Fläche Erdbeeren pflanzen. Die 6b plant, auf $\frac{3}{4}$ ihrer Beete Erdbeeren und auf dem Rest Zucchini anzupflanzen. Erstellt einen Plan, auf dem die Beete näherungsweise eingezeichnet und gekennzeichnet sind.

Will man bei einer Fläche den Anteil $\frac{2}{3}$ von $\frac{4}{5}$ bestimmen, kann man wie folgt vorgehen:

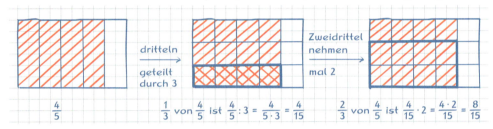

$\frac{4}{5}$ — dritteln / geteilt durch 3 — $\frac{1}{3}$ von $\frac{4}{5}$ ist $\frac{4}{5} : 3 = \frac{4}{5 \cdot 3} = \frac{4}{15}$ — Zweidrittel nehmen / mal 2 — $\frac{2}{3}$ von $\frac{4}{5}$ ist $\frac{4}{15} \cdot 2 = \frac{4 \cdot 2}{15} = \frac{8}{15}$

Siehe Erkundung 2, Seite 125, und Erkundung 3, Seite 126.

Die Darstellung kann man auch mit einem Papierbogen falten. Ein Papierbogen wird zunächst in fünf gleich große Teile gefaltet und vier Teile werden schraffiert ($\frac{4}{5}$). Dann faltet man in der anderen Richtung in drei gleich große Teile, wodurch die Vierfünftel der ersten Faltung gedrittelt werden ($\frac{1}{3}$ von $\frac{4}{5}$). Abschließend schraffiert man zwei dieser Drittel und erhält das Ergebnis von $\frac{2}{3}$ von $\frac{4}{5}$, das man ablesen kann: Achtfünfzehntel.

Man kann erkennen, dass Anteile von Anteilen berechnet werden, indem man Zähler mit Zähler und Nenner mit Nenner multipliziert. Man sagt, die beiden Brüche werden multipliziert: $\frac{2}{3}$ von $\frac{4}{5}$ ist $\frac{2}{3} \cdot \frac{4}{5} = \frac{2 \cdot 4}{3 \cdot 5} = \frac{8}{15}$.

Multiplizieren von Brüchen

Multipliziert man zwei Brüche, so multipliziert man jeweils die Zähler und Nenner miteinander, zum Beispiel $\frac{2}{3} \cdot \frac{7}{5} = \frac{2 \cdot 7}{3 \cdot 5} = \frac{14}{15}$.

$\left(\frac{1}{2}\right)^2 = \frac{1}{2} \cdot \frac{1}{2}$

$\left(\frac{1}{2}\right)^3 = \frac{1}{2} \cdot \frac{1}{2} \cdot \frac{1}{2}$

$\left(\frac{1}{2}\right)^4 = \frac{1}{2} \cdot \frac{1}{2} \cdot \frac{1}{2} \cdot \frac{1}{2}$

Bei vielen Rechnungen lässt sich der Rechenaufwand verringern, indem man so früh wie möglich kürzt. Um $\frac{2}{5}$ von $\frac{15}{16}$ zu berechnen, ergibt sich: $\frac{2}{5} \cdot \frac{15}{16} = \frac{2 \cdot 15}{5 \cdot 16} = \frac{2 \cdot 3 \cdot 5}{5 \cdot 2 \cdot 8} = \frac{3}{8}$.

Tritt bei einem Produkt mehrfach derselbe Faktor auf, so lässt sich dies kürzer schreiben: $\frac{3}{4} \cdot \frac{3}{4} \cdot \frac{3}{4} = \left(\frac{3}{4}\right)^3$.

Wie bei den ganzen Zahlen kann man bei der Multiplikation mit Brüchen die beiden Faktoren vertauschen. So ist zum Beispiel $4 \cdot \frac{2}{3} = \frac{2}{3} \cdot 4$.

Beispiel 1 Multiplikation von Brüchen
Berechne.
a) $\frac{2}{3} \cdot \frac{5}{7}$ b) $\frac{5}{12} \cdot \frac{-8}{25}$ c) $-2\frac{3}{4} \cdot \frac{2}{3}$ d) $\left(\frac{2}{5}\right)^2$

Ist ein Faktor eine natürliche Zahl, so kann man auch diese als Bruch schreiben und dann multiplizieren:
$\frac{3}{8} \cdot 4 = \frac{3}{8_2} \cdot \frac{\cancel{4}^1}{1} = \frac{3 \cdot 1}{2 \cdot 1} = \frac{3}{2}$.

Lösung:
a) $\frac{2}{3} \cdot \frac{5}{7} = \frac{2 \cdot 5}{3 \cdot 7} = \frac{10}{21}$
b) $\frac{5}{12} \cdot \frac{-8}{25} = -\frac{\cancel{5}^1 \cdot \cancel{8}^2}{_3\cancel{12} \cdot \cancel{25}_5} = -\frac{1 \cdot 2}{3 \cdot 5} = -\frac{2}{15}$
c) $-2\frac{3}{4} \cdot \frac{2}{3} = -\frac{11}{\cancel{4}_2} \cdot \frac{\cancel{2}^1}{3} = -\frac{11}{6}$
d) $\left(\frac{2}{5}\right)^2 = \frac{2}{5} \cdot \frac{2}{5} = \frac{4}{25}$

Beispiel 2 Anteile von Größen
Berechne $\frac{2}{5}$ von $\frac{3}{4}$ kg.
Lösung:
$\frac{2}{5}$ von $\frac{3}{4}$ kg: $\left(\frac{2}{5} \cdot \frac{3}{4}\right)$ kg $= \frac{2 \cdot 3}{5 \cdot 4}$ kg $= \frac{3}{10}$ kg $= 300$ g

Aufgaben

1 Natalie hat mit einem Blatt die Multiplikation $\frac{1}{3} \cdot \frac{1}{4}$ dargestellt.
a) Erläutere, wie Natalie vorgegangen ist, und gib das Ergebnis an.
b) Falte die Multiplikationen $\frac{3}{4} \cdot \frac{1}{3}$ und $\frac{5}{8} \cdot \frac{3}{4}$.
c) Denke dir eigene Multiplikationen von Brüchen aus und falte sie.

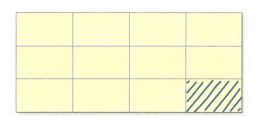

2 Welche Multiplikation ist dargestellt?
a)    b)

3 Veranschauliche mit einem Rechteckbild wie in Aufgabe 1 und einem Kreisbild wie in Aufgabe 2.
a) $\frac{3}{4}$ von $\frac{4}{9}$ b) $\frac{1}{6}$ von $\frac{2}{3}$ c) $\frac{5}{4}$ von $\frac{2}{5}$ d) $\frac{2}{3}$ von $\frac{5}{8}$

4 Berechne.
a) $\frac{2}{5}$ von $\frac{5}{3}$ kg   b) $\frac{1}{4}$ von $\frac{2}{3}$ km   c) $\frac{1}{2}$ von $\frac{1}{4}$ h   d) $\frac{3}{4}$ von $2\frac{1}{2}$ l
e) $\frac{3}{4}$ von $2\frac{1}{3}$ m   f) $\frac{2}{3}$ von $1\frac{3}{4}$ m²   g) $\frac{1}{6}$ von $4\frac{1}{2}$ l   h) $\frac{5}{6}$ von $1\frac{1}{2}$ h

5 Rechne im Kopf.
a) $\frac{1}{3} \cdot \frac{1}{2}$ b) $\frac{2}{5} \cdot \frac{3}{7}$ c) $-\frac{4}{5} \cdot \frac{3}{7}$ d) $\frac{1}{2} \cdot \left(-\frac{5}{6}\right)$
e) $\frac{5}{8} \cdot \frac{1}{6}$ f) $\frac{3}{7} \cdot \frac{9}{8}$ g) $-\frac{3}{7} \cdot \frac{2}{5}$ h) $\frac{4}{7} \cdot \frac{5}{9}$
i) $\frac{3}{4} \cdot \frac{8}{9}$ j) $-\frac{4}{5} \cdot \frac{-1}{3}$ k) $\frac{6}{21} \cdot \frac{14}{12}$ l) $\frac{-24}{27} \cdot \frac{-18}{-12}$

In welcher Stadt liegt diese Brücke?

Ordne dazu die Ergebnisse von Aufgabe 6.

6 Berechne. Kürze, wenn möglich. Worin unterscheidet sich c) von a), b) und d)?

a) $\frac{5}{8} \cdot \frac{44}{25}$ b) $\frac{-3}{8} \cdot \frac{48}{51}$ c) $5\frac{8}{15}$ d) $-\frac{48}{51} \cdot \left(-\frac{45}{64}\right)$

$3\frac{1}{3} \cdot \frac{7}{10}$ $5 \cdot \frac{8}{15}$ $3\frac{6}{9}$ $-4\frac{1}{6} \cdot \frac{2}{5}$

7 a) Wie viel sind zwei Drittel von einem halben Liter?
b) Wie viel sind drei Viertel von einem halben Liter?
c) Wie viel sind vier Fünftel von drei viertel Kilometer?
d) Wie viel sind zwei Drittel von einer Dreiviertelstunde?

8 a) Ergänze die Rechenmauern. Über zwei Zahlen steht immer deren Produkt.

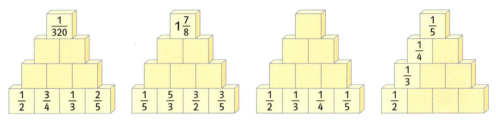

b) Stelle eigene Rechenmauern auf und löse sie.
c) Versuche mindestens zwei Rechenmauern zu finden, bei denen das Endergebnis im oberen Kästchen 1 ist.

9 a) In einer Klasse ist ein Drittel der Schülerinnen und Schüler erkrankt, die Hälfte davon an einer Grippe. Wie hoch ist der Anteil der an Grippe Erkrankten in der Klasse?
b) Wie viele Kinder sind der Anteil aus a), wenn in der Klasse 30 Kinder sind?

10 Berechne.

a) $(-4) \cdot 5\frac{3}{8}$ b) $2\frac{5}{8} \cdot (-9)$ c) $1\frac{1}{3} \cdot 1\frac{1}{4}$ d) $\left(-5\frac{7}{9}\right) \cdot \left(-1\frac{7}{8}\right)$

e) $5\frac{5}{6} \cdot 1\frac{4}{5}$ f) $(-3,9) \cdot 1\frac{5}{13}$ g) $\left(-\frac{1}{8}\right) \cdot \frac{2}{3} \cdot \left(-\frac{4}{5}\right)$ h) $2\frac{1}{2} \cdot 1\frac{4}{5} \cdot \left(-\frac{2}{3}\right)$

i) $3\frac{1}{3} \cdot 4\frac{1}{5} \cdot 3\frac{1}{8}$ j) $(-3) \cdot 2\frac{3}{4} \cdot \frac{2}{3}$ k) $\left(-2\frac{2}{9}\right) \cdot \left(-3\frac{3}{4}\right) \cdot \left(-8\frac{1}{10}\right)$

11 In Michaels Heft steht die Rechnung aus Fig. 1.
Zeige durch eine Überschlagsrechnung, dass er nicht richtig gerechnet hat. Beschreibe, welchen Fehler er gemacht hat, und bestimme das richtige Ergebnis.

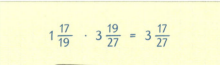

Fig. 1

$\left(\frac{2}{5}\right)^2 = \frac{2}{5} \cdot \frac{2}{5}$

12 a) Berechne $\left(\frac{2}{5}\right)^2$, $\left(\frac{2}{5}\right)^4$, $\left(\frac{2}{5}\right)^8$ und ordne die Bruchzahlen der Größe nach.
b) Wie oft musst du $\frac{5}{2}$ mit sich selbst multiplizieren, damit das Ergebnis größer als 10 ist?
c) Welche Brüche werden beim Multiplizieren mit sich selbst kleiner, welche größer?

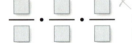

Fig. 2

13 a) Setze die Zahlen 1, 2, 5, 6, 8 und 9 so in die Lücken der Bruchaufgabe (Fig. 2) ein, dass eine möglichst große bzw. kleine Zahl das Ergebnis ist.
b) Worauf muss man beim Einsetzen von 6 beliebigen Zahlen achten, damit das Ergebnis möglichst groß ist?

Bist du sicher?

1 Berechne die Anteile.

a) $\frac{2}{3}$ von $\frac{1}{2}$ kg
b) $\frac{2}{5}$ von $\frac{7}{8}$ t
c) $\frac{3}{2}$ von $\frac{3}{4}$ km
d) $\frac{5}{6}$ von 9 m³

2 Berechne.

a) $\frac{4}{3} \cdot \frac{2}{3}$
b) $\frac{-6}{3} \cdot \frac{10}{3}$
c) $\frac{98}{68} \cdot \frac{51}{21}$
d) $\frac{15}{2} \cdot \frac{-2}{5}$
e) $\frac{7}{9} \cdot 2\frac{7}{8}$

3 Die Ernte eines Bauernhofes besteht zu drei Fünftel aus Getreide, davon sind zwei Drittel Weizen. Welchen Anteil macht der Weizen an der gesamten Ernte aus?

---

14 Finde heraus, wie groß, wie lang und wie schwer die sechs Dinosaurier waren. Lege eine Tabelle an.
1. Der Tyrannosaurus war $4\frac{3}{4}$-mal so groß wie der Velociraptor, 12 m lang und $6\frac{1}{2}$ t schwer.
2. Der Brontosaurus war 9 m groß, $1\frac{2}{3}$-mal so lang wie der Tyrannosaurus und $3\frac{1}{13}$-mal so schwer wie der Tyrannosaurus.
3. Der Stegosaurus besaß $\frac{40}{43}$ der Größe des Tyrannosaurus, $\frac{3}{4}$ seiner Länge und $\frac{17}{65}$ seines Gewichtes.
4. Der Coelophysis besaß $\frac{8}{45}$ der Größe des Brontosaurus, $\frac{3}{12}$ der Länge des Tyrannosaurus und $\frac{4}{85}$ des Gewichtes des Stegosaurus.
5. Der Velociraptor war 1 m groß, besaß $\frac{3}{5}$ der Länge des Coelophysis und $\frac{3}{4}$ seines Gewichtes.
6. Der Archaeopterix besaß $\frac{5}{16}$ der Größe des Coelophysis, $\frac{5}{9}$ der Länge des Velociraptors und $\frac{3}{4}$ des Gewichtes des Coelophysis.

15 Was muss in diese Lücke eingesetzt werden, damit die Gleichung stimmt?

a) $\square \cdot \frac{1}{45} = \frac{2}{90}$
b) $\square \cdot \frac{5}{66} = \frac{15}{132}$
c) $\square \cdot 3\frac{1}{3} = 1$
d) $\square \cdot 3\frac{3}{4} = 10\frac{5}{7}$
e) $\square \cdot \left(-\frac{5}{7}\right) = -\frac{1}{2}$
f) $\square \cdot \left(-2\frac{1}{5}\right) = \frac{7}{15}$
g) $\square \cdot 6\frac{1}{3} = -\frac{5}{22}$
h) $\square \cdot 5\frac{6}{7} = -8\frac{3}{11}$

16 Berechne.

a) 10 % von 12
b) 50 % von $\frac{3}{4}$
c) 75 % von $2\frac{1}{8}$
d) 40 % von $6\frac{1}{8}$
e) 80 % von $\frac{8}{13}$
f) 62 % von 120
g) 17 % von $\frac{25}{34}$
h) 119 % von 76

17 In den folgenden Aufgaben besitzt das Wort „von" sehr unterschiedliche Bedeutungen. Erläutere diesen Unterschied und finde zu jeder der Bedeutungen zwei weitere Aufgaben.
a) Von den 29 Schülern der Klasse 6a kommen 11 Schüler mit dem Bus zur Schule. Wie viel Prozent sind das?
b) Ziehe $\frac{3}{5}$ von $\frac{2}{3}$ ab.
c) Kurt bekommt 18 € Taschengeld im Monat. $\frac{1}{4}$ von dem Taschengeld gibt er für Süßigkeiten aus. Wie viel ist das?

Achtung: „Von" ist nicht gleich „von"! „Von" kommt im Zusammenhang mit Differenzen, Anteilen oder auch Produkten vor.

18 Den Goldanteil von Schmuck und Besteck erkennt man an einer eingestempelten Zahl. Ist der Stempeldruck z. B. 585, so besteht der Gegenstand zu $\frac{585}{1000}$ aus reinem Gold. Wie viel Gold enthält
a) ein Ring: $2\frac{1}{4}$ g; Stempel 750.
b) eine Kette: $28\frac{1}{5}$ g; Stempel 585?
c) Recherchiere zu Hause, ob du Gegenstände mit einem Stempeldruck findest.

V Multiplikation und Division von rationalen Zahlen

19 👥 **Rechenspiel mit vier Würfeln**
Würfle und bilde aus den vier Augenzahlen zwei Brüche und multipliziere sie (vgl. Fig. 1).
a) Wer hat ein Ergebnis, das am nächsten an der Zahl 1 liegt?
b) Wer hat das größte, wer das kleinste Ergebnis?

Beispiel: $\frac{5}{2} \cdot \frac{4}{6} = \frac{20}{12}$
Fig. 1

20 Bestimme den Flächeninhalt des Rechtecks mit den Seitenlängen a und b. Zeichne das Rechteck anschließend in dein Heft.
a) $a = \frac{1}{2}$ dm; $b = \frac{3}{4}$ dm
b) $a = \frac{1}{10}$ m; $b = \frac{1}{20}$ m
c) $a = 5\frac{1}{2}$ cm; $b = 3\frac{1}{2}$ cm
d) $a = \frac{7}{10}$ dm; $b = 2\frac{1}{2}$ cm
e) Zeichne ein beschriftetes Rechteck mit einem Flächeninhalt von $\frac{12}{35}$ dm².

21 Hier siehst du ein Bruchbild, das nach Berechnungen konstruiert wurde.
a) Handelt es sich bei dem Bruchbild um ein Quadrat?
b) Überprüfe, ob die blaue Fläche einen Flächeninhalt von $\frac{5}{36}$ der Gesamtfläche hat.
c) Welche Farbe bedeckt insgesamt den größten Teil der gesamten Fläche?

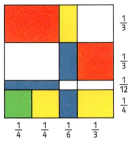

22 a) Berechne das Volumen des Quaders, zeichne das Netz und berechne seine Oberfläche.
b) 👥 Skizziere eigene beschriftete Quader und gebe sie mit dem Auftrag aus Aufgabenteil a) deinem Nachbarn.

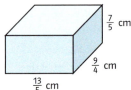

23 Stelle die Rechnung $4 \cdot \frac{2}{3}$ (als das 4-Fache von $\frac{2}{3}$) und $\frac{2}{3} \cdot 4$ (als $\frac{2}{3}$ von 4) jeweils anschaulich dar. Begründe dann mit dieser Darstellung, warum die Gleichheit $4 \cdot \frac{2}{3} = \frac{2}{3} \cdot 4$ gilt.

24 a) Die Erdoberfläche ist zu etwa $\frac{7}{10}$ mit Meeren bedeckt. $\frac{3}{10}$ der Meeresflächen entfallen auf den Atlantischen Ozean, $\frac{1}{5}$ auf den Indischen Ozean und der Rest auf den Pazifischen Ozean. Welchen Anteil der Erdoberfläche nehmen die drei Meere jeweils ein? Gib es jeweils auch in Prozent an.
b) Der Rest der Erdoberfläche ist Festland, das sich wie folgt auf die Kontinente verteilt: $\frac{1}{5}$ Afrika, $\frac{4}{25}$ Nord-, $\frac{3}{25}$ Südamerika, $\frac{7}{75}$ Antarktis, $\frac{3}{10}$ Asien, $\frac{3}{50}$ Ozeanien und $\frac{1}{15}$ Europa. Welchen Anteil der Erdoberfläche nehmen die Kontinente jeweils ein?
c) Der afrikanische Kontinent ist zu $\frac{3}{5}$ mit Wüsten oder Halbwüsten bedeckt. Die Wüste Sahara nimmt $\frac{5}{12}$ davon ein. Welcher Teil des Kontinents entfällt auf die Sahara?

25 Zum Knobeln
Zwei Kerzen sind verschieden lang und dick. Die kürzere Kerze ist nach zwölf Stunden heruntergebrannt, die andere schon nach sechs Stunden. Nach drei Stunden sind beide gleich lang. Wie viel kürzer war die eine Kerze zu Beginn?

3 Dividieren von Brüchen

Nach den Ferien unterhalten sich Petra und Peter über die Fahrt zum Urlaubsort und wer schneller gefahren ist. „Mein Vater hat für die Strecke von 400 km $3\frac{1}{2}$ Stunden benötigt", sagt Peter stolz. „Meine Mutter ist in $4\frac{1}{4}$ Stunden die Strecke von 550 km gefahren, sie war also schneller", erwidert Petra. Wer hat Recht?

Wenn man den Inhalt eines 12-l-Gefäßes gleichmäßig auf mehrere Gefäße mit demselben Fassungsvermögen verteilt, kann man zur folgenden Tabelle kommen:

Siehe Erkundung 4, Seite 126

Gefäßinhalt	Anzahl Gefäße	
2	6	
1	12	
$\frac{1}{2}$	24	
$\frac{1}{4}$	48	
$\frac{3}{4}$	?	?

Rechnerisch erhält man die Anzahl der Gefäße, indem man den Gesamtinhalt von 12 l durch das Fassungsvermögen eines Gefäßes teilt: 12 : 2 = 6; 12 : 1 = 12; 12 : $\frac{1}{2}$ = 24; 12 : $\frac{1}{4}$ = 48. Man kann erkennen, dass beispielsweise die Division durch den Bruch $\frac{1}{2}$ gleichbedeutend mit der Multiplikation mit 2 ist. Die Rechnung ist demnach: 12 : $\frac{1}{2}$ = 12 · 2 = 24. Wenn man nun wissen möchte, wie häufig die Menge $\frac{3}{4}$ l in 12 l passt, kann man dies in zwei Schritten berechnen:

1. Schritt: $\frac{1}{4}$ l passt 48-mal in 12 l, denn 12 : $\frac{1}{4}$ = 12 · 4 = 48.
2. Schritt: $\frac{3}{4}$ l ist 3-mal so viel wie $\frac{1}{4}$ l, deshalb passt es nur $\frac{1}{3}$-mal so häufig in 12 l, also 48 : 3 = 16-mal.

Insgesamt erhält man als Rechnung: 12 : $\frac{3}{4}$ = 12 · 4 : 3 = 12 · $\frac{4}{3}$ = 16 Gefäße. Anstatt durch $\frac{3}{4}$ zu dividieren, kann man also auch mit $\frac{4}{3}$ multiplizieren. $\frac{4}{3}$ nennt man auch den **Kehrwert** von $\frac{3}{4}$, weil hier Zähler und Nenner vertauscht (umgekehrt) wurden.

Zur Erinnerung: Das Ergebnis der Division 4 : 3 ist gleichbedeutend mit dem Bruch $\frac{4}{3}$.

V Multiplikation und Division von rationalen Zahlen

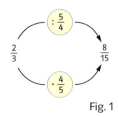

Fig. 1

Dividieren durch einen Bruch
Man dividiert durch einen Bruch, indem man mit dem **Kehrwert** des Bruches **multipliziert**.
Zum Beispiel: $\frac{5}{6} : \frac{2}{7} = \frac{5}{6} \cdot \frac{7}{2} = \frac{5 \cdot 7}{6 \cdot 2} = \frac{35}{12}$

Wenn bei einer Aufgabe negative Vorzeichen vorkommen, kann man zunächst das Vorzeichen des Ergebnisses bestimmen und dann mit den positiven Zahlen weiterrechnen.

Beispiel
Berechne.
a) $\frac{3}{5} : \frac{7}{8}$
b) $-\frac{6}{5} : \frac{9}{20}$
c) $2 : \left(-\frac{3}{8}\right)$

Lösung:
a) $\frac{3}{5} : \frac{7}{8} = \frac{3}{5} \cdot \frac{8}{7} = \frac{3 \cdot 8}{5 \cdot 7} = \frac{24}{35}$
b) $-\frac{6}{5} : \frac{9}{20} = -\frac{6}{5} \cdot \frac{20}{9} = -\frac{\cancel{6}^2 \cdot \cancel{20}^4}{\cancel{5} \cdot \cancel{9}^3} = -\frac{2 \cdot 4}{1 \cdot 3} = -\frac{8}{3}$
c) $2 : \left(-\frac{3}{8}\right) = 2 \cdot \left(-\frac{8}{3}\right) = -\frac{2 \cdot 8}{3} = -\frac{16}{3}$

Im Aufgabenteil c) wurde zuerst der Kehrwert gebildet und dann vor der weiteren Berechnung das Vorzeichen des Ergebnisses bestimmt.

Aufgaben

Siehe Erkundung 5, Seite 127.

1 Beantworte mithilfe einer veranschaulichenden Zeichnung.
a) Wie häufig passt ein $\frac{2}{3}$ Meter in 6 Meter?
b) Wie häufig passen $\frac{4}{5}$ Liter in ein Gefäß mit einem Volumen von 8 Litern?
c) Wie viele Gewichte mit jeweils $\frac{3}{8}$ kg ergeben ein Gesamtgewicht von 6 kg?
d) 👥 Formuliere eigene Aufgaben der Form „… passt in …", wie in den Aufgabenteilen a) und b) und stelle sie deinem Nachbarn.

Achte auf die Reihenfolge!

Als Produkt schreiben
↓
Kürzen
↓
Multiplizieren

2 Rechne im Kopf.
a) $\frac{1}{2} : \frac{1}{8}$
b) $-\frac{1}{2} : \frac{1}{3}$
c) $\frac{1}{5} : \frac{1}{2}$
d) $-\frac{4}{5} : \left(-\frac{1}{10}\right)$
e) $\frac{4}{9} : \frac{1}{6}$

$\frac{2}{3} : \frac{1}{4}$
$\frac{3}{5} : \frac{6}{10}$
$\frac{5}{7} : \left(-\frac{7}{15}\right)$
$\frac{15}{21} : \frac{5}{7}$
$-\frac{14}{25} : \frac{7}{5}$

3 Berechne und kürze, wenn möglich vor dem Multiplizieren.
a) $\frac{5}{12} : \frac{15}{8}$
b) $\frac{10}{21} : \frac{15}{14}$
c) $\frac{22}{21} : \left(-\frac{11}{28}\right)$
d) $\frac{21}{12} : \frac{49}{16}$
e) $\frac{24}{49} : \frac{36}{56}$

$\frac{95}{24} : \frac{25}{36}$
$-\frac{36}{45} : \frac{24}{27}$
$\frac{33}{84} : \frac{11}{48}$
$-\frac{25}{49} : \left(-\frac{81}{35}\right)$
$\frac{18}{17} : \frac{90}{34}$

4 a) $2\frac{2}{5} : \frac{2}{5}$
b) $-10 : \frac{4}{5}$
c) $4 : \frac{3}{8}$
d) $\frac{3}{4} : \left(-1\frac{2}{3}\right)$
e) $-\frac{1}{5} : \frac{1}{3}$

$-\frac{3}{4} : \frac{6}{15}$
$\frac{2}{3} : \frac{4}{9}$
$-\frac{1}{3} : \frac{1}{6}$
$\frac{3}{5} : 5$
$5 : \left(-\frac{7}{15}\right)$

5 Welcher Bruch steht für ☐?
a) $\frac{7}{5} : \square = \frac{14}{25}$
b) $-\frac{8}{9} : \square = \frac{4}{9}$
c) $\square : \frac{1}{4} = \frac{1}{2}$
d) $\square : \frac{7}{2} = -\frac{2}{21}$
e) $\square : \left(-2\frac{7}{8}\right) = -\frac{8}{23}$

138 V Multiplikation und Division von rationalen Zahlen

6 Übertrage ins Heft und fülle aus.

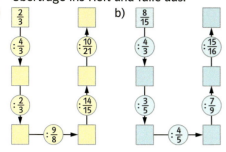
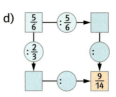

7 Ein rechteckiges Grundstück hat den Flächeninhalt 730 m² und eine Seite mit der Länge $18\frac{1}{4}$ m. Berechne die Länge der anderen Seite.

8 Von einem Rechteck sind der Flächeninhalt F und eine Seite a gegeben. Berechne die fehlende Seite b.
a) $F = \frac{13}{4}$ cm² und $a = \frac{3}{4}$ cm
b) $F = \frac{8}{9}$ m² und $a = \frac{1}{3}$ m
c) $F = 8$ dm² und $a = \frac{2}{3}$ dm
d) $F = \frac{15}{32}$ m² und $a = \frac{5}{8}$ m

9 Der Inhalt eines 12-l-Gefäß soll auf mehrere Gefäße mit einem Fassungsvermögen von jeweils $\frac{3}{8}$ l verteilt werden. Wie viele Gefäße benötigt man? Begründe.

10 Für eine Geburtstagsfeier soll Anna $5\frac{1}{2}$ l Orangensaft pressen und in Flaschen mit einem Fassungsvermögen von $\frac{7}{10}$ l abfüllen. Wie viele Flaschen benötigt Anna?

11 Anika erhält $2\frac{1}{4}$-mal so viel Taschengeld wie ihr jüngerer Bruder Sebastian. Anika bekommt monatlich 9 Euro. Wie viel Taschengeld erhält Sebastian?

Bist du sicher?

1 Berechne.
a) $\frac{3}{4} : \frac{6}{5}$
b) $\frac{21}{16} : \frac{7}{24}$
c) $-\frac{35}{36} : \frac{25}{54}$
d) $\frac{64}{75} : \frac{32}{95}$

2 Berechne.
a) $\frac{5}{7} : 2\frac{2}{5}$
b) $4 : \left(-\frac{1}{2}\right)$
c) $-\frac{4}{9} : \left(-\frac{3}{4}\right)$
d) $9\frac{1}{2} : 2\frac{1}{9}$

3 Ein Imker füllt seine Ernte von $77\frac{1}{2}$ kg Honig in Dosen zu $2\frac{1}{2}$ kg ab. Wie viele Dosen Honig erhält er?

12 a) Die Kärtchen sollen in die Felder eingefügt werden. Gibt es mehrere Möglichkeiten?

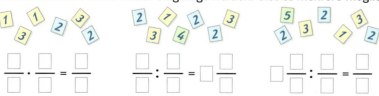

b) Wie muss man die Zahlen 3; 4; 5 und 6 auf die Brüche (Fig. 1) verteilen, damit das Ergebnis möglichst groß bzw. möglichst klein ist?

Fig. 1

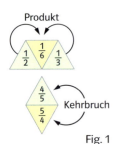
Fig. 1

13 In jedem gelben Dreieck steht das Produkt der Zahlen in den daneben stehenden grünen Dreiecken. In übereinander liegenden grünen und gelben Dreiecken stehen die Kehrbrüche (vgl. Fig. 1). Übertrage die Dreiecke (Fig. 2) in dein Heft und ergänze sie.

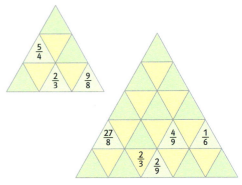
Fig. 2

14 Die rechteckige Bodenfläche eines Schwimmbeckens von 800 m² soll mit quadratischen Fliesen der Seitenlänge $\frac{1}{4}$ m ausgelegt werden. Berechne die Materialkosten, wenn eine Fliese 12,50 € kostet.

15 Setze, falls nötig, eine Klammer so, dass die Rechnung stimmt.
a) $\frac{3}{4} : \frac{9}{16} : \frac{5}{3} = \frac{4}{5}$
b) $\frac{15}{28} \cdot \frac{49}{9} : \frac{28}{27} = \frac{45}{16}$
c) $\frac{26}{3} : \frac{52}{27} : \frac{36}{11} = \frac{11}{8}$
d) $\frac{36}{35} : \frac{18}{49} \cdot \frac{27}{28} = \frac{27}{10}$
e) $\frac{1}{12} \cdot \frac{54}{5} : \frac{28}{15} = \frac{27}{56}$
f) $\frac{8}{21} \cdot \frac{16}{35} : \frac{25}{8} = \frac{125}{48}$

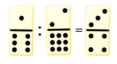
Fig. 3

16 👥 Ein Dominospiel besteht aus verschiedenen Steinen, auf denen je zwei Zahlen zwischen 0 und 9 dargestellt sind. Entfernt alle Steine, welche die Zahl 0 oder zweimal die gleiche Zahl zeigen. Dreht dann alle verbleibenden Steine so, dass oben die kleinere Zahl steht. Gebt alle Divisionsaufgaben an, die ihr mit den verbleibenden Steinen legen könnt.

17 👥 **Rechenspiel mit vier Würfeln**
Würfle und bilde aus den vier Augenzahlen zwei Brüche und dividiere sie (vgl. Fig. 4).
a) Wer hat ein Ergebnis, das am nächsten an der Zahl 1 liegt?
b) Wer hat das größte, wer das kleinste Ergebnis?

Beispiel: $\frac{2}{6} : \frac{3}{5} = \frac{5}{9}$
Fig. 4

18 📱 Nach Auskunft eines Autohändlers verliert ein fabrikneues Auto im ersten Jahr $\frac{1}{4}$, im zweiten Jahr $\frac{1}{6}$ und im dritten Jahr $\frac{1}{8}$ seines Neupreises an Wert.
a) Welchen Wert hat ein Auto nach drei Jahren, wenn der Neupreis 14 400 Euro beträgt?
b) Welcher Anteil vom Neupreis ist der Wert nach drei Jahren?
c) Was kostet ein Auto fabrikneu, das drei Jahre alt ist und noch 8800 Euro wert ist?
d) Welchen Bruchteil seines Wertes zu Beginn des zweiten Jahres verliert das Auto im zweiten Jahr?

19 Ein Trainer lobt seine Mannschaft: „Heute seid ihr in Top-Form. Ihr habt drei Fünftel der Laufstrecke in nur fünf Sechstel der Zeit zurückgelegt, die ihr sonst für die ganze Strecke braucht." Was sagst du zu diesem Lob?

Fig. 5

20 An einem Becherglas sind fünf Markierungen in gleichen Abständen angebracht (siehe Fig. 5). Gießt man $\frac{3}{5}$ l Wasser in das Glas, so ist es genau bis zum zweiten Strich gefüllt. Mit welcher Zahl muss der oberste Strich beschriftet werden?

21 Linus und Rufus kaufen zusammen eine 100 g-Tafel Schokolade. Linus zahlt 21 ct und Rufus 49 ct. Rufus isst sofort die halbe Tafel. Welcher Bruchteil der anderen Hälfte steht ihm noch zu?

22 Rosi behauptet: „In meinen Lieblingsbecher passt höchstens ein drittel Liter Apfelsaftschorle."
Ihr Vater sagt: „Erst gestern habe ich mit dem Inhalt dieser Glaskaraffe genau $3\frac{1}{2}$ deiner Lieblingsbecher gefüllt."
Überprüfe, ob beide Recht haben können.

23 Ein Kolibri wiegt nur $\frac{2}{1000}$ kg.
a) Wie viel Mal schwerer als ein Kolibri sind die folgenden Tiere: Ein Uhu wiegt $\frac{16}{5}$ kg, eine Taube $\frac{3}{10}$ kg, ein Seeadler wiegt $6\frac{7}{10}$ kg und eine Zwergwachtel wiegt 45 g.
b) Der Buntspecht wiegt 47-mal so viel wie ein Kolibri. Ein Kaiserpinguin wiegt das $\frac{21500}{47}$-fache des Buntspechts. Wie viel kg wiegt ein Kaiserpinguin?

24 Bei der Rückgabe einer Klassenarbeit werden häufig gemachte Fehler besprochen. Beschreibe den Fehler und korrigiere ihn in deinem Heft.
a) $\frac{2}{5} : 5 = \frac{2}{1}$
b) $\frac{4}{5} : \frac{3}{2} = \frac{12}{10}$
c) $\frac{7}{10} : \frac{2}{3} = \frac{20}{21}$
d) $\frac{4}{9} : \frac{1}{2} = \frac{2}{9}$
e) $9\frac{1}{10} : \frac{1}{5} = 9\frac{1}{2}$
f) $\frac{2}{9} : \frac{5}{3} : \frac{5}{6} = \frac{2}{9} : 2 = \frac{1}{9}$
g) $4\frac{1}{6} : 2\frac{5}{12} = 2\frac{2}{5}$
h) $\frac{3}{8} : \frac{1}{5} : \frac{3}{16} : \frac{2}{5} = \frac{3}{8} : \frac{3}{16} : \frac{1}{5} : \frac{2}{5} = 2 : \frac{1}{2} = 4$

25 a) Lilly denkt sich eine Zahl und sagt: „$\frac{6}{11}$ meiner Zahl ist $\frac{6}{11}$." Welche Zahl hat sich Lilly gedacht?
b) Stefanie denkt sich auch eine Zahl und sagt: „Ein Drittel und ein Viertel dieser Zahl zusammen ergeben 14." Welche Zahl hat sich Stefanie gedacht?
c) Klaus sagt: „Ich habe eine Zahl mit $\frac{5}{2}$ multipliziert und als Ergebnis $\frac{2}{3}$ erhalten. Wie heißt die Zahl?"
d) Charlotte antwortet Klaus: „Wenn ich zu deiner Zahl meine Zahl addiere und das Ergebnis durch $\frac{697}{773}$ dividiere, erhalte ich $\frac{773}{697}$. Wie heißt meine Zahl?"

26 Katharina erzählt ärgerlich: „Heute habe ich die halbe Arbeit in der doppelten Zeit erledigt." Wieviel mehr Arbeit hat sie sonst in der gleichen Zeit geschafft?

27 Angebot auf dem Wochenmarkt: „Dreifache Menge fürs halbe Geld."
Wie viel mal mehr kosteten die Pflaumen zuvor?

28 Zum Knobeln
Kann man mit zwei Gefäßen, die $\frac{3}{4}$ Liter und $\frac{2}{3}$ Liter fassen, eine Flüssigkeitsmenge von fünf Litern abmessen?

Kannst du das noch?

29 Multipliziere und schreibe in der größeren Einheit.
a) 10 cm · 1000
b) 25 g · 10 000
c) 25 mm · 1 000 000
d) 12 kg · 1000

30 Schreibe in der kleineren Einheit und dividiere dann.
a) 20 km : 1000
b) 12 t : 100
c) 2 m : 1000
d) 5 km : 10 000

31 Berechne und kürze.
a) $\frac{7}{5} - \frac{12}{6}$
b) $-\frac{7}{12} - \frac{3}{4}$
c) $\frac{9}{14} - \left(-\frac{3}{8}\right)$
d) $5 - \left(-\frac{2}{7}\right)$

4 Multiplizieren und Dividieren mit Zehnerpotenzen – Maßstäbe

Die Klasse 6b ist auf Klassenfahrt in Schwäbisch Gmünd in Baden-Württemberg. Dort planen sie einen Tagesausflug mit Inlinern. Zur Planung benutzen sie die abgebildete Fahrradwanderkarte. Da nicht alle geübte Inline-Fahrer sind, soll jede der vier Etappen nicht länger als 5 km werden.

Für die Dezimalzahl 0,32 kann man auch $\frac{32}{100}$ schreiben. Multipliziert man diese Zahl mit 10, so erhält man: $\frac{32}{100} \cdot 10 = \frac{32}{10} = 3{,}2$. Also ist $0{,}32 \cdot 10 = 3{,}2$. Ebenso ist $3{,}2 \cdot 10 = 32$. Das Multiplizieren einer Dezimalzahl mit 10 entspricht also einer Verschiebung des Kommas um eine Stelle nach rechts.

Bei der Division durch 100 wird das Komma um zwei Stellen nach links verschoben, denn $320 : 100 = \frac{320}{100} = \frac{32}{10} = 3{,}2$. Entsprechend ist $320 : 10 = 32$.

H	Z	E	,	z	h
3	2	0			
	3	2			
		3	,	2	
		0	,	3	2

Die Zahlen 10; 100; 1000 heißen Zehnerpotenzen, weil
$10 = 10^1$
$100 = 10 \cdot 10 = 10^2$
$1000 = 10 \cdot 10 \cdot 10 = 10^3$
usw.

> Beim **Multiplizieren** einer Dezimalzahl mit 10; 100; 1000 ... verschiebt sich das Komma der Dezimalzahl um 1; 2; 3 ... Stellen **nach rechts**.
> Beim **Dividieren** einer Dezimalzahl durch 10; 100; 1000 ... verschiebt sich das Komma der Dezimalzahl um 1; 2; 3 ... Stellen **nach links**.
> Die Zahlen 10; 100; 1000 ... heißen **Zehnerpotenzen**.

Bei der Division einer ganzen Zahl etwa durch 100 ist es sinnvoll, die Zahl zuerst mit Komma zu schreiben, um ein Komma verschieben zu können. Z.B.: $23 : 100 = 23{,}0 : 100 = 0{,}23$. Wenn die Anzahl der Ziffern zum Verschieben des Kommas nicht reicht, werden Nullen vorangesetzt oder angehängt.

Beispiel 1 Rechnen mit Kommaverschiebung
Berechne: a) $5{,}23 \cdot 10^3$ b) $834 : 1000$ c) $2{,}74 : 10^4$
Lösung:
a) $5{,}23 \cdot 10^3 = 5{,}23 \cdot 1000 = 5230$
Um das Komma um 3 Stellen nach rechts verschieben zu können, muss eine zusätzliche Null angehängt werden.
b) $834 : 1000 = 834{,}0 : 1000 = 0{,}8340$
Hier wurde zuerst mit Komma geschrieben.

c) $2{,}74 : 10^4 = 2{,}74 : 10000 = 0{,}000\,274$
(also $0002{,}74 : 10\,000$)
Um das Komma um 4 Stellen nach links verschieben zu können, müssen drei zusätzliche Nullen vorangesetzt werden.

Beispiel 2 Bedeutung der Kommaverschiebung
Welche Rechnung wurde durchgeführt?   a) $0{,}0247 \;\square\!\!\rightarrow\; 24{,}7$ b) $25{,}26 \;\square\!\!\rightarrow\; 0{,}002526$
Lösung:
a) Kommaverschiebung um 3 Stellen nach rechts, es wird mit $10^3 = 1000$ multipliziert.
b) Kommaverschiebung um 4 Stellen nach links, es wird durch $10^4 = 10000$ dividiert.

Aufgaben

1 Berechne im Kopf.
a) $72{,}13 \cdot 10$
$72{,}13 \cdot 100$
$72{,}13 \cdot 1000$

b) $0{,}147 \cdot 10^3$
$0{,}147 : 10^3$
$0{,}147 : 1000$

c) $0{,}0006 : 10$
$0{,}0006 \cdot 10$
$0{,}0006 \cdot 10^3$

d) $99 \cdot 10^2$
$99 : 10^2$
$99 : 10^4$

2 Berechne im Kopf.
a) $65{,}42 \cdot 100$
$272{,}6 : 10$
$0{,}0047 : 10$

b) $0{,}245 \cdot 10^2$
$0{,}6 : 100$
$10^5 \cdot 0{,}0034$

c) $100 \cdot 15$
$21 : 10^3$
$30{,}03 : 10$

d) $0{,}0004 \cdot 10^3$
$4{,}321 : 100$
$10^2 \cdot 21$

e) $10\,000 \cdot 0{,}0041$
$3{,}07 : 10^3$
$700 : 10^4$

3 Welche Rechnung wurde durchgeführt?
a) $0{,}2 \;\square\!\!\rightarrow 20$
$1{,}3 \;\square\!\!\rightarrow 0{,}13$

b) $3{,}6 \;\square\!\!\rightarrow 360$
$75{,}2 \;\square\!\!\rightarrow 0{,}752$

c) $0{,}0001 \;\square\!\!\rightarrow 1$
$1 \;\square\!\!\rightarrow 0{,}000\,01$

d) $0{,}0026 \;\square\!\!\rightarrow 2600$
$0{,}5 \;\square\!\!\rightarrow 0{,}0005$

4 Womit muss man die Zahl multiplizieren, damit eine natürliche Zahl entsteht? Gibt es mehrere Möglichkeiten?
a) $0{,}04$
$2{,}102$

b) $-1{,}007$
$-310{,}310$

c) $0{,}0251$
$-3{,}1413$

d) $-1{,}414\,123$
$0{,}600$

5 Durch welche Zahl muss man die erste Zahl dividieren, um die zweite zu erhalten?
a) $1{,}2; \; 0{,}12$
b) $68{,}3; \; 0{,}683$
c) $225; \; 0{,}225$
d) $1; \; 0{,}00001$
e) $0{,}04; \; 0{,}0004$
f) $2500; \; 2{,}5$
g) $45{,}31; \; 0{,}04531$
h) $-0{,}73; \; 0{,}00073$

6 Das Mikroskop vergrößert auf das Tausendfache.
a) Ein Faden von einem Spinnennetz erscheint unter dem Mikroskop 5 mm dick. Wie groß ist er in Wirklichkeit?
b) Ein Bazillus ist 0,004 mm lang. Wie lang erscheint er unter dem Mikroskop?

7 a) Ein Kilogramm Schinken kostet 18,50 €. Wie viel kosten 100 g?
b) 10 g eines Gewürzes kosten 0,45 €. Wie viel kostet ein Kilogramm?
c) 0,1 l Parfüm kostet 74,75 €. Was würde ein Liter kosten?
d) 10 m eines Stoffes kosten 139,50 €. Wie viel kosten 10 cm dieses Stoffes?

8 Eine Dampflokomotive benötigt für einen Kilometer Fahrtstrecke durchschnittlich 0,02 t Kohlen und 0,08 m³ Wasser. Wie viel Kohle und wie viel Wasser benötigt sie für die etwa 100 km lange Strecke von Köln nach Dortmund?

9 Ein Haar wächst in der Minute etwa 0,00002 cm. Wie viel cm wächst es in 10 000 Minuten? Wie viele Tage sind 10 000 Minuten etwa?

10 a) Ein Wanderer legt stündlich im Durchschnitt 4 km 350 m zurück. Wie weit kommt er in 10 h?
b) Ein Fahrradfahrer hat ausgerechnet, dass er in 100 Stunden 1830 km weit gefahren ist. Welche Durchschnittsgeschwindigkeit hat der Radfahrer?

V Multiplikation und Division von rationalen Zahlen

Bist du sicher?

1 Berechne.
a) $0{,}045 \cdot 100$
b) $10^5 \cdot 0{,}00031$
c) $0{,}07 : 10^2$
d) $5{,}07 : 10^3$
e) $230 : 10\,000$

2 Welche Rechnung wurde durchgeführt?
a) $1{,}441 \;\square\!\!\rightarrow 1441$
b) $0{,}387 \;\square\!\!\rightarrow 0{,}00387$
c) $0{,}07 \;\square\!\!\rightarrow 7$
d) $111{,}1 \;\square\!\!\rightarrow 0{,}1111$

3 Eine 1-Euro-Münze ist 2,125 mm dick und 7,5 g schwer. Wie hoch und wie schwer ist ein Stapel aus 10; 100; 1000 Münzen? Prüfe experimentell nach.

11 Findest du die Ergebnisse der Rechnungen ohne die Zwischenergebnisse aufzuschreiben?
a) $(53{,}2 \cdot 100) : 10$
b) $(0{,}08 \cdot 1000) : 100$
c) $1000 \cdot (4 : 100)$
  $0{,}31 \cdot 100 \cdot 10 \cdot 10$
  $((1736{,}2 : 10) : 100) : 100$
  $((22{,}83 : 100) \cdot 1000) : 10$

12 Beim Rösten von Rohkaffee geht rund ein Zehntel des Gewichts verloren. Wie viel gebrannten Kaffee erhält man von 7,75 kg Rohkaffee?

Info

Maßstäbe
Landkarten sind verkleinerte Darstellungen eines Teils der Erdoberfläche. Hier ist eine Karte von Mettmann bei Düsseldorf im Maßstab 1:100 000 gezeichnet. Der Maßstab gibt dabei das Verhältnis der Längen auf der Karte zu den Längen in der Wirklichkeit an. Wenn man in Fig. 1 die Länge von 1 cm misst, entspricht dies einer Länge von 100 000 cm = 1 km in der Wirklichkeit. So ist das Stück der Düsseldorfer Straße zwischen der Peckhsr. Str. und der Talstraße auf der Karte ca. 1,7 cm, also in der Wirklichkeit 1,7 km lang.
Maßstäbe wie 1:100 000, 1:50 oder 1:20 geben eine **Verkleinerung** an. Maßstäbe wie 2:1 oder 10:1 geben eine **Vergrößerung** an.

13 Auf der Karte in Fig. 1 sieht man einen Ausschnitt von Nordrhein-Westfalen im Maßstab 1:1 000 000.
Wie weit ist der Kölner Dom etwa von
a) Bergheim,
b) Kerpen,
c) Niederkassel
entfernt?

Fig. 1

14 Der Kartenausschnitt zeigt den Stadtteil Burbach von Hürth im Maßstab 1:10 000.
a) Wie lang ist der Guderadisweg?
b) Fabian wohnt im Von-Geyr-Ring (A) und Kira in der Mariengartenstraße (B). Wie weit wohnen beide voneinander entfernt?
c) Wie weit ist es von der Mariengartenstraße zum See?
d) Neele guckt während ihres Spaziergangs um 14:05 Uhr an der Ecke Adelheidisstraße/Von-Geyr-Ring auf die Uhr. Sie geht vier Minuten bis zur Gärtnerei (G). „Das ging ja schnell", stellt sie fest und fragt sich, wie schnell sie gegangen ist.

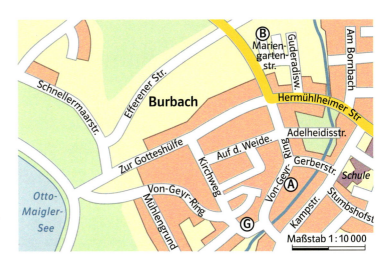

15 Der Kartenausschnitt zeigt die Kölner Innenstadt im Maßstab 1:100 000.
a) Wie viel Kilometer fließt der Rhein von der Autobahn A4 bis zur Mülheimer Brücke?
b) Bestimme die ungefähre Fläche Kölns, die vom Gürtel und dem Rhein eingeschlossen wird.
c) Köln ist linksrheinisch von mehreren „Ringen" umgeben. Clara, Emma und Sophia machen ein „Wettrennen". Clara geht zu Fuß die sogenannten Ringe durch die Innenstadt entlang (vom Ubierring bis zum Theodor-Heuss-Ring), Emma fährt mit dem Rad den gesamten Gürtel von Süd nach Nord ab, und Sophia fährt mit dem Auto den gesamten Militärring von Süd nach Nord ab. Wer hat wahrscheinlich als erster sein Ziel erreicht? Schätze hierfür zunächst die nötigen Durchschnittsgeschwindigkeiten von Fußgänger, Radfahrer und Auto.

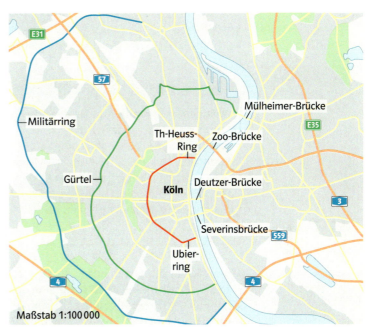

16 Die Zeichnung im Maßstab 1:100 zeigt die „Adler", die erste deutsche Lokomotive. Sie war 7,62 m lang und wog 6,5 t.
a) Berechne, wie lang die Lokomotive in der Zeichnung sein müsste. Vergleiche.
b) Bestimme die Durchmesser der Räder und die Höhe des Kamins.
c) Welchen Winkel schließen benachbarte Speichen des mittleren Rads ein?
d) Die moderne Elektrolokomotive BR 146 ist 19,90 m lang. Wie lang wäre sie auf einer Zeichnung im selben Maßstab?

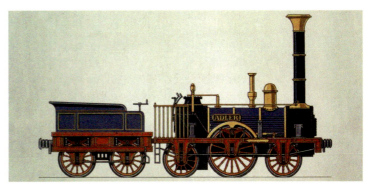

Die „Adler" machte ihre erste Fahrt am 7.12.1835 auf der Strecke Nürnberg–Fürth. Ihre Höchstgeschwindigkeit betrug bei 50 t Zuglast 23 km/h.

V Multiplikation und Division von rationalen Zahlen

5 Multiplizieren von Dezimalzahlen

Aus der Medizin
„1 kg Mensch" besteht aus ca.
0,65 kg Wasser
0,1 kg Fett
0,15 kg Eiweiß
0,05 kg Mineralien
0,05 kg Kohlenhydrate

Rebecca, Max, Bettina, Timo und Nicola schauen sich die nebenstehende Aufstellung an. Plötzlich fängt Rebecca an zu lachen. Als die anderen verwundert schauen, sagt sie: „Ich stelle mir gerade vor, aus wie vielen Flaschen Wasser, Eiern und Paketen Butter ich ungefähr bestehe."

Siehe Erkundung 5, Seite 127.

Um die Dezimalzahlen 2,3 und 1,34 miteinander zu multiplizieren, kann man sie als Bruch schreiben: $2{,}3 \cdot 1{,}34 = \frac{23}{10} \cdot \frac{134}{100} = \frac{23 \cdot 134}{10 \cdot 100} = \frac{3082}{1000} = 3{,}082$.

Der Zähler 3082 des Bruches $\frac{3082}{1000}$ ist das Produkt der Dezimalzahlen, wenn man das Komma nicht berücksichtigt.
Der Nenner 1000 zeigt an, dass das Ergebnis maximal drei Stellen nach dem Komma haben muss. Das Ergebnis hat also so viele Nachkommastellen wie die beiden Faktoren zusammen. Ist einer der beiden Faktoren oder sind beide Faktoren negativ, so ist es sinnvoll, zuerst das Vorzeichen des Ergebnisses zu bestimmen.

Multiplizieren von Dezimalzahlen

1. Bestimme das Vorzeichen.
2. Multipliziere zuerst, ohne auf das Komma zu achten.
3. Verschiebe beim Ergebnis das Komma um so viele Stellen nach links wie die Summe der Nachkommastellen beider Faktoren.

$1{,}3 \cdot 2{,}06 \rightarrow$ das Vorzeichen ist „+"
$13 \cdot 206 = 2678$

1,3 hat eine Nachkommastelle.
2,06 hat zwei Nachkommastellen.
Das Ergebnis hat also 3 Nachkommastellen: $1{,}3 \cdot 2{,}06 = 2{,}678$.

Um Fehler zu vermeiden und sich selber zu kontrollieren, ist es sinnvoll vor der genauen Berechnung eine Überschlagsrechnung durchzuführen. Dazu rundet man die Werte so, dass man die Rechnung im Kopf durchführen kann.
$2{,}3 \cdot 1{,}34$ kann überschlagen werden mit $2 \cdot 1{,}5 = 3$. Das genaue Ergebnis ist 3,082.

Beispiel
Multipliziere.
a) $0{,}436 \cdot 0{,}35$ b) $-0{,}436 \cdot 0{,}35$ c) $-0{,}436 \cdot (-0{,}35)$
Lösung:
a) *Das Ergebnis ist positiv, da die Vorzeichen gleich sind.*

$\begin{array}{r} 436 \cdot 35 \\ \hline 1308 \\ 2180 \\ \hline 15260 \end{array}$ *0,436 hat drei Nachkommastellen. 0,35 hat zwei Nachkommastellen. Also hat das Ergebnis fünf Nachkommastellen. Um die Stellenverschiebung zu ermöglichen, muss man im Ergebnis die vordere Null ergänzen.*
$0{,}436 \cdot 0{,}35 = 0{,}15260$

b) *Das Ergebnis ist negativ, da die Vorzeichen verschieden sind.*
$-0{,}436 \cdot 0{,}35 = -0{,}1526$

c) *Das Ergebnis ist positiv, da die Vorzeichen gleich sind:* $-0{,}436 \cdot (-0{,}35) = 0{,}1526$

Aufgaben

1 Ordne die Karten mit demselben Ergebnis einander zu. Wie heißt das Lösungswort?

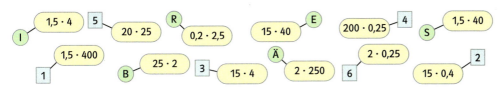

0,5 · 0,5 = 0,25
0,2 · 0,2 = 0,04

2 a) Wo musst du beim zweiten Faktor das Komma setzen, damit das Ergebnis stimmt?
b) Wie bist du vorgegangen? Vergleiche deine Strategie mit deinem Nachbarn.

	1. Faktor		2. Faktor	Ergebnis
(1)	8,3	·	25	20,75
(2)	70,4	·	56	39,424
(3)	0,23	·	79	0,01817
(4)	0,076	·	48	0,3648
(5)	120,3	·	62	7,4586
(6)	12,25	·	35	4,2875

3 a) Berechne. Was fällt auf? Begründe deine Entdeckung.
0,15 · 13,2;   1,5 · 1,32;   15 · 0,132
b) Stelle eigene Aufgabenreihen wie in a) auf und berechne sie.
c) Formuliere einen Merksatz.

4 Multipliziere im Kopf. Beschreibe wie du vorgegangen bist.
a) 0,2 · 4   b) 0,3 · 6   c) 1,2 · 3   d) 7 · 1,3   e) 2,1 · 8
   0,02 · 4   0,03 · 6   3 · 0,12   0,13 · 7   8 · 0,21
   0,002 · 4   6 · 0,003   0,012 · 3   7 · 0,013   0,021 · 8

Bei den Aufgaben 3 und 10 sind a) „Beispiele aufstellen" oder b) „eine Tabelle anlegen" mögliche Strategien.

5 a) 0,01 · (−7)   b) 0,03 · 5   c) 8 · (−0,04)   d) 0,2 · 0,3   e) 0,12 · 0,4
   (−7) · (−0,01)   3 · 0,05   0,08 · (−4)   (−0,02) · (−3)   0,04 · 1,2
   0,7 · 0,1   −0,3 · 0,5   −0,8 · (−0,4)   0,03 · 0,2   0,012 · 0,04

6 Berechne schriftlich.
a) 10,8 · 4,5   b) −3,25 · 4,2   c) 0,75 · 12,5   d) −5,6 · (−2,25)
   1,32 · 0,25   −1,52 · 0,48   0,02 · (−0,06)   25,2 · 4,25

Die Lösung von Aufgabe 6 liegt im Mittelmeer.

−13,65 Z   0,33 I
9,375 L   48,6 S
−0,7296 I   107,1 N
12,6 E   −0,0012 I

7 Führe zunächst eine Überschlagsrechnung durch und überprüfe dann mit dem Taschenrechner.
a) 27,86 · 7   b) −7,843 · 192   c) −71,48 · (−0,942)   d) 64,3 · 0,06   e) −0,063 · 0,085

8 In Fig. 1 wurde einige Male falsch gerechnet. Suche die Fehler und schreibe die Rechnung richtig in dein Heft.

80 · 0,3 = 2,4	0,7 · 0,05 = 0,0063
12 · 0,4 = 10,8	0,05 · 1,11 = 5,555
4 · 0,06 = 4,06	0,33 · 0,33 = 0,1089

Fig. 1

9 Gib drei Aufgaben an, die das Ergebnis
a) 32,6   b) 96,4   c) −16,4   haben.

10 Zwei Dezimalzahlen werden multipliziert. Wie ändert sich das Ergebnis, wenn man
a) bei einer Dezimalzahl das Komma um eine Stelle nach links verschiebt,
b) bei beiden Dezimalzahlen das Komma um eine Stelle nach rechts verschiebt?

1,750 kg Schweinebraten
100 g Aufschnitt
½ kg gekochten Schinken

11 Wie viel kostet der Einkauf beim Metzger?

12 Eine Seemeile (sm) entspricht 1,852 km. Bei der Schifffahrt gibt man die Geschwindigkeit in Knoten (kn) an. 1 kn bedeutet, dass eine Seemeile in einer Stunde zurückgelegt wird.
a) Wie viele Kilometer legt ein 30 kn schnelles Schiff in der Stunde zurück?
b) Wie lange braucht es für die Strecken Hamburg – New York (3700 sm) bzw. Hamburg – Sydney (11 800 sm)?

Rinderbraten	1 kg	10,90 €
Schweinebraten mager	1 kg	7,95 €
Kotelett	1 kg	7,50 €
Wiener Würstchen	1 kg	8,20 €
Schinken roh	1 kg	15,90 €
Schinken gekocht	1 kg	13,90 €
Aufschnitt gemischt	1 kg	11,27 €

1 l SuperPlus: 1,527 €
1 l Diesel: 1,401 €

13 a) Frau Gustav tankt 47 l SuperPlus und Herr Thiel 53,4 l Diesel. Wer von beiden muss mehr zahlen?
b) Wer zahlt mehr, wenn mit aktuellen Preisen gerechnet wird? Recherchiere und berechne.

So viel Energie haben 100 g	
Banane	356 kJ
Apfel	243 kJ
Joghurt	297 kJ
Milch	268 kJ
Kartoffeln	318 kJ
Brathuhn	578 kJ
Erdnüsse	2436 kJ
Schokolade	2176 kJ
½ l Cola	924 kJ

Energie, die du selbst beim Sitzen mit wenig Bewegung pro Stunde verbrauchst:

Jungen:
Gewicht in kg · $\frac{4{,}95 \text{ kJ}}{\text{kg} \cdot \text{h}}$ + $\frac{184 \text{ kJ}}{\text{h}}$

Mädchen:
Gewicht in kg · $\frac{3{,}75 \text{ kJ}}{\text{kg} \cdot \text{h}}$ + $\frac{184 \text{ kJ}}{\text{h}}$

W steht für waist (engl. Taille)

14 a) Beim Sitzen mit leichter Tätigkeit benötigt Max ca. 420 kJ pro Stunde. Er sagt: „Um die Energie von 100 g Schokolade abzubauen, muss ich etwa eine Stunde Dauerlauf machen." Ist das richtig?
b) Ronja benötigt ca. 350 kJ pro Stunde beim Sitzen mit leichter Tätigkeit. Überprüfe ihre Aussagen:
– „Wenn ich eine viertel Stunde Dauerlauf mache, benötige ich die Energie von 100 g Bananen."
– „Wenn ich etwa 0,2 Stunden im mittleren Tempo schwimme, brauche ich die Energie von 100 g Joghurt."
c) Stellt selbst ähnliche Behauptungen auf und lasst sie von eurem Nachbarn überprüfen.

Energiebedarf

Das Wievielfache an Energie im Vergleich zu einer Tätigkeit im Sitzen mit wenig Bewegung benötigt man für

Ballspiele (Fußball, Handball)	5,00
Leichtes Radfahren (8–12 km/h)	2,50
Tätigkeit im Stehen oder Gehen	1,35
Volleyball	1,80
Tanzen	3,70
Dauerlauf	3,70
Schwimmen (mittleres Tempo)	4,40
Schwimmen (hohes Tempo)	6,00
Skilanglauf (Ebene, mittleres Tempo)	4,50
Skilanglauf (hügelig, hohes Tempo)	10,50
Radfahren (Bergetappe, hohes Tempo)	12,00
Sitzen oder Liegen ohne Tätigkeit	0,75
Schlafen	0,63

15 Bei Sportbekleidung oder auch bei Jeans gibt es oft amerikanische Größenangaben. Jeans werden häufig in Inch-Größen (1 inch = 2,54 cm) angeboten.
a) Ines findet in ihrer Jeans die Größe 25/26. Passt ihre Messung von 63 cm/66 cm?
b) In den Badehosen von Tim und Ahmed steht W 27 und W 29. Berechne den Taillenumfang von Tim und Ahmed.
c) Schaue in deiner Kleidung nach. Stimmt deine Jeansgröße mit deinem Taillenumfang überein?

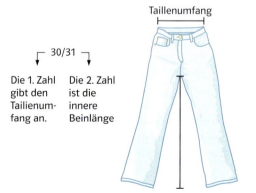

30/31
Die 1. Zahl gibt den Taillenumfang an.
Die 2. Zahl ist die innere Beinlänge.

16 Begründe, bei welchen Aufgaben es sinnvoll ist, den Taschenrechner zu verwenden, und bei welchen Aufgaben es nicht sinnvoll ist.
a) $0{,}3 \cdot 10\,000$ b) $0{,}3764 \cdot 14{,}6782$ c) $0{,}5 \cdot 18{,}500$ d) $9{,}5678 : 10^3$

17 Berechne den Flächeninhalt und den Umfang des Rechtecks.

	a)	b)	c)	d)
Länge	3,2 m	4,6 dm	17,9 cm	1,1 m
Breite	0,5 m	4,2 dm	17,9 cm	7,2 dm

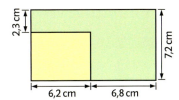
Fig. 1

18 Berechne den Flächeninhalt und den Umfang der grün gefärbten Figur (Fig. 1).

Bist du sicher?

1 Berechne.
a) 0,03 · 5   b) 0,12 · (−4)   c) −0,02 · 0,06   d) 0,8 · 0,8   e) −1,2 · (−0,005)

2 Führe zuerst eine Überschlagsrechnung durch, vergleiche mit dem genauen Ergebnis.
a) 82,5 · 0,29   b) 832 · 3,03   c) 0,045 · 485   d) 0,049 · 65,4   e) 14,8 · 19,3

3 Ein rechteckiges Grundstück ist 15,5 m lang und 9,80 m breit. Die Erschließungskosten für einen Quadratmeter betragen 49,20 €. Wie viel Euro muss der Besitzer bezahlen?

19 Ein Liter Luft wiegt 1,29 g.
a) Wie viel wiegt die Luft in einem 8,75 m langen, 6,84 m breiten und 2,5 m hohen Zimmer?
b) Schätze und überschlage, wie viel die Luft in deinem Klassenzimmer wiegt.

20 Franka behauptet: „Die Rechnung 0,2 · 0,3 drückt aus, dass 20 % von 30 % genau 6 % sind." Hat Franka Recht? Begründe.

21 Die Space-Shuttle-Raumfähre hat zwei Minuten nach dem Start eine Höhe von 45 km und eine Geschwindigkeit von 1,34 km in der Sekunde erreicht. Nach weiteren 6,5 Minuten werden die Triebwerke abgeschaltet. Die Geschwindigkeit hat sich auf das Sechsfache gesteigert und bleibt von jetzt an konstant. Wie viel km legt die Raumfähre dann in einer Stunde zurück?

22 Der Aufzug in einem 43-stöckigen Hochhaus steigt 2,60 m in einer Sekunde. Die Stockwerkshöhe beträgt hier 4,20 m.
a) Berechne die Fahrzeiten für verschiedene Aufzugsfahrten im Hochhaus.
b) Beurteile, ob es vielleicht schneller wäre, das Treppenhaus zu verwenden und zu Fuß zu gehen. Erläutere deine Einschätzung in einem kleinen Aufsatz.

23 Klaus behauptet, dass alle Einwohner Deutschlands auf den Chiemsee passen.
a) Schätze, ob er Recht hat.
b) Überprüfe die Behauptung.
Tipp: Recherchiere und rechne nach.

24 Mathe und Kunst
a) Zeichne in deinem Heft ein Bild aus vier Rechtecken. Vergrößere dein Bild anschließend im Maßstab 4 : 1.
b) Verfahre wie in a) mit eigenen Bildern.

Überlege bei Aufgabe 23, was du messen, schätzen bzw. rechnen kannst.

6 Dividieren von Dezimalzahlen

Die Klasse 6c plant für das nächste Schulfest einen Saftstand. Petra und Felix sollen dafür die Preisschilder malen. Die Klasse hat sich darauf verständigt, dass pro 0,1-l-Glas ein Gewinn von 50 Cent für die Klassenkasse erzielt werden soll. Kannst du Petra und Felix helfen?

Will man z.B. 12,75 Liter auf 0,4-Liter-Gefäße aufteilen, muss man die Frage beantworten, wie häufig 0,4 in 12,75 passt. Die Antwort liefert die Anzahl der Gefäße, die man füllen kann. Man erhält sie mithilfe der Division 12,75 : 0,4. Die folgenden Überlegungen können helfen, diese Division durchzuführen.

Erweitern liefert ebenfalls die Gleichheit:
$$\frac{12{,}75}{0{,}4} = \frac{127{,}5}{4} = \frac{1275}{40}$$

Wenn man die beiden Liter-Angaben 12,75 und 0,4 in Milliliter umrechnet, erhält man die Division 12750 : 400. Beide Divisionen müssen das gleiche Ergebnis liefern, weil sie die gleiche Situation beschreiben. Man erhält die Zahlen 12750 und 400 aus 12,75 und 0,4 jeweils durch die Multiplikation mit 1000, also einer Kommaverschiebung um drei Stellen nach rechts. Man erkennt, dass sich das Ergebnis einer Division nicht ändert, wenn man bei beiden Zahlen das Komma um die gleiche Anzahl von Stellen verschiebt.
Es ist 1,275 : 0,04 = 12,75 : 0,4 = 127,5 : 4 = 1275 : 40 = 12750 : 400 = ...

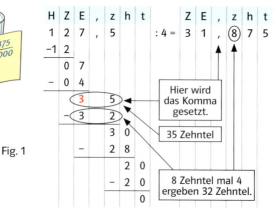

Fig. 1

In dieser Reihe ist die Division 127,5 : 4 am einfachsten, weil man durch eine natürliche Zahl dividiert. Bei der schriftlichen Division bleibt der Rest 3 (rot). Durch das Herunterholen der 5 an den Rest 3 wird verdeutlicht, dass der Rest 35 Zehntel beträgt. Bei diesem Umwandeln des Einerrestes in Zehntel entstehen beim Ergebnis ebenfalls Zehntel. Also ist im Ergebnis ein Komma zu setzen.

Man kann 31 ganze 0,4-Liter-Gefäße und ein $\frac{875}{1000}$ eines solchen Gefäßes füllen.

Auch mithilfe der Bruchrechnung erhält man die Regel:
$$0{,}384 : 0{,}76 = \frac{384}{1000} : \frac{76}{100}$$
$$= \frac{384}{1000} \cdot \frac{100}{76} = \frac{384}{10} \cdot \frac{1}{76}$$
$$= \frac{384}{10} : \frac{76}{1} = 38{,}4 : 76.$$

Dividieren einer Dezimalzahl durch eine Dezimalzahl
1. Verschiebe das Komma der beiden Zahlen um so viele Stellen nach rechts, bis die Zahl, durch die dividiert wird, eine ganze Zahl ist.
2. Bestimme das Vorzeichen des Ergebnisses.
3. Führe die Division wie bei natürlichen Zahlen durch. Beim Überschreiten des Kommas wird im Ergebnis ein Komma gesetzt.

Hat die Zahl, durch die geteilt wird, mehr Nachkommastellen als die zu teilende Zahl, so muss man Nullen anhängen: 4,62 : 0,028 = 4620 : 28.
Bei der Division von Dezimalzahlen kann eine Überschlagsrechnung nützlich sein. Dabei bieten sich die folgenden zwei Schritte an:
1. Verschiebe das Komma so, dass die Zahl, durch die geteilt wird, nur eine Stelle vor dem Komma hat.
2. Runde die Zahl, durch die geteilt wird, auf die Einerstelle. Runde nun die zu teilende Zahl so, dass du die Division im Kopf ausführen kannst.

Beispiel 1 Kommaverschiebung vor der Division
Berechne.   a) 5,865 : (−1,7)   b) 15 : 1,25
Lösung:
a) 5,865 : (−1,7) = 58,65 : (−17) = −3,45   b) 15,00 : 1,25 = 1500 : 125 = 12
       − 51   − 125
        76   250
      − 68   − 250
        85   0
      − 85   *Bei der Kommaverschiebung um zwei Stel-*
         0   *len muss man zwei Nullen anhängen.*

Beispiel 2 Überschlag durch Kommaverschiebung und Runden
Überschlage zuerst und überprüfe dann mit dem Taschenrechner: 1,9404 : 0,462.
Lösung:
Überschlag: Rechnung:
1,9404 : 0,462 = 19,404 : 4,62 ≈ 20 : 5 = 4   1,9404 : 0,462 = 4,2
                              *Zuerst wird die Zahl, durch die geteilt wird, auf
                              eine Stelle vor dem Komma gerundet: 5.*
                        *Anschließend wird so gerundet, dass man eine
                        durch 5 teilbare Zahl erhält: 20.*

Aufgaben

1 Das Ergebnis von 245 : 7 ist 35. Damit kannst du die folgenden Divisionen leicht berechnen.
a) 24,5 : 7; 2,45 : 7; 0,245 : 7; 0,0245 : 7
b) 245 : 70; 24,5 : 70; 2,45 : 70; 0,245 : 70

0,5 : 5 = 0,01	0,21 : 7 = 0,3
6,06 : 6 = 1,1	5,6 : 8 = 7
0,99 : 9 = 0,9	0,144 : 12 = 1,2
0,48 : 0,06 = 0,8	1,44 : 1,2 = 1,2
3 : 0,6 = 0,2	12,4 : 0,02 = 620

2 Hier wurde einige Male falsch gerechnet. Verbessere die Fehler. Welche erkennt man durch Überschlagen?

3 Berechne im Kopf. Manchmal reicht ein Überschlag.
a) 0,9 : 3   b) 0,08 : (−4)   c) 9,0 : 3   d) (−12,6) : 6   e) 3,6 : 9
   0,12 : (−6)   0,025 : 5   0,77 : 7   25,5 : 5   −0,36 : 9
   8,24 : 4   6,18 : (−3)   18,27 : 9   0,039 : 13   0,084 : 12

4 Überschlage zuerst und überprüfe dann mit dem Taschenrechner.
a) 0,054 : 0,45   b) 71,574 : 1,58   c) 13,224 : 23,2   d) 1816,56 : 84,1   e) 27,318 : 0,087

zu Aufgaben 5:

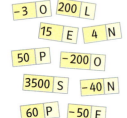

5 Berechne im Kopf. Mit den Lösungen erhältst du am Rand das Lösungswort.
a) 10 : 0,2 b) 20 : 0,1 c) 36 : 0,6 d) 0,8 : 0,2 e) 0,75 : 0,05
   15 : (−0,3)   −40 : 0,2   −0,9 : 0,3   1,6 : (−0,04)   −35 : (−0,01)

6 Überschlage und berechne dann schriftlich.
a) 40,3 : 8 b) 127,5 : 4 c) 4,32 : (−16) d) 1016,6 : 13
   6,05 : (−5)   322,8 : 5   54,3 : 12   −623,9 : 17
   34,2 : 9   −337,8 : 6   100,5 : 15   11,04 : 90

e) 3,24 : 1,2 f) −13,84 : 0,4 g) 9,216 : 3,6 h) 1,695 : 0,03
   3,08 : 1,1   25,89 : (−0,3)   29,148 : 8,4   13,6956 : 0,303
   6,89 : 1,3   −31,71 : (−0,7)   −19,012 : (−9,7)   −16,968 : (−30,3)

zu Aufgaben 6 e) bis h):

7 Überschlage. Berechne wenn möglich im Kopf; ansonsten schriftlich.
a) 5,75 : 0,5 b) 46,5 : 6,1 c) 3,6 : 0,6 d) 136,2 : 68,1
   33,2 : 0,25   46,5 : 3,1   5,6 : 0,8   255,9 : 85,3
   12,1 : 0,125   46,5 : 1,1   25,6 : 1,6   79,8 : 13,3

8 Rechne geschickt, indem du nur eine Rechnung schriftlich durchführst.
a) 1,792 : 0,7 b) 15,12 : 3,6 c) 30,858 : 111 d) 540,1 : 49,1
   1,792 : 0,07   151,2 : 36   30,858 : 11,1   54,01 : 49,1
   179,2 : 0,7   1,512 : 3,6   308,58 : 0,111   5,401 : 0,491
   17,92 : 0,07   1,512 : 0,36   3,0858 : 0,0111   0,5401 : 4,91

Zur Erinnerung:
$\frac{1}{5} = 1 : 5 = 1,0 : 5 = 0,2$
0
10
-10
0

9 Schreibe mit Komma.
a) $\frac{1}{5}$ b) $\frac{3}{8}$ c) $-\frac{7}{40}$ d) $\frac{51}{12}$ e) $\frac{2}{3}$ f) $-\frac{1}{6}$ g) $\frac{1}{9}$ h) $\frac{4}{9}$

10 Ein Tunnel von 1,175 km Länge soll alle 30,5 m eine Lampe erhalten.
Wie viele Lampen werden benötigt? Deute dein Ergebnis.

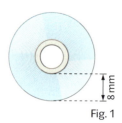

Fig. 1

11 Ein Obstbauer hat 100 Liter Apfelsaft gepresst und will ihn in 0,7-Liter-Flaschen abfüllen.
Wie viele Flaschen kann er damit abfüllen?
Wie viele Liter Apfelsaft bleiben übrig?

12 Kunststofffolien für die Küche sind etwa 0,05 mm dick.
Bestimme die Anzahl der Lagen auf einer Rolle, die 8 mm dick gewickelt ist (Fig. 1).
Probiere es experimentell aus.

Bei Aufgabe 13 kann es hilfreich sein, „eine Tabelle anzulegen".

13 Zwei Dezimalzahlen werden dividiert. Wie ändert sich das Ergebnis, wenn man
a) bei einer Dezimalzahl das Komma um eine Stelle nach rechts verschiebt,
b) bei der zu teilenden Dezimalzahl das Komma um eine Stelle nach rechts verschiebt und bei der anderen um eine Stelle nach links,
c) bei beiden Dezimalzahlen das Komma um eine Stelle nach links verschiebt?

Bist du sicher?

1 Berechne im Kopf.
a) 5 : 0,2   b) −4,5 : 0,5   c) 9,9 : 3,3   d) −0,14 : (−0,07)   e) 9 : 0,003

2 Überschlage zuerst und berechne dann schriftlich.
a) 156,96 : 0,24   b) −27,318 : 0,087   c) 0,743 : (−0,7)   d) 3,95 : 0,32

3 An einer Baustelle werden 15,5 m³ Kies benötigt. Wie oft muss ein LKW, der 2,1 m³ Kies laden kann, fahren?

4 Schreibe als Dezimalzahl.
a) $\frac{1}{8}$ b) $-\frac{7}{20}$ c) $\frac{7}{16}$ d) $\frac{4}{3}$ e) $-\frac{5}{6}$

14 Setze bei den Ergebnissen das Komma an die richtige Stelle. Manchmal musst du Nullen ergänzen. Schreibe auch deine Überschlagsrechnung auf.
a) 26,292 : 4,2 = 626   b) 4,3296 : 0,82 = 35   c) 0,84 : 0,24 = 35   d) 518,49 : 4,2 = 12345

15 Der Rasen des Fußballfeldes im Weserstadion in Bremen ist 105 m lang und 68 m breit. Die Schnittbreite des Rasenmähers des Platzwarts ist 1,30 m. Wie oft muss der Platzwart beim Rasenmähen mindestens hin und her fahren? Welche Strecke legt er dabei zurück?

16 a) Herr Lind tankt 35,1 l Benzin für 49,14 €. Wie viel Euro kostet 1 Liter?
b) Seitdem Herr Lind das letzte Mal getankt hat, ist er 450 km gefahren und hat 35,1 l Benzin verbraucht. Wie viel Liter Benzin hat er im Durchschnitt für 100 km gebraucht?

17 a) Wie oft passen die Körperlängen der Waldmaus und des Löwen in ihre Sprungweite?
b) Finde heraus, wie das beim Grashüpfer, beim Riesenkänguru und beim Tiger ist (Recherchiere im Internet).
c) Wie weit könnte ein 1,55 m großes Kind jeweils springen, wenn es die Sprungkraft von Löwe, Maus usw. hätte?

Die Waldmaus
kommt bis auf die nördlichsten Gebiete in ganz Europa und Asien vor.
Körperlänge: 9 cm
Sprungweite: 0,7 m

Der Löwe
ist das imposanteste Raubtier Afrikas und kann im Rudel fast jedes Wild erbeuten.
Körperlänge: 1,8 m
Sprungweite: 4,5 m

18 Frau Cremer fährt mit einer Tankfüllung von 40 Litern einmal 700 km, das andere Mal 650 km. Vergleiche mit den Angaben im Prospekt.

Höchstgeschwindigkeit: 150 km/h
Verbrauch: 5,8 l auf 100 km

19 a) Wer ist im Mittel schneller: ein Eissprinter, der 500 m in 34,42 s läuft, oder ein Radfahrer, der in einer Stunde 45 km fährt?
b) Vergleiche einen Sprinter, der 100 m in 9,85 s läuft, und eine Eisschnellläuferin, die für 3000 m 3 min 57,7 s braucht.

20 Ein Obsthändler bekommt eine Sendung mit 250 kg Äpfeln. Sie kostet 164,70 €. Beim Umpacken der Äpfel in 12,5-kg-Steigen stellt er fest, dass etwa 25 kg Äpfel angefault sind. Wie teuer muss der Händler eine Steige mindestens verkaufen, damit er pro Steige mindestens 4 € Gewinn macht?

21 a) Wie oft passt die Höhe einer Tipp-Kick-Spielfigur in die Körpergröße eines 1,80 m großen Spielers?
b) Das Tipp-Kick-Tor ist innen 9 cm breit und 6,5 cm hoch. Wie oft passen die Höhe und die Breite des Tors in ein richtiges Fußballtor, das 7,32 m breit und 2,44 m hoch ist? Vergleiche mit dem Verhältnis von Tipp-Kick-Spielfigur zu einem echten Spieler.
c) Wie lang bzw. breit müsste ein Tipp-Kick-Spielfeld mindestens bzw. höchstens sein, sodass es im gleichen Maßstab verkleinert wurde wie eine Tipp-Kick-Spielfigur im Verhältnis zu einem 1,80 m großen Mann? Vergleiche mit den Angaben in Fig 1.

Fig. 1

Bei Aufgabe 22 c) kann es hilfreich sein, „eine Tabelle anzulegen".

22 a) Wie viele Gläser zu 0,2 Liter können mit dem Inhalt der Flasche gefüllt werden?
b) Wie viel bekäme jeder, wenn der Flascheninhalt auf 8 Gläser verteilt werden würde?
c) Wie viele 0,1-l-; 0,2-l-; 0,3-l-; … Flaschen könnte man mit dem Inhalt füllen?

Fig. 2

23 Für die Herstellung von Goldfolien werden Goldbarren ausgewalzt. Nun soll ein 4,5 cm langer, 3,4 cm breiter und 2,8 cm hoher Goldbarren zu einer rechteckigen Folie ausgewalzt werden. Die Folie ist 1,2 m lang und 75 cm breit. Wie dick ist die Folie geworden?

24 Ein Zimmer von 3,2 m Breite und 6,3 m Länge wird mit 0,5 cm dicken Korkplatten ausgelegt. Die Rechnung lautet: 20,16 kg Kork für Fußboden: 573,50 €.
a) Wie viel kostet 1 m² des Bodenbelages?
b) Wie viel wiegt 1 m² des Bodenbelages?

25 Jil möchte in ihrem Zimmer ein Aquarium aufstellen. Ihr Tisch, auf dem es aufgebaut werden soll, ist 1,8 m lang und 0,7 m breit. Jil möchte zudem, dass sich ihre Fische sehr wohl fühlen und liest daher in einem Fischbuch: „Für die Tiere eines Aquariums ist das Becken der Lebensraum. Für ein normales Becken verhält sich die Länge zur Breite und Höhe ungefähr im Verhältnis 10:5:6 bis 10:3:4. Die Zahl der Fische richtet sich nach dem Wasserinhalt des Beckens, also nicht nach dem errechneten Fassungsvermögen. Dabei muss das Volumen vom Bodengrund und Steinen abgezogen werden. Wer etwa anderthalb bis zwei Liter Wasser je Zentimeter Fisch rechnet, dürfte einigermaßen gut zurechtkommen."
Ermittle mögliche Maße für Jils Aquarium. Lege dafür auch fest, welche und wie viele Fische in ihrem Aquarium leben sollen.

7 Grundregeln für Rechenausdrücke – Terme

In einer Zeitung finden sich zwei Anzeigen für Fotohandys.

Rechenausdrücke werden auch als **Terme** bezeichnet. Wenn man das Ergebnis eines Terms mit rationalen Zahlen bestimmt, in dem Summen, Differenzen, Produkte oder Quotienten und möglicherweise auch Klammern auftreten, so ist wie bei den natürlichen Zahlen die Reihenfolge der Rechenschritte einzuhalten.

Grundregeln für die **Reihenfolge beim Berechnen von Termen**

1. Klammern werden zuerst berechnet.
   Bei geschachtelten Klammern wird die innere Klammer zuerst berechnet.

   $\left(\frac{9}{7} - \frac{4}{7}\right) \cdot \frac{7}{10} = \frac{5}{7} \cdot \frac{7}{10} = \frac{1}{2}$

   $[(2{,}8 - 1{,}3) : 0{,}6] \cdot (-6) = [1{,}5 : 0{,}6] \cdot (-6)$
   $= 2{,}5 \cdot (-6) = -15$

   Strichrechnungen
   Addieren +
   Subtrahieren −

2. Punktrechnungen werden vor Strichrechnungen ausgeführt.

   $\frac{7}{3} - \frac{4}{3} \cdot 2 = \frac{7}{3} - \frac{8}{3} = -\frac{1}{3}$

   Punktrechnungen
   Multiplizieren ·
   Dividieren :

3. Falls nur Punkt- oder nur Strichrechnungen und keine Klammern vorkommen, so wird von links nach rechts gerechnet.

   $\frac{3}{2} - \frac{5}{2} - 2{,}5 = -1 - 2{,}5 = -3{,}5$

Beispiel 1
Berechne den Term $\frac{1}{7} \cdot \left(\frac{13}{9} - \frac{2}{3}\right) + \frac{17}{9}$.

Lösung:

$= \frac{1}{7} \cdot \left(\frac{13}{9} - \frac{2}{3}\right) + \frac{17}{9}$

$= \frac{1}{7} \cdot \left(\frac{13}{9} - \frac{6}{9}\right) + \frac{17}{9}$

$= \frac{1}{7} \cdot \frac{7}{9} \quad\quad + \frac{17}{9}$

$= \quad \frac{1}{9} \quad\quad\quad + \frac{17}{9}$

$= \quad\quad \frac{18}{9}$

$= \quad\quad 2$

Ein Rechenbaum hilft für die Übersicht:

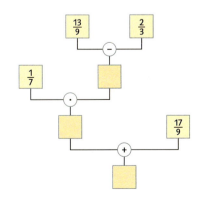

- Umformungen untereinander schreiben
- neue Zeile mit „=" beginnen
- nicht veränderte Ausdrücke abschreiben

V Multiplikation und Division von rationalen Zahlen

Taschenrechnerbildschirm:

Erste Zeile: falsche Eingabe, falsches Ergebnis. Probiere es aus!

Beispiel 2 Eingaben in den Taschenrechner
Berechne mit dem Taschenrechner $\frac{78}{49 \cdot 56}$.
Lösung:

$\frac{78}{49 \cdot 56} = 78 : (49 \cdot 56) = 0{,}0284 \ldots$

Das Produkt im Nenner muss in Klammern gesetzt werden, da der Taschenrechner sonst $78 : 49 \cdot 56$ rechnet, d.h., er rechnet von links nach rechts!

Beispiel 3 Aufstellen und Berechnen eines Terms
Subtrahiere das Produkt aus 4,5 und −0,2 vom Produkt aus 5,5 und 0,6.
Lösung:
$5{,}5 \cdot 0{,}6 - 4{,}5 \cdot (-0{,}2) = 3{,}3 + 4{,}5 \cdot 0{,}2 = 3{,}3 + 0{,}9 = 4{,}2$

Aufgaben

Bevor dir schwindlig wird: Hier sind die Lösungen zu Aufgabe 1:

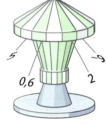

Fig. 1

1 Berechne die Rechenausdrücke.

a) $\frac{7}{6} + \frac{5}{3} \cdot \frac{1}{2}$
   $1{,}25 + 0{,}75 \cdot 5$

b) $\frac{6}{7} : 2 + \frac{11}{7}$
   $(0{,}25 - 0{,}75) \cdot \left(-\frac{13}{4}\right) + \frac{3}{8}$

c) $\left(\frac{5}{3} - \frac{1}{2} - 1\right) \cdot 3{,}6$
   $((5{,}3 - 2{,}1) \cdot (-2)) : 8 - 8{,}2$

2 Stelle zu dem Rechenbaum einen Rechenausdruck auf und berechne.

a) 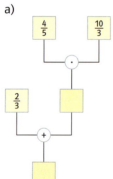 b) 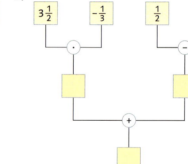 c)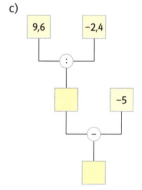

3 Berechne die Terme.

a) $\frac{7}{4} + \frac{15}{4} \cdot \frac{17}{3}$
b) $-2{,}1 \cdot (-5) - 0{,}5 \cdot 11$
c) $\left(\frac{1}{4} + 5 - \frac{3}{2}\right) \cdot \frac{12}{5}$
d) $\left(\frac{15}{8} \cdot 2 + \frac{5}{4}\right) \cdot 4$
e) $-\frac{5}{7} \cdot \left(\frac{31}{6} - 3 \cdot \frac{73}{18}\right)$
f) $(2{,}7 + 4{,}1 \cdot 3) : \frac{5}{6}$
g) $\left(2{,}25 + \frac{22}{5}\right) \cdot 6 - 1{,}9 \cdot 11$
h) $-\frac{20}{9} : \left(-\frac{5}{18}\right) + 7$

Hier kann der Taschenrechner als Kontrolle dienen.

4
a) $\frac{-213 + 729}{96}$
b) $\frac{2261 \cdot (-3487)}{(5634 - 5311) \cdot 4}$
c) $\left(15\frac{1}{6} - 13 \cdot 4\frac{1}{18}\right) \cdot \left(-\frac{657}{169}\right)$
d) $-14{,}11 : (-1{,}7) - \left(-3{,}73 + 3\frac{4}{25}\right) \cdot 310$

5 Schreibe den Term ab und füge so Klammern ein, dass er entweder 2 oder 4 ist.

a) $\frac{4}{7} : 2 - \frac{12}{7}$ b) $\frac{7}{3} - \frac{2}{3} : \frac{1}{3} - 1$ c) $\frac{8}{3} - \frac{4}{3} : -\frac{2}{3} + 1$ d) $0{,}5 \cdot 7 + 5 \cdot 0{,}5 : 0{,}5 + 1{,}5 - 1$

6 a) Die grünen Fliesen sind 14,4 cm lang und 9,6 cm breit. Stelle einen Term für die Länge und Breite der roten Fliesen auf und berechne sie.
b) Zeichne mit Plättchen der Länge 2,8 cm und der Breite 1,6 cm ein Muster für den Term $(5 \cdot 2{,}8 - 3 \cdot 1{,}6) : 4$.

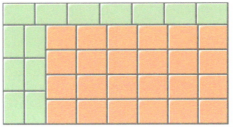

Fig. 1

Bist du sicher?

1 Berechne die Terme.
a) $2{,}3 - 3{,}2 \cdot 2 - 4{,}5$
b) $\left(\frac{2}{5} + \frac{8}{15}\right) \cdot \left(-\frac{1}{2} + \frac{1}{7}\right)$
c) $0{,}75 - \frac{3}{4} \cdot \left(\frac{5}{6} - \frac{1}{3} : \frac{1}{2} + \frac{1}{2}\right)$

2 Stelle einen Term auf und berechne ihn.
Subtrahiere das Produkt aus $\frac{3}{14}$ und $-\frac{7}{5}$ vom Produkt aus 0,2 und 3,5.

7 Welcher der Terme 1) bis 5) gehört zu welcher der Geschichten A) bis E)?

1) $(5 \cdot 4{,}2 + 3 \cdot 1{,}4) : 7$
2) $(4{,}2 + 1{,}4) : 7 - 0{,}7$
3) $(4{,}2 + 1{,}4 - 0{,}7) : 7$
4) $(4{,}2 \cdot 1{,}4 - 0{,}7) : 7$
5) $(4{,}2 - 0{,}7) : 7 + 1{,}4 : 7$

A) Jonathan erhält jede Woche 4,20 € Taschengeld von seinen Eltern und 1,40 € von seiner Oma. 70 ct davon spart er, vom Rest gibt er täglich gleich viel aus. Wie viel gibt er jeden Tag aus?
B) Annika hat 4,2 kg, Carla 1,4 kg Erdbeeren gepflückt. Annika isst 700 g selbst auf und verteilt den Rest an ihre 7 Freunde, Carla verteilt alles an die gleichen 7 Freunde. Wie viele Kilogramm Erdbeeren bekommt jeder Freund?
C) Andi bekommt jede Woche 4,20 € Taschengeld von seinen Eltern, 1,40 € von seiner Tante. Er gibt jeden Tag gleich viel aus, spart aber täglich 70 ct. Wie viel gibt Andi täglich aus?
D) Mayra fährt mit dem Rad an 5 Tagen in der Woche 4,2 km zur Schule, dreimal in der Woche fährt sie zusätzlich noch 1,4 km zum Training. Wie viele Kilometer fährt Mayra täglich im Durchschnitt?
E) Ein 4,2 km langes und 1,4 km breites rechteckiges Waldstück enthält 70 ha Wege und Gebäude, den Rest haben sich 7 Wölfe gleichmäßig als Revier aufgeteilt. Wie viele Quadratkilometer Revier hat jeder Wolf?

8 Erfinde zu dem Term eine kleine Geschichte und zeige sie deinem Banknachbarn. Lass deinen Banknachbarn den Rechenausdruck, der in deiner Geschichte beschrieben ist, herausfinden und berechnen.
a) $(4 + 1{,}6) : 7$ b) $(43{,}8 + 33{,}7) : 31$ c) $12 \cdot 15 + 4 \cdot 7{,}5$ d) $(7 \cdot 2{,}4 + 6 \cdot 2{,}4) : 4$

9 Würfle eine Startzahl, multipliziere sie mit $-\frac{3}{7}$, addiere zum Ergebnis $\frac{5}{7}$ und dividiere schließlich durch $\frac{1}{7}$. Bei welcher gewürfelten Zahl erhältst du so die größte Zahl?

10 Familie Schreiner kauft einen Fernseher für 597,60 €. Ein Drittel des Preises bekommt sie erlassen, da der Bildschirm einen Kratzer hat. Vom Rest zahlt sie 30 % als Anzahlung, das Übrige in 16 gleichen Monatsraten. Wie hoch sind die Monatsraten?

V Multiplikation und Division von rationalen Zahlen

8 Rechengesetze – Vorteile beim Rechnen

Anne hat keinen Taschenrechner, Peter hingegen rechnet alles damit. Linda hat sich vorgenommen, den beiden Aufgaben zu stellen, die Anne schneller im Kopf rechnen kann als Peter mit dem Taschenrechner. Linda beginnt mit $\frac{34}{19} \cdot \frac{1}{2} \cdot \frac{19}{34}$, dann $2{,}34 \cdot 9 - 8 \cdot 2{,}34$.

Wie bei den natürlichen Zahlen darf man auch bei den rationalen Zahlen in einer Addition die Summanden oder in einer Multiplikation die Faktoren vertauschen. Außerdem darf man bei einer Addition mit mehreren Summanden oder bei einer Multiplikation mit mehreren Faktoren beliebig Klammern setzen oder weglassen. Durch diese Umformungen können Rechenvorteile entstehen.

$$\left(-\frac{3}{5} + \frac{5}{2}\right) + \frac{3}{5} = \left(-\frac{6}{10} + \frac{25}{10}\right) + \frac{6}{10} = \frac{19}{10} + \frac{6}{10} = \frac{25}{10} = \frac{5}{2}$$

Einfacher: $\left(-\frac{3}{5} + \frac{5}{2}\right) + \frac{3}{5} = \left(\frac{5}{2} + \left(-\frac{3}{5}\right)\right) + \frac{3}{5} = \frac{5}{2} + \left(\left(-\frac{3}{5}\right) + \frac{3}{5}\right) = \frac{5}{2}$

Soll $3 \cdot (-2{,}9) + 3 \cdot 12{,}9$ berechnet werden, so hat man zwei Möglichkeiten:
$\quad 3 \cdot (-2{,}9) + 3 \cdot 12{,}9 = -8{,}7 + 38{,}7 = 30$ **Punkt vor Strich (aufwändig),**
$\quad 3 \cdot (-2{,}9) + 3 \cdot 12{,}9 = 3 \cdot (-2{,}9 + 12{,}9) = 3 \cdot 10 = 30$ **Ausklammern (einfach).**
Das **Distributivgesetz**: $3 \cdot (-2{,}9) + 3 \cdot 12{,}9 = 3 \cdot (-2{,}9 + 12{,}9)$ bringt hier einen Rechenvorteil.

Für alle rationalen Zahlen gelten die
Kommutativgesetze: wie $0{,}3 + 5 = 5 + 0{,}3$ oder $2 \cdot \frac{1}{3} = \frac{1}{3} \cdot 2$
Assoziativgesetze: wie $\left(4 + \frac{2}{5}\right) + 1{,}6 = 4 + \left(\frac{2}{5} + 1{,}6\right)$ oder $\left(5 \cdot \frac{2}{3}\right) \cdot 3 = 5 \cdot \left(\frac{2}{3} \cdot 3\right)$
Distributivgesetze: wie $(8 + 1{,}4) \cdot 5 = 8 \cdot 5 + 1{,}4 \cdot 5$ oder $(3{,}3 + 2) : 3 = 3{,}3 : 3 + 2 : 3$
Man kann die Distributivgesetze auf zwei Arten verwenden:
Ausmultiplizieren $(0{,}2 + 20) \cdot 5 = 0{,}2 \cdot 5 + 20 \cdot 5 = 101$,
Ausklammern $7 : 3 - 13 : 3 = (7 - 13) : 3 = -2$.

In Termen wie $12 - (-9 + 12)$ oder $12 + (9 - 12)$ entstehen Rechenvorteile, wenn man die Klammern beseitigen kann.
Wegen $12 - (-9 + 12) = 12 + (-(-9 + 12))$ ist die Gegenzahl von $(-9 + 12)$ zu bestimmen. Da man $-(-9 + 12)$ durch Multiplikation von $(-9 + 12)$ mit (-1) erhalten kann, gilt bei Anwendung des Distributivgesetzes:
$-(-9 + 12) = -(1) \cdot (-9 + 12) = (-1) \cdot (-9) + (-1) \cdot 12 = +9 - 12$.
In gleicher Weise erhält man:
$+(-9 + 12) = (+1) \cdot (-9 + 12) = (+1) \cdot (-9) + (+1) \cdot 12 = -9 + 12$.

$-(-9 + 12)$
Minusklammer

$+(9 - 12)$
Plusklammer

Steht also ein Minuszeichen vor der Klammer (**Minusklammer**), so kann man die Klammer folgendermaßen auflösen: $12 - (-9 + 12) = 12 + 9 - 12 = 9$.
Steht ein Pluszeichen vor der Klammer (**Plusklammer**), so löst man ebenfalls die Klammer auf: $12 + (9 - 12) = 12 + 9 - 12 = 9$.

Eine **Minusklammer** löst man auf, indem man bei den Zahlen in der Klammer die Pluszeichen zu Minuszeichen und die Minuszeichen zu Pluszeichen ändert und das Minuszeichen vor der Klammer sowie die Klammer weglässt.

$\qquad$ 23 − (13 − 7)
= 23 − (+13 − 7)
= 23 − 13 + 7

Eine **Plusklammer** löst man auf, indem man das Pluszeichen vor der Klammer und die Klammer weglässt.

$\qquad$ 23 + (13 − 7)
= 23 + (+13 − 7)
= 23 + 13 − 7

Beispiel 1 Veranschaulichung des Distributivgesetzes
Berechne den Flächeninhalt des Rechtecks in Fig. 1 auf zwei Arten.
Lösung:
Gesamtes Rechteck: (4 + 10) · 2,5
Grünes Rechteck: 4 · 2,5
Gelbes Rechteck: 10 · 2,5
Damit gilt: (4 + 10) · 2,5 = 4 · 2,5 + 10 · 2,5 und
umgekehrt 4 · 2,5 + 10 · 2,5 = (4 + 10) · 2,5.

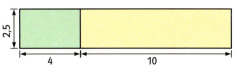

Fig. 1

Beispiel 2 Rechenwege vergleichen
Berechne auf zwei Arten und vergleiche.
a) 13 · (14,3 − 4,3)   b) $\left(\frac{4}{5} + 3\right) \cdot 5$
Lösung:
a) 13 · (14,3 − 4,3) = 13 · 10 = 130   *Klammer zuerst berechnen*
13 · (14,3 − 4,3) = 13 · 14,3 − 13 · 4,3 = 185,9 − 55,9 = 130   *bringt hier Vorteile.*

b) $\left(\frac{4}{5} + 3\right) \cdot 5 = \left(\frac{4}{5} + \frac{15}{5}\right) \cdot 5 = \frac{19}{5} \cdot 5 = 19$ *Hier bringt das Ausmultiplizieren Vorteile.*
$\left(\frac{4}{5} + 3\right) \cdot 5 = \frac{4}{5} \cdot 5 + 3 \cdot 5 = 4 + 15 = 19$

Beispiel 3 Rechenvorteile nutzen
Berechne möglichst geschickt.   a) −(1,8 − 5,3) + 1,8   b) 1,2 · 106 − 6 · 1,2
Lösung:
a) −(1,8 − 5,3) + 1,8   *Hier ist die Minus-*   b) 1,2 · 106 − 6 · 1,2   *Hier ist Ausklam-*
= −1,8 + 5,3 + 1,8   *klammerregel ge-*   = 1,2 · (106 − 6)   *mern geschickt, da*
= −1,8 + 1,8 + 5,3   *schickt, da*   = 1,2 · 100   *sich in der Klammer*
= 5,3   *−1,8 + 1,8 = 0.*   = 120   *genau 100 ergibt.*

Aufgaben

1 Berechne möglichst geschickt.
a) $-\frac{13}{5} + \frac{2}{3} + \frac{12}{5}$ b) $-\frac{13}{5} \cdot \frac{2}{3} \cdot \frac{5}{26}$ c) $-\frac{23}{25} + \left(-\frac{17}{11}\right) + \left(-\frac{5}{11}\right)$ d) $\left(\left(-\frac{113}{51}\right) \cdot \frac{4}{3}\right) \cdot \frac{51}{226}$

2 Untersuche, ob die Anwendung des Distributivgesetzes Vorteile bringt. Berechne.
a) $6 \cdot \left(\frac{1}{2} + \frac{2}{3} - \frac{1}{4}\right)$ b) $\frac{1}{4} \cdot (24 + 72 - 60)$ c) $\left(\frac{1}{12} + \frac{7}{3} - \frac{7}{8}\right) \cdot 24$
d) 5,2 · 10 − 10 · 4,7   e) 4,7 · 5,5 + 5,3 · 5,5   f) 4,3 · 4 + 4 · 6,5 − 3,8 · 4
g) $18 \cdot \frac{4}{5} - \frac{4}{5} \cdot 18$ h) $\frac{3}{4} \cdot \frac{7}{5} + \frac{3}{4} \cdot \frac{1}{5}$ i) $\frac{4}{9} \cdot \frac{2}{3} + \frac{4}{3} \cdot \frac{2}{3}$

Lösung	Buchstabe
224	V
420	L
−6	E
2	R
42	C

In den Aufgaben 3 und 4 kannst du die Lösungen mit der Tabelle durch Buchstaben ersetzen und erhältst jeweils ein Lösungswort.

3 Berechne durch Ausrechnen der Klammer und durch Ausmultiplizieren. Vergleiche.
a) $4{,}2 \cdot (7 + 3)$
b) $12 \cdot (30 + 5)$
c) $12 \cdot \left(\frac{7}{2} - 4\right)$
d) $(60 - 4) \cdot 4$
e) $-0{,}4 \cdot (20 - 5)$
f) $\left(\frac{2}{3} - \frac{1}{6}\right) \cdot 4$
g) $1{,}2 \cdot (-1{,}4 - 3{,}6)$
h) $\left(0{,}005 - \frac{3}{200}\right) \cdot (-200)$

4 Berechne direkt und durch Ausklammern. Vergleiche.
a) $4{,}2 \cdot 6 + 4{,}2 \cdot 4$
b) $15 \cdot 20 + 8 \cdot 15$
c) $3 \cdot (-1{,}2) + (-1{,}2) \cdot 2$
d) $56 \cdot 8 - 4 \cdot 56$
e) $\frac{2}{3} \cdot (-6) - 3 \cdot \frac{2}{3}$
f) $(-7) \cdot 0{,}5 - 0{,}5 \cdot (-11)$
g) $1200 \cdot 0{,}3 + 1200 \cdot 0{,}05$
h) $1{,}2 \cdot 1{,}4 - 1{,}2 \cdot 6{,}4$

5 Berechne möglichst geschickt. Welche Regel hast du verwendet?
a) $4{,}7 - (1{,}7 + 4{,}7)$
$4{,}7 - (1{,}7 - 4{,}7)$
$4{,}7 - (-1{,}7 + 4{,}7)$
$4{,}7 + (-1{,}7 - 4{,}7)$

b) $15 \cdot 100 - 15 \cdot 4$
$15 \cdot 104 - 15 \cdot 4$
$15 \cdot (-100) - 15 \cdot 4$
$15 \cdot (-96) + 15 \cdot (-4)$

c) $\frac{3}{4} \cdot \left(\frac{5}{7} + \frac{9}{7}\right)$
$\frac{6}{5} \cdot \left(\frac{5}{3} + \frac{5}{2}\right)$

d) $\frac{15}{14} \cdot \left(\frac{7}{10} - \frac{14}{15}\right)$
$\frac{15}{14} \cdot \left(\frac{4}{11} - \frac{8}{22}\right)$

Bist du sicher?

1 Berechne möglichst geschickt.
a) $-9{,}2 - (8{,}1 - 9{,}2)$
b) $\frac{5}{6} \cdot \frac{7}{8} - \frac{5}{6} \cdot \frac{1}{8}$
c) $(-5) \cdot (400 - 20)$

2 Suche die Fehler und rechne richtig.

a)
$27 - (-13 + 14)$
$= 27 - 13 - 14$
$= 0$

b)
$(-5) \cdot \left(2 - \frac{1}{5}\right)$
$= -5 \cdot 2 - 5 \cdot \frac{1}{5}$
$= -11$

c)
$(-0{,}5) \cdot 18 - (-0{,}5) \cdot 2$
$= (-0{,}5) \cdot (18 + 2)$
$= (-0{,}5) \cdot 20$
$= -10$

Fig. 1 (Karussell mit Zahlen: 26, −8, −1900, 5/8, −8,1, −9)

6 Berechne möglichst geschickt.
a) $15 \cdot (200 + 30 + 4)$
b) $(8{,}2 - 5{,}6) - (-5{,}6 - 8{,}2)$
c) $0{,}8 \cdot 2{,}5 - 0{,}8 \cdot 3{,}4 + 0{,}8 \cdot 1{,}9$
d) $\frac{4}{3} \cdot 2 - \frac{4}{3} \cdot 5 + 3 \cdot \frac{4}{3}$
e) $-\left(2{,}3 - 1\frac{2}{5}\right) - \left(-3{,}7 + \frac{4}{5}\right)$
f) $12 \cdot \left(\frac{3}{4} - \frac{2}{3} - \frac{7}{12}\right)$

7 Stelle einen Term auf und berechne möglichst geschickt.
a) Subtrahiere das Produkt von 12 und 14 vom Produkt aus 24 und 12.
b) Multipliziere 1,4 mit der Differenz aus 20 und 5.
c) Subtrahiere die Differenz aus 3,4 und 8,9 von der Differenz aus 6,6 und 8,9.
d) Multipliziere die Differenz aus −12,4 und 7,8 mit −6 und addiere zum Ergebnis die Summe aus −12 und −3,8.

8 Wie groß ist der Gesamtflächeninhalt der beiden Rechtecke in Fig. 2?

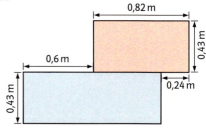

Fig. 2

Hier kann ein Taschenrechner hilfreich sein.

9 Pia kann beim Kauf ihres neuen Computers zwischen zwei Angeboten wählen. Entweder sie bezahlt den Gesamtpreis von 998 € in bar oder sie zahlt erst eine Anzahlung von 198 € und dann im ersten Jahr 27,20 € monatlich, im zweiten Jahr 24,90 € monatlich, im dritten Jahr 17,90 € monatlich. Wie viel spart Pia bei der Barzahlung?

10 Robert geht Einkaufen. Er hat genau 20 € dabei und will vor der Kasse ausrechnen, ob sein Geld reicht. Die folgenden Artikel liegen in seinem Einkaufskorb: 5 Äpfel für je 59 Cent, 3 Liter Milch für je 70 Cent, Aufschnitt für 2,79 €, Käse für 4,21 €, 6 Flaschen Wasser für je 39 Cent, drei Zitronen für je 30 Cent, und ein Shampoo für 2,66 €.
a) Reichen die 20 €? Überschlage zunächst.
b) Berechne nun die exakte Summe möglichst geschickt. Stelle zuvor einen geeigneten Term auf.

11 Berechne möglichst geschickt.
a) $-14 + 3 \cdot (-8)$
b) $(-5) \cdot 7 - 9 \cdot (-4)$
c) $-\frac{4}{7} + \frac{3}{8} - \frac{3}{7}$
d) $13 \cdot (-12) + 11 \cdot 13$
e) $-\frac{2}{9} \cdot 0{,}875 \cdot \frac{9}{2}$
f) $\left(\left(-\frac{1}{2}\right) \cdot 3\right)^2 - 2\frac{1}{2}$
g) $\frac{4}{7} \cdot \left(-\frac{3}{5}\right) - \frac{2}{5} \cdot \frac{4}{7}$
h) $40\% - \frac{1}{2} \cdot 0{,}4$

12 Welche Zahlen wurden an der Tafel ausgewischt?

13 a) Setze im folgenden Term eine Klammer. Der Wert des Terms soll dadurch möglichst klein bzw. möglichst groß werden:
$(-2) \cdot \frac{1}{3} + \frac{1}{2} : \left(-\frac{1}{3}\right)$
b) Bilde aus den Kärtchen in Fig. 1 einen Term mit möglichst kleinem bzw. möglichst großem Wert.

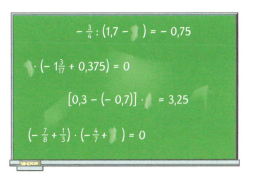

Fig. 1

14 Übertrage das Rätsel in Fig. 2 in dein Heft und löse es. Beachte, dass Kommata und negative Vorzeichen ein eigenes Kästchen haben.

senkrecht:
1. $1{,}6 \cdot \left(\frac{3}{8} + 0{,}25\right) + 2^7$
2. $\left(9\frac{1}{4} - 2\frac{7}{100}\right) \cdot 100$
3. $\left(3\frac{1}{2} : 0{,}5\right) \cdot \left(17 \cdot \frac{17}{51} \cdot 3\right)$
4. $3{,}2 \cdot \left(4{,}75 - 0{,}75 \cdot \frac{4}{3}\right)$
6. $1{,}1 : \left(\frac{7}{9} - \frac{2}{3}\right) + \frac{7}{200}$
9. $5{,}1 \cdot 6{,}2 + 7{,}3 \cdot 8{,}4 - \frac{11}{25}$
12. $\left(\left(0{,}4 \cdot \frac{3}{4}\right) 2{,}5 - \frac{3}{25} \cdot 0{,}25\right) : 0{,}003$
13. $13\frac{1}{3} \cdot \left(2{,}75 + \frac{1}{3} + 1{,}25 + \frac{1}{6}\right)$

waagerecht:
2. $\left(\frac{1}{2} + 0{,}5\right) \cdot 7{,}1 + 0{,}01$
5. $-11 \cdot \left(1\frac{1}{4} + 1{,}75\right) + 18^2$
7. $15 : \left(0{,}5 + \frac{3}{4}\right)$
8. $\left(1{,}7 + \frac{1}{5}\right) \cdot 5{,}21$
10. $\left(3\frac{1}{2} \cdot 0{,}7 + 4{,}2 : \frac{3}{4}\right) : 1{,}61$
11. $8{,}4 : \left(\frac{1}{4} - 0{,}5\right)$
14. $\left(1 : \left(\frac{1}{6}\right)^2 - 1\right) \cdot \left(3\frac{4}{11} \cdot 11\right) \cdot \left(16{,}25 : \left(0{,}25 + \frac{1}{6}\right)\right)$

Fig. 2

Kannst du das noch?

15 Gib die folgenden Brüche in Prozent an.
a) $\frac{13}{100}$
b) $\frac{7}{50}$
c) $\frac{18}{25}$
d) $\frac{2}{5}$
e) $\frac{24}{120}$
f) $\frac{35}{150}$
g) $\frac{5}{8}$
h) $\frac{6}{15}$

16 Gib die folgenden Anteile in Prozent an.
a) 3 g von 60 g
b) 9 von 27 Kindern
c) 4 cm von 36 dm
d) 8 Treffer von 48 Versuchen
e) 12 Nieten aus 20 Losen
f) 72 m von 36 km

Wiederholen – Vertiefen – Vernetzen

1 Überschlage zunächst, berechne dann schriftlich und kontrolliere mit dem Taschenrechner.

a) $\left(3\frac{1}{2} \cdot 0{,}7 + 4{,}2 \cdot \frac{3}{4}\right) : 1{,}61$

b) $4{,}5 : 0{,}03 - 4{,}5 : 0{,}9 - 1{,}5 \cdot 0{,}003$

c) $\left(2\frac{1}{2} - 1\frac{1}{3} \cdot 0{,}4\right) : \left(3\frac{1}{2} \cdot 0{,}6 + 0{,}5 \cdot \frac{1}{5} - 1{,}6\right)$

d) $\left[(0{,}04 \cdot 10^2) : \frac{1}{5} - \frac{3}{25} \cdot 0{,}5\right] : 0{,}6$

2 Bei Tieren richtet sich die Menge des Narkosemittels nach dem Körpergewicht. Bei einer einstündigen Operation rechnet man für 1 kg Körpergewicht 0,045 g Narkosemittel.
a) Wie viel g benötigt man für eine einstündige Operation eines 74,5 kg schweren Orang-Utans und eines 2,975 t schweren Flusspferdes?
b) Wie viel Gramm würde man bei deinem Lieblingstier benötigen?

*5 h Fernsehen
0,41 kWh*

3 Eine Betonmischung B 25 enthält $\frac{1}{5}$ Zement, $\frac{2}{5}$ Sand, $\frac{2}{7}$ Kies, der Rest ist Wasser.
a) Wie viel kg Zement, Sand und Kies benötigt man für $3\frac{1}{2}$ t Beton?
b) Wie viel l Wasser gehören in die Mischung?

*5 kg Kochwäsche
1,95 kWh*

4 Der „Energieverbrauch" eines Elektrogerätes wird in Kilowattstunden (kWh) gemessen. 2004 kostete 1 kWh etwa 10,28 Cent.
a) Berechne die Stromkosten.
b) Manche elektrischen Geräte können beim Ausschalten in einen Bereitschaftsbetrieb (Stand-by) geschaltet werden. Welche Geräte sind das bei dir zu Hause? Ermittle für sie den ungefähren Verbrauch im Stand-by-Betrieb. Wie teuer ist es, sie über die großen Ferien anzulassen?

5 Tierolympiade
Die Bewertungsmethode beim Weitsprungwettbewerb wurde von einigen Teilnehmern heftig kritisiert. Welche Argumente könnten die Teilnehmer vorgebracht haben?
Suche zusammen mit deinem Nachbarn eine aus eurer Sicht gerechtere Bewertungsmethode und stelle die neue Rangfolge auf.

Alte Wertung: Körperlänge
1. Harald Hirsch   11,03 m   2,45 m
2. Klara Känguru   8,98 m   1,32 m
3. Leo Löwe   4,98 m   1,92 m
4. Helga Heuschrecke   1,95 m   0,05 m
5. Willi Waldmaus   0,76 m   0,09 m

Anstelle der Karten können auch andere Papierzettel verwendet werden.

Ihr könnt auch eigene Zahlen (negative Zahlen) verwenden!

6 Spiel für 3 bis 6 Personen
Schreibt die Zahlen in Fig. 1 auf 30 gleich große Karten und legt sie verdeckt auf den Tisch. Jeder zieht nun die gleiche vorher vereinbarte Anzahl von Karten (z. B. 3) und legt sie offen vor sich hin. Dann wird eine weitere Karte gezogen und offen in die Mitte gelegt. Jetzt müssen alle in einer vorher vereinbarten Zeit (z. B. 3 min) mit den Zahlen ihrer Karten einen Rechenausdruck aufschreiben, dessen Ergebnis möglichst nahe bei der in der Mitte liegenden Zahl liegt. Dabei darf man alle Rechenzeichen und Klammern benutzen. Der Spieler, dem dies am besten gelingt, hat diese Runde gewonnen und erhält einen Punkt.

12,5	$\frac{23}{2}$	$\frac{23}{3}$	8,5	2,3
$\frac{1}{2}$	$\frac{1}{8}$	3,9	10,1	6,8
$\frac{2}{3}$	1,3	2,8	$\frac{1}{4}$	$\frac{9}{2}$
$\frac{1}{12}$	5,5	$\frac{5}{3}$	$\frac{16}{3}$	$\frac{31}{2}$
$\frac{1}{2}$	9,4	$\frac{6}{15}$	$\frac{3}{4}$	$\frac{7}{3}$
$\frac{1}{2}$	16,2	$\frac{3}{8}$	$\frac{19}{3}$	$\frac{33}{4}$

Fig. 1

7 Alle Nährstoffe liefern dem Körper Energie. Der Energiegehalt von Nahrungsmitteln wird in Kilojoule (kJ) gemessen. Welche Energiemenge eine Person braucht, ist abhängig von Alter, Geschlecht, Körpergewicht und ausgeübter Tätigkeit.
Der Energiebedarf von 13- bis 15-Jährigen beträgt etwa 10 000 kJ pro Tag.
a) Wie viel Gramm der einzelnen Nährstoffe decken ungefähr den Tagesbedarf?
b) Die Mahlzeiten sollten sich so verteilen, dass jeweils $\frac{1}{4}$ der Nahrung auf das Frühstück und das Abendessen, je $\frac{1}{10}$ auf zwei Zwischenmahlzeiten und $\frac{3}{10}$ auf das Mittagessen entfallen. Wie viele kJ sollen auf die einzelnen Mahlzeiten eines Jugendlichen entfallen?

Eine Recherche im Internet kann helfen!

8 Die drei Panzerknacker haben Onkel Dagoberts Tresor aufgebrochen und 1250 Goldbarren gefunden. Schnell beginnen sie ihre Beute in die Koffer zu packen.
a) Wie viele Goldbarren passen in einen Koffer?
b) Können sie ihre voll gefüllten Koffer schleppen, wenn jeder maximal 50 kg tragen kann? 1 cm³ Gold wiegt 19,3 g und jeder leere Koffer 750 g.
c) Wie viele Goldbarren kann jeder in einem Koffer transportieren?

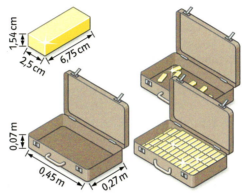

Fig. 1

9 Familie Posselt plant, den Dachboden ihres Hauses zur Wohnung auszubauen. In Gruppenarbeit könnt ihr helfen, die notwendigen Rechnungen auszuführen.
Gruppe 1 Im Grundriss fehlen die Raumgrößen.
Übertragt den Plan im Maßstab 1:100 in euer Heft. Berechnet die Größen der Flächen. Bestimmt die Gesamtfläche der Dachgeschosswohnung. Beachtet, dass Flächen unter Dachschrägen nur mit 50 % auf die Wohnfläche angerechnet werden.
Gruppe 2 Im Schnittbild kann man die Raumhöhen ablesen. Kniestöcke bis 100 cm sind nicht bewohnbar. Wie viel Dachbodenfläche geht durch den Kniestock verloren? Roland Posselt ist 15 Jahre alt, aber schon 185 cm groß. Er möchte wissen, auf welchem Bruchteil der Fläche seines Zimmers er aufrecht stehen kann.

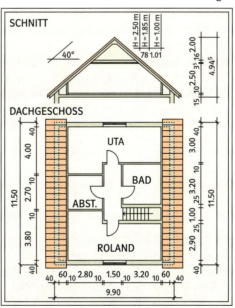

Fig. 2

Gruppe 3 Die Wände der Kinderzimmer sollen tapeziert werden. Dazu genügt eine überschlägige Berechnung der Flächen: Wände mit schräg laufender Oberkante werden mit einer mittleren Höhe von 170 cm gerechnet und die Flächen für Fenster und Türen werden nicht abgezogen.
Gruppe 4
Die Wände und der Fußboden im Badezimmer werden gefliest. Wie viel Quadratmeter Fliesen werden benötigt?

Wiederholen – Vertiefen – Vernetzen

10 Gib in einer sinnvollen Einheit an.
a) Das Volumen eines Würfelzuckers beträgt $0,0000006\,m^3$.
b) Die Oberfläche des Umschlages dieses Mathebuches beträgt etwa $107325\,mm^2$.
c) Die Fläche eines Ackerfeldes beträgt $0,015\,km^2$.
d) Das Volumen eines Zimmers beträgt $35000\,l$.

11 a) Wie viele Reiskörner wiegen etwa genauso viel wie 300 g Spaghettinudeln?
b) Wie viele Nudeln sind in einem Spaghettinudelpaket von 500 g?

12 Lege 100 Blätter Zeitungspapier übereinander und bestimme die Höhe und das Gewicht des Stapels.
a) Wie dick ist ein einzelnes Blatt? Gib die Dicke in cm und in mm an.
b) Wie schwer ist ein einzelnes Blatt? Gib das Gewicht in einer sinnvollen Einheit an.
c) Wie viele Blätter bräuchtest du, damit der Stapel bis zum Mond reicht.
d) Verwende andere Blättersorten und vergleiche mit dem Zeitungspapier.

Recherchiere oder ermittle das Gewicht von 100 Reiskörnern sowie von 10 Spaghettinudeln.

13 Echsenkunst
Zeichnet die Echse in unterschiedlichen Maßstäben auf einem Blatt Papier
(1:2; 1:4; … oder 2:1; 4:1; …). Schneidet die Echsen jetzt aus und erstellt damit ein Bild.
Ihr könnt die Echsen auch ausmalen.
Vergleicht die Bilder in eurer Klasse.

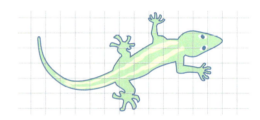

Du kannst auch eigene Fragen formulieren und sie mit deinem Nachbarn bearbeiten.

14 Aus dem Urlaub
Familie Riemer war im Sommer in Tirol auf Trekkingtour im Ötztal. Zuhause angekommen schauen sie sich die Fotos an. Die Tochter Ulla holt die Wanderkarte (Maßstab 1:12500) aus ihrem Zimmer und vergleicht das Foto mit der Karte. Sie stellt sich mehrere Fragen.

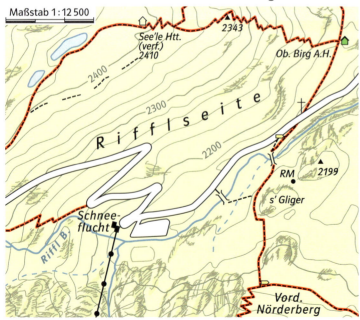

a) Wo könnte sich Papa beim Fotoschießen auf der Karte befunden haben?
b) Auf der Karte geben die Punkte ●—● Befestigungspunkte einer Seilbahn an. Wie lang ist der Abschnitt der Seilbahn auf der Karte?
c) Welche Informationen kann man der Karte noch entnehmen?
d) Welchen Maßstab müsste man beim Foto angeben?
e) Wie groß ist die Steigung der Serpentine? Vergleiche Foto und Karte.

164   V Multiplikation und Division von rationalen Zahlen

Exkursion   Periodische Dezimalzahlen

Dezimalzahlen entstehen, wenn man zwei Zahlen dividiert. So ergibt beispielsweise die Division 3:8 die Dezimalzahl 0,375. Mathematiker unterteilen die Dezimalzahlen, die man aus Brüchen erhalten kann, in zwei Gruppen: die periodischen Dezimalzahlen und die so genannten abbrechenden Dezimalzahlen, das sind nicht-periodische Dezimalzahlen, bei denen die Division irgendwann einmal abbricht.

0,1 Untersucht verschiedene Brüche und versucht herauszufinden, wie man ohne Division erkennen kann, ob ein Bruch in der Dezimalschreibweise periodisch ist oder nicht. Vergleicht dazu bei den Beispielen einmal die Zähler aller Brüche oder die Nenner! Kontrolliert eure Regel an weiteren Beispielen und diskutiert sie mit eurer Nachbargruppe. Habt ihr verschiedene Regeln gefunden? Wenn ja, welche ist die beste und weshalb? Könnt ihr erklären, warum eure Regel funktioniert?

Besondere Perioden

$\frac{1}{81} = 0,\overline{012345679}$

$\frac{1}{891} = 0,\overline{001122334455667789}$

$\frac{1}{8991} = 0,\overline{000111222333444555666777889}$

$\frac{1}{89991} = ?$

> **Wie erforscht man Zahlen?**
> - Lest euch die Forschungsaufträge gut durch. Habt ihr sie verstanden?
> - Schreibt erst ein oder mehrere Beispiele auf.
> - Formuliert dann eine Vermutung und schreibt sie auf.
> - Überprüft sie, wenn möglich, an weiteren Beispielen.
> - Versucht die Vermutung eurem Partner zu erklären.

0,2 Betrachte die folgenden Reihen von Brüchen. Wie sehen die Perioden jeweils aus?

$\frac{1}{9}; \frac{1}{99}; \frac{1}{999}; \ldots$ $\quad$ $\frac{1}{9}; \frac{1}{90}; \frac{1}{900}; \ldots$ $\quad$ $\frac{1}{9}; \frac{1}{90}; \frac{1}{990}; \ldots$ $\quad$ $\frac{11}{90}; \frac{101}{900}; \frac{1001}{9000}; \ldots$

Verwandte periodische Dezimalzahlen
Die Dezimalzahl zu $\frac{1}{7}$ hat die Periode $\overline{142857}$.

0,3 a) Bestimme die Dezimalzahlen von $\frac{2}{7}, \frac{3}{7}, \frac{4}{7}, \frac{5}{7}$ und $\frac{6}{7}$. Was stellst du fest? Wieso braucht man $\frac{6}{7}$ gar nicht mehr auszurechnen? Versuche deine Entdeckung zu erklären.
b) Schreibe $\frac{1}{17}$ als Dezimalzahl. Ermittle hiermit die Dezimalzahlen von $\frac{3}{17}, \frac{4}{17}, \frac{11}{17}$ und $\frac{16}{17}$ ohne weitere Rechnung.
c) Wandele mithilfe deines Tricks weitere Brüche in Dezimalzahlen um.
d) Warum funktioniert das Verfahren nicht, um $\frac{8}{13}$ zu bestimmen?

Siehe Kapitel I, Lerneinheit 6, Seite 34.

Umwandlung von periodischen Dezimalzahlen in Brüche
Felix hat folgende Rechnungen durchgeführt:

$0,\overline{14}$
$\quad 100 \cdot 0,\overline{14} = 14,141414\ldots$
$\quad \underline{1 \cdot 0,\overline{14} = 0,141414\ldots}$
$(100 - 1) \cdot 0,\overline{14} = 14$
$\quad 99 \cdot 0,\overline{14} = 14$
$\quad 0,\overline{14} = \frac{14}{99}$

$3,3\overline{56}$
$\quad 1000 \cdot 3,3\overline{56} = 3356,5656\ldots$
$\quad \underline{10 \cdot 3,3\overline{56} = 33,5656\ldots}$
$(1000 - 10) \cdot 3,3\overline{56} = 3323$
$\quad 990 \cdot 3,3\overline{56} = 3323$
$\quad 3,3\overline{56} = \frac{3323}{990}$

0,4 a) Erkläre die einzelnen Schritte der Rechnungen zusammen mit deinem Nachbarn.
b) Wandle $0,\overline{26}$; $2,4\overline{78}$ bzw. $5,34\overline{581}$ in Brüche um.
c) Entwickle selbst Aufgaben, bei denen man periodische Dezimalzahlen in Brüche umwandeln soll und stelle sie deinem Nachbarn vor.

Rückblick

Rechnen mit Brüchen

Multiplizieren von Brüchen
Zwei Bruchzahlen werden multipliziert, indem man Zähler mit Zähler und Nenner mit Nenner multipliziert. Rechtzeitiges Kürzen vereinfacht oft die Rechnung.
Das Vorzeichen des Ergebnisses wird getrennt zu Beginn bestimmt.

$$\frac{-5}{24} \cdot \frac{16}{17} = -\frac{5}{24} \cdot \frac{16}{17} = -\frac{5 \cdot \cancel{16}^2}{\cancel{24}_3 \cdot 17} = -\frac{5 \cdot 2}{3 \cdot 17} = -\frac{10}{51}$$

$$\frac{2}{3} \cdot 5 = \frac{2}{3} \cdot \frac{5}{1} = \frac{2 \cdot 5}{3} = \frac{10}{3}$$

$$\frac{-4 \cdot 3}{7} = -\frac{4}{1} \cdot \frac{3}{7} = -\frac{4 \cdot 3}{7} = -\frac{12}{7}$$

Dividieren durch einen Bruch
Man dividiert durch einen Bruch, indem man mit dem zugehörigen Kehrwert multipliziert.

$$\frac{7}{9} : \frac{5}{18} = \frac{7}{9} \cdot \frac{18}{5} = \frac{7 \cdot \cancel{18}^2}{\cancel{9}_1 \cdot 5} = \frac{7 \cdot 2}{1 \cdot 5} = \frac{14}{5}$$

$$\frac{5}{3} : (-7) = \frac{5}{3} : \left(-\frac{7}{1}\right) = \frac{5}{3} \cdot \left(-\frac{1}{7}\right) = -\frac{5 \cdot 1}{3 \cdot 7} = -\frac{5}{21}$$

$$\frac{3}{4} : (-5) = \frac{3}{4} : \left(\frac{-5}{1}\right) = \frac{3}{4} \cdot \left(-\frac{1}{5}\right) = -\frac{3}{4 \cdot 5} = -\frac{3}{20}$$

Rechnen mit Dezimalzahlen

Multiplizieren mit und Dividieren durch Zehnerpotenzen
Multiplizieren mit 10; 100; 1000... bedeutet eine Kommaverschiebung um 1; 2; 3... Stellen nach rechts.
Dividieren durch 10; 100; 1000... bedeutet eine Kommaverschiebung um 1; 2; 3... Stellen nach links.

$3{,}2145 \cdot 10^3 = 3{,}2145 \cdot 1000 = 3214{,}5$

$-25 : 10^4 = -25{,}0 : 10000 = -0{,}0025$

Multiplizieren von Dezimalzahlen
Man multipliziert ohne die Kommas zu beachten.
Dann setzt man das Komma so, dass das Ergebnis genau so viele Stellen nach dem Komma hat wie beide Faktoren zusammen.

```
2,1 · 6,34        0,23 · 0,4
126                   92
 63                0,092
 84
13,314
```

Dividieren von Dezimalzahlen
Man verschiebt das Komma der beiden Zahlen so weit nach rechts, bis die Zahl, durch die geteilt wird, eine ganze Zahl ist. Dann dividiert man und setzt beim Überschreiten des Kommas auch im Ergebnis ein Komma.

```
3,78 : 1,4 = 37,8 : 14 = 2,7
           -28
            98
           -98
             0
```

Rechengesetze
Durch verwenden der Rechengesetze können Rechenvorteile entstehen:
Assoziativgesetz wie $(2 + 3) + 4 = 2 + (3 + 4)$ oder
$(2 \cdot 3) \cdot 4 = 2 \cdot (3 \cdot 4)$
Kommutativgesetz wie $2 + 3 = 3 + 2$ oder $2 \cdot 3 = 3 \cdot 2$
Distributivgesetz wie $2 \cdot (3 + 4) = 2 \cdot 3 + 2 \cdot 4$ oder
$(6 + 4) : 2 = 6 : 2 + 4 : 2$

$$\frac{1}{4} + \left(\frac{1}{2} + \frac{3}{4}\right) = \frac{1}{4} + \left(\frac{3}{4} + \frac{1}{2}\right) = \left(\frac{1}{4} + \frac{3}{4}\right) + \frac{1}{2} = 1 + \frac{1}{2} = 1\frac{1}{2}$$

$$\left(\frac{1}{3} + \frac{1}{6}\right) \cdot 3 = \frac{1}{3} \cdot 3 + \frac{1}{6} \cdot 3 = 1 + \frac{1}{2} = 1\frac{1}{2}$$

Maßstab
Der Maßstab gibt das Verhältnis der Längen in einer Zeichnung oder in einem Modell zu den Längen in der Wirklichkeit an.
Der Maßstab 1:15 000 bedeutet beispielsweise, dass 1 cm in der Zeichnung 15 000 cm = 150 m in der Wirklichkeit entsprechen.

Maßstäbe wie 1:100 000, 1:50 oder 1:20 geben eine **Verkleinerung** an. Maßstäbe wie 2:1 oder 10:1 geben **Vergrößerungen** an.

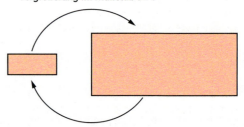

Vergrößerung im Maßstab 3 : 1

Verkleinerung im Maßstab 1 : 3

Training

1 Berechne und verwandle das Ergebnis in eine Dezimalzahl.
a) $3 \cdot \frac{5}{7}$
b) $-\frac{5}{9} \cdot \frac{18}{25}$
c) $2\frac{1}{3} \cdot 3$
d) $\frac{69}{60} \cdot \left(-\frac{48}{23}\right)$

2 Berechne und verwandle das Ergebnis in eine Dezimalzahl.
a) $\frac{4}{5} : \frac{2}{3}$
b) $-\frac{35}{26} : \left(-\frac{25}{39}\right)$
c) $\frac{2}{3} : \left(-\frac{4}{9}\right)$
d) $6 : \left(-\frac{3}{10}\right)$

3 Berechne.
a) $0{,}032 \cdot 10^3$
b) $-15{,}23 : 10^2$
c) $125 : 10\,000$
d) $1000 \cdot (5 : 100)$

4 Berechne zuerst durch Überschlag und dann genau.
a) $30{,}54 \cdot (-5)$ b) $-3{,}5 \cdot (-4{,}2)$ c) $0{,}03 \cdot 0{,}25$ d) $0{,}05 \cdot 0{,}18$ e) $25{,}6 : (-8)$ f) $25{,}5 : 0{,}5$

5 Zwei Dezimalzahlen werden multipliziert. Beantworte anhand von Zahlenbeispielen, wie sich das Ergebnis ändert, wenn man bei einer Dezimalzahl das Komma um eine Stelle nach rechts verschiebt und bei der anderen um eine Stelle nach links?

Mit diesen Aufgaben kannst du überprüfen, wie gut du die Themen dieses Kapitels beherrschst. Danach weißt du auch besser, was du vielleicht noch üben kannst.

6 Eine Telefoneinheit kostet bei „Arturtelefon" zurzeit 4,5 Cent. Wie viel Einheiten kann man für 5,04 €, 9,18 € und 44,91 € vertelefonieren?

7 Welches Angebot ist günstiger (Fig. 1)? Begründe deine Antwort.

Fig. 1

8 a) Wie teuer ist eine Einzelfahrt bei einer Mehrfachfahrkarte?
b) Claudia ist mit ihrer Wochenkarte in der letzten Woche 11-mal gefahren. Wie teuer war für sie eine einzelne Fahrt?
c) Ab wie vielen Fahrten lohnt sich eine Wochenkarte oder Monatskarte?

Fig. 2

9 Der Kartenausschnitt zeigt einen Teil von Bielefeld im Maßstab 1:20 000.
a) Wie lang ist der Fluss „Lutter" zwischen den beiden Stauteichen?
b) Welchen Flächeninhalt hat der Stauteich I ungefähr?
c) Marco wohnt im Kiepenweg. Er hat in der Tennishalle eine Tennisstunde und möchte anschließend noch in die Turnhalle an der Flachsstraße, wo sein Freund Fußball spielt. Wie weit muss er fahren, wenn er abschließend wieder nach Hause fährt?

Fig. 3

Versuche bei Aufgabe 10 zunächst Beispiele aufzuschreiben.

10 Die beiden Gläser (Fig. 4) sind je zu $\frac{2}{3}$ gefüllt. Man gießt aus dem linken die Hälfte in das rechte Glas, dann die Hälfte aus dem rechten in das linke Glas, nun wieder die Hälfte aus dem linken ins rechte Glas usw. Wann läuft welches Glas beim Umfüllen über?

Fig. 4

Lösungen auf den Seiten 258–259.

VI Daten erfassen, darstellen und interpretieren

Ein Bild sagt oft mehr als 1000 Worte

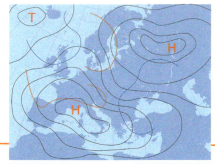

Wer nichts Unerwartetes erwartet, wird das Unerwartete nicht finden, weil es schwer aufspürbar und unzugänglich ist.

Heraklit

Das kannst du schon

- Zahlenlisten auszählen
- Tabellen lesen
- Säulendiagramme erstellen
- Anteile in Prozent schreiben

Arithmetik/ Algebra

Funktionen

Geometrie

Stochastik

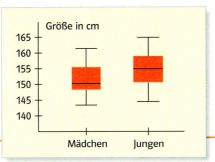

Das kannst du bald

- Mit relativen Häufigkeiten umgehen
- Kreisdiagramme erstellen und lesen
- Zahlenlisten durch Kennzahlen charakterisieren
- Boxplots erstellen und lesen
- Ein Tabellenkalkulationsprogramm nutzen

Argumentieren/Kommunizieren

Problemlösen

Modellieren

Werkzeuge

VI Daten erfassen, darstellen und interpretieren

Erkundungen

Siehe Lerneinheit 1, Seite 172, und Lerneinheit 2, Seite 178.

1. Was Kassenzettel erzählen

Es ist erstaunlich, wie viele Informationen in Kassenzetteln stecken. Schaut einmal genauer hin und versucht, so viel wie möglich über das Geschäft herauszufinden, von dem die Kassenzettel stammen.

Dazu teilt ihr eure Klasse in Gruppen auf, sammelt Bons in Lebensmittelläden, Baumärkten, Drogerien oder Bäckereien und versucht, anhand der gesammelten Kassenzettel einige der gestellten Fragen zu beantworten und die Antworten in kleinen Vorträgen zu präsentieren.

Sicher fallen euch weitere eigene Fragen ein, auch wenn ihr verschiedene Geschäfte vergleicht. Natürlich kann man vor der eigenen Sammelaktion auch erst einmal die hier abgedruckten Zettel studieren, die von einem Stehkaffee (mit einer einzigen Kasse) stammen, das täglich von 7.00 bis 19.00 Uhr geöffnet hat.

In Supermärkten werfen die „98er- oder 99er-Preise" interessante Fragen auf.
Runden beim Abwiegen der Waren die Kassen eigentlich auf oder ab?
Was findet ihr über Mehrwertsteuersätze heraus?

Ein Vormittag

Die gleiche Kasse, Wochen später

Tipp:
Professor Fisher verrät auf Seite 180 in Aufgabe 9 einen Trick, mit dem du bei großen Einkäufen den an der Kasse fälligen Rechnungsbetrag vorhersagen kannst. Hebe also deine Kassenzettel auf – oder schaue es dir schon jetzt an ...

1 Wie viele Waren kauft ein Kunde bei seinem Einkauf im Mittel?
Wie viel Geld bezahlt er im Mittel?
Wie teuer sind die einzelnen Waren im Mittel?

2 Wie viele Kunden werden täglich ungefähr an einer Kasse bedient?
Wie lange dauert im Mittel die Bedienung eines Kunden?

3 Wie viel nimmt der Kassierer im Mittel jeden Tag ein?
Wie viele Waren („Positionen") werden dabei verbucht?

4 Welcher Anteil der Kunden sucht nach Kleingeld?

5 Wie viel Wechselgeld zahlt der Kassierer täglich?

2. Eine Meinungsumfrage zum Thema Roulette

Siehe Lerneinheit 1, Seite 172.

1 Stelle dir vor, du hast beim Roulette zehnmal gespielt. Jedes Mal hast du auf Rot gesetzt. Jedes Mal hat Schwarz gewonnen. Einmal kannst du noch spielen, bevor dein Geld verbraucht ist.
Auf welche Farbe setzt du? Beibst du bei Rot oder wechselst du auf Schwarz?
Beantworte die Frage für dich alleine, ohne dich mit deinem Tischnachbarn auszutauschen. Begründe deine Wahl schriftlich auf einer Karteikarte.

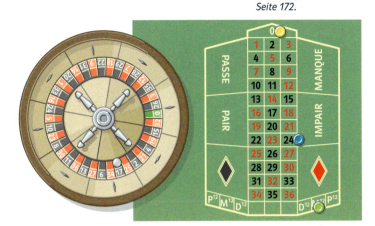

2 Hängt eure Karteikarten auf oder heftet sie an die Tafel, und zwar so, dass auf
– der linken Seite die Argumente für ein „Bei-Rot-Bleiben" und auf
– der rechten Seite die Argumente für „Wechseln auf Schwarz" stehen.
Welche Meinung überwiegt in eurer Klasse?

3 Führt (als Wochenaufgabe) unter Erwachsenen mithilfe einer Strichliste eine Meinungsumfrage durch, wobei ihr die Begründungen der Befragten ebenfalls auf einer Karteikarte notiert. Wertet diese Umfrage gemeinsam aus.
Weicht das Meinungsbild unter Erwachsenen deutlich von dem Meinungsbild in eurer Klasse ab? Gibt es bei den Erwachsenen Begründungen, auf die ihr in eurer Klasse nicht gekommen seid? Hängt diese Begründungen an die Pinnwand zu euren eigenen Begründungen.

3. Sind Münzen vergesslich?

Siehe Lerneinheit 1, Seite 172, Lerneinheit 2, Seite 178 und Exkursion, Seite 188.

Jan, Sven und Svea sind sich uneinig über den Zufall beim Münzwurf:
Jan: „Wenn ich dreimal hintereinander ‚Zahl' geworfen habe, bin ich in einer Glückssträhne, dann kommt bei mir anschließend eher noch eine Zahl."
Sven protestiert: „Ganz im Gegenteil, bei Münzen kommen Kopf und Zahl auf lange Sicht etwa gleich häufig. Wenn du dreimal Zahl hattest, muss eher wieder Kopf kommen, wegen der ausgleichenden Gerechtigkeit."
Svea glaubt auch nicht an Glückssträhnen, aber auch nicht an Jans „ausgleichende" Gerechtigkeit. Dann müsste sich ja die Münze erinnern können. Und Münzen haben kein Gedächtnis.

1 Welcher der drei Positionen kannst du dich am ehsten anschließen? Erstellt mithilfe einer Strichliste ein Meinungsbild in eurer Klasse.

2 Versucht, durch ein groß angelegtes gemeinsames Experiment herauszufinden, wer von den Dreien Recht hat. Vorschlag: Jeder von euch wirft die Münze solange, bis dreimal „Zahl" erschienen ist, und notiert dann, ob beim vierten Wurf wieder Zahl kam oder doch Kopf. Das ganze wiederholt jeder 10-mal. Dann kann man die Ergebnisse in Gruppen zusammenfassen und vergleichen.

Strichliste
Pos 1: |||| |||| ||
Pos 2: |||| ||||
         |||| |||| ||
Pos 3: |||| ||

1 Relative Häufigkeiten und Diagramme

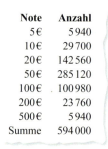

Note	Anzahl
5 €	5 940
10 €	29 700
20 €	142 560
50 €	285 120
100 €	100 980
200 €	23 760
500 €	5 940
Summe	594 000

Quelle: EZB

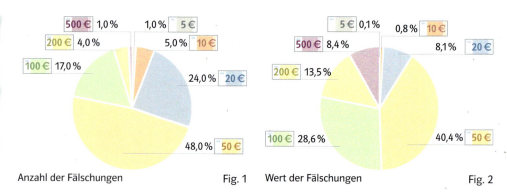

Anzahl der Fälschungen Fig. 1   Wert der Fälschungen Fig. 2

Im Jahr 2004 wurden 594 000 gefälschte Banknoten aus dem Verkehr gezogen. Einzelheiten zeigen die Tabelle und Fig. 1.
Die 20-€- und die 50-€-Scheine machen zusammen fast $\frac{3}{4}$ (75 %) aus.

Das Stadtblatt veröffentlicht die Grafik aus Fig. 2, bei der die 20-€- und 50-€-Scheine nur ca. die Hälfte (50 %) ausmachen. Wie kann man sich das erklären?

In der **Statistik** versucht man, Fragen, z. B. nach der Popularität, der Zustimmung zu politischen Parteien, der Lebenserwartung von Menschen, der Qualität von Medikamenten, ... zu beantworten. Dazu sammelt man Daten, indem man Leute befragt, Messungen durchführt, Karteien oder Datenbanken abfragt. Anschließend wertet man die Daten aus, stellt sie übersichtlich dar, deutet sie und erhält Antworten auf die gestellten Fragen.

Wenn von einer 170 g schweren Frucht 37 g auf die Kerne entfallen, beträgt der Anteil der Kerne $\frac{37}{170}$ = 21,8 %.

Dabei spielen **Anteile** eine zentrale Rolle, etwa welcher Anteil von Wählerstimmen auf einzelne Parteien entfällt, welche Marktanteile einzelne Fernsehsender besitzen oder wie hoch der Anteil von Nieten bei einer Tombola ist.

Von relativen Häufigkeiten spricht man, wenn nur Zahlen und keine Größen mit Maßeinheiten beteiligt sind.

So haben bei einer Wahl zum Schülersprecher vier Personen Alf, Bert, Claus und Doro kandidiert. Es wurden 250 gültige Stimmzettel abgegeben.
Auf Alf entfielen 97 Stimmen, sein Anteil – man sagt auch seine **relative Häufigkeit** – beträgt $\frac{97}{250} = \frac{388}{1000} = \frac{38,8}{100} = 38,8\%$.

	absolute Häufigkeit	relative Häufigkeit	in %
Alf	97	$\frac{97}{250}$	38,8 %
Bert	73	$\frac{73}{250}$	29,2 %
Claus	59	$\frac{59}{250}$	23,6 %
Doro	21	$\frac{21}{250}$	8,4 %
Summe	250	1	100,0 %

relativ = „bezogen auf" (die Gesamtzahl)

Anzahlen nennt man in der Statistik **absolute Häufigkeiten**.
Die zugehörigen Anteile an der Gesamtzahl nennt man **relative Häufigkeiten**.

$$\text{relative Häufigkeit} = \frac{\text{absolute Häufigkeit}}{\text{Gesamtzahl}}$$

Die Summe aller relativen Häufigkeiten muss 1 oder 100 % ergeben.

Wenn man Anteile in **Diagrammen** veranschaulicht, erkennt man Wesentliches auf einen Blick.

In dem **Säulendiagramm** (Fig. 1) sieht man z. B. sofort, dass Alf bei der Sprecherwahl die meisten Stimmen erhielt.

Im **Kreisdiagramm** (Fig. 2) erkennt man zusätzlich, dass Bert und Claus zusammen mehr Stimmen erreicht haben als Alf. Sie besäßen, wenn sie als Team zusammen arbeiten („koalieren") dürften, sogar die absolute Mehrheit (mehr als 50% der Stimmen).
Beim Erstellen eines Kreisdiagramms muss man Prozentwerte in Winkelgrößen umrechnen: 100% entsprechen dem Vollkreis (360°). Um 1% darzustellen, braucht man daher 3,6°, zu 28% gehört dann der Winkel 28 · 3,6° = 100,8° ≈ 101°.

Streifendiagramme (Fig. 3) liest man ähnlich wie Kreisdiagramme, auch sie zeigen die einzelnen Anteile im Vergleich zum Ganzen sehr deutlich. Allerdings fehlt hier die Möglichkeit des unmittelbaren Vergleichs mit einem Viertel oder einer Hälfte.
Dafür sind Streifendiagramme einfacher zu zeichnen, da die Umrechnung in Winkelgrößen entfällt.

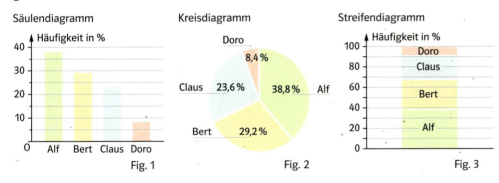

Fig. 1 Fig. 2 Fig. 3

Beispiel 1 Kreisdiagramm erstellen
Eine Umfrage unter Schülern der Orientierungsstufe hatte folgendes Ergebnis:

Anzahl der Geschwister	0	1	2	3 und mehr
absolute Häufigkeit	124	57	16	11

Berechne die relativen Häufigkeiten, zeichne ein Kreisdiagramm.
Lösung:
Die Gesamtzahl der Kinder ist
124 + 57 + 16 + 11 = 208. Keine Geschwister haben $\frac{124}{208}$ = 59,6% aller Befragten. Im Kreisdiagramm entspricht das dem Winkel 59,6 · 3,6° = 214,6°. Die anderen Kreisteile werden in gleicher Weise bestimmt.

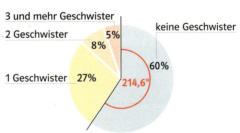

Fig. 4

Beispiel 2 Kreisdiagramm überschlagsmäßig lesen
30 Schüler wurden nach ihrer Lieblingssportart befragt. Das Ergebnis ist in Fig. 5 veranschaulicht. Schätze, wie viele der 30 Schüler die angegebenen Sportarten bevorzugen.
Lösung:
Die Hälfte der Schüler (15) bevorzugen Fußball oder Schwimmen. Da Fußball etwas beliebter ist, gehören dazu etwa 8 und zu Schwimmen dann 7 Schüler. Für die übrigen Sportarten schätzt man: Eishockey (1), Volleyball (2) Basketball (3) Tennis (4) Ballett (5).

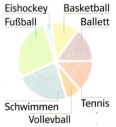

Fig. 5

Aufgaben

1 Kopfrechnen

Schaue zuerst, welche Aufgaben das gleiche Ergebnis haben, schreibe dann die Anteile in Prozent und schätze, welche Winkel ihnen in einem Kreisdiagramm entsprechen. Würde man den Anteil auch als relative Häufigkeit bezeichnen?

a) 2 g von 100 g
b) 4 von 200
c) 2 Leute von 20
d) 4 Treffer bei 40 Versuchen
e) 4 von 15
f) 5 cm von 15 dm
g) 6 km von 60 km
h) 7 von 12

2 Gib die relativen Häufigkeiten bzw. Anteile in Prozent an und skizziere, wie man sie in einem Kreisdiagramm veranschaulichen würde.

a) 5 Treffer in 20 Versuchen
b) 5 Gramm Fett in 100 Gramm Fleisch
c) 85 g Wasser in 100 g Pudding
d) 53 von 85 Läufern erreichten das Ziel

3 a) Schätze die dargestellten relativen Häufigkeiten in Prozent.
b) Welche Winkel müssten den geschätzten Anteilen im Kreisdiagramm entsprechen? Kontrolliere deine Schätzungen durch Nachmessen.
c) Welche absoluten Häufigkeiten gehören etwa zu den relativen Häufigkeiten, wenn die Gesamtzahl 50 (80) beträgt?

Fig. 1   Fig. 2   Fig. 3

4 Das Regelheft wird von den meisten Schülerinnen und Schülern der 6c mit Bleistift, von den wenigsten mit Kugelschreiber geführt. Füller und Fineliner sind gleich beliebt.
a) Schätze die Anteile der Schülerinnen und Schüler, die Bleistift, Kuli, Füller und Fineliner bevorzugen, aus den Diagrammen. Welche absoluten Häufigkeiten ergeben sich, wenn die Gesamtzahl der Schüler 20 beträgt?
b) Welches Diagramm lässt sich besonders einfach ablesen? Begründe deine Antwort.
c) Jan möchte kontrollieren, ob die Diagramme tatsächlich zusammenpassen. Schreibe auf, wie er vorgehen könnte.
d) Fertigt entsprechende Diagramme für das Lieblings-Schreibgerät in eurer Klasse an.

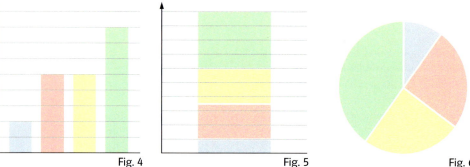

Fig. 4   Fig. 5   Fig. 6

Bist du sicher?

1 In der Lernstandserhebung 2004 für die Klasse 9 wurde folgende Aufgabe gestellt: Eine Schulklasse hat im Rahmen des Politikunterrichts an einem Donnerstag und einem Freitag alle Besucher des Kinos „Odeon" befragt, wie alt sie sind. Die Schülerinnen und Schüler haben in Kreisdiagrammen dargestellt, wie sich die Besucher auf verschiedene Altersgruppen an diesem Donnerstag bzw. Freitag verteilten.

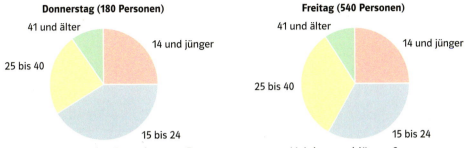

a) Wie viel Prozent der Besucher am Donnerstag waren 14 Jahre und jünger?
b) Wie viele Besucher waren am Freitag jünger als 15 Jahre?
c) An welchem Tag waren mehr Besucher 15 bis 24 Jahre alt?

Die Aufgabe c) wurde im Original-Test nicht verwendet. Warum wohl?

5 a) Die 6c verbringt einen Wandertag im Schnee, man kann Ski oder Snowboard fahren. Schätze die relativen Häufigkeiten, mit denen diese Sportgeräte geliehen wurden, nach Augenmaß.
b) Bestimme nach Augenmaß die zugehörigen absoluten Häufigkeiten, wenn du weißt, dass 24 Kinder Sportgeräte ausgeliehen haben.
c) Ist der Anteil der Skifahrer bei den Mädchen oder bei den Jungen größer? Bestimme ihn.

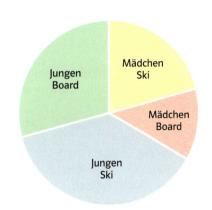

6 Bei der Wahl für den beliebtesten Ferienpark standen drei Alternativen zur Auswahl. Es ergab sich Fig. 1.
a) Überprüfe stichprobenartig, ob die Kreisdiagramme aus Fig. 2 und 3 zu Fig. 1 passen.
b) Welches Diagramm ist am informativsten? Welches Diagramm versteckt Informationen? Welche Informationen sind das? Welches Diagramm würde der Werbechef von FunCity veröffentlichen? Entwirf ein Diagramm, das der Werbechef von Fantasyland gebrauchen könnte.

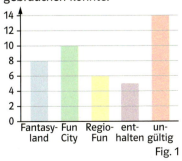
Fig. 1

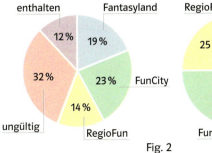
Fig. 2

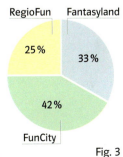
Fig. 3

VI Daten erfassen, darstellen und interpretieren

7 a) Eine Cremedose enthält netto 20 g Creme. Sie wiegt brutto 35 g, eine Banane wiegt 230 g, die Schale alleine 80 g. Wo ist das Verhältnis von Verpackung und Inhalt günstiger? Stelle den Sachverhalt grafisch dar.
b) Suche zu Hause nach Dingen, bei denen das Verhältnis von Inhalt und Verpackung besonders ungünstig bzw. günstig ist und fertige Kreisdiagramme an, die du der Klasse zusammen mit der Verpackung vorstellst!

8 Die Zeitung hatte keinen Platz mehr für ein Diagramm. Mache geeignete Vorschläge.

Einschaltquoten
Das ZDF hat nach Quoten das erste Quartal 2005 für sich entschieden. Der Mainzer Sender lag nach einer von ihm veröffentlichten Auswertung mit einem Marktanteil von 14 Prozent bis zum 30. März einschließlich vor dem öffentlich-rechtlichen Mitbewerber ARD, der auf 13,6 Prozent kam. Als stärkster Privatsender platzierte sich RTL mit 12,8 Prozent vor Sat 1 (10,4 Prozent), RTL II (4,5 Prozent), Vox (4,2 Prozent) und Kabel 1 (3,9 Prozent).

Nachrichtensendungen
Die „Tagesschau" ist in den Augen der Fernsehzuschauer in Deutschland die hochwertigste und glaubwürdigste Nachrichtensendung. 88 Prozent der Zuschauer geben ihr ein „gut" oder „sehr gut", wie eine Infratest-Umfrage im Auftrag der ARD ergab. Gerade bei widersprüchlichen Meldungen vertrauen die meisten Zuschauer (49 Prozent) der „Tagesschau" – vor der ZDF-Konkurrenz „heute" (17 Prozent), „RTL aktuell" (13 Prozent) und „Sat 1 News" (3 Prozent).

KStA vom 01.04.05

9 Bei einer Radarkontrolle vor einer Schule wurden insgesamt 1000 Fahrzeuge gezählt.
a) Wie häufig fuhren PKW (LKW, Transporter) zu schnell?
b) Berechne die relative Häufigkeit, wie oft Schnellfahrer unter den PKW (LKW, Transportern) festgestellt wurden.
c) Sandra möchte in einem Streifendiagramm (Kreisdiagramm) darstellen, wie sich die „Temposünder" auf die PKWs bzw. Transporter bzw. LKWs verteilen. Hilf ihr.

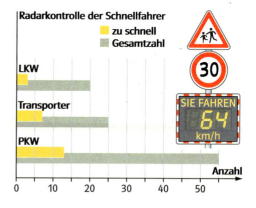

10 a) Ein Zeitungsleser kritisiert in einem Leserbrief das Diagramm. Er meint, die Summe aller relativen Häufigkeiten müsse 1 (100%) ergeben. Du sollst den Leserbrief beantworten. Was schreibst du?
b) Erstellt für einige Fächer in eurer Klasse ein entsprechendes Diagramm.

Du kannst dir einfache Zahlenbeispiele zurechtlegen und in deinem Logbuch für dieses Beispiel notieren, welche Zahlen zusammen 100% ergeben müssen, welche nicht.

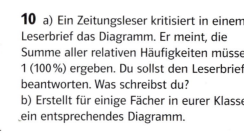

NOTE „SEHR GUT" — So viel Prozent der Diplomprüfungen des Jahres 2003 wurden mit der Note „Sehr Gut" und Auszeichnung abgeschlossen.

Fach	%
Biologie	60,9%
Psychologie	51,8%
Germanistik	36,4%
Informatik	35,2%
Erziehungswissenschaften	33,4%
Maschinenbau	22,1%
Elektrotechnik	17,6%
Architektur	14,9%
Humanmedizin (o. Zahnmed.)	8,9%
Wirtschaftswissenschaften	7,2%
Pharmazie	5,5%
Bau-Ingenieurwesen	4,7%
Rechtswissenschaften	3,5%

11 a) In Fig. 1 erkennt man auf Viertelstunden gerundet, wann bei (R)ainer, (I)bi, (P)it, (C)laudia, (K)im, (B)ülent, (A)yse und (U)lla der Fernseher lief. Wie hoch war die Sehbeteiligung bezogen auf diese Achtergruppe um 17.00 Uhr, um 18.00 Uhr und um 20 Uhr?
b) Wann war die Sehbeteiligung am höchsten? Wann war sie am niedrigsten?
c) Zeichne für die Achtergruppe ein Diagramm wie in Fig. 2.

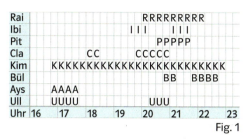

Fig. 1

Fig. 2

12 Führt in eurer Klasse folgende Frühstücksumfrage anonym durch:

Wenn du frühstückst, trinkst bzw. isst du in der Regel
1) a) Milch oder Kakao   b) Kaffee   c) Tee   d) Saft   e) Sprudelwasser
   f) nichts   g) etwas anderes
2) a) Brot oder Brötchen   b) Müsli   c) Cornflakes o. Ä.   d) Frühstücksriegel   e) Obst
3) Wie viel hast du heute vor Beginn des Unterrichts getrunken? Runde auf Viertelliter.
   a) nichts   b) $\frac{1}{4}$ l   c) $\frac{1}{2}$ l   d) $\frac{3}{4}$ l   e) 1 l
4) Wie viele Brötchenhälften hast du heute vor der Schule gegessen?
   Wenn du Brot, Müsli, Cornflakes, Jogurt, Keksriegel etc. bevorzugst, schätze, wie viele belegte Brötchenhälften dem entsprechen (dich genau so satt machen) würden.
5) Wie lange hast du heute am Frühstückstisch gesessen? Runde auf 5 Minuten
   a) 0 Minuten (unterwegs „aus der Hand", nichts gegessen)   b) 5 Minuten   c) 10 Minuten ...

Wertet in Arbeitsgruppen die Fragen aus und stellt die Ergebnisse im Plenum vor.
Vergleicht dann die Ergebnisse mit dem folgenden Zeitungsartikel:

Rund ein Viertel der 14- bis 24-Jährigen frühstückt nicht, dreißig Prozent der Befragten verlassen das Haus sogar ohne einen Schluck zu trinken. Bei jungen Familien beträgt der Anteil der Frühstücksmuffel immerhin noch ein Fünftel. Die Hitliste der Nahrungsmittel zum Frühstück führt das Brot an. Junge Menschen greifen lieber zu Cerealien und Nougatcreme. Brötchen sind bei Jung und Alt gleichermaßen beliebt, während Wurst, Jogurt, Gemüse und Salat kaum zum Frühstück verzehrt werden. Auch bei den Getränken gibt es Unterschiede: Jugendliche trinken morgens am liebsten Milch, Saft oder Kakao. Die Älteren greifen zu Kaffee oder Tee.
(ZMP, Pressemeldung vom 11. Februar 2005)

Das Auswerten in Arbeitsgruppen geht effektiv, wenn jeder seinen Fragebogen zerschneidet und seine Antworten den einzelnen Auswertungsgruppen zur Verfügung stellt.

Kannst du das noch?

13 a) Wandle um

als Bruch	als Dezimalzahl	in Prozent
$\frac{1}{5}$		
	0,5	
		5 %
$\frac{20}{25}$		
		20 %

b) Berechne $\frac{1}{5}$ von 25 km;
5 % von 25 km;   0,5 von 25 km
c) Berechne die Anteile in Prozent.
Von 25 Kindern ...
– besitzen 24 ein Fahrrad
– besitzen 18 einen Computer
– besitzen 23 ein Handy
– spielen 7 ein Instrument

das Wörtchen „von" hat viele Übersetzungen …:

A: 2 von 5: 5 − 2 = 3
*von bedeutet **minus***

B: 2 von 5: $\frac{2}{5}$ = 0,4 = 40 %
*von bedeutet **durch***

C: $\frac{1}{3}$ von 15: $\left(\frac{1}{3}\right) \cdot 15 = 5$
*von bedeutet **mal***

VI Daten erfassen, darstellen und interpretieren

2 Mittelwerte

▬▬ Der Kinderwunsch in Deutschland wird schwächer. 2005 wünschen sich die Befragten zwischen 20 und 39 Jahren im Durchschnitt 1,7 Kinder. 1992 waren es noch 2,0 Kinder. *(KStA vom 03.05.2005)*
„Also wünscht sich jeder Befragte ein Kind, aber das zweite nur ‚mit halbem Herzen', weil das erste so viel Arbeit gemacht hat?", fragt Ulla. Wie ist der Zahlenwert 1,7 zu verstehen? Wie könnte das Ergebnis einer Befragung unter 10 Personen aussehen, das diesen Durchschnittswert liefert? ▬▬

Häufig reichen **Mittelwerte** aus, um das Ergebnis von Klassenarbeiten, den Benzinverbrauch von PKWs oder finanzielle Ausgaben zu charakterisieren oder zu vergleichen. Zwei Mittelwerte sind besonders beliebt: der **Median** und das **arithmetische Mittel**.

Herr Roth zahlte für sein Mobiltelefon in den letzten fünf Monaten 8,05 €; 12,71 €; 9,52 €; 133 € und 13,70 €. Solche Listen mit den erhobenen Daten nennt man **Urlisten**. Werte, die von den übrigen Daten der Urliste weit entfernt sind (wie die z. B. 133 €), bezeichnet man als **Ausreißer**. Wie viel bezahlte Herr Roth im Mittel?

Der Median heißt auch Zentralwert, weil er im Zentrum liegt. Statt arithmetisches Mittel sagt man oft nur Mittelwert, „im Mittel" oder „im Durchschnitt" …

Um den **Median** zu bestimmen, sortiert man die Zahlen der Urliste der Größe nach und nimmt den Wert, der in der Mitte steht: 8,05; 9,52; 12,71 ; 13,7; 133. Der Median beträgt also 12,71 €. Links und rechts vom Median stehen gleich viele Werte. Statt zu sortieren, kann man die größten und die kleinsten Werte nacheinander streichen, bis nur noch einer, der mittlere, übrig bleibt. Wenn die Anzahl gerade ist, gibt es zwei mittlere Werte. Dann wählt man als Median den Wert, der genau zwischen diesen Werten liegt.

Zur Berechnung des **arithmetischen Mittels** addiert man alle Werte der Urliste und teilt die Summe durch deren Anzahl. So hat Herr Roth in den 5 Monaten insgesamt 176,98 € bezahlt. Wären in allen Monaten gleiche Kosten angefallen, so wären das pro Monat 176,98 € : 5 = 35,40 €. Man kann die Rechnung auch in Bruchform schreiben:

$$\frac{8,05 + 12,71 + 9,52 + 133 + 13,70}{5} \approx 35,40 \text{ €}$$

Mitunter entstehen Ausreißer durch falsche Dateneingaben (Komma an der falschen Stelle) oder durch Ablesefehler

„Normalerweise" sind Median und Mittelwert ungefähr gleich groß. Wenn sie weit auseinander liegen, deutet das auf einseitige Ausreißer hin (hier 133 €).
Hätte Herr Roth statt 133 € – wie in den anderen Monaten – z. B. nur 13,30 € gezahlt,
– wäre der Median unverändert bei 12,71 € geblieben.
– läge der Mittelwert mit 11,46 € sehr nahe am Median.
Man sagt, **der Median ist gegenüber Ausreißern stabiler** (oder robuster) **als der Mittelwert.**

Für den Median müssen die Zahlen der Liste der Größe nach geordnet sein und mehrfach vorkommende Zahlen auch mehrfach aufgeschrieben werden.

> Für Zahlenlisten gibt es zwei Mittelwerte, das arithmetische Mittel und den Median:
>
> **arithmetisches Mittel** = $\frac{\text{Summe aller Werte}}{\text{Anzahl der Werte}}$
>
> Der **Median** liegt in der Mitte der Liste.
> Unterhalb und oberhalb des Medians liegen gleich viele Zahlen der Liste.

VI Daten erfassen, darstellen und interpretieren

Zufallsschwankungen: Die Ergebnisse statistischer Untersuchungen schwanken meist zufällig. So liefern Umfragen an verschiedenen Tagen oder Orten selten die gleichen Ergebnisse. Auf einer Personenwaage ist man an aufeinander folgenden Tagen meist unterschiedlich schwer. Mittelwerte dienen dazu, diese Zufallsschwankungen zu verringern.

Beispiel 1
Frank hat das Gewicht einiger Brötchen zweier Bäcker gemessen. Wo sind die Brötchen im Mittel schwerer?

Bäcker Klein	Bäcker März
50,1 g	51,4 g
53,2 g	54,8 g
55,6 g	55,3 g
50,6 g	53,4 g
	54,9 g

Mögliche Lösungen:
a) Man vergleicht die arithmetischen Mittelwerte der Gewichte:
Klein: (50,1 + 53,2 + 55,6 + 50,6) : 4 ≈ 52,4;   März: (51,4 + 54,8 + 55,3 + 53,4 + 54,9) : 5 ≈ 54,0
Die Brötchen sind bei Bäcker März im Mittel schwerer.
b) Wenn man den Median verwendet, ergibt sich ein ähnliches Bild:
Der Median des Brötchengewichts bei Bäcker Klein liegt in der Mitte zwischen 50,6 und 53,2, also bei (50,6 + 53,2) : 2 = 51,9. Bei Bäcker März liest man ihn einfach ab: 54,8.

Wenn man nicht alle Brötchen untersucht, sondern nur eine kleine Auswahl, dann bezeichnet man das in der Statistik als eine Stichprobe.

Beispiel 2   Häufigkeitsverteilung
Die Tabelle zeigt die Ergebnisse zweier Klassenarbeiten. Welche Klassenarbeit ist besser ausgefallen?

	1	2	3	4	5	6
6a	4	7	6	10	2	1
6b	6	3	7	6	5	0

Mögliche Lösung:
In der 6a ist das arithmetische Mittel (4 · 1 + 7 · 2 + 6 · 3 + 10 · 4 + 2 · 5 + 1 · 6) : 30 = 92 : 30 = 3,07. In der 6b erhält man entsprechend 67 : 27 = 2,48. Die 6b hat besser abgeschnitten. Der Median ist für beide Klassen 3. Denkt man sich die 30 bzw. die 27 Noten aufsteigend hintereinander geschrieben, so bleiben in der Mitte nur Dreier übrig. Der Median ist hier zum Vergleich weniger geeignet.

Wenn Zahlenlisten tabellarisch aufbereitet sind, lassen sich Mittelwert und Median noch einfacher berechnen.

Aufgaben

1   Die 6a hat 28, die 6b 30, die 6c 27 und die 6d 29 Schüler. Wie groß ist die Klassenstärke der sechsten Klassen im Mittel?

2   Berechne das arithmetische Mittel und den Median.
a) 2,50 m; 2,10 m; 1,80 m; 1,90 m; 1,75 m; 2,05 m; 2,15 m
b) 12,4 kg; 12,1 kg; 14,4 kg; 11,8 kg; 12,5 kg
c) 1,5 dm; 1,6 dm; 1,5 dm; 1,7 dm; 1,7 dm; 1,5 dm; 1,6 dm
d) Untersuche, wie sich arithmetisches Mittel und Median ändern, wenn man den jeweils größten Wert um eine Einheit (um 20 Einheiten) vergrößert?

3   Hier das Ergebnis eines Tests, bei dem man maximal 10 Punkte erreichen konnte:

Punkte	0	1	2	3	4	5	6	7	8	9	10
Anzahl	2	4	0	1	5	6	11	10	14	16	18

a) Berechne das arithmetische Mittel der Punktzahl.
b) Wie viele Schüler haben besser als das arithmetische Mittel abgeschnitten?
c) Liegt der Median rechts oder links vom arithmetischen Mittel?

4 Frank hat bei der Klassenarbeit nur eine 3– geschrieben. „Ich bin besser als der Durchschnitt", sagt er zu Hause. Prüfe.

Note	1	2	3	4	5	6
Anzahl	8	1	4	11	3	0

5 Die Durchschnittstemperatur der letzten drei Tage betrug 17 Grad. Welche Temperaturen könnten an den drei Tagen geherrscht haben? Gib zwei Beispiele und vergleiche mit deinem Nachbarn.

Informiere dich, wo Bombay liegt und versuche herauszufinden, wie es zu den Unterschieden in den Niederschlagsdiagrammen kommt.

6 Fig. 1 zeigt die monatlichen Niederschlagsmengen für die Orte Essen und Bombay.
a) Stelle die in dem Diagramm enthaltenen Informationen in einer Tabelle dar.
b) Berechne das arithmetische Mittel und den Median der Niederschlagsmengen, erläutere, warum man aus Mittelwerten keine voreiligen Schlüsse ziehen sollte.

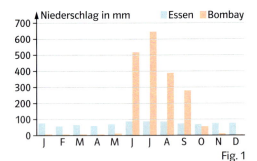

Fig. 1

7 Schätze, um welchen Wert das arithmetische Mittel der Körpergröße (des Alters) aller Schüler aus eurer Klasse in einem Jahr zunimmt.

Bist du sicher?

1 Drei Schüler haben folgende Ergebnisse beim Weitsprung. Frank: 4,05 m; 3,76 m; 4,20 m. Cihan: 3,64 m; 3,95 m; 4,21 m; 3,81 m. Dirk: 3,80 m; 4,15 m; 3,90 m; 4,08 m; 4,08 m.
a) Wer springt im Mittel am weitesten?
b) Wie groß ist die rel. Häufigkeit der Sprünge, deren Weite jeweils den Median übertrifft?

8 Mittelwert ist nicht gleich Mittelwert
Drei Schülerinnen teilen sich die Arbeit bei der Meinungsumfrage: Johanna hat bei 10 Befragten 6 regelmäßige Leser (60%), Claudia unter 30 Befragten 15 regelmäßige Leser (50%) und Lina unter 20 Befragten 2 regelmäßige Leser gefunden (10%). Johanna meint: „Also lesen im Mittel $\frac{(60\% + 50\% + 10\%)}{3} = 40\%$ regelmäßig die PopNews". Larissa meint, das Ergebnis sei falsch. Sie kommt auf einen Mittelwert von 38,3 %. Nimm Stellung.

9 Kopfrechnen in der Warteschlange vor Supermarkt-Kassen
a) Überprüfe die Aussage des Zeitungsartikels anhand des abgebildeten Kassenzettels.
b) Überprüfe die Aussage an selbst gesuchten, langen Supermarkt-Kassenzetteln.
c) Ob dieses Forschungsergebnis auch für die Rechnungsbeträge in Restaurants gilt?

Einkaufen – Verflixt
Wer kennt das nicht? An der Supermarktkasse ist alles schön aufs Band gelegt, die Kassiererin beginnt die Waren zu scannen und nun grübelt man, wie viel denn wohl für den Einkauf zu berappen ist. Reicht das Geld überhaupt? Eine hastige Schätzung, vor allem bei größeren Einkäufen, führt selten zu einer richtigen Summe. Das Problem: Die verflixten Nach-Komma-Stellen, denn mal kostet etwas 1,29 Euro, mal 2,59 Euro, vieles 0,99 Euro. Und den meisten Menschen ist es zu blöd, mit dem Taschenrechner durch den Supermarkt zu laufen.

[...] Dann ging Fisher das Werk empirisch an und klaubte zwecks Studium hunderte Kassenzettel aus Supermarkt-Papierkörben.
Aus der Analyse ergab sich folgende Lösung: Er zählt die Beträge vor dem Komma zusammen und addiert rund zwei Drittel der Anzahl der einggekauften Artikel als Euro (bei 30 Artikeln also 20 Euro) hinzu, denn – so fand er heraus – der Durchschnittspreis hinter dem Komma beträgt 61 Cent. [...]

Fig. 2, Prof. Fishers Forschungsergebnis

10 Bei einem Radrennen liegen 65% der Fahrer im Spitzenfeld, 30% der Fahrer im Mittelfeld, 5% radeln weit abgeschlagen hinterher. Formuliere mithilfe eines Zahlenbeispiels eine Aussage, in der der Begriff „Median" vorkommt und erläutere sie.

Mache erst ein einfaches Zahlenbeispiel, in dem du den Median angeben kannst.

Beispiel:
WWZW
Romeo hat gewonnen
Spieldauer 4 Würfe

WWZZZWZZWWW
Julia gewinnt
Spieldauer 11 Würfe

Experimente

11 Muster
a) Romeo und Julia werfen eine Münze so lange, bis eines der Muster WWW oder WZW erscheint. Im ersten Fall gewinnt Romeo, beim zweiten Muster Julia.
Schätze, wie lange das Spiel ungefähr im Mittel dauern wird. Haltet eure Schätzungen schriftlich fest.
b) Schließt euch in Sechsergruppen zusammen und überprüft eure Schätzungen gemeinsam.
c) Stellt eure Ergebnisse den anderen Gruppen auf einem Plakat vor und vergleicht.

12 Die beste Startposition
Siri und Jan haben 8 Chips auf den Positionen 0, 1, 2, 3 verteilt. Sie werfen drei Münzen, die 0-, 1-, … , 3-mal „Wappen" zeigen können. Wenn 2 Münzen Wappen zeigen, darf man einen Chip von der Position 2 wegnehmen, wenn 3 Münzen Wappen zeigen, von Position 3…
Wenn kein Chip mehr auf der betreffenden Position liegt, ist der Gegner an der Reihe. Wer zuerst abgeräumt hat, gewinnt.

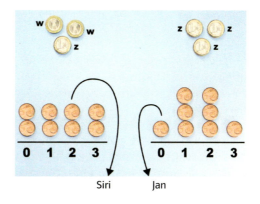

a) Wer hat seine Chips besser verteilt? Siri oder Jan?
b) Wie viele Schritte brauchen Siri bzw. Jan im Mittel, bis ihre Chips abgeräumt sind?
c) Untersuche, ob es noch bessere Startpositionen gibt.

13 Forschungsauftrag: „Auslaufen eines Fahrrades" (Dreier- oder Sechsergruppen)
a) Der Versuchsleiter gibt dem Vorderrad einen Stups, beobachtet den Tacho und sagt Bescheid, wenn der Tacho nur noch 5 km/h zeigt. Einer stoppt die Zeit, ein anderer zählt die Umdrehungen bis zum Stillstand des Rades. Das Experiment wird 20-mal wiederholt.
Anschließend notiert man die arithmetischen Mittel von Zeit und Umdrehungszahl.
b) Das Experiment wird für die Geschwindigkeit 10 km/h 20-mal wiederholt. Braucht das Rad im Mittel nun doppelt so lange oder viermal so lange? Macht es doppelt so viele Umdrehungen oder viermal so viele Umdrehungen?
c) Überprüft eure Ergebnisse, indem ihr 20 Experimente mit 15 km/h durchführt.
d) Dokumentiert die Forschungsergebnisse auf Plakaten und vergleicht.

Jede Gruppe braucht ein Fahrrad mit Tacho, das so auf den Boden gelegt wird, dass sich das Vorderrad horizontal frei drehen kann.
Es ist ungünstig, das Rad auf den Kopf zu stellen, weil dann das Gewicht des Ventils das Rad vorzeitig zur Umkehr bewegen kann.

3 Boxplots

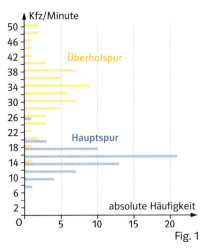

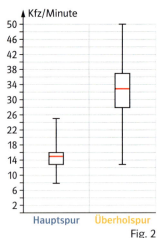

Auf der A3 bei Köln wurde im Berufsverkehr in jeder Minute zwischen 7 und 8 Uhr gezählt, wie viele Autos vorbeigefahren sind. Fig. 1 veranschaulicht die Messergebnisse in einem Balkendiagramm. So lag die Anzahl der Autos auf der Hauptspur (blau) 22-mal zwischen 15 und 16. Fig. 2 veranschaulicht die gleichen Messergebnisse.
- Vergleiche die beiden Autobahnspuren.
- Erkennst du Zusammenhänge zwischen den Diagrammen?
- Wie könnten die Diagramme nach Feierabend aussehen?

Fig. 1   Fig. 2

Mittelwerte reichen zur Beschreibung von Zahlenlisten („Daten") nicht immer aus. Oft muss man zusätzlich wissen, wie die **Daten um den Mittelwert streuen** und wo ein einzelner Wert im Vergleich zu den anderen liegt. Diese Information kann man **Boxplots** entnehmen. Wie man sie erstellt, wird an einem Beispiel (Fig. 3) erläutert.

Maika ist 146 cm groß, sie liegt damit unterhalb des Medians (156 cm) der Körpergrößen ihrer Klassenkameradinnen. Sie gehört also zu „den kleineren". Um beurteilen zu können, ob sie besonders klein ist, zerlegt man die Gesamtheit der Körpergrößen in vier Bereiche, indem man auch den Median der unteren (147,5 cm) und den der oberen Datenhälfte (160 cm) bestimmt. Wie man an Fig. 3 erkennt, liegt sie im unteren Viertel.

Quartil bedeutet: Viertel

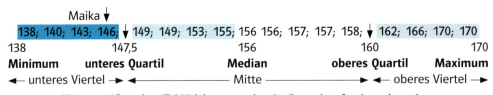

Körpergrößen der 17 Mädchen aus der 6c (in cm) aufsteigend sortiert

Fig. 3

- Der Median der unteren Datenhälfte heißt **unteres Quartil**.
- Der Median der oberen Datenhälfte heißt **oberes Quartil**.
- Zwischen den beiden Quartilen liegt ungefähr die Hälfte der Daten,
- darunter und darüber liegt jeweils etwa ein Viertel der Daten.

Mithilfe der Quartile kann man die Daten durch einen **Boxplot** übersichtlich darstellen. Man zeichnet ihn so:
1) Markiere auf einer Skala die Quartile und zeichne dazwischen ein Rechteck (die „Box").
2) Markiere im Innern der Box den Median durch einen Strich.
3) Verlängere die Box durch zwei „Antennen" bis zum größten und kleinsten Datenwert.
4) Man kann zusätzlich das arithmetische Mittel (etwa durch einen Punkt) markieren.

Boxplot

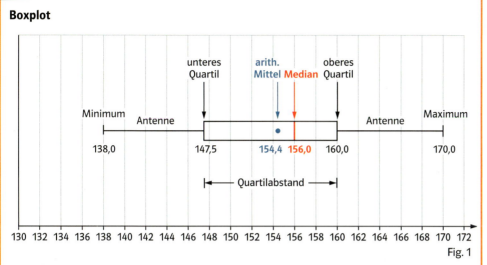
Fig. 1

- In der Box liegt ca. die **Hälfte** aller Daten, im Bereich der Antennen je ca. ein **Viertel**.
- Je kürzer die Box, desto weniger streuen die Daten um den Median.
- Die Länge der Box heißt **Quartilabstand**. Der Quartilabstand ist ein **Streuungsmaß**.

Natürlich kann man Boxplots auch „senkrecht" zeichnen.

	Anfang	Ende
1	698,9	564,0
2	685,9	593,3
3	673,3	607,3
4	700,8	567,3
5	675,3	552,1
6	604,0	620,7
7	661,5	596,4
8	646,8	576,0
9	617,1	553,0
10	631,6	621,7
11	687,7	594,3
12	645,0	578,3
13	686,5	604,0
14	646,5	569,8
15	589,3	607,3
16	617,2	607,1
17	590,0	588,2
18	688,4	579,8
19	618,8	581,0
20	632,2	603,3

Fig. 2

Beispiel 1 Reaktionszeiten
Mark nimmt an einem Reaktionstest teil. Wenn aus seinem Computer ein Signal ertönt, muss er auf „Stopp" klicken. Die benötigte Zeit (in ms) wird gestoppt. Das wird 400-mal wiederholt, Fig. 2 zeigt die ersten und die letzten 20 Reaktionszeiten.
a) Veranschauliche die ersten 20 Reaktionszeiten durch einen Boxplot.
b) Vergleiche mit den letzten 20 Zeiten.

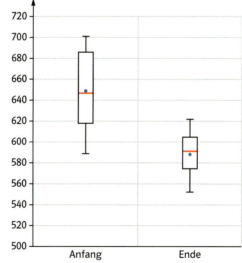
Fig. 3

Mögliche Lösung:

a) Man sortiert die 20 Versuchszeiten,
589,3; 590,0; 604,0; 617,1; 617,2;
618,8; 631,6; 632,2; 645,0; 646,5;
646,8; 661,5; 673,3; 675,3; 685,9;
686,5; 687,7; 688,4; 698,9; 700,8
bestimmt den Median (646,65), das untere (618) sowie das obere Quartil (686,2) und verlängert die hierdurch festgelegte Box durch die Antennen bis zum Minimum bzw. zum Maximum (Fig. 3, Anfang).

b) Der Median der Reaktionszeiten hat sich am Ende des Versuchs von 646,75 auf 590,73 verkleinert. Mark reagiert also deutlich schneller. Außerdem ist die Box kürzer geworden, die Reaktionszeiten streuen am Ende des Versuchs deutlich weniger um den Median. Der Quartilabstand hat sich von ca. 68 ms auf ca. 30 ms verringert.
Mark hat während der Testdurchführung einen deutlichen Trainingserfolg erzielt.
Das kann man in Fig. 3, „Ende", ablesen.

Online Link
*Reaktionsprogramm
734421-1831*

Mit dem Reaktionsprogramm kann man selbst experimentieren. Zuvor muss die Stoppuhr rsapi.dll in das Windows-Systemverzeichnis kopiert werden.

Beispiel 2 Boxplots und Balkendiagramme

Fig. 1 zeigt die Einnahmen der 6c bei einem Sponsorenlauf als Balkendiagramm. Zeichne den zugehörigen Boxplot und vergleiche mit dem Balkendiagramm.

Mögliche Lösung:

Man entnimmt dem Balkendiagramm die Einnahmen der insgesamt 22 Schüler sortiert:
13 14 15 15 16 17 17 17 17 18 18   18 18 18 18 19 19 20 21 21 21 25

Der Median ist 18, die Quartile sind 17 und 19. Damit ergibt sich der Boxplot aus Fig. 2. Dem Säulendiagramm kann man alle Informationen zu den Einnahmen der Schüler entnehmen, z. B. erkennt man, dass die meisten Schüler 18 € oder 17 € erhielten. Der Boxplot ist übersichtlicher, man erkennt, dass die Hälfte der Schüler zwischen 17 € und 19 € bekamen und dass die Einnahmen insgesamt zwischen 13 € und 25 € lagen.

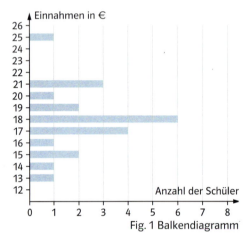
Fig. 1 Balkendiagramm

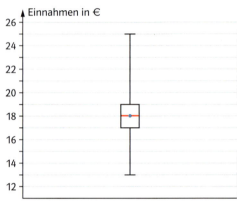
Fig. 2 Boxplot

Aufgaben

1 a) Fig. 3 veranschaulicht die Sprungweiten (in m), die beim Sportfest in den Klassenstufen 6 und 5 erreicht wurden. Lies möglichst viele Informationen aus dem Boxplot ab.
b) Wie könnte ein Boxplot für die Jahrgangsstufe 7 aussehen?
c) Wie würde der Boxplot der Klassenstufe 6 aussehen, wenn der beste Springer (ein mittelguter Springer; alle Springer) noch einen Meter weiter gesprungen wäre?

2 Lance Armstrong hat die Tour de France 2005 gewonnen. Für 3391,1 km brauchte er 86 Stunden, 15 Minuten und 2 Sekunden. Fig. 4 zeigt, um wie viele Minuten die übrigen 144 Rennfahrer am Ende hinter Armstrong lagen. Iker Flores war der Letzte.

a) Wo findet man in Fig. 4 Armstrong und Flores wieder, wo läge Jan Ullrich, der 4 Minuten Rückstand auf Armstrong hatte?
b) Lies aus dem Boxplot möglichst viele weitere Informationen ab.
c) Wie würde der Boxplot aussehen, wenn außer Armstrong und Flores alle anderen etwa gleich lange gebraucht hätten?

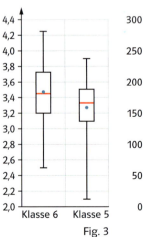
Fig. 3

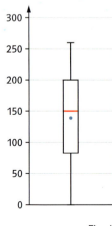
Fig. 4

VI Daten erfassen, darstellen und interpretieren

3 Neun Schüler haben ihren Pulsschlag über eine viertel Minute gezählt, zuerst ihren Ruhepuls, dann jeweils nach 10, 20, 30 Kniebeugen.
a) Veranschauliche die Daten der vier Spalten durch je einen Boxplot.
b) Untersuche, ob der Puls nach jeweils 10 Kniebeugen durchschnittlich um den gleichen Wert anwächst.
c) Führe dieses Experiment selber durch und fasse die „am eigenen Leib gemachten" Beobachtungen zusammen.

	Ruhe	10	20	30
Dennis	19	30	39	42
Oliver	22	35	39	41
Michael	21	34	38	40
Stefan	16	25	28	30
Tobi	18	32	33	35
Sven	19	28	32	35
Marc	23	35	40	40
Christopher	15	23	25	27
Thorsten	29	35	36	40

Bist du sicher?

1 a) Zeichne einen Boxplot zu der Zahlenliste –1; 3; 4; 4; 4; 5; 6; 6; 6; 6; 7; 8; 16; 20.
b) Muss der Median immer im Innern der Box liegen? Begründe.
c) Kann es Boxplots „ohne Antennen" geben? Begründe anhand von Zahlenbeispielen.

4 Eine Maschine verpackt Pralinenpackungen zu 500 g. Vier verschiedene Einstellungen lieferten bei Kontrollen des Verpackungsgewichts die Boxplots aus Fig. 1. Welche Einstellung ist besonders günstig
a) für die Pralinenfirma?
b) für den Kunden?
c) Wie müsste der Boxplot einer für den Produzenten idealen Verpackungsmaschine aussehen?

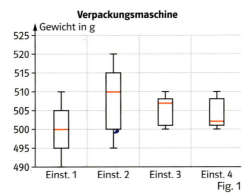
Fig. 1

5 Bei einem Test gab es max. 16 Punkte. Fig. 2 zeigt die Ergebnisse in drei Großgruppen.
a) Beschreibe in Worten, wie der Test ausgefallen ist.
b) Welcher Boxplot gehört zu welchem Säulendiagramm? Begründe deine Antwort.

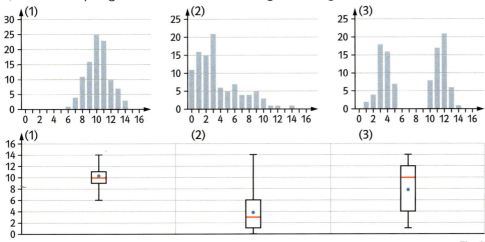
Fig. 2

Wiederholen – Vertiefen – Vernetzen

1 Eine Umfrage über die Anzahl der Fernsehgeräte zu Hause ergab die folgende Liste:
2; 1; 4; 1; 0; 2; 1; 1; 5; 2; 3; 1; 0; 1; 2; 2; 1; 2; 1; 0; 1; 3; 2; 1; 6; 2; 1; 2
a) Werte diese Information mit den Hilfsmitteln aus, die dir verfügbar sind.
b) Vergleiche mit dem Ergebnis einer (anonymen) Zettel-Umfrage in deiner Klasse.

2 Welche der Klassenarbeiten ist besser ausgefallen?
Klasse 6 a: 1: 6-mal; 2: 7-mal; 3: 5-mal; 4: 5-mal; 5: 1-mal; 6: 2-mal.
Klasse 6 b: 1: 2-mal; 2: 12-mal; 3: 5-mal; 4: 7-mal; 5: 4-mal; 6: 0-mal.

3 a) Welche Diagrammform eignet sich zur Veranschaulichung dieser Zeitungsmeldung, welche nicht?
b) Zeichne ein Diagramm, sodass die Tagesschau besonders gut dazustehen scheint.
c) Recherchiere, ob der Begriff „Quote" in dem Zeitungsausschnitt richtig verwendet wird.

Fernseh-Quoten
Die Sonntags-Hits
1. Tagesschau, ARD   8,65 Mio
2. Formel 1 - Monaco, RTL 7,98 Mio
3. Tatort, ARD   7,72 Mio
4. Tagesthemen Extra, ARD 5,55 Mio
5. Sterne über Madeira, ZDF 5,14 Mio

4 Ein Statistiker sollte im Auftrag einer Zeitschrift untersuchen, wie viel Taschengeld 12-Jährige monatlich bekommen. Er hat sich kaum Arbeit gemacht und nur sehr wenige Kinder befragt.
a) Welches der Diagramme wird er vermutlich nutzen, um den kleinen Stichprobenumfang (also seine „Faulheit") zu vertuschen? Warum?
b) Könnte er seinen mangelnden Fleiß auch durch einen Boxplot vertuschen? Zeichne!

Fig. 1   Fig. 2

5 Italienische und argentinische Zitronen werden in Beuteln zum gleichen Preis angeboten.
Ein Käufer legt einige Beutel auf die Waage:
Sorte A: 526 g; 554 g; 516 g; 500 g; 526 g; 516 g; 516 g; 510 g; 544 g; 534 g.
Sorte B: 528 g; 532 g; 502 g; 420 g; 510 g; 540 g; 492 g; 498 g; 516 g; 519 g; 480 g; 492 g; 492 g; 572 g; 522 g; 522 g; 516 g; 520 g; 518 g; 496 g; 524 g; 530 g.
a) Bei welcher Sorte bekommt man im Mittel mehr Zitronen fürs Geld? Wie viel mehr?
b) Zeichne zu den Gewichten je einen Boxplot. Und gib dann an, welche Sorte zu welchem Etikett gehört. Kommentiere deine Überlegungen.

6 Die Gewichte von Schultaschen (Fig. 1) sollen im Rahmen einer Klassenarbeit *sinnvoll* grafisch dargestellt werden. Tim und Annika haben verschiedene Diagramme gezeichnet. Der Lehrer bewertet die beiden Diagramme sehr unterschiedlich.
a) Welches Diagramm bekommt vermutlich die geringere Punktzahl, weil es nach Auffassung des Lehrers sinnlos ist? Wie könnte die Begründung des Lehrers aussehen?
b) Versuche durch einen geeigneten Erläuterungstext den Lehrer umzustimmen, sodass er beide Diagramme gleich gut bewertet.

Annika	4,7 kg
Marc	6,2 kg
Tim	7,1 kg
Uschi	8,7 kg
Jessi	3,9 kg
Ügur	5,2 kg
Ayse	3,6 kg
Larissa	4,6 kg

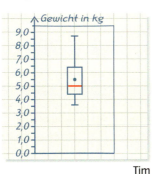
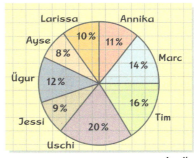

Fig. 1   Tim   Annika

7 Fig. 2 veranschaulicht die Dauer von Telefongesprächen im März.
a) Was kannst du über das Telefonierverhalten der drei Mädchen ablesen?
b) Wie schätzt du dein eigenes Telefonierverhalten ein? Zeichne einen Boxplot.
c) Judith hatte in dem Monat die höchste Telefonrechnung. Wie ist das möglich? Ist das überhaupt möglich?

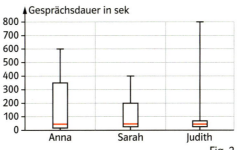

Fig. 2

Halte die Gesprächsdauer deiner nächsten 20 Telefonate im Logbuch fest. Zeichne deinen persönlichen Telefon-Boxplot ins Logbuch.

8 **Die verflixte Sechs.** Bei diesem Spiel nimmst du dir beliebig viele Würfel, füllst sie in den Würfelbecher und würfelst. Du erhältst alle Augen zusammen, wenn keine 6 darunter ist. Wehe, wenn wenigstens bei einem der Würfel die 6 oben ist. Das wird mit 0 Punkten geahndet. Gewonnen hat, wer hinterher die meisten Punkte hat.
a) Spielt dieses Spiel in eurer Gruppe.
b) Führt eine gut geplante Untersuchung durch, an deren Ende eine durch Daten begründete Empfehlung steht, wie viele Würfel man in den Becher füllen sollte.

– Halte erst deine Vermutung im Logbuch fest
– Notiere markante Versuchsergebnisse
– Halte fest, was du aus dem Versuch dazu gelernt hast

9 Deute das folgende Gedicht oder schreibe ein eigenes, in dem statistische Fachausdrücke (absolute/relative Häufigkeit, Quartil, Quartilabstand, Median, Mittelwert, Kreisdiagramm, Säulendiagramm, Balkendiagramm) vorkommen.

Ein Mensch, der von Statistik hört,
denkt dabei nur an Mittelwert.
Er glaubt nicht dran und ist dagegen,
ein Beispiel soll es gleich belegen:
Ein Jäger auf der Entenjagd
hat einen ersten Schuss gewagt.
Der Schuss, zu hastig aus dem Rohr,
lag eine gute Handbreit vor.

Der zweite Schuss mit lautem Krach lag eine gute Handbreit nach. Der Jäger spricht ganz unbeschwert voll Glauben an den Mittelwert:
Statistisch ist die Ente tot.
Doch wär' er klug und nähme Schrot – dies sei gesagt, ihn zu bekehren – er würde seine Chancen mehren:
Der Schuss geht ab, die Ente stürzt, weil Streuung ihr das Leben kürzt.

Exkursion Statistik mit dem Computer

Hier wird Excel benutzt, andere Tabellenkalkulationsprograme sind zum Durcharbeiten der Exkursion ebenso geeignet.

Mit **Tabellenkalkulationsprogrammen** kann man Daten schnell auswerten und grafisch darstellen. Grundlegende Schritte werden hier an Beispielen vorgestellt.
Die Kenntnisse helfen bei der Aufbereitung von Forschungsergebnissen aus den Erkundungen ebenso wie beim Kontrollieren von Aufgaben vorangehender Lerneinheiten.
Arbeitet die folgenden Beispiele in kleinen Gruppen an einem PC durch.

	A	B
1	blond	2
2	hellbraun	9
3	dunkelbraun	12
4	rötlich	1
5	schwarz	4

Fig. 1

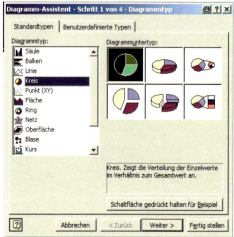

Fig. 2

A Kreisdiagramme zeichnen

Das Ergebnis einer Datenerhebung zur Haarfarbe soll in einem Kreisdiagramm dargestellt werden: In einer Klasse sind 2 Kinder blond, 9 hellbraun, 12 dunkelbraun, ein Kind hat rote, vier Kinder haben schwarze Haare. Man geht wie folgt vor:

1. Man öffnet ein Tabellenkalkulationsblatt, dessen Spalten mit A, B, C … und dessen Zeilen mit 1, 2, 3, … bezeichnet sind. Man überträgt die Haarfarben in die Spalte A und die zugehörigen absoluten Häufigkeiten in die Spalte B wie in Fig. 1.

2. Man markiert die Eingaben, indem man zuerst mit der Maus auf „blond" (Zelle A1) geht, die linke Maustaste drückt und mit gedrückter Taste bis zur Zelle rechts unten (B5) geht. Dann lässt man die Maustaste los und ruft durch Klick auf das Symbol (oder durch Einfügen-Diagramm) den Diagrammassistenten (Fig. 2) auf.

Fig. 3

3. Man kann zwischen verschiedenen Diagrammtypen wählen. Hier soll ein Kreisdiagramm gezeichnet werden. Man klickt daher auf Kreis und Weiter > .
Es erscheint die Vorschau aus Fig. 3.

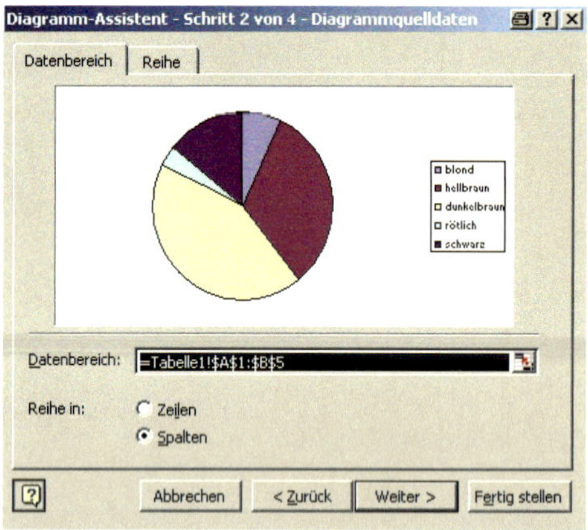

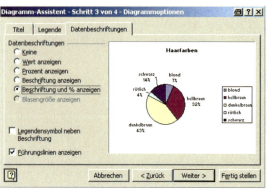

Fig. 4

4. Um dem Diagramm eine Überschrift zu geben und durch die relativen Häufigkeiten zu beschriften, wie Fig. 4 in der Vorschau andeutet, klickt man in Fig. 3 auf Weiter > und lässt sich vom Diagrammassistenten führen. Durch Klick auf Fertig stellen wird es in das Kalkulationsblatt eingefügt.

Beim Zeichnen von Kreisdiagrammen werden absolute Häufigkeiten automatisch in relative (%) umgewandelt. Wie man diese Rechnungen getrennt durchführt, zeigt Abschnitt B.

B Relative Häufigkeiten berechnen, Säulendiagramm

1. Man bestimmt zunächst die Gesamtzahl aller Schüler. Dazu klickt man (Fig. 1) auf die Zelle B7, gibt die Formel =**Summe (B1:B5)** ein und schließt die Eingabe mit der Return-Taste ab. In B7 steht dann das Ergebnis 28. (In Excel beginnen alle Formeln mit einem =).

Fig. 1   Fig. 2

2. Die relative Häufigkeit der Haarfarbe blond erhält man, indem man die absolute Häufigkeit 2 (Zelle B2) durch die Summe 28 (Zelle B7) teilt. Man trägt also in der Zelle C1 die Formel =2/28 oder =B1/B7 ein und erhält das Ergebnis 0,07 (Fig. 2).

3. Um das Ergebnis in Prozent darzustellen, markiert man durch Mausklick die Zelle C1, wählt Format – Zellen – Prozent und stellt die gewünschte Anzahl der Nachkommastellen ein (Fig. 3).

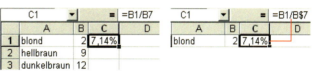

Fig. 3

4. Nun trägt man in die Zelle C2 die Formel =**B2/B7** ein, in C3 die Formel =B3/B7 usw. Man erhält Fig. 4.

Tipp: Wenn man in Schritt 2 vor die 7 ein $ setzt, also =**B2/B$7** eingibt und diese Formel eine Zeile nach unten kopiert, wird aus ihr =B3/$B7. (Ohne $ wird die Zeilennummer erhöht, aus B2 wird B3, mit $ wird sie nicht erhöht, B$7 bleibt beim Kopieren nach unten $B7. Wenn man diese Eigenschaft von Excel nutzt, kann man die ganze Spalte C nur durch Kopieren einer einzigen Formel ausfüllen.)

5. Das Säulendiagramm für die relativen Häufigkeiten erhält man nach Markierung von C1:C5 wieder mit dem Diagrammassistenten. Die Rechtsachse beschriftet man mit den Haarfarben, indem man im zweiten Schritt des Assistenten die Option Reihe anklickt und in dem Feld „Beschriftung der Rubrikenachse" den Bereich A1:A5 auswählt, in dem die Haarfarben stehen (Fig. 5). Dann geht es mit dem Diagrammassistenten weiter wie beim Kreisdiagramm.

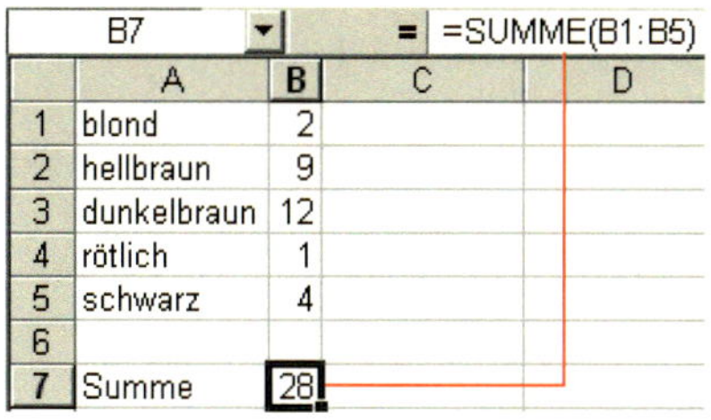

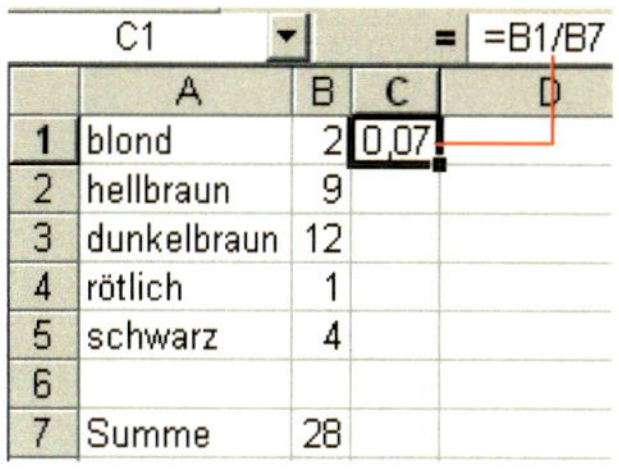

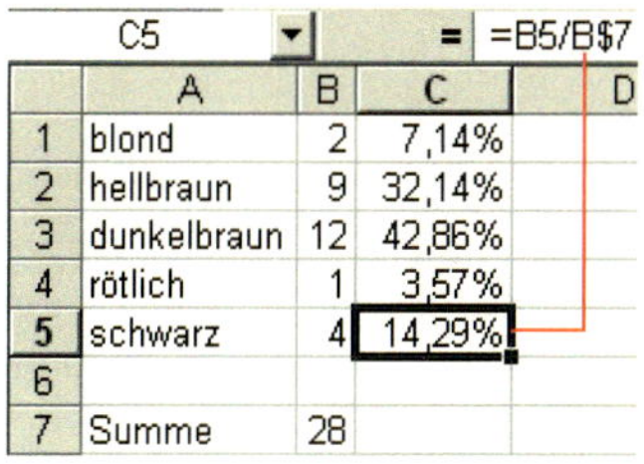

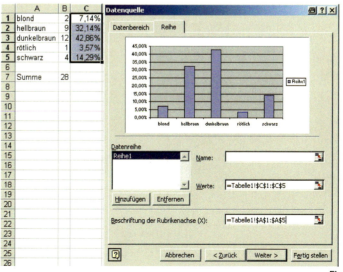

Fig. 4

Fig. 5

Exkursion Statistik mit dem Computer

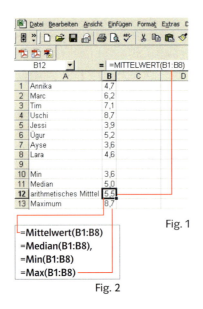

Fig. 1

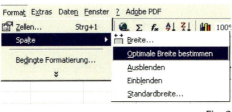

Fig. 2

C Zahlenlisten auswerten

Wie man mit Excel Zahlenlisten auswertet, zeigt das folgende Beispiel: In Spalte A stehen die Namen, in Spalte B die Gewichte (in kg) der Schultaschen von 8 Schülern. Tippe die Tabelle ab.
Wenn man das mittlere Gewicht (das arithmetische Mittel) der Schultaschen ausrechnen möchte, geht man so vor:

1. Klicke z. B. auf Zelle B12 und gib die Formel =Mittelwert(B1:B8) ein. Wenn man auf eine andere Zelle klickt oder die Eingabe durch die Return-Taste „↵" abschließt, steht der ausgerechnete Mittelwert (5,5) in Zelle B12 (Fig. 1).

2. In A12 fügt man eine Beschriftung ein.

3. Entsprechend berechnet man den Median, den kleinsten und den größten Wert der Zahlenliste mit den Formeln aus Fig. 2. Diese Formeln kann man auch durch Einfügen – Funktion – Statistik aus einer von Excel vorgegebenen Liste auswählen, man braucht sie sich dann nicht zu merken.

Fig. 3

Anmerkung: Mitunter zeigt Excel in einzelnen Zellen nur ### an. Meist ist dann die Spaltenbreite zu klein, um Rechenergebnisse anzuzeigen. Man wählt dann Format – Spalte – Optimale Breite bestimmen wie in Fig. 3 oder man zieht mit gedrückter Maustaste die Spalte breiter.

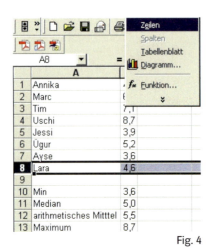

Fig. 4

D Zahlenlisten nachträglich verändern – Excel „denkt mit"

Wenn man das Gewicht einer Tasche ändert, werden die berechneten Größen, wie z. B. der Mittelwert, automatisch neu berechnet. Probiere es aus!
Man kann nachträglich auch Zeilen einfügen, etwa zwischen Ayse und Lara. Dazu markiert man die Zeile 8, indem man auf die 8 in der linken Randspalte klickt (in Abb. 4 schwarz markiert). Dann wählt man Einfügen – Zeilen. Es entsteht eine Leerzeile, in die man einen weiteren Schüler (Jan, 7,3, vgl. Fig. 1, S. 191) einträgt. Der Mittelwert wird aktualisiert, gleichzeitig hat sich die Formel in der Zelle B12 verändert zu =Mittelwert(B1:B9). Excel denkt mit!

E Daten sortieren, Quartile berechnen

Excel kann Listen natürlich sortieren.
Das ist nützlich, wenn man die Quartile (als Median der unteren bzw. oberen „Hälfte") bestimmen möchte (vlg. Fig. 1).

1. Man markiert in der Tabelle den Bereich von A1 bis B9, der in Fig. 1 blau unterlegt ist, und wählt im Menü Daten die Option Sortieren (Fig. 2).

2. Man sortiert nach Spalte B (Fig. 1), also nach den Gewichten der Schultaschen und erhält Fig. 3.

Wie man sieht, wird die Berechnung der Kennwerte wie Mittelwert und Median durch das Sortieren nicht gestört.

3. Die **Quartile** berechnet man in der sortierten Liste als Median der unteren (oberen) Datenteile, die in Fig. 4 (mittels Format-Zellen) gelb markiert wurden.
Für das **untere Quartil** in der Zelle B11 benutzt man die Formel **=Median(B1:B4)**.
Das **obere Quartil** berechnet man entsprechend mit **=Median(B6:B9)**.

4. Näherungswerte für die Quartile berechnet Excel auch **ohne** vorherige **Sortierung** mit den Formeln
=Quartile(B1:B9;1) („erstes Quartil") und
=Quartile(B1:B9;3) („drittes Quartil").

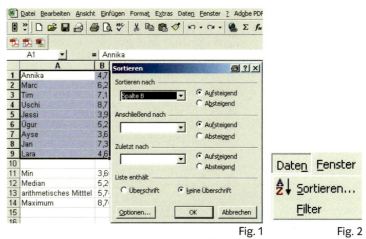

Fig. 1   Fig. 2

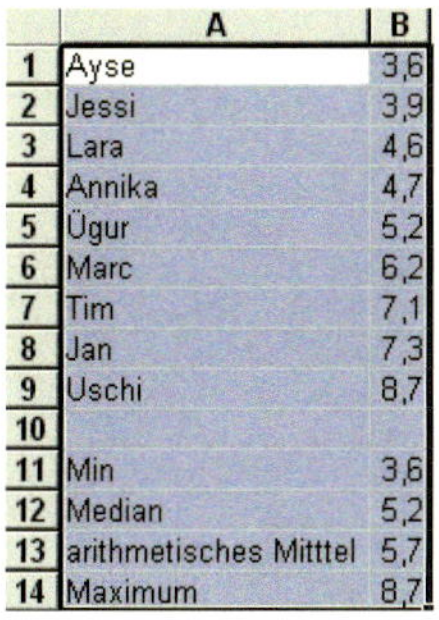

Fig. 3

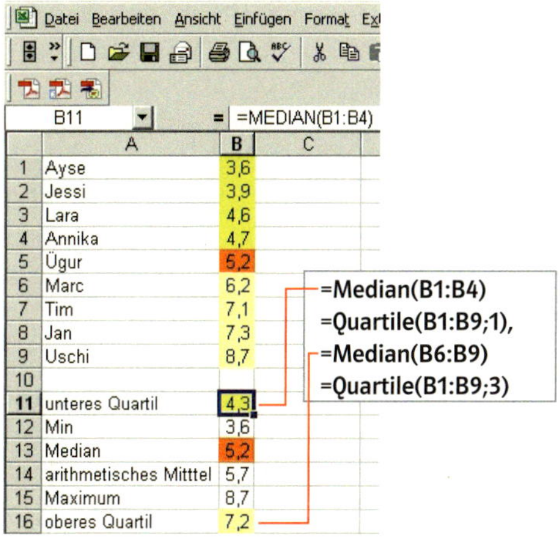

Fig. 4

Aufgaben

Um den Umgang mit dem Computer zu üben, sollte man einige Aufgaben der vorangegangenen Lerneinheiten am Rechner kontrollieren bzw. erarbeiten.

1 Diagramme zeichnen, relative Häufigkeiten, berechnen
Lerneinheit 1 (S. 172 ff.): Impuls, Beispiel 1, Aufgaben 2a) – d), 4d), 8, 9c), 12

2 Mittelwerte berechnen, Listen sortieren, Quartile bestimmen
Lerneinheit 2 (S. 178 ff.): Aufgaben 1, 2, 3, 8, 9, 13; WVV (S. 186 ff.): Aufgaben 1, 5a), 8b)

3 Vielleicht gibt es Mitschüler, die erforschen möchten, wie man in Excel **Boxplots** zeichnet. Unter www.klett.de und www.riemer-koeln.de gibt es hierzu Beispieldateien und Anleitungstexte.

*Wer sich nicht mit Boxplots beschäftigen will, lässt die im Folgenden mit * markierten Teilaufgaben weg.*

Online Link
734421-1911

Exkursion Statistik mit dem Computer

Tipp:
Auch die Häufigkeitstabelle („Strichliste") in Spalte E kann man durch Excel berechnen lassen:
1) Man markiert E2:E14,
2) man gibt die Formel ein:
=Häufigkeit(A2:A17;D2:D15).
3) Durch Strg Alt Return wird die Eingabe abgeschlossen.
4) Als Ergebnis wird die komplette Spalte E1:E14 berechnet. Formeln, die sich auf ganze Bereiche beziehen, heißen in Excel Vektorformen.

4 Schuhgrößen
Die Spalten A und B aus Fig. 1 zeigen – nach Geschlechtern getrennt – die Schuhgrößen, einer Klasse.
a) Sortiere die Angaben aus den Spalten A und B.
b) Bestimme für jede Spalte das arithmetische Mittel, den Median, die Quartile, den Quartilabstand sowie den größten und den kleinsten Wert.
*c) Zeichne zu den Spalten A und B je einen Boxplot.
d) Die Spalten D bis E zeigen die absoluten Häufigkeiten der einzelnen Schuhgrößen – wieder für die beiden Geschlechter getrennt. Berechne die zugehörigen relativen Häufigkeiten.
e) Stelle die relativen Häufigkeiten in einem Säulendiagramm und in einem Kreisdiagramm dar.
f) Versuche herauszufinden, welche der Spalten A und E bzw. B und F zu den Mädchen, welche zu den Jungen gehören.

	A	B	C	D	E	F
1	Urliste				Häufigkeitsliste	
2	37	41,5		35	0	1
3	39,5	37,5		35,5	0	2
4	37,5	35,5		36	0	0
5	41	38,5		36,5	1	2
6	40	35		37	1	0
7	36,5	38,5		37,5	4	5
8	37,5	37,5		38	2	0
9	38	37,5		38,5	2	3
10	39	35,5		39	1	0
11	39,5	38,5		39,5	2	0
12	37,5	36,5		40	2	0
13	38,5	37,5		40,5	0	0
14	38	37,5		41	1	0
15	37,5	36,5		41,5	0	1
16	38,5					
17	40					

Fig. 1

5 Führt in eurer Klasse eine Untersuchung wie in Aufgabe 4 durch und versucht durch einen Vergleich herauszufinden, ob es sich bei den Angaben in Fig. 1 um eine Klasse 6 oder eher um eine Klasse 4 oder 5 oder eher um eine Klasse 7 gehandelt hat.

Online Link
Aufgabe 6
734421-1921

6 Die Datei bjw.xls enthält Daten eines Sportfestes der Klassen 5 bis 7 einer Schule.
a) Vergleicht die 50-m-Laufzeiten der Jungen und Mädchen insgesamt,
b) die Weitsprunglängen der einzelnen Klassen 5a bis 7f,
c) der Klassenstufen 5, 6, 7 insgesamt.

Online Link
Aufgabe 7
734421-1922

Vorschlag für eine Arbeitsteilung:
nachts
23 – 05 Uhr
berufsverkehr morgens
05 – 08 Uhr
vormittags
08 – 12 Uhr
nachmittags
12 – 17 Uhr
rush-hour
17 – 19 Uhr
abends
19 – 23 Uhr

7 Die Datei Autobahn.xls enthält für jede Minute eines Werktages die Geschwindigkeiten auf den drei Spuren der A3.
a) Teilt die 24 Stunden des Tages (zwecks Arbeitsteilung) in „nachts, tags, Berufsverkehr" und kopiert die Datenteile in je ein neues Tabellenblatt.
b) Ermittelt Minimum, Maximum, Median und Quartile für die Geschwindigkeiten der drei Spuren. Tragt die Ergebnisse in eine gemeinsame Tabelle (*zeichnet Boxplots wie in Fig. 2) und schreibt auf, was ihr dabei entdeckt.
*c) Zeichnet 24 Boxplots wie in Fig. 2 für die 24 Stunden des Tages und untermauert eure Entdeckungen aus b) grafisch.

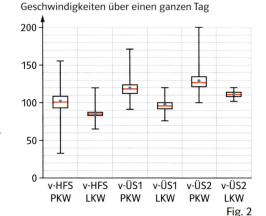

Fig. 2

Exkursion Vom Leben einer Seifenblase

Nur für Lerngruppen, die sich gut organisieren können! Ihr solltet vor der Versuchsdurchführung mit dem Hausmeister eurer Schule Kontakt aufnehmen und (zusammen mit dieser Seite des Mathebuches) ein Reinigungsteam vorstellen, dass mögliche „Versuchsrückstände" beseitigt. Andernfalls müsst ihr auf den Versuch verzichten.

Testingenieure stehen häufig vor der Aufgabe, Produkte auf ihre Qualität hin objektiv beurteilen zu müssen. Statt um Glühbirnen oder Autos geht es hier um „die beste" Seifenblasenlösung. Qualitätskriterium ist die Lebensdauer einer Seifenblase zwischen Ablösung vom Ring („Geburt") und Zeitpunkt des Zerplatzens („Tod").

Monsterblasen:
1,5 l Wasser,
200 ml Sirup (Birne, Apfel, Mais...),
450 ml Spüli

süße Blasen:
$\frac{3}{4}$ l destilliertes Wasser,
70 g Puderzucker,
$\frac{1}{4}$ l Spüli,
1 Esslöffel Glyzerin

Versuchsdurchführung
- Man braucht mindestens zwei verschiedene Seifenblasenlösungen, z. B. eine gekaufte Lösung und die „süßen Blasen".

Dann arbeitet man in Dreiergruppen aus
- einem „Ingenieur", der ca. 50 Seifenblasen produziert,
- einem Zeitnehmer, der die Lebensdauer der Seifenblasen stoppt,
- einem Protokollführer, der die Lebensdauer der Blasen notiert.

Jede Gruppe entscheidet sich für eine der Lösungen und dafür, ob sie die Lebensdauer kleiner oder großer Blasen untersuchen möchte.

Versuchsprotokoll der Gruppe _____	
Wir untersuchen	
kleine Blasen ☐	Lösung 1 ☐
große Blasen ☐	Lösung 2 ☐
Nummer	Zeit (s)
1	
2	
3	
4	
5	
6	

Auch im Mathematikmuseum in Gießen experimentiert man mit Seifenblasen. Professor Beutelspacher schreibt:

Für kleine Blasen kann man Trinkhalme oder Kunststoffringe nutzen, für große Blasen gibt es Trichter zu kaufen. Sucht einen guten Startplatz, sodass die Blasen lange ungestört fliegen können. Optimal ist ein hoch gelegenes Fenster mit leichtem Aufwind, der die Seifenblasen weit trägt, sodass sie eines „natürlichen Todes" sterben können. Wenn die Blasen durch Bodenkontakt platzen oder an einer Wand zerschellen, zählt die Messung nicht.

„In einen Eimer Wasser kommt ein bisschen Fairy (Spülmittel). Ich drücke auf die Flasche und zähle bis 3. Danach kurz umrühren und (am besten über Nacht) stehen lassen. Für die Riesenseifenhaut geben wir noch einen (!) Tee(!)löffel Glyzerin hinzu."

Auswertung
Jede Gruppe veröffentlicht ihr Testergebnis auf einem Plakat oder einem Tabellenkalkulationsblatt. Ihr entscheidet dann gemeinsam, ob
a) große Blasen länger leben als kleine,
b) Blasen aus gekaufter Lösung länger leben als Blasen aus selbst gemachter Lösung.

VI Daten erfassen, darstellen und interpretieren

Rückblick

In der **Statistik** beantwortet man Fragen durch Sammeln und Auswerten von Daten. Häufig werden dazu Meinungsumfragen oder Messungen durchgeführt.

Durch Auszählen der Daten ermittelt man **absolute Häufigkeiten**. Die zugehörigen Anteile an der Gesamtzahl (Stichprobenumfang) nennt man **relative Häufigkeiten**.

relative Häufigkeit = $\frac{\text{absolute Häufigkeit}}{\text{Gesamtzahl}}$

Die Summe aller relativen Häufigkeiten muss 1 (100%) ergeben.

Diagramme veranschaulichen, wie sich die Häufigkeiten auf die möglichen Alternativen verteilen.
Kreis- und **Streifendiagramme** lassen die Beziehungen zwischen den Anteilen und dem Ganzen besonders deutlich hervortreten.
Säulendiagramme lassen die Details genauer hervortreten.

Wenn man die Ergebnissse statistischer Untersuchungen in relativen Häufigkeiten zusammenfasst, sollte man auch die Gesamtzahl der Daten (den Stichprobenumfang) mitteilen. Ein Außenstehender kann dann den Untersuchungsaufwand und die Aussagekraft des Ergebnisses besser beurteilen.

Für eine Zahlenliste gibt es zwei Mittelwerte, das

arithmetische Mittel = $\frac{\text{Summe aller Werte}}{\text{Anzahl der Werte}}$

und den **Median**, der in der Mitte der Liste liegt. Genauer: Unterhalb und oberhalb des Medians liegen gleich viele Zahlen der geordneten Liste.
Wenn die Liste einseitige Ausreißer besitzt, weichen Median und arithmetisches Mittel deutlich voneinander ab.

Boxplots veranschaulichen wesentliche Informationen einer Zahlenliste grafisch:
Die Box wird begrenzt durch
– den Median der unteren Datenhälfte: das **untere Quartil** und
– den Median der oberen Datenhälfte: das **obere Quartil**.
– Sie wird unterteilt durch den **Median**.

Innerhalb der Box liegt etwa die Hälfte aller Zahlen, die restlichen Zahlen liegen im Bereich der **Antennen**, die durch das **Minimum** und das **Maximum** begrenzt werden.

Die Länge der Box heißt **Quartilabstand**; je stärker die Zahlen um den Median streuen, desto größer ist der Quartilabstand.
Der Quartilabstand ist damit ein **Maß für die Streuung** der Zahlen um den Median.

Welches Klangprofil deines MP3-Spielers bevorzugst du?

☐ Rock	☐ Pop	☐ Klassik	☐ andere
	absolute Häufigkeit	relative	
Rock	20	$\frac{20}{40}$	50,0 %
Pop	7	$\frac{7}{40}$	17,5 %
Klassik	3	$\frac{3}{40}$	7,5 %
andere	10	$\frac{10}{40}$	25 %
Summe	40	$\frac{40}{40}$	100 %

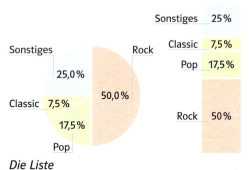

Die Liste
2; 3; 4; 5; 6; 7; 8; 8; 8; 9; 10; 40
hat
– den Median 7,5 und
– das arithmetische Mittel 9,17.
– Die Quartile liegen bei 4,5 und 8,5.
Weil die Liste einen „Ausreißer" 40 enthält, ist der Mittelwert deutlich größer als der Median.

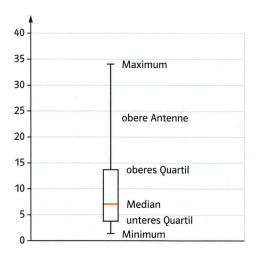

194 VI Daten erfassen, darstellen und interpretieren

Training

1 In der 6a kamen 12 Schüler mit dem Fahrrad, 9 Schüler mit dem Bus, 6 Schüler zu Fuß und 3 Schüler wurden mit dem Auto gebracht.
a) Berechne die zugehörigen relativen Häufigkeiten in Brüchen und in Prozenten.
b) Zeichne ein Säulendiagramm zu den absoluten Häufigkeiten.
c) Zeichne ein Kreisdiagramm zu den relativen Häufigkeiten.
d) Sina ist mit a) und b) fertig. Ihre Lehrerin bittet sie, auch noch ein Streifendiagramm anzufertigen. Wie könnte Sina ihr Säulendiagramm dabei geschickt nutzen?

Mit diesen Aufgaben kannst du überprüfen, wie gut du die Themen dieses Kapitels beherrschst. Danach weißt du auch besser, was du vielleicht noch üben kannst.

2 Das Diagramm zeigt die Geschwindigkeiten von 1198 Fahrzeugen, die während eines Tages auf einer Straße in einer geschlossenen Ortschaft gemessen wurden.
a) Wie viel Prozent der Autofahrer fuhren schneller als die erlaubten 50 km/h?
b) Wie viel Bußgeld wäre an diesem Tag fällig geworden, wenn die Polizei jeden Temposünder geblitzt hätte?
c) Denke dir ein Diagramm aus, mit dem du die Höhe der eingenommen Bußgelder gut veranschaulichen könntest.

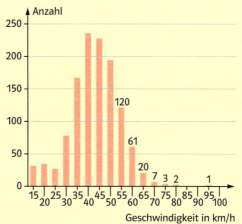

*Bußgeldkatalog (2005):
Eine Geschwindigkeitsüberschreitung kostet
bis 10 km/h   15 €
bis 25 km/h   25 €
bis 30 km/h   60 € 3P.
bis 40 km/h   100 € 3P.
bis 50 km/h   125 € 4P.
bis 60 km/h   175 € 4P.
In den letzten drei Fällen wird der Führerschein für ein bzw. zwei Monate eingezogen.*

3 Veranschauliche durch ein selbst gewähltes Zahlenbeispiel, was mit folgenden Aussagen gemeint ist.
a) Durchschnittlich kamen 26 000 Zuschauer zu den Heimspielen.
b) Durchschnittlich wurden im Diktat 6,2 Fehler gemacht.
c) Bei jedem zweiten Fahrrad funktioniert die Beleuchtung nicht.

4 Berechne Mittelwert, Median, Quartilabstand und zeichne ein Boxplot zu den Körpergrößen.
a) Jungen (in cm): 154; 143; 144; 149; 166; 140; 160; 154; 156; 152; 147
b) Mädchen (in cm): 156; 142; 147; 156; 162; 149; 170; 147; 157; 170; 157; 153; 166; 158; 149; 156; 138; 143; 140
c) Vergleiche.

Diese Angaben stammen von einer 5. Klasse am Ende des Schuljahres.

5 a) Schreibe zwei (möglichst verschiedene) Zahlenlisten auf, die durch das Boxplot (Fig. 1) veranschaulicht werden. Notiere, wie du schrittweise vorgegangen bist.
b) Prüfe, ob das Säulendiagramm (Fig. 2) zu dem Boxplot passt. Notiere deine Prüfschritte.

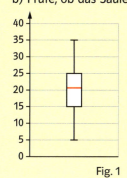
Fig. 1

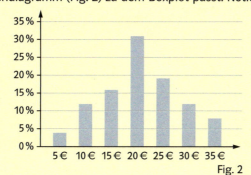
Fig. 2

Lösungen auf den Seiten 259–261.

VII Beziehungen zwischen Zahlen und Größen

Den Mustern auf der Spur

Zwölf
Eins Zwei Drei Vier Fünf
Fünf Vier Drei Zwei Eins
Zwei Drei Vier Fünf Sechs
Sechs Fünf Vier Drei Zwei
Sieben Sieben Sieben Sieben Sieben
Acht Eins
Neun Eins
Zehn Eins
Kurt Schwitters

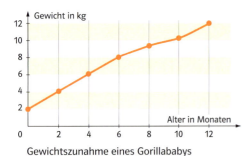

Gewichtszunahme eines Gorillababys

Das kannst du schon

- Rationale Zahlen addieren, subtrahieren, multiplizieren und dividieren
- Zu einer Sachaufgabe den passenden Rechenausdruck aufstellen
- Rechenausdrücke berechnen

Arithmetik/ Algebra

Funktionen

Geometrie

Stochastik

Das kannst du bald

- Gesetzmäßigkeiten von Zahlenfolgen erkennen
- Diagramme lesen und interpretieren
- Einen Rechenausdruck mit einer Variablen aufstellen
- Strukturen und Abhängigkeiten durch Tabellen, Terme und Diagramme darstellen
- Mit dem Dreisatz rechnen

Argumentieren/Kommunizieren

Problemlösen

Modellieren

Werkzeuge

VII Beziehungen zwischen Zahlen und Größen

Erkundungen

Siehe Lerneinheit 2, Seite 204, und Lerneinheit 4, Seite 212.

1. Jetzt wird experimentiert und gemessen!

Gefäße vergleichen

In dieser Erkundung experimentiert ihr mit verschiedenen Gefäßen. Wenn ihr nach und nach die gleiche Menge Wasser in ein Gefäß gießt, könnt ihr beobachten, wie sich der Wasserstand ändert. Ihr benötigt:
- verschiedene Füllgefäße aus der Biologie- oder Chemiesammlung und
- ein Gefäß zum Abfüllen von 50 ml.

Nehmt eines der Füllgefäße und gießt 50 ml Wasser hinein. Lest die Füllhöhe mithilfe eines cm-Maßes ab und tragt sie in eine Tabelle ein. Gießt weitere 50 ml Wasser nach, lest wieder ab und tragt ein. Fahrt fort, bis das Gefäß gefüllt ist.
Am besten arbeitet ihr zu dritt zusammen,

Wie kann das in einem Diagramm dargestellt werden? Was kann an den Achsen stehen?

Menge an Wasser in ml	Höhe des Wasserstandes in cm
50	...
100	...
...	

einer von euch kann dann das Wasser einfüllen, ein anderer misst und der dritte trägt die Werte in die Tabelle ein. Beim nächsten Gefäß könnt ihr eure „Rollen" tauschen. Führt dieses Experiment nun auch mit den anderen Gefäßen durch.
Übertragt die Werte aus den Tabellen in Diagramme. Überlegt zuvor gemeinsam, wie ihr die Werte darstellen wollt, welche Unterteilungen ihr auf den Achsen wählt usw.

Messbecher
Rundkolben
Reagenzglas
Erlenmeyer-Kolben

Auswertung
- Vergleicht die Tabellen und Diagramme. Wie kommen die Unterschiede zustande?
- Es gibt noch andere Gefäßformen. Müsst ihr alle Gefäße vollständig füllen oder könnt ihr voraussagen, wie es in der Tabelle oder im Diagramm weiter geht? Begründet.
- Zeichnet verschiedene Gefäße auf und versucht vorauszusagen, wie die Diagramme verlaufen. Zeichnet die Diagramme auf.

Eigene Maßeinheiten entwickeln und vergleichen

Ihr könnt auch eure eigene Maßeinheit festlegen. Hierzu benötigt ihr ein zylindrisches Gefäß, möglichst eines aus Glas. Tragt auf eurem Gefäß, z.B. mithilfe eines Lineals und einem wasserlöslichen Folienschreiber, vom Boden an eine Skala von 0,1 bis 1,0 ab, wie in Fig. 1 dargestellt. Notiert ebenso euren Namen als Bezeichnung für eure Maßeinheit.
Nun arbeitet ihr am besten zu viert zusammen: Nacheinander füllt jeder seinen Messbecher bis zu einem ausgewählten Strich der Skala, dann wird jeweils das Wasser in die anderen Gefäße umgefüllt und die Menge in der „persönlichen" Maßeinheit abgelesen. Notiert alle Werte in einer Tabelle. In Fig. 2 z.B. sind 0,8 „Tom" so viel wie 0,55 „Susi" usw.

Fig. 1

Müssen eure Messgefäße Zylinder sein? Welche Voraussetzung müssen sie erfüllen?

Tipp: Denkt daran, dass Messwerte nicht immer exakt sind!

Tom	Susi	Florian	Meike
0,8	0,55	0,68	1,2
	1,0		

Fig. 2

- Wie lassen sich eure Maßeinheiten ineinander umrechnen? Notiert hierfür eine sinnvolle Anleitung und stellt diese einer anderen Gruppe vor. Diese probiert eure Anleitung an selbst gewählten Umrechnungsaufgaben aus und überprüft durch die Umschüttmethode mit euren Messgefäßen, ob die Rechenergebnisse stimmen können.

- Nun nehmt in jeder Gruppe einen Messbecher zur Hand und füllt 50 ml Wasser in eure Gefäße. Jeder versucht zunächst allein herauszufinden, wie er ohne weitere Schüttproben die Mengen 80 ml, 130 ml bzw. 360 ml in seiner Maßeinheit angeben kann. Stellt in der Gruppe euer Vorgehen und eure Ergebnisse vor. Wie könnt ihr die Ergebnisse überprüfen?
- In einem britischen Pub enthält ein Glas Bier traditionell ein halbes „pint", das sind etwa 284 ml. Wie viel „pint" enthält ein „Kölsch" (0,2 l), wie viel eine „Maß" (1 l)? Notiert eure Lösung auf einer Folie und stellt sie der Klasse vor.

Ihr könnt im Internet nach weiteren britischen Maßeinheiten forschen und dazu eigene Umrechnungsaufgaben entwickeln.

2. Zahlenmauern in den Griff bekommen

Zahlenmauern hast du letztes Jahr kennen gelernt. In Fig. 1 kannst du sehen, wie man in Zahlenmauern rechnet.
Es gibt ganz unterschiedliche Typen von Zahlenmauern, einige sind ganz leicht zu lösen, andere deutlich schwieriger, einige haben nur eine Lösung, andere haben keine oder sehr viele Lösungen. In dieser Erkundung geht es darum, diese verschiedenen Typen zu erforschen.

Siehe Lerneinheit 3, Seite 207.

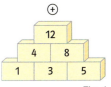
Fig. 1

Forschungsaufträge
- Was ist in den Zahlenmauern in Fig. 2 unterschiedlich, was ist gleich?
- Beschreibe, wie du jeweils vorgegangen bist. Finde verschiedene Typen von Zahlenmauern: solche, die nur ein Ergebnis besitzen, solche mit zwei Ergebnissen oder solche mit mehr als zwei Ergebnissen.

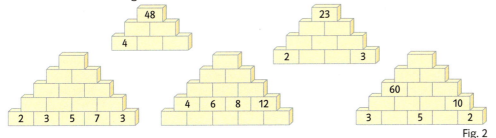
Fig. 2

*Erfinde selbst Zahlenmauern zu den einzelnen Typen.
Findest du noch andere Typen? Wenn du etwas herausgefunden hast, versuche eine Erklärung zu finden.*

In Fig. 3 seht ihr zwei besondere Zahlenmauern mit einem Symbol in der Mitte. Setzt für das Symbol verschiedene aufeinander folgende ganze Zahlen ein. Was kommt an der Spitze heraus? Formuliert Sätze wie „Wenn man die Zahl in der Mitte um Eins erhöht, dann beobachtet man an der Spitze, dass …" Ihr könnt auch eine Tabelle wie in Fig. 4 anfertigen. Überprüft, ob eure Beobachtungen für alle Zahlenmauern gelten, die in der unteren Reihe drei bzw. vier Steine besitzen?

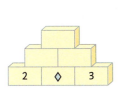
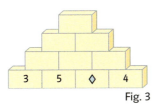
Fig. 3

◊	Spitze
1	
2	
3	
…	

Fig. 4

Multiplikation statt Addition
Bislang habt ihr in den Zahlenmauern die Zahlen nur addiert. Man kann sie aber auch mulitplizieren. Überprüft die Entdeckungen, die ihr gerade beim Addieren gemacht habt, auch für die Multiplikation. Dazu könnt ihr dieselben Zahlenmauern und ähnliche Forschungsaufträge verwenden.

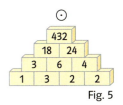
Fig. 5

1 Strukturen erkennen und fortsetzen

> Meine Telefonnummer ist 13579. Die lässt sich total gut merken.

> Bei meiner Nummer habe ich leider noch keine Struktur erkennen können: 235347

Was meint ihr dazu?

Muster findet man häufig in der Natur und im Alltag, z.B. bei Pflanzen, auf Tierfellen, als Stickereien auf Teppichen, aber auch als wiederkehrender Rhythmus in Musikstücken. Oft kann man in den Mustern wiederkehrende Strukturen entdecken. Mithilfe dieser Strukturen können Ausschnitte eines Musters weiter fortgeführt werden.

Margerite

Auch Zahlen oder Figuren können in bestimmten Strukturen angeordnet sein. Man kann zum Beispiel immer größer werdende Dreiecke mit Plättchen legen (vergleiche Fig. 1). Schaut man genau hin, dann kann man die **Zahlenfolge** 1, 3, 6, 10, ... entdecken. Bei diesen Dreieckszahlen verändert sich der Abstand zwischen zwei Zahlen, er wird immer um eins größer.

$$1 \xrightarrow{+2} 3 \xrightarrow{+3} 6 \xrightarrow{+4} 10 \xrightarrow{+5}$$

Auf ähnliche Weise kann man auch Quadratzahlen legen (vergleiche Fig. 2).

Um die Strukturen von Zahlenmustern besser zu verstehen, ist es hilfreich, die Gesetzmäßigkeiten zu erkennen, nach denen diese Zahlenfolgen gebildet werden. Dabei helfen oft Fragen wie:
Was verändert sich? Was bleibt gleich?

Dreieckszahlen
Fig. 1

Quadratzahlen
Fig. 2

Bei der Zahlenfolge 3, 6, 9, 12, 15, 18, ... bleibt der Abstand zwischen zwei aufeinander folgenden Zahlen gleich. Man erhält jeweils die nächste Zahl, indem man 3 zu der vorher gehenden Zahl addiert.

Bei der Zahlenfolge 2, 4, 8, 16, 32, ... verändert sich der Abstand zwischen zwei aufeinander folgenden Zahlen, jedoch bleibt die Art der Veränderung immer gleich. Man erhält jeweils die nächste Zahl, indem man die vorher gehende Zahl verdoppelt.

$$3 \xrightarrow{+3} 6 \xrightarrow{+3} 9 \xrightarrow{+3} 12 \xrightarrow{+3}$$

$$2 \xrightarrow{\cdot 2} 4 \xrightarrow{\cdot 2} 8 \xrightarrow{\cdot 2} 16 \xrightarrow{\cdot 2}$$

Zahlenfolgen weisen eine Struktur auf, wenn sich eine Regel aufstellen lässt, mit der man weitere Zahlen der Zahlenfolge ermitteln kann.

Um Gesetzmäßigkeiten von Zahlenfolgen zu erkennen, muss man
- Veränderungen aufspüren
- Gleichbleibendes entdecken

Manchmal können auch Bilder zu den Zahlenfolgen helfen.

Beispiel 1
a) Nach welcher Struktur könnte die Zahlenfolge 9; 27; 81 gebildet worden sein?
b) Notiere die nächsten 5 Zahlen der Zahlenfolge: 2; 4; 8; 14.

Mögliche Lösung:
a) Der Abstand zwischen den Zahlen verändert sich. Um die nächste Zahl zu erhalten, wird die vorherige mit 3 multipliziert.
b) Der Abstand zwischen zwei Zahlen vergrößert sich immer um 2. Zunächst wird 2 addiert, dann 4, dann 6. Demzufolge heißen die nächsten 5 Zahlen: 22; 32; 44; 58; 74.

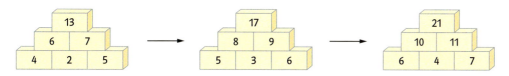

Beispiel 2
Was passiert, wenn man in einer dreistöckigen Zahlenmauer die Zahlen in der untersten Reihe jeweils um 1 erhöht?
Wie verändert sich die Zahl an der Spitze?
Begründe deine Beobachtungen.

Mögliche Lösung:
Was sich verändert:
Die Zahlen in der zweiten Reihe werden jeweils um 2 größer, da sie die Summe aus zwei Zahlen darstellen, die jeweils um 1 vergrößert wurden. Die Zahl an der Spitze wird um 4 größer, da sie die Summe zweier Zahlen ist, die jeweils um 2 erhöht wurden.

Was gleich bleibt:
In der zweiten Reihe und an der Spitze bleiben gerade Zahlen gerade und ungerade Zahlen ungerade. Das liegt daran, dass zu den Zahlen in der zweiten Reihe immer die Zahl 2 addiert wird. Und eine Zahl bleibt gerade bzw. ungerade, wenn eine 2 addiert wird.
Die Größenreihenfolge der Zahlen in einer Reihe ändert sich nicht. Das liegt daran, dass zu jeder Zahl in einer Reihe immer dieselbe Zahl addiert wird.

Aufgaben

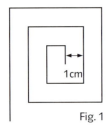
Fig. 1

1 a) Übertrage die Spirale aus Fig. 1 in dein Heft.
b) Notiere die einzelnen Seitenlängen als Zahlenfolge.
c) Zeichne ähnliche Spiralen wie in Fig. 1 in dein Heft. Erkläre, wie du vorgehst, damit du die Spiralen möglichst regelmäßig zeichnen kannst!

Fig. 2

2 a) Wie ist das Teppichmuster (Fig. 2) entstanden?
b) Entwerfe selbst Teppichmuster. Erkläre, wie du vorgegangen bist.

3 Man kann Zahlenfolgen auch durch Falten erzeugen (s. Fig. 3).
a) Falte mit einem quadratischen Blatt Papier nach Faltweise 1 nacheinander immer weiter. Notiere als Zahlenfolge, wie viele Teilflächen nach der ersten, zweiten, dritten Faltung usw. entstehen, wenn du das Blatt wieder auseinander faltest.
b) Kannst du die Zahlenfolge aus a) fortführen, auch wenn du das Blatt nicht mehr falten kannst? Wie geht die Zahlenfolge weiter? Erkläre!
c) Bei Faltweise 2 wird auf eine andere Art gefaltet. Vergleiche die Zahlenfolgen, die man mit Faltweise 1 und mit Faltweise 2 erhält.
d) Denke dir selber Faltfolgen aus und formuliere Zahlenfolgen dazu.

Faltweise 1

Faltweise 2

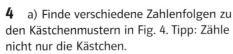

Fig. 3

4 a) Finde verschiedene Zahlenfolgen zu den Kästchenmustern in Fig. 4. Tipp: Zähle nicht nur die Kästchen.
b) Erfinde Kästchenfolgen und formuliere Zahlenfolgen dazu.

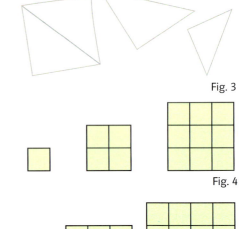
Fig. 4

5 a) Zeichne die nächsten drei Kästchenmuster zu Fig. 5 und ergänze die Tabelle in deinem Heft.
b) Wie wächst die Anzahl der Kästchen? Beschreibe deine Beobachtungen.
c) Ergänze auch zu den Figuren 6 und 7 die nächsten zwei Kästchenmuster und erstelle eine Tabelle wie in a). Wie wächst die Anzahl der Kästchen?
d) 👥 Erfinde selbst Folgen von Kästchenfiguren und lass deinen Nachbarn entdecken, wie jeweils die Anzahl der Kästchen wächst.

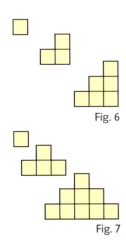
Fig. 6

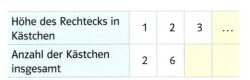
Fig. 5

Fig. 7

Höhe des Rechtecks in Kästchen	1	2	3	...
Anzahl der Kästchen insgesamt	2	6		

Bist du sicher?

1 In Figur 1 sind Kästchenmuster zu der Folge 1; 3; 5; … dargestellt. Wie geht es weiter? Zeichne weiter und notiere die Zahlenfolge.

2 Erfinde drei Zahlenfolgen und zeichne geeignete Figuren.

3 Repariere die folgenden Zahlenfolgen, sodass eine Struktur erkennbar ist.
a) 1; 3; 7; 13; 23; 35; …   b) 1; 1; 2; 3; 5; 8; 12; 20; 32; …
c) 1; 6; 2; 7; 3; 9; 4; …   d) 1; 12; 112; 1122; 11122; 111122; …
e) 1; 2; 3; 1; 2; 3; 1; 2; 3; 2; 3; 1; 1; 2; …

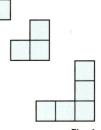
Fig. 1

6 a) Zeichne das Muster aus Fig. 2 in dein Heft und führe es fort. Notiere eine Zahlenfolge, die dazu passt.
b) Erfinde selbst Folgen von Figuren. Tauscht die Zeichnungen untereinander aus und stellt zu den Figurenmustern eures Nachbarn eine Zahlenfolge auf.

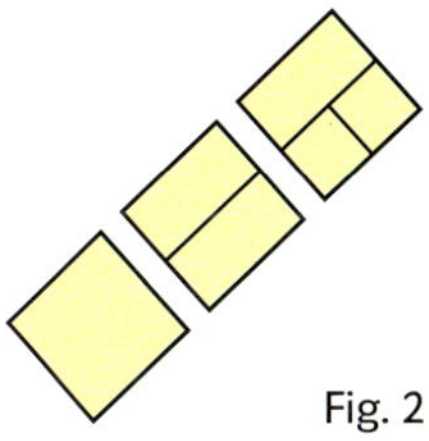

7 Wie entsteht die Zahlenfolge? Formuliere eine Regel und ergänze die nächsten fünf Zahlen. Gibt es mehrere Lösungen? Vergleiche mit deinem Nachbarn.
a) 180; 200; 220; …   b) 360; 355; 350; …   c) 612; 615; 605; 608; 598, …
d) 1; 3; 7; …   e) 0; 1; 4; 9; 16; …   f) 0; 1; 0; …
g) 1; 3; 7; 12; 18; 26; 35; 45; 56; …   h) 1; 4; 10; 22; 46; …
i) 2; 3; 5; 7; 11; 13; …

Fig. 2

8 Erfindet selbst Zahlenfolgen, tauscht sie untereinander aus und formuliert Regeln zu den Folgen eurer Nachbarn.

9 Auf dem Fahrplan sind unterschiedliche Verbindungen zwischen der Kappeler Straße und der Heinrich-Heine-Allee in Düsseldorf angegeben.
a) Kannst du hier eine Struktur erkennen? Notiere sie als Zahlenfolge.
b) Wie geht es wohl weiter? Stelle Vermutungen über die Verbindungen eine Stunde später auf.
c) Recherchiere, wie dieser Plan zustande gekommen sein könnte. Gibt es eine ähnliche Struktur für die Rückfahrt?

Fahrplanauskunft			
von:	Düsseldorf / Kappeler Straße		
nach:	Düsseldorf / Heinrich-Heine-Allee		
Abfahrt: 13:11 Uhr Datum: 03.08.2005			
Fahrt	Datum	ab	an	Fahrtdauer
1.	03.08.2005	13:10	13:41	00:31
2.	03.08.2005	13:20	13:51	00:31
3.	03.08.2005	13:28	13:59	00:31
4.	03.08.2005	13:30	14:01	00:31
5.	03.08.2005	13:38	14:09	00:31
6.	03.08.2005	13:40	14:11	00:31
7.	03.08.2005	13:48	14:19	00:31

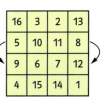
Fig. 3

10 a) Setze in der Zahlenmauer in Fig. 3 für das Kreuz nacheinander die Zahlen 2; 4; 6; 8; … ein. Wie lautet die Zahlenfolge, die die Zahlen in der Spitze der Zahlenmauer in Fig. 3 beschreibt? Setze die Zahlenfolge weiter fort, ohne die Zwischenergebnisse in der Zahlenmauer zu berechnen.
b) Was verändert sich, wenn du für das Kreuz nacheinander Zahlen aus der 3er-, 4er- oder 5er-Reihe einsetzt?

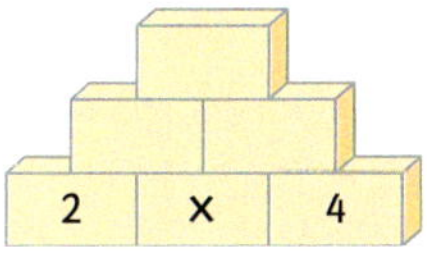

11 Zahlenmuster können auch ganz anders aussehen. Welche Struktur erkennst du in den Zeilen, Spalten und den Diagonalen des magischen Quadrats (vgl. Fig. 4)? Betrachte auch die gegenüberliegenden mittleren Kästchen.

16	3	2	13
5	10	11	8
9	6	7	12
4	15	14	1

Fig. 4

2 Abhängigkeiten grafisch darstellen

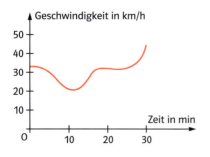

Mithilfe von Diagrammen kann man nicht nur Größenangaben veranschaulichen. Man kann damit auch zeigen, wie eine Größe von einer anderen abhängt.

Bei einem Radrennen wurde in der letzten halben Stunde des Rennens die Geschwindigkeit eines Testfahrers laufend gemessen und aufgezeichnet. Jan meint beim Betrachten des Diagramms: „Ich finde es unfair, dass es zum Ziel bergauf geht!"

Fig. 1

Marielle interessiert, wie schnell der Bach hinter ihrer Schule fließt. Sie rollt am Ufer ein Maßband aus und setzt ein Papierschiffchen auf das Wasser. Alle zehn Sekunden liest sie auf dem Maßband ab, wie weit das Schiffchen geschwommen ist. Ihre Messergebnisse notiert sie in einer Tabelle.

Zeit seit dem Start (in s)	10	20	30	40	50
Zurückgelegte Strecke (in m)	8	16	24	32	40

Beide Größen trägt sie in einem gemeinsamen Diagramm ein (Fig. 2). Dadurch wird die Abhängigkeit der zurückgelegten Strecke von der Zeit veranschaulicht. Der Punkt mit den Koordinaten (20|16) zeigt, dass das Schiffchen in 20 s eine Strecke von 16 m zurückgelegt hat. Marielle hätte zu jedem beliebigen Zeitpunkt die zurückgelegte Strecke messen können. Daher ist es sinnvoll, die eingetragenen Punkte miteinander zu verbinden. Damit kann man z. B. ablesen, dass das Schiffchen in 25 s etwa 20 m weit geschwommen ist. Die Tabelle und das Diagramm zeigen, dass das Schiffchen jeweils in 10 s eine Strecke von 8 m zurücklegt. Der Bach fließt also mit einer Geschwindigkeit von 0,8 Meter pro Sekunde.

Die Einheiten auf den Koordinatenachsen werden so gewählt, dass die Werte aus der Tabelle möglichst übersichtlich in das Koordinatensystem eingetragen werden können: Für 10 s wählt man 1 cm, für 10 m ebenfalls 1 cm.

Mark entdeckt in einer Zeitschrift eine Anzeige, in der Olympiamünzen mit der zugehörigen Sammelmappe angeboten werden. In einem Diagramm (Fig. 3) wird dargestellt, wie der Gesamtpreis von der Anzahl der bestellten Münzen abhängt.
Mithilfe des Diagramms kann man eine Tabelle für den Gesamtpreis erstellen.

Da keine Bruchteile von Münzen verkauft werden, gibt es keinen Preis für 1,5 Münzen oder 2,3 Münzen. Es ist also nicht sinnvoll, die Punkte im Diagramm miteinander zu verbinden.

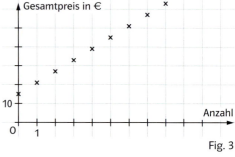

Fig. 2

Fig. 3

Anzahl der bestellten Münzen	0	1	2	3	4	5	6	7	8
Gesamtpreis (in €)	15	21	27	33	39	45	51	57	63

Die Sammelmappe kostet also 15 € und jede Münze 6 €.

Mithilfe einer **Tabelle** kann man beschreiben, wie eine Größe von einer anderen Größe abhängt. Diese Abhängigkeit lässt sich in einem **Diagramm** veranschaulichen, in dem eine Größe auf der x-Achse, die andere Größe auf der y-Achse abgetragen wird. Häufig kann man die Abhängigkeit auch **in Worten** formulieren.

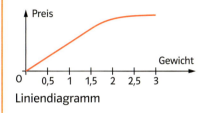
Liniendiagramm

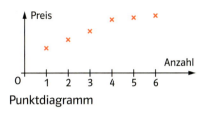
Punktdiagramm

Beispiel

a) Das Diagramm (Fig. 1) zeigt den Verlauf der Lufttemperatur an einem Sommertag. Beschreibe diesen Verlauf in Worten.

b) Die Heizung einer Wohnung ist so eingestellt, dass bis 6 Uhr morgens die Raumtemperatur 15 °C beträgt. Bis um 8 Uhr wird sie um 5 Grad erhöht. Diese Temperatur wird bis 22 Uhr beibehalten. Im Verlauf der nächsten 4 Stunden kühlt sich der Raum wieder auf 15 °C ab. Zeichne ein Diagramm für den Temperaturverlauf eines Tages.

Lösung:

a) Morgens um 6 Uhr beträgt die Lufttemperatur 12 °C. Sie steigt im Laufe des Tages an. Um 15 Uhr ist es am wärmsten, nämlich 30 °C. Von diesem Zeitpunkt an wird es wieder kühler. Abends um 22 Uhr ist es aber immer noch 20 °C warm.

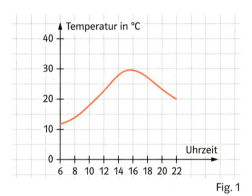
Fig. 1

b)

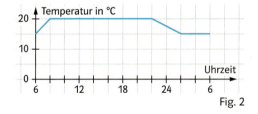
Fig. 2

In Erkundung 1, Seite 200, kannst du eigene Messungen durchführen und dazu Diagramme erstellen.

Aufgaben

1 Die Höhe eines Heißluftballons wurde in einem Diagramm (Fig. 3) aufgezeichnet. Beschreibe den Verlauf der Ballonfahrt in Worten.

2 Sarah spart für ein neues Computerspiel. In ihrem Sparschwein hat sie schon 25 €. Zu Beginn jedes Monats wirft sie 4 € von ihrem Taschengeld ein. Stelle den Inhalt des Sparschweins im Verlauf eines Jahres in einer Tabelle und in einem Diagramm dar. Wann kann sie das Spiel für 66,50 € kaufen?

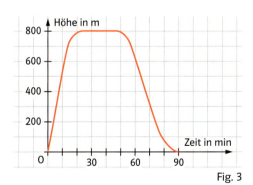
Fig. 3

Bist du sicher?

1 Das Diagramm (Fig. 1) zeigt den Inhalt eines Heizöltanks im Verlauf eines Kalenderjahres.
a) Erstelle eine Tabelle.
b) Beschreibe den Verlauf in Worten.

2 Ein Liter Olivenöl wiegt etwa 920 g, eine leere Literflasche 600 g.
a) Veranschauliche in einem Diagramm, wie das Gesamtgewicht vom Inhalt der Flasche abhängt.
b) Wie viel Öl ist in der Flasche, wenn das Gesamtgewicht 1 kg beträgt?

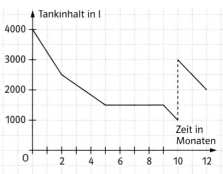
Fig. 1

3 Eine Schnecke möchte eine 8 m hohe Mauer hinaufkriechen. In 2 Stunden schafft sie 5 m. Dann ruht sie sich 2 Stunden aus, wobei sie wieder 2 m nach unten rutscht.
a) Veranschauliche in einem Diagramm, wie hoch die Schnecke im Lauf der Zeit gekommen ist.
b) Wann ist sie oben angekommen?

Fig. 2

4 Ein quadratisches Gartenstück soll durch Büsche eingezäunt werden. Die Büsche werden dabei in einem Abstand von einem Meter gepflanzt.
a) Wie viele Büsche werden gebraucht, wenn das Gartenstück eine Seitenlänge von 2 m, 3 m, 4 m ... 10 m hat? Erstelle eine Tabelle. Drücke das Ergebnis in Worten aus.
b) Zeichne ein Diagramm für verschiedene Seitenlängen des Grundstücks.

5 Die durchschnittliche Körpergröße von Kleinkindern zeigt die folgende Tabelle.

Alter in Monaten	0	2	4	6	9	12
Körpergröße in cm	50	58	63	67	72	76

a) Zeichne ein Punktdiagramm, das veranschaulicht, wie die durchschnittliche Körpergröße vom Lebensalter abhängt. Ist es sinnvoll, die Punkte miteinander zu verbinden?
b) Wann wächst ein Kleinkind am schnellsten?
c) Versuche mithilfe des Diagramms zu schätzen, wie groß ein 24 Monate altes Kleinkind durchschnittlich ist.
d) Wie groß wäre ein 12 Monate altes Kind, wenn es immer so schnell wachsen würde wie in den ersten beiden Monaten?

6 Die Deutsche Bahn stellt die Bewegungen von Zügen in so genannten Bildplänen dar (Fig. 3). Dabei werden die Positionen verschiedener Züge zu allen Uhrzeiten in ein Koordinatensystem eingetragen.
a) Beschreibe den „Fahrplan" von Zug 1 in Worten.
b) Wo und wann begegnet der Zug 2 dem Zug 3? Überholt ein Zug einen anderen?

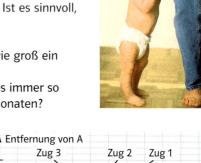
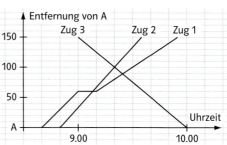
Fig. 3

3 Abhängigkeiten in Termen darstellen

Die große Flucht aus den Städten
Seit einigen Jahren verlassen viele Menschen die großen Städte in NRW und ziehen in das Umland der Städte. Die Stadt Düsseldorf zum Beispiel hatte im Jahre 2005 knapp 572 000 Einwohnerinnen und Einwohner. Zehn Jahre vorher waren es noch deutlich mehr. Pro Jahr schrumpft die Stadt um rund 2000 Einwohnerinnen und Einwohner.

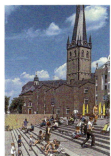

In dieser Lerneinheit geht es darum, wie man sich mithilfe von Symbolen in Rechenausdrücken viel Zeit und Arbeit sparen kann.

Tim wünscht sich eine E-Gitarre. Seine Wunschgitarre kostet zusammen mit einem kleinen Verstärker 164 €. Bisher hat er – auch mithilfe seiner Oma – schon 103 € gespart. Pro Woche bekommt Tim 3,50 € Taschengeld. Wenn er sich bemüht, kann er davon 2,50 € sparen. Wie lange dauert es, bis Tim seine neue Gitarre endlich in der Hand halten kann? Man kann die Entwicklung des Sparguthabens für jede Woche mit einer Tabelle verfolgen (vgl. Fig. 1). Doch auf diese Weise kann es sehr aufwändig sein, die gesuchte Wochenzahl auszurechnen. Es gibt jedoch einen schnelleren Weg: Nach der ersten Woche erhält man ein Sparguthaben von 103 + **1** · 2,50 € = 105,50 €, nach der zweiten Woche 103 + **2** · 2,50 € = 108,00 €, nach der dritten Woche 103 + **3** · 2,50 € = 110,50 € usw. (vgl. Fig. 1). Daraus lässt sich der folgende allgemeine Rechenausdruck bilden:

103 € + ☐ · 2,50 € (Für ☐ könnte man auch **Anzahl der Wochen** schreiben)

Woche	Geld (€)
0	103
1	105,50
2	108,00
3	110,50
4	113,00

Fig. 1

Nun kann man durch systematisches Probieren die Anzahl der Wochen bestimmen, die benötigt wird, um 164 € zu sparen. So muss man nicht für jede Woche das Guthaben bestimmen, sondern kann z. B. direkt feststellen, wie viel man nach 20 Wochen gespart hat.
Somit benötigt Tim 25 Wochen, also noch etwa ein halbes Jahr, bis er die ersehnte Gitarre endlich kaufen kann.

Woche	103 € + ☐ · 2,50 €	Guthaben
10	103 € + **10** · 2,50 €	**128 €**
20	103 € + **20** · 2,50 €	**153 €**
30	103 € + **30** · 2,50 €	**178 €**
24	103 € + **24** · 2,50 €	**163 €**
25	103 € + **25** · 2,50 €	**165,50 €**

Nach 20 Wochen hat Tim ein Guthaben von 153 €.

Die Verwendung von Symbolen kann auch bei der nächsten Aufgabe helfen. Eine Zahlenmauer (Fig. 2) soll ausgefüllt werden. Hier soll man herausfinden, welche Zahl man in den freien Stein auf der untersten Ebene einsetzen muss, damit an der Spitze 68 herauskommt. Setzt man eine 1 ein, so erhält man im obersten Stein eine 11 (Fig. 3), bei einer 10 sind es schon 38 (Fig. 4).

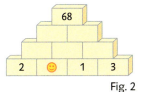
Fig. 2

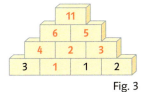
Fig. 3

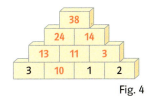
Fig. 4

In Erkundung 2, Seite 201, kannst du weitere Zahlenmauern erforschen.

☺	☺ · 3 + 8	=
10	10 · 3 + 8	38
15	15 · 3 + 8	53
20	20 · 3 + 8	68

Fig. 1

Um nicht für jede Zahl die Zahlenmauer neu zu berechnen, kann man für die unbekannte Zahl ein Symbol, z. B. ein ☺, verwenden. Mit dem ☺ rechnet man dann genauso wie mit einer Zahl. So ergibt zum Beispiel ☺ + ☺ = ☺ · 2.

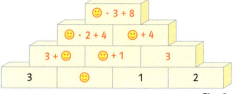

Fig. 2

Siehe Erkundung 2, Seite 201.

Damit erhält man den folgenden Rechenausdruck für den obersten Stein in Fig. 2:
☺ · 3 + 8
Systematisches Einsetzen liefert dann den richtigen Wert für das Symbol.

> Für eine unbekannte Größe kann man in einer Rechnung auch ein Symbol oder einen Buchstaben verwenden. Setzt man für das Symbol eine Zahl ein, so lässt sich der Wert des Rechenausdrucks bestimmen.
> Den Rechenausdruck mit dem Symbol ☺ nennt man einen **Term** mit einer **Variablen** ☺.

☺	3 + ☺ · 4
1	7
2	11
10	43
20	83
50	203
55	223
56	227

Fig. 3

Beispiel 1
Kommt die Zahl 225 in der Zahlenfolge 7; 11; 15; 19 ... vor?
Mögliche Lösung:
Der Abstand zwischen den Zahlen beträgt immer 4. Die Zahlen 7; 11 und 15 erhält man durch 7 = 3 + 1 · 4; 11 = 3 + 2 · 4 und 15 = 3 + 3 · 4. Deswegen lautet ein möglicher Term für die Zahlenfolge: 3 + ☺ · 4. Das Symbol ☺ gibt dabei an, an welcher Stelle die Zahl in der Folge steht.
Die Zahl 225 gehört nicht zu der Zahlenfolge, da 223 schon dazu gehört (vgl. Fig. 3).

Beispiel 2
Yvonne legt mit Streichhölzern Muster, indem sie Quadrate (Fig. 4) hintereinander legt.
a) Lege eine Tabelle an, in der du die Anzahl der Streichhölzer in den ersten vier Mustern bestimmst. Gib den jeweiligen Term an.
b) Bestimme die Anzahl der Streichhölzer im 50. Rechteckmuster mithilfe eines Terms.
Mögliche Lösungen:

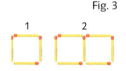

Fig. 4

a)

Anzahl der Quadrate	Anzahl der Streichhölzer	Term	
1	4	1 + 3 = 4	
2	7	1 + 2 · 3 = 7	oder 2 · 4 − 1 = 7
3	10	1 + 3 · 3 = 10	oder 3 · 4 − 2 = 10
4	13	1 + 4 · 3 = 13	oder 4 · 4 − 3 = 13
...	...	...	
		1 + □ · 3 = ...	oder □ · 4 − (□ − 1) = ...

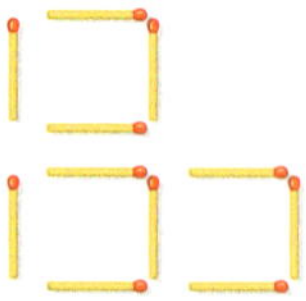

b) Das erste Quadrat besteht aus vier Streichhölzern, mit jedem neuem Quadrat kommen drei Streichhölzer hinzu. Auch das erste Quadrat besteht aus einem Streichholz und drei weiteren. Der Term 1 + □ · 3 beschreibt die Anzahl der Streichhölzer. Das Symbol □ gibt die Anzahl der Quadrate in dem Muster an. Das fünfzigste Muster besteht aus 151 Streichhölzern, da 1 + 50 · 3 = 151.

Oder:
Das erste Muster besteht aus vier Streichhölzern, das zweite Muster aus 7 Streichhölzern, da man für jedes neue Quadrat nicht vier, sondern nur drei Hölzer benötigt. Deswegen enthält das dritte Muster drei Quadrate weniger zwei Streichhölzer: $3 \cdot 4 - 2 = 10$.
Der Term für ein beliebiges Muster lautet: $\square \cdot 4 - (\square - 1)$.
Das fünfzigste Muster hat 151 Streichhölzer, da $50 \cdot 4 - (50 - 1) = 151$.

Aufgaben

1 Katharina zeichnet nach oben hin höher werdende Zylinderhüte in ihr Heft. Die erste Reihe enthält sechs Perlen, die anderen enthalten 4 Perlen (vgl. Fig. 1). Katharina berechnet die Anzahl der Perlen bei verschiedenen Hüten.
a) Zeichne die Muster für die Hüte mit 2, 3, 4, 5 und 6 Reihen. Lege eine Tabelle dazu an und finde den Term, mit dem man die Anzahl der Perlen bestimmen kann.
b) Bestimme die Anzahl der Perlen bei 100 Perlenreihen mithilfe des Terms.

Fig. 1

2 Übertrage die Zahlenmauer (Fig. 2) in dein Heft und vervollständige sie. Verwende dazu das Symbol.

3 Gehört die Zahl 182 zu der Zahlenfolge 5; 8; 11; 14; … und zu der Zahlenfolge 2; 6; 12; 20; 30; …?

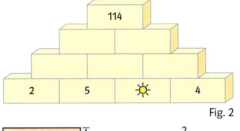
Fig. 2

4 Ordne den Beschreibungen den richtigen Term (Fig. 6) zu.
a) Wie groß ist der Umfang des Rechtecks (Fig. 3)?
b) Multipliziere eine Zahl mit 3 und addiere zum Ergebnis 4.
c) Florian hat 3 kg Kirschen gepflückt. Jede Stunde pflückt er zusätzlich 4 kg.
d) Wie groß ist der Flächeninhalt des Rechtecks (Fig. 4)?
e) Wie viele Perlen hat die Rakete (Fig. 5), wenn sie aus ☺ Perlenreihen besteht?

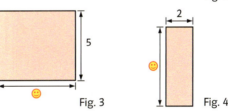
Fig. 3   Fig. 4

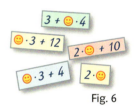
Fig. 6

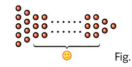
Fig. 5

5 Yvonne legt mit Streichhölzern Muster aus Quadraten (vgl. Fig. 7).
a) Lege eine Tabelle an, die die Anzahl der Hölzer in den ersten vier Mustern angibt.
b) Bestimme die Anzahl der Streichhölzer im 50. Muster mithilfe eines Terms.

6 Theo legt mit Streichhölzern Muster aus zwei Reihen von Quadraten (s. Fig. 8). Theo berechnet die Anzahl der Streichhölzer mit folgendem Term: $7 + 5(☀ - 1)$.
a) Erkläre, welche Bedeutung das Symbol in Theos Term hat und begründe dies anhand einer Tabelle für mindestens vier verschiedene Quadratmuster.
b) Welche der Terme beschreiben ein solches Muster auch richtig?
$2 + ☀ \cdot 5$; $4 + ☀ \cdot 3$; $☀ \cdot 3 + 2(☀ + 1)$
Erkläre, wie die richtigen Terme wohl gefunden wurden.
c) Wie lang ist das Muster, wenn du 100 Hölzer zur Verfügung hast?

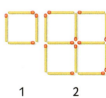
1   2
Fig. 7

Fig. 8

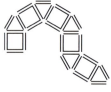

Fig. 1

7 a) Fabian zeichnet Muster aus solchen Häusern, indem er sie wie in Fig. 1 aneinanderreiht. Notiere in einer Tabelle die Anzahl der Striche, die für 10 „aneinandergereihte" Häuser benötigt werden.
Erstelle einen Term, mit dem man die Anzahl der Striche für verschieden viele aneinandergereihte Häuser berechnen kann.
b) Wie viele aneinandergereihte Häuser kann Fabian mit 200 Strichen zeichnen?

8 Schreibe zu der dargestellten Situation erst Beispiele auf und finde dann einen passenden Term.
a) Ein neugeborenes Eisbärbaby wiegt 500 g, es nimmt in den ersten Wochen täglich um 70 g zu.
b) Familie Güler zahlt für ihren Gasanschluss eine Grundgebühr von 12,35 €, dazu kommen 1,35 € für jeden m³ Gas.
c) Die ungefähre Entfernung eines Gewitters (in km) erhält man, wenn man die Zeit zwischen Blitz und Donner (in s) durch 3 teilt.

9 a) Wie lang ist die Schnur bei den Paketen aus Fig. 2, wenn das Paket 10 cm, bzw. 20 cm hoch ist?
b) Gib einen Term an, der für unterschiedliche Höhen der Pakete jeweils die Länge der Schnur angibt. Erkläre, was das Symbol bedeutet.

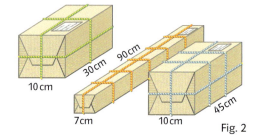

Fig. 2

10 a) Erstelle einen Term, mit dessen Hilfe du die monatlichen Telefonkosten von Constantin ermitteln kannst.
b) Wie musst du den Term verändern, damit er die Kosten für 6 Monate und x-beliebig viele Minuten angibt?

Handyrechnung Constantin Knabbe 2004:			Bei Mobilfon supergünstig: Grundgebühr 9,95 €, pro Minute 14 Ct
Monat	Minuten	Betrag	
Jan	17	12,50	
Feb	24	13,55	
März	53	17,90	
Apr	46	16,85	
Mai	93	23,90	
…	…	…	
?	x	?	

Du kannst für das x erst einmal konkrete Zahlen einsetzen. Das hilft dir, das Ergebnis zu finden.

11 Finde zu der Zeichnung einen passenden Term.
a) Wie groß ist der Umfang des Dreiecks in Fig. 3, wenn die Maßzahlen in cm gegeben sind?
b) Wie groß sind der Umfang und der Flächeninhalt in Fig. 4, wenn die Maßzahlen in cm gegeben sind?
c) Wie viele Perlen braucht man für das Muster in Fig. 5? Abgebildet ist es für die Länge 6 Karokästchen.
d) Wie groß sind die Oberfläche und das Volumen des in Fig. 6 dargestellten Körpers, wenn die Maßzahlen in dm gegeben sind?

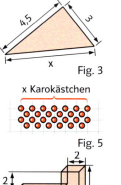

Fig. 3

x Karokästchen

Fig. 5

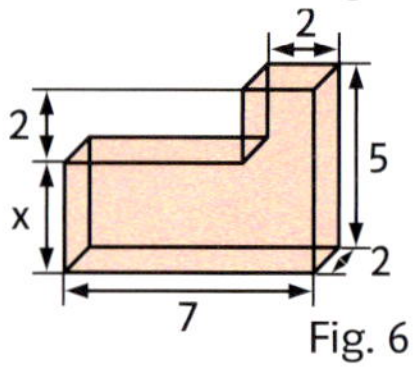

Fig. 4

Fig. 6

210 VII Beziehungen zwischen Zahlen und Größen

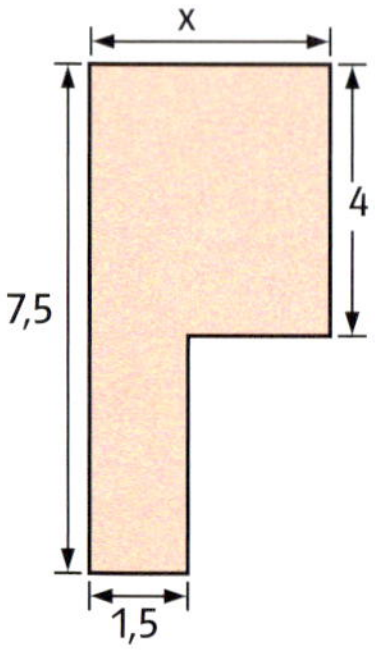

Bist du sicher?

1 Finde zu der Beschreibung einen passenden Term.
a) Auf einer Antarktisinsel leben 2000 Kaiserpinguine. Jedes Jahr werden ca. 150 Pinguine geboren und ca. 170 sterben. Wie viele Pinguine leben nach 5 Jahren auf der Insel?
b) Eva hat 50 € gespart. Jede Woche bekommt sie 4,50 € Taschengeld, jeden Tag gibt sie 1,20 € für Süßigkeiten und ein Getränk aus. Nach wie viel Wochen hat sie nur noch 11 € Restguthaben?
c) Erfinde ähnliche Aufgaben und lasse deinen Nachbarn den Term herausfinden.

2 Denke dir eine Situation zu folgendem Term aus: $2 + \diamond \cdot 0{,}50$.

3 Notiere den Term, mit dem du die Anzahl der Hölzer auch in dem 6. Muster berechnen kannst.

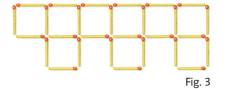

Fig. 1   Fig. 2   Fig. 3

Eine Tabelle kann dir das Aufstellen eines Rechenausdruckes erleichtern.

12 Finde jeweils einen passenden Term.
a) Emira hat 30 € gespart. Jede weitere Woche spart sie 3,50 €.
b) Wie groß sind der Flächeninhalt und der Umfang des Rechtecks in Fig. 4?

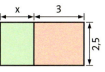

Fig. 4

13 a) Findet einen Term für die Anzahl der Perlen in dem Perlenmuster, das in Fig. 5 auf Karopapier gezeichnet wurde.
b) Welche der folgenden Terme passen zu dieser Anzahl der Perlen im Muster? Begründe deine Antwort. Wenn der Term passt, so beschreibe, wie ihr den Term gefunden habt.
1) $5x - 2$ 2) $2x - 5$ 3) $2x + 3(x + 1)$ 4) $2(x + 1) + 3x$
5) $5 + 2x$ 6) $7 + 5(x - 1)$ 7) $2(x - 1) + 3x$
c) Zeichne eigene Muster aus Punkten auf Karopapier und lasse deine Mitschülerinnen und Mitschüler die Terme bestimmen.

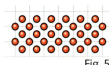

Fig. 5

14 a) Wie lange kann man das Streichholzmuster in Fig. 6 fortsetzen, wenn man 86 Streichhölzer zur Verfügung hat?
b) Zeichne oder lege eigene Streichholzmuster und stelle deinen Mitschülerinnen und Mitschülern Aufgaben dazu.

Fig. 6

15 Der Mount Everest, der höchste Berg der Erde, ist zurzeit exakt 8850 m hoch. Forschungen haben ergeben, dass er sich jährlich um 4 mm anhebt. Wann wird er 8851 m hoch sein, wann 8900 m oder 10 000 m?

VII Beziehungen zwischen Zahlen und Größen   **211**

4 Rechnen mit dem Dreisatz

Tom und Jessica studieren in der Disco die Getränkekarte. Tom: „Irgendwie scheinen mir die Preise nicht in Ordnung zu sein." Jessica: „Wieso denn? Für das Einschenken, das Bedienen und das Gläserspülen berechnet die Disco 1,50 € pro Glas."

Du hast gelernt, die Abhängigkeit zwischen zwei Größen in Diagrammen oder Termen darzustellen. Bei einer bestimmten Abhängigkeit genügt es, ein Paar zusammengehörende Größenangaben zu kennen, um weitere Werte berechnen zu können.

An einem Messbecher kann man ablesen, dass 500 cm³ Mehl etwa 400 g wiegen. Kann man daraus berechnen, wie viel 700 cm³ wiegen? Es ist klar, zum größeren Volumen gehört auch ein größeres Gewicht. Genauer: Zum doppelten Volumen gehört das doppelte Gewicht, zum halben Volumen das halbe Gewicht. Um das Gewicht von 700 cm³ Mehl zu bestimmen, berechnet man zunächst, wie viel 100 cm³ wiegen.

Zu einem Fünftel des Volumens gehört ein Fünftel des Gewichts. Zum siebenfachen Volumen gehört das siebenfache Gewicht.

500 cm³ wiegen 400 g.
100 cm³ wiegen 400 g : 5 = 80 g.
700 cm³ wiegen 80 g · 7 = 560 g.

Ebenso könnte man jetzt auch berechnen, wie viel 200 cm³, 400 cm³ usw. wiegen. Da man aus drei gegebenen („gesetzten") Größenangaben weitere berechnen kann, nennt man das Rechenschema **Dreisatz**.

Fig. 1

Lisa ist 5 Jahre alt und 1,15 cm groß. Wie groß wird sie mit 10 Jahren sein?
Wenn sie doppelt so alt ist, ist sie zwar größer geworden, aber sicher nicht doppelt so groß. Hier ist also der Dreisatz nicht anwendbar.
Max erhält zum Geburtstag eine Tüte Gummibärchen. Verteilt er sie an 6 Kinder, so erhält jedes 16 Bärchen. Wie viele Bärchen bekommt jedes, wenn er sie an 8 Kinder verteilt?

Zu einem Sechstel gehört das Sechsfache. Zum Achtfachen gehört ein Achtel.

Bei doppelt so vielen Kindern erhält jedes Kind nur halb so viele Bärchen, bei halb so vielen Kindern doppelt so viele Bärchen. Hier kann man einen anderen Dreisatz anwenden.
Bei 6 Kindern erhält jedes 16 Gummibärchen.
Bei 1 Kind erhält jedes 16 Gummibärchen · 6 = 96 Gummibärchen.
Bei 8 Kindern erhält jedes 96 Gummibärchen : 8 = 12 Gummibärchen.

Gilt „Je mehr desto mehr", dann gilt auch „Je weniger desto weniger".

Gilt „Je mehr desto weniger", dann gilt auch „Je weniger desto mehr".

Um einen Dreisatz anwenden zu können, muss man vorher überprüfen, ob die folgenden Bedingungen erfüllt sind.

Je-mehr-desto-mehr-Dreisatz oder	**Je-mehr-desto-weniger-Dreisatz**
1. Nimmt die erste Größe zu, so nimmt auch die zweite Größe zu.	1. Nimmt die erste Größe zu, so nimmt die zweite Größe ab.
2. Zum Doppelten, Dreifachen ... der ersten Größe gehört das Doppelte, das Dreifache ... der zweiten Größe.	2. Zum Doppelten, Dreifachen ... der ersten Größe gehört die Hälfte, ein Drittel ... der zweiten Größe.

Beispiel 1 Bedingung für Dreisatz erkennen
Bei welchen Abhängigkeiten kann man einen Dreisatz anwenden? Begründe.
a) Länge eines Drahtes – Gewicht des Drahtes
b) Alter einer Eiche – Höhe der Eiche
c) Anzahl der Maler, die einen Zaun streichen – Zeit, die sie zum Streichen brauchen
Lösung:
a) Bei gleicher Dicke und gleichem Material wiegt ein doppelt so langes Drahtstück auch doppelt so viel. Also ist ein Je-mehr-desto-mehr-Dreisatz anwendbar.
b) Eine Eiche wird zwar mit zunehmendem Alter höher, aber eine alte Eiche wächst langsamer als eine junge Eiche. Also ist kein Dreisatz anwendbar.
c) Wenn alle Maler gleich schnell arbeiten, brauchen doppelt so viele Maler nur halb so lang. Also ist ein Je-mehr-desto-weniger-Dreisatz anwendbar.

Viele Maler verderben den Dreisatz!

Beispiel 2 Dreisatz anwenden
Bei einem Handballspiel bezahlten 400 Zuschauer zusammen 2400 € Eintritt. Wie hoch wären die Einnahmen bei 500 Zuschauern gewesen? Welche Annahme hast du bei deiner Rechnung gemacht?
Lösung:
Es ist ein Je-mehr-desto-mehr-Dreisatz anwendbar.
400 Zuschauer bezahlen 2400 € .
100 Zuschauer bezahlen 2400 € : 4 = 600 €.
500 Zuschauer bezahlen 600 € · 5 = 3000 €.
Annahme: Das Eintrittsgeld ist für alle Zuschauer gleich hoch.

Beispiel 3 Dreisatz anwenden
Um die Fenster eines Bürogebäudes zu reinigen, brauchen 3 Arbeiter einer Firma 6 Tage.
a) Wie lange würden 2 Arbeiter für die Reinigung brauchen?
b) Nach 2 Tagen wird ein Arbeiter krank. Wie lange dauert nun die gesamte Reinigung?
a) *Es ist ein Je-mehr-desto-weniger-Dreisatz anwendbar.*
3 Arbeiter brauchen 6 Tage.
1 Arbeiter braucht 6 Tage · 3 = 18 Tage.
2 Arbeiter brauchen 18 Tage : 2 = 9 Tage.
b) Nach 2 Tagen gilt: 3 Arbeiter würden noch 4 Tage brauchen.
1 Arbeiter würde 3 · 4 Tage = 12 Tage brauchen.
2 Arbeiter brauchen dann 12 Tage : 2 = 6 Tage.
Die Reinigung der Fenster des Bürogebäudes dauert dann also 8 Tage.

Aufgaben

1 In welchen der folgenden Situationen kann man mit einem Dreisatz rechnen?

2 Welche Annahmen muss man machen, um die Aufgaben mit einem Dreisatz lösen zu können? Berechne.
a) 10 Brötchen kosten 2,80 €. Was muss Antonia für 8 Brötchen bezahlen?
b) Charlotte möchte zur Vorbereitung auf die Mathearbeit 18 Übungsaufgaben bearbeiten. Nach 10 Minuten hat sie 4 Aufgaben gelöst. Wie viel Zeit wird sie insgesamt brauchen?
c) Konrad und seine beiden Schwestern brauchen jeden Montag 50 Minuten, um ein Lokalblatt auszutragen. Wie lange brauchen sie, wenn ihnen ihre beiden Cousinen helfen?

3 Denke dir zusammen mit deinem Nachbarn jeweils zwei Aufgaben aus, die mit einem Je-mehr-desto-mehr-Dreisatz, einem Je-mehr-desto-weniger-Dreisatz und die nicht mit einem Dreisatz lösbar sind.

In Erkundung 1, Seite 200, kannst du mit verschiedenen Füllgefäßen experimentieren, deine eigene Maßeinheit entwerfen und sie mit anderen vergleichen.

4 In allen fünf Gefäßen (Fig. 1) befinden sich 25 Liter Wasser. Es steht überall 10 cm hoch. Bei welchen Gefäßen kann man mit einem Dreisatz das Volumen des Wassers berechnen, wenn man weiß, dass das Wasser 25 cm hoch steht?

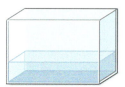

Fig. 1

Info

Größe 1	Größe 2
gegeben	gegeben
...	...
gegeben	gesucht

Fig. 2

Vorsicht: Runden ist nur beim Endergebnis erlaubt!

So rechnet man geschickt mit dem Dreisatz:
1. Prüfe, ob ein Dreisatz anwendbar ist. Wenn ja, welcher?
2. Trage in einer **Tabelle** die beiden zusammengehörenden Größenangaben ein. Die **gesuchte Größe** steht dabei **rechts** (vgl. Fig. 2).
3. Schließe durch Dividieren oder Multiplizieren auf ein geeignetes Zwischenergebnis.
4. Berechne durch Multiplizieren oder Dividieren das Endergebnis.

Eine Wandfläche von 125 m² soll gestrichen werden. Für die ersten 50 m² wurden 12 l Farbe verbraucht. Wie viel Farbe benötigt man voraussichtlich für die ganze Wand?
Da man bei einem gleichmäßigen Anstrich für die doppelte Fläche auch die doppelte Menge an Farbe benötigt, ist hier der Je-mehr-desto-mehr-Dreisatz anwendbar.
Man kann nun folgende Tabelle aufstellen, die Menge in l ist gesucht und steht rechts:

Wandfläche in m²	Menge der Farbe in l
:50 ⎛ 50	12 ⎞ :50
⎜ 1	0,24 ⎟
·125 ⎝ 125	30 ⎠ ·125

Das Zwischenergebnis (0,24) darf nicht gerundet werden, das Endergebnis könnte dadurch stark verfälscht werden.

Es werden also voraussichtlich 30 Liter Farbe benötigt.
Im zweiten Schritt des Dreisatzes auf die 1 zu schließen, führt immer zum Ziel, häufig jedoch kann man mit anderen Zwischenergebnissen leichter rechnen, zum Beispiel so:

Wandfläche in m²	Menge der Farbe in l	Wandfläche in m²	Menge der Farbe in l
:2 ⎛ 50	12 ⎞ :2	·10 ⎛ 50	12 ⎞ ·10
⎜ 25	6 ⎟	⎜ 500	120 ⎟
·5 ⎝ 125	30 ⎠ ·5	:4 ⎝ 125	30 ⎠ :4

5 Ein Auto braucht auf 100 km durchschnittlich 6,0 l Diesel.
a) Wie hoch ist der Verbrauch bei einer 250 km langen Fahrt?
b) Wie weit kann man mit einer Tankfüllung von 51 l fahren?

6 Um die Baugrube für eine Tiefgarage auszuheben, brauchen 3 Bagger 25 Tage. Nach fünf Tagen erhält der Bauleiter die Anweisung, dass die Grube schon fünf Tage früher fertig sein muss. Wie viele Bagger muss er ab dem sechsten Tag zusätzlich einsetzen?

7 Prüfe, ob man die fehlenden Werte in der Tabelle mithilfe eines Dreisatzes berechnen kann. Berechne die fehlenden Werte.

a)
2	4	6	8	10	
3	6	9	12		48

b)
2	4	6	8	10	
5	7	9	11		19

c)
2	4	6	8	10	
60	30	20		12	4

8 Eine Großbäckerei stellt aus einer Lieferung Teig 950 Tafelbrötchen mit jeweils 40 g Gewicht her. Wie viele Brötchen hätte sie aus dem Teig herstellen können, wenn sie die Brötchen um 2 g leichter gemacht hätte?

9 Die schwerste Tafel Schokolade der Welt wurde im Jahr 2000 in Turin (Italien) hergestellt. Hätte man sie in lauter 50 g schwere Portionen aufgeteilt, so hätte sie für 45 600 Personen gereicht. Wie schwer wäre eine Portion gewesen, wenn man die Schokolade auf 5000 Personen verteilt hätte?

Ab hier ist die Verwendung eines Taschenrechners sinnvoll.

10 Vor fast 2000 Jahren bauten die Römer eine 50 km lange Wasserleitung, die die damalige römische Metropole Nîmes (in Südfrankreich) mit frischem Wasser versorgte. Die Quelle lag nur 17 m höher als das Ende der Leitung in Nîmes. Etwa auf halber Strecke musste das Tal des Flüsschens Gardon überquert werden. Dafür wurde ein 275 m langer Aquädukt errichtet, der Pont du Gard.
Berechne den Höhenunterschied zwischen den beiden Enden des Point du Gard.

Um den Pont du Gard zu bauen, waren etwa 1000 Menschen beschäftigt.

Bist du sicher?

1 Ein Stapel mit 150 Blättern Kopierpapier wiegt 0,750 kg.
a) Wie viel wiegt eine Packung mit 1000 Blättern?
b) Ein Stapel wiegt 1,250 kg. Aus wie vielen Blättern besteht der Stapel?

2 Mit dem Inhalt eines Weintanks wurden 1360 Flaschen mit je 0,75 l Inhalt abgefüllt.
a) Wie viele Glasballons mit je 4 l Inhalt könnte man aus diesem Tank füllen?
b) Der Wein wird in 12 gleiche Fässer umgefüllt. Wie groß ist der Inhalt eines Fasses?

Deutsche Beteiligung bei den Ballsportarten:
Fußball (Frauen)
Handball (Männer)
Hockey (Frauen und Männer)
Volleyball (Frauen)
Beachvolleyball (Frauen und Männer)

11 Bei den Olympischen Spielen 2004 in Athen starteten 79 deutsche Teilnehmerinnen und Teilnehmer in der Leichtathletik, 59 in den verschiedenen Wassersportarten, 49 beim Rudern, 23 im Radsport und 85 waren Mannschaftsmitglieder von Ballsportarten. Die restlichen 147 gehörten zu 16 anderen Sportarten. Erstelle ein Kreisdiagramm für die Zusammensetzung der deutschen Mannschaft nach Sportarten.

12 Den Mineralölverbrauch verschiedener Länder im Jahr 2003 (in Millionen Tonnen) zeigt die folgende Tabelle.

USA	China	Japan	Russland	Deutschland	Italien	Spanien	Niederlande
895	263	252	126	125	90	75	45

In einer Zeitungsmeldung sollen diese Werte durch ein Säulendiagramm veranschaulicht werden. Die Säule für den Verbrauch der USA soll dabei 10 cm hoch werden.
a) Wie hoch müssen dann die anderen Säulen werden?
b) Berechne den Ölverbrauch Saudi-Arabiens, wenn dessen Säule 7,5 mm hoch ist.
c) Zeichne das Säulendiagramm.

Die Zahlen geben an, wie viele mg Vitamin C in 100 g Frucht enthalten sind.

13 Mit unserer Nahrung sollen wir täglich mindestens 75 mg Vitamin C zu uns nehmen.
a) Wie viel muss man jeweils von einer der abgebildeten Fruchtsorten essen, um den täglichen Bedarf an Vitamin C damit zu decken?
b) Wie viele Bananen muss man noch essen, wenn man schon einen 170 g schweren Apfel gegessen hat?

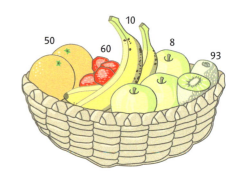

So hieß der Dreisatz damals:

Einfache Regel-de-tri

14 Aus einem Mathematikbuch aus dem Jahr 1909:

> Ein Fußgänger legt in 5 Stunden einen Weg von 26 km zurück.
> a. Wieviel km Weg kann er in 12 Stunden zurücklegen?
> b. Wieviel Zeit braucht er zu einem Wege von 143 km Länge?

15 Eine Kabeltrommel mit 50 m Kabel wiegt 6,5 kg. Die gleiche Trommel mit 30 m Kabel wiegt 4,9 kg. Wie kann man das Gewicht der Trommel allein bestimmen, ohne das Kabel abzuwickeln?

16 Für die Abhängigkeit zweier Größen soll gelten: Nimmt die erste Größe um jeweils 10 Einheiten zu, so nimmt die zweite Größe um jeweils 2 Einheiten zu.
Kann man hier einen Dreisatz anwenden? Suche nach geeigneten Beispielen.

17 **Zum Experimentieren**
Öffne einen Wasserhahn ganz leicht, sodass er gerade zu tropfen beginnt. Stelle unter den Hahn einen Messbecher und bestimme die Zeit, bis in den Messbecher 100 cm³ Wasser getropft sind.
a) Berechne den Wasserverlust, der durch einen tropfenden Wasserhahn in einer Woche entsteht.
b) Wie viel Geld geht dabei in einem Jahr verloren?

Wiederholen – Vertiefen – Vernetzen

1 Rund um Zahlenmauern
a) Setze für das Kreuz in der Zahlenmauer 2; 4; 8; 16 usw. ein. Notiere eine Zahlenfolge für die Zahlen, die an der Spitze herauskommen.
b) Erhöhe nun die Zahlen in der untersten Reihe um 1 und setze für das Kreuz nacheinander dieselben Zahlen ein wie in a). Notiere die Zahlenfolgen, die an der Spitze entstehen, und vergleiche mit der Zahlenfolge aus a).

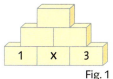
Fig. 1

2 Welche Muster erkennst du? Führe die Muster fort. Wie viele Zahlenfolgen kannst du erkennen? Notiere die Zahlenfolgen und formuliere jeweils eine Regel.

1	1	2	3	5	…
3	7	11	15	19	…
6	14	20	28	24	…
9	21	29	42	43	…
…	…	…	…	…	…

3 Gehört 569 zu der Zahlenfolge 4, 10, 16, 22, …? Begründe.

4 a) Vervollständige die Tabelle 1 in deinem Heft. Teile dann jede Zahl durch 2 und trage (in einer neuen Tabelle) eine Null ein, wenn der Rest gerade ist, und eine 1, wenn der Rest ungerade ist (vgl. Tabelle 2). Jetzt färbst du das Quadrat mit zwei Farben, eine Farbe für die Null und eine für die Eins. Vervollständige das Bild in Fig. 2.

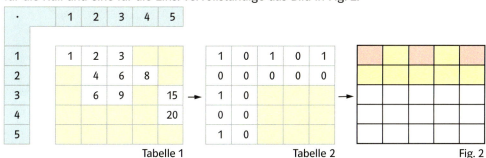

Tabelle 1   Tabelle 2   Fig. 2

b) Nun wiederhole das Verfahren wie in a), dividiere aber jetzt durch 4 und begründe das entstehende Farbmuster.
c) Wie wird wohl das Farbmuster aussehen, wenn man durch 7 dividiert? Begründe.
d) Erstelle auf diese Weise weitere Farbmuster. Statt nur mit Nullen und Einsen und zwei Farben, kannst du auch mehr Zahlen und mehr Farben verwenden.

5 An der Wand der „Sagrada familia", einer von dem berühmten Architekten Antoni Gaudi entworfenen Kirche in Barcelona, kann man ein Zahlenquadrat finden.
a) Erforsche das Zahlenmuster.
b) Recherchiere, warum sich wohl gerade ein solches Zahlenquadrat an der Wand der Kirche befindet.

Wiederholen – Vertiefen – Vernetzen

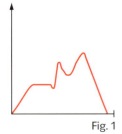

Fig. 1

6 a) Erfinde eine Geschichte zum Diagramm in Fig. 1.
b) Elias möchte über die in der rechten Figur abgebildeten Berge fahren.
Zeichne ein Diagramm, in dem seine Geschwindigkeit während der Radtour dargestellt ist.

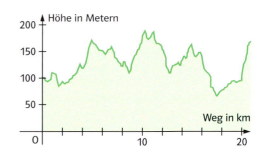

7 Tim: „Ich habe dich heute auf dem Schulweg gesehen."
Jana: „Das geht doch gar nicht. Du warst doch schon da, als ich gekommen bin."
Schreibe eine kleine Geschichte zum Schulweg von Tim und Jana. Sind sie sich zwischendurch begegnet (vgl. Fig. 2)?

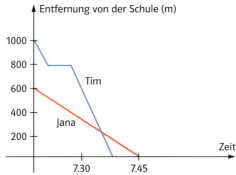

Fig. 2

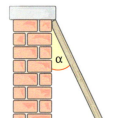

Fig. 3

8 Eine 6 m hohe Mauer soll an ihrem oberen Ende durch einen Balken abgestützt werden (Fig. 3). Je größer der Winkel α zwischen der Mauer und dem Balken ist, desto länger muss der Balken sein.
a)

Winkelweite in Grad	10	20	30	45	60
Länge des Balkens in m					

Übertrage die Tabelle in dein Heft und bestimme die zu den angegebenen Winkelweiten gehörenden Balkenlängen mithilfe einer Zeichnung im Maßstab 1 : 100.
b) Veranschauliche die Abhängigkeit der Balkenlänge von der Winkelweite in einem Diagramm. Ist es sinnvoll, die eingezeichneten Punkte miteinander zu verbinden?
Welchen Winkel schließt ein 7,8 m langer Stützbalken mit der Mauer ein?

9 Geschwindigkeiten von Schiffen werden in Knoten angegeben. 1 Knoten bedeutet, dass das Schiff in einer Stunde eine Seemeile (1,852 km) zurücklegt. Ein Katamaran hat auf einer Reise auf dem Mittelmeer bereits 5 Seemeilen zurückgelegt. Seine Geschwindigkeit beträgt ca. 30 Knoten.
a) Stelle einen Term auf, mit dem du berechnen kannst, wie weit das Katamaran nach einer Stunde, zwei Stunden oder nach x-beliebig vielen Stunden gesegelt ist.
b) Stelle die Fahrt des Katamarans für einen Zeitraum von 12 Stunden in einem Diagramm dar.

10 In einem Molkereiladen kann man sich Jogurt in einen Becher abfüllen lassen. Die Verkäuferin wiegt den gefüllten Becher und zieht das Gewicht des leeren Bechers ab, da er nicht mitbezahlt werden muss. Dieser wiegt 15 g. 100 g Joghurt kosten 0,20 €.
a) Ida kauft 320 g Joghurt. Wie viel muss sie bezahlen?
b) Bei Joscha zeigt die Waage das Gesamtgewicht 265 g an. Wie viel muss er bezahlen?
c) Stelle einen Term auf, mit dem man aus dem von der Waage gemessenen Gesamtgewicht den Kaufpreis berechnen kann.
d) Lilo hat 2,70 € im Geldbeutel. Welches Gesamtgewicht darf die Waage bei ihr höchstens anzeigen?

Zusatz zu a) und b): Erkläre, wie du das Ergebnis erhalten hast.

11 Andere Zeiten – andere Probleme – gleiche Mathematik
a) 1887: Von einem $\frac{11}{4}$ breiten Tuche braucht man $3\frac{1}{2}$ Meter zu einem Kleide. Wie viel Meter braucht man von einem Tuche, welches $\frac{9}{4}$ breit ist?
b) 1920: 24 Weber fertigen in 12 Tagen 5400 m Zeug.
Wie viel Meter können 50 Weber in derselben Zeit fertigen?
Wie viel Meter können 24 Weber in 45 Tagen fertigen?
c) 1941: In Jena (60 000 Einwohner) wurden 1936 täglich 60 dz Küchenabfälle gesammelt, darunter 5 dz Brot. Wie viele dz Küchenabfälle und wie viele dz Brot können entsprechend in Berlin gesammelt werden? Berlin hat 4,25 Millionen Einwohner.
d) 1963: Bauer Herbst führte im vorigen Jahr seinen Dunghaufen mit einem Pferdegespann aufs Feld. Es waren 38 Fuhren mit je 0,9 m³ Mist. In diesem Jahr führte er einen gleich großen Dunghaufen mit einem Schlepper ab, mit dem er jedesmal 1,75 m³ befördern konnte. Wie viel Fuhren waren diesmal notwendig?
e) 1994: Pia geht im Nachbarort zur Schule. Wenn sie mit dem Fahrrad gleichmäßig mit 15 km/h fährt, braucht sie für den Schulweg 20 Minuten. Wie lange wäre sie zu Fuß bei einer Geschwindigkeit von 5 km/h unterwegs?
f) 2004: Bei Onurs Handy-Vertrag sind pro Monat 20 SMS frei. Im Januar hat Onur 54 SMS verschickt und musste dafür 6,46 € bezahlen. Wie hoch sind seine Kosten im Februar, wenn er 44 SMS verschickt hat?

Alle Aufgaben stammen aus verschieden alten Schulbüchern.

1 dz (Doppelzentner) = 100 kg

12 Schreiner Hobel rechnet: „Wenn 4000 Nägel 52 € kosten, kostet ein Nagel 52 € : 4000 = 0,013 €. Ich müsste für einen Nagel 1 Cent bezahlen. Dann kosten 5000 Nägel 50 €. Moment mal, dann wäre die Packung mit 5000 Nägeln ja billiger als die mit 4000?" Was stimmt hier nicht? Erkläre.

13 Ein Vater hat für seinen Sohn ein Planschbecken mit einer Grundfläche von 160 dm² mit Eimern 21 cm hoch gefüllt. Die Eimer haben eine Grundfläche von 700 cm² und wurden 30 cm hoch gefüllt.
a) Wie oft musste der Vater mit zwei Eimern in der Hand laufen?
b) Nachdem der Vater 2-mal gelaufen ist, half der größere Bruder mit, trug jedoch nur einen Eimer. Wie oft mussten sie noch laufen?

Exkursion   Fibonacci

Der italienische Rechenmeister Leonardo von Pisa, genannt Fibonacci (ca. 1170–1250), schrieb im Jahre 1202 das Buch „liber abaci" (Buch des Rechenbretts), ein Rechenbuch für Kaufleute. In diesem schrieb er von einer tollen Idee, die er hatte.

Er nahm zwei Zahlen, und zwar zwei Einsen, und addierte sie:	1 + 1 = 2
Dann nahm er das Ergebnis und addierte sie zur letzten Eins:	1 + 2 = 3
Dann nahm er das Ergebnis und addierte sie zur Zwei:	2 + 3 = 5
Dann nahm er das Ergebnis und addierte sie zur Drei:	3 + 5 = 8

– Wie geht es weiter?

Diese Folge von Zahlen 2; 3; 5; 8; … nennt man auch Fibonacci-Zahlen.
Doch warum ist die Erfindung dieser Zahlenfolge eine so tolle Idee? Fibonacci machte dies an einem Beispiel deutlich. Fibonacci beschäftige sich mit der Kaninchenvermehrung. Er wollte wissen, wie sich Kaninchen unter idealen Umständen vermehren:

> „Jemand sperrt ein Paar Kaninchen in ein überall mit einer Mauer umgebenes Gehege, um zu erfahren, wie viele Nachkommen dieses Paar innerhalb eines Jahres haben werde, vorausgesetzt, dass es in der Natur der Kaninchen liege, dass sie in jedem Monat ein anderes Paar zur Welt bringen und dass sie im zweiten Monat nach ihrer Geburt selbst gebären."

– Wie viele Kaninchenpaare gibt es nach einem Jahr?

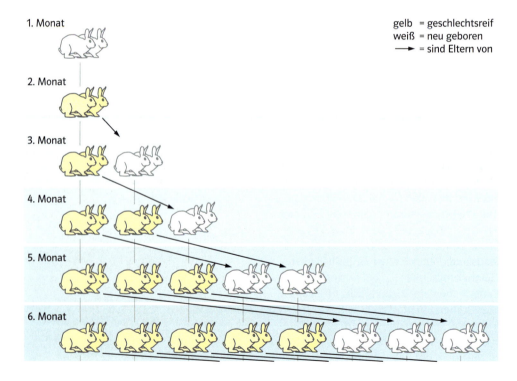

220   VII Beziehungen zwischen Zahlen und Größen

Kaninchen vermehren sich natürlich nicht so schön regelmäßig, jedoch wollte Fibonacci auch nur annähernd wissen, wie viele Kaninchen es nach einem Jahr gibt. Und das schöne ist: Seine Kaninchenforschung hat ganz viel mit seiner Erfindung, den Fibonacci-Zahlen, zu tun.
– Erkläre, warum das so ist.

Zwischen den einzelnen Fibonacci-Zahlen gibt es interessante Zusammenhänge:

Forschungsauftrag 1
Wenn du die ersten fünf Fibonacci-Zahlen zusammenzählst und eine Eins dazu addierst, erhältst du wieder eine Fibonacci-Zahl.
Wenn du die ersten sechs Zahlen zusammenzählst und eine Eins dazu addierst, erhältst du auch wieder eine Fibonacci-Zahl.
Wenn du die ersten …
– Wie geht es weiter? Erkläre deine Beobachtungen.

Forschungsauftrag 2
Beginne mit der ersten Zahl, vergiss die zweite, addiere die dritte Zahl dazu, vergiss die vierte, addiere die fünfte Zahl usw. Du kannst jederzeit aufhören, du musst lediglich noch eine Eins addieren, dann erhältst du wieder eine Fibonacci-Zahl.
– Funktioniert das immer, egal wie viele Zahlen du nimmst? Erkläre.

Forschungsauftrag 3
Mit der Idee von Fibonacci lassen sich auch andere Zahlen erzeugen. Dazu muss man die Startzahlen einfach ändern. Statt mit zwei Einsen zu beginnen, nimmt man z. B. eine 3 und eine 4. Dann erhält man die Folge 3; 4; 7; 11; 18; 29; …
– Wähle andere Startzahlen und erzeuge weitere Zahlenfolgen.
– Mit welcher Zahlenfolge erreichst du im vierten Schritt die 20?
– Welche Besonderheiten haben die Zahlen, die sich in vier Schritten erzeugen lassen? Welche Besonderheiten haben die Zahlen, die sich in fünf Schritten erzeugen lassen?

Aber das Beste kommt erst noch: Man findet Fibonacci-Zahlen auch in der Natur, z. B. bei Sonnenblumen und Tannenzapfen. Wenn du möchtest, suche im Internet oder im Lexikon nach Informationen über die Beziehung von Sonnenblume, Tannenzapfen und Fibonacci-Zahlen. Untersuche dafür auch die Margerite auf Seite 192. Tipp: Zähle dazu die Anzahl der roten und grünen Spiralen.

Watson kann nicht am Victoria Embankment gewesen sein, wenn schon Mrs. Thatchett die Entfernung zum Kings Cross in der Zeit nicht geschafft hätte. Der Fehler in der Geschichte: Das Telefon war zu dieser Zeit gerade erfunden worden und konnte noch keine Verbreitung haben.

Rückblick

Strukturen in Folgen von Figuren und Zahlen
Um Gesetzmäßigkeiten in Figuren- oder Zahlenfolgen zu finden, untersucht man:
- Was bleibt gleich?
- Was ändert sich?

Um Strukturen aufzuspüren, hilft eine übersichtliche Darstellung. Dazu lassen sich **Tabellen**, **Terme** und **Diagramme** verwenden.

Grafische Darstellung von Abhängigkeiten
Abhängigkeiten zwischen zwei Größen, die in Worten oder Tabellen beschrieben sind, kann man in Diagrammen veranschaulichen. Die Zahlenfolge aus Fig. 1 lässt sich als **Punktdiagramm** (Fig. 2) darstellen. Achtung: Die Punkte dürfen nicht verbunden werden, da es z. B. keine halben Quadrate gibt.
Einen Temperaturverlauf kann man dagegen in einem **Liniendiagramm** (Fig. 3) darstellen, da sich für jeden Zeitpunkt ein Temperaturwert angeben lässt.

Terme mit einer Variablen
Wenn sich ein Sachverhalt mit einem **Term** und einer **Variablen** beschreiben lässt, kann man sich Rechenarbeit erleichtern. Zum Beispiel lässt sich bei Zahlenfolgen, bei denen der Zuwachs immer gleich ist, ein Term mit einer Variablen aufstellen, mit dem man ein beliebiges Folgeglied ermitteln kann.

Dreisatz
Gehört zum Doppelten, Dreifachen ... der ersten Größe das Doppelte, Dreifache ... der zweiten Größe, so ist ein **Je-mehr-desto-mehr-Dreisatz** anwendbar:
- In einer Tabelle werden die zusammengehörenden Größenangaben eingetragen. Die gesuchte Größe steht dabei rechts.
- In beiden Spalten wird durch die gleiche Zahl dividiert, sodass man ein geeignetes Zwischenergebnis erhält.
- In beiden Spalten wird mit der gleichen Zahl multipliziert, sodass man das Endergebnis erhält.

Gehört zum Doppelten, Dreifachen ... der ersten Größe die Hälfte, ein Drittel ... der zweiten Größe, so ist ein **Je-mehr-desto-weniger-Dreisatz** anwendbar:
- In einer Tabelle werden die zusammengehörenden Größenangaben eingetragen. Die gesuchte Größe steht dabei rechts.
- In der linken Spalte wird durch eine Zahl dividiert und in der rechten Spalte mit der gleichen Zahl multipliziert, sodass man ein geeignetes Zwischenergebnis erhält.
- In der linken Spalte wird mit einer Zahl multipliziert und in der rechten Spalte durch die gleiche Zahl dividiert, sodass man das Endergebnis erhält.

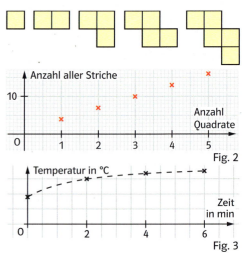

Bei der Folge 4; 7; 10; 13; 16; ... bleibt der Abstand zwischen den Zahlen gleich.

$$4 \xrightarrow{+3} 7 \xrightarrow{+3} 10 \xrightarrow{+3} 13 \xrightarrow{+3} 16 \ldots$$

Fig. 1

Fig. 2

Fig. 3

Ein Term für die Zahlenfolge in Fig. 1 lautet 1 + ☼ · 3 mit der Variable ☼. Die Variable ☼ steht für die Platznummer, an der ein Folgenglied steht. Das zehnte Folgenglied zum Beispiel lautet 31, denn 1 + 10 · 3 = 31.

25 Liter Benzin kosten 30 €.
Berechnung der Kosten für 60 Liter:

Volumen in Liter	Preis in €
:5 ⌈ 25	30 ⌉ :5
·12 ⌈ 5	6 ⌉ ·12
60	72

60 Liter Benzin kosten 72 €.

Ein Heuvorrat reicht für 6 Kühe 50 Tage.
Berechnung der Zeit, für die der Vorrat bei 10 Kühen reicht:

Anzahl der Kühe	Zeit in Tagen
:6 ⌈ 6	50 ⌉ ·6
·10 ⌈ 1	300 ⌉ :10
10	30

Für 10 Kühe reicht der Vorrat 30 Tage.

Training

1 Wie geht die Zahlenfolge weiter? Formuliere eine Regel für die Zahlenfolge und ergänze die nächsten fünf Zahlen.
a) 7; 12; 17; 22; … b) 1; 2; 0; 3; −1; 4; −2; … c) 112; 105; 98;

Mit diesen Aufgaben kannst du überprüfen, wie gut du die Themen dieses Kapitels beherrschst. Danach weißt du auch besser, was du vielleicht noch üben kannst.

2 Gib zu den Zahlenfolgen jeweils einen Term an.
a) −4; 0; 4; 8; 12; … b) 5; 7; 9; 11; 13; … c) 1001; 801; 601; 401; …

3 Finde zu dem Zahlenmuster in Fig. 1 eine Zahlenfolge. Zeichne das nächste Muster und notiere die nächsten drei Zahlen der Zahlenfolge.

4 Ein Brötchen kostet 30 Cent, fünf Brötchen 1,20 € und zehn Brötchen kosten 2 €.
a) Wie viel kosten 27 Brötchen?
b) Erstelle eine Tabelle und ein Diagramm, aus denen der Preis für 1; 2; …; 30 Brötchen ersichtlich ist. Um was für ein Diagramm handelt es sich? Begründe deine Entscheidung.

5 Welche Zahlen musst du für das Symbol einsetzen, um im obersten Stein die folgenden Zahlen zu erhalten? Erkläre, wie du vorgegangen bist.
a) 37 b) 445
c) 1557 d) 13

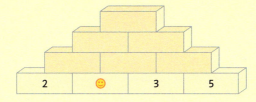

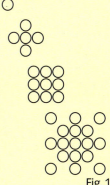

Fig. 1

6 Eine Mietwagenfirma bietet ein Cabrio als Mietwagen für die Grundgebühr 45 € und die Gebühr von 25 Cent pro gefahrenen Kilometer an.
a) Wie viel muss man bei einer Strecke von 80 km insgesamt bezahlen?
b) Stelle einen Term auf, mit dem man beliebige Kilometer berechnen kann.
c) Berechne mithilfe des Terms, wie viel man für 120 km bzw. für 250 km bezahlen muss.
d) Wie weit kann man fahren, wenn man 100 € zur Verfügung hat? Begründe.

7 Bauunternehmer Häusle will 24 t Erdaushub auf die Deponie bringen. Er erinnert sich: „Letztes Mal musste ich für 18 Tonnen 64,80 € bezahlen."
a) Wie viel muss er dieses Mal bezahlen, wenn sich der Preis nicht verändert hat?
b) Wie viel muss er bezahlen, wenn der Preis um 30 Cent pro Tonne erhöht wurde?

8 Ein 6 Monate altes Baby wiegt 8000 g und trinkt 5-mal am Tag 240 ml Milch aus der Flasche. Wie viele Liter müsstest du bzw. müsste ein Erwachsener (75 kg) täglich trinken, wenn man, gemessen am Körpergewicht, genauso viel trinken würde wie das Baby? Schätze zunächst. Überprüfe dann deine Schätzung durch eine Rechnung.

9 Lotti hat vier Katzen. Eine Packung Futter reicht für ihre Katzen drei Wochen. Eine Woche, nachdem sie eine neue Packung angefangen hat, nimmt sie noch drei Katzen in Pflege.
a) Wie lange reicht das Futter der angefangenen Packung noch?
b) Die Packung Futter kostet 31,50 €. Für wie viel Euro haben die Pflegekatzen nach Aufbrauchen der Packung mitgefressen?

Lösungen auf den Seiten 262–263.

Sachthema   Olympia

Olympische Spiele

Olympia – die Zeitungen sind voll mit Bildern, Berichten, Sensationen, Rekorden, Medaillenspiegeln, Tragödien und Skandalen. Das Fernsehen ist überall dabei: Live-Reportagen, Menschen, Schicksale, Interviews, Zeitlupen, rund um die Uhr.

Britta Steffen gewinnt Gold
Britta Steffen hat die Ehre der deutschen Schwimmer bei den Olympischen Spielen 2008 in Peking gerettet.

Deutsche Ruderer enttäuschen
Mit insgesamt einer Silber- und einer Bronzemedaille erzielten die deutschen Ruderer in Peking ihr schlechtestes Ergebnis bei Olympischen Spielen seit 1956.

**Dany Ecker
bester deutscher Stabhochspringer**
Mit 5,70 m landete er auf Platz 6.

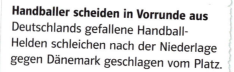

Handballer scheiden in Vorrunde aus
Deutschlands gefallene Handball-Helden schleichen nach der Niederlage gegen Dänemark geschlagen vom Platz.

Warum ist Olympia so interessant? Was hat es mit der Geschichte um die Spiele auf sich? Die Schüler der Klasse 6b unterhalten sich angeregt. Marius ist im Leichtathletikverein, Daniela spielt Volleyball, Christoph ist leidenschaftlicher Schwimmer… Jeder ist ein kleiner Spezialist auf seinem Gebiet und verfolgt daher Sportwettkämpfe in seiner Disziplin ganz intensiv. Ein besonderer Höhepunkt sind die olympischen Spiele alle vier Jahre. Plötzlich haben die Schülerinnen und Schüler eine Idee: „Wir organisieren eine Ausstellung zum Thema „Olympia". Jeder vertieft sein Spezialgebiet und stellt es den anderen vor. Da gibt es eine Menge Fragen zu klären, und darin sind sich alle einig: Die Ausstellung soll interessant und pfiffig werden, es muss so richtig „was los" sein. Es soll lebhaft zugehen wie auf einem Marktplatz, auf dem man alles kaufen, anschauen, sich anhören und miteinander reden kann. Plötzlich kommen ganz viele Ideen zur Gestaltung des Marktplatzes zusammen. „Wir organisieren einen Nachmittag mit dem Thema

Marktplatz „Olympia" – LIVE dabei.

Dazu laden wir unsere Eltern und Freunde ein und bauen viele verschiedene Marktstände auf. Überall wird etwas geboten."

„Gute Idee! Lass uns einen Marktstand machen, an dem man alles über die verschiedenen Läufe, die Spitzenzeiten und die Veränderung der Laufzeiten von 1896 bis heute erfahren kann. Unseren Stand nennen wir dann **Laufen, laufen…**"

Zahlen, Diagramme und mehr „Wir veranschaulichen die vielen Zahlen mithilfe verschiedener Diagramme. In einem Kreisdiagramm ist der Medaillenspiegel der Teilnehmerländer gut zu zeigen. Mit Säulendiagrammen kann man die Durchschnittsgeschwindigkeiten der Schwimmer in ihren Schwimmstilen veranschaulichen."

Steckbriefe „Wir beschreiben interessante Athletinnen und Athleten in Form von Steckbriefen auf Plakaten."

Weiten im Vergleich „Ja, klar! Die Weiten, die beim Weitsprung erzielt wurden, zeichnen wir auf dem Schulhof auf und tragen unsere eigenen Weiten im Vergleich dazu ein."

Wettkämpfe live „Bei uns kann jeder die antiken Wettkämpfe einmal selbst ausprobieren. Der Sieger wird dann wie damals ermittelt und geehrt. Antike Sportgeräte können mit den heutigen Geräten verglichen werden."

Das Interview „Ein Reporter interviewt einen Kugelstoßer und testet ihn, ob er nicht nur stark ist, sondern auch einiges zum Kugelstoßring weiß."

Die Zeitleiste „Wir zeichnen eine riesengroße Zeitleiste auf Packpapier, tragen alle Olympischen Spiele ein und kleben interessante Bilder auf."

„Die olympischen Ringe müssen wir auf jeden Fall ganz groß aufzeichnen!"

„Stopp, Stopp! Eure Idee mit den Plakaten ist ja gut. Aber könnten wir noch etwas mehr Action auf den Marktplatz bringen?"

Die Reportage „Ein Reporter berichtet live von einem spannenden Ruderwettkampf und vergleicht die verschiedenen Zeiten in den Einern, Zweiern, Vierern und Achtern."

Quiz „Hier kann jeder sein Wissen testen."

Sketch „Bei uns geht es zum Abschluss der Veranstaltung dann ganz lustig zu. Hier wird ein Sketch aufgeführt zum Thema „Wie stellen wir uns Olympia in 50 Jahren vor?" Jeder Besucher kann mitmachen. Das wäre sicher ein super Abschluss!"

Sachthema   Olympia

Wie fing alles an? Die Olympischen Spiele der Antike

Der antike Fünfkampf
Er umfasste die Disziplinen Diskuswerfen, Weitsprung, Speerwurf, Laufen und Ringen. Beim Diskuswerfen wurde eine ca. 5,7 kg schwere Scheibe aus Bronze, Eisen, Blei oder Stein mit einem Durchmesser von 34 cm verwendet.
Beim Weitsprung hielt der Athlet Sprunggewichte von 1,4 kg bis 4,6 kg aus Stein, Blei oder Bronze in jeder Hand. Der Sprung selbst soll aus dem Stand heraus erfolgt sein. Es wurden fünf Sprünge hintereinander ausgeführt. Am Schluss zählte die Gesamtdistanz. Der Speer wurde mithilfe einer Lederriemenschlaufe abgeworfen. Die Laufstrecke war wahrscheinlich eine Stadionlänge. Es wird vermutet, dass der Sieger nicht nach einem Punktesystem, sondern nach einem Ausscheidungsverfahren ermittelt wurde.

Im Laufe der Jahre wurden die Disziplinen erweitert und die Spiele von einem Tag auf fünf Tage ausgedehnt.[1] Man unterschied die gymnischen (oder athletischen) und die hippischen Wettkämpfe sowie einen Wettstreit der Trompeter und Herolde.

[1] In manchen Quellen ist auch von sechs Tagen die Rede.

? Welche Disziplinen umfassten diese Wettkämpfe?

Wie groß und wie schwer ist die heutige Diskusscheibe?

Von Anfang bis Ende
776 v. Chr. wird als das erste Jahr der Olympischen Spiele bezeichnet. Das Datum konnte man aus Siegerlisten ableiten. Bei den ersten Spielen fand nur ein Lauf, der sogenannte Stadionlauf, über die Länge das Stadions (192,27 m) statt. Die Spiele dauerten einen Tag und fanden nach der Sommersonnenwende statt. Der Sieger bekam als Preis einen Kranz aus Olivenzweigen.
Ab der 14. Olympiade im Jahr 724 v. Chr. kam der Doppellauf als neue Disziplin hinzu. Der Läufer musste am Ende des Stadions eine Wendemarke umrunden und zur Startlinie zurückkehren. Ab 720 v. Chr. wird von Langsteckenläufen über 20 oder 24 Stadionlängen, dem sogenannten Pendellauf, berichtet. 708 v. Chr. wurde der Fünfkampf eingeführt. 680 v. Chr. fand das erste Wagenrennen mit einem Vierspänner statt. 476 v. Chr. wurden die Olympischen Spiele durch Hinzunahme weiterer Disziplinen zu einem fünftägigen Fest erweitert. Im Laufe der Jahre wurden die Spiele rauer und teilweise sogar gewalttätig.
393 n. Chr. wurden die Olympischen Spiele von Kaiser Theodosius I abgeschafft.

? Welche Disziplinen zählt man heute zum Fünfkampf?

In verschiedenen Quellen findet man folgende Angaben:
Die Stadionlänge entsprach der Legende nach dem Sechshundertfachen der Fußgröße des Herakles. Die Reitbahn – das Hippodrom – war ca. 4 Stadien lang. Die Zwei- und Vierspänner legten darin zwölf Runden (Längen des Hippodroms) zurück.

? Stelle zu den verschiedenen Messgrößen Berechnungen an.

? Fertige eine Zeitleiste an, die von 776 v. Chr. bis heute reicht. Markiere alle Jahre, in denen Olympische Spiele stattgefunden haben.

Modell der Bauten im Heiligtum von Olympia

1 Zeustempel *2* Gästehaus für die Ehrengäste

Ein berühmter Athlet: Milon von Kroton

Milon von Kroton siegte als 17-Jähriger im Jahr 540 v. Chr. zum ersten Mal bei einer Olympiade als Ringer. Er ging aus dem Leistungszentrum von Kroton in Süditalien hervor. Die Überlieferung sagt, dass der berühmte Mathematiker Pythagoras, der selbst Olympiasieger im Ringkampf war, sein Lehrmeister gewesen sei.
Insgesamt errang Milon von Kroton sechs Olympiasiege.
Von ihm wird erzählt, dass er in seiner Jugend täglich ein Kalb getragen habe. Mit zunehmendem Gewicht des Kalbs wuchs auch seine Muskelkraft. Später soll er einen Stier auf den Schultern rund um die Laufbahn eines Stadions von 1,5 km Länge getragen haben. Man sagt ihm nach, dass er täglich 17 Pfund Brot und 17 Pfund Fleisch gegessen und 10 Liter Wein getrunken habe.

? Versuche noch mehr über die Olympischen Spiele der Antike zu erfahren. Interessante Informationen erhältst du aus dem Internet, wenn du das Suchwort „Antikes Olympia" eingibst.

? Wer war 776 v. Chr. der erste Olympiasieger?
Warum wurde nur ein Teilnehmer Olympiasieger?
Wie wurde der Sieger ermittelt?

Sachthema Olympia

Der Marathonlauf

Wer war der erste Marathonsieger?

Spiridon Louis wurde am 12. Januar 1873 als fünftes Kind der Bauersleute Kalomira und Athanasios Louis in Marusi geboren. Sonntags verkauften Spiridon und sein Vater in Athen Quellwasser aus Marusi. Am 10. April 1896 startete Spiridon beim ersten offiziellen Marathonlauf in Marathon. Er berichtete über seinen Lauf: „Am Wege nach Pikermi stand mein nachmaliger Schwager Kontos an der Straße und streckte mir einen Becher Wein und ein rohes Osterei entgegen. Ich schlürfte das Weinchen im Laufen und fühlte mich hernach so gestärkt, dass ich mich ins Zeug legte …" Spiridon traf als Erster im Stadion ein. Er legte die Marathonstrecke in 2 Stunden, 58 Minuten und 50 Sekunden zurück. Die Griechen feierten ihn als Helden. Im März 1940 starb Louis in Marusi so arm, wie er geboren war.

Quelle: Das Olympiabuch Athen 1896 – 2004. Delius Klasing Verlag, Bielefeld

Wie ging es weiter? – Olympiasieger im Marathonlauf

1896	Spiridion Louis	GRE	2:58:50 h	1960	Abebe Bikila	ETH	2:15:16 h
1900	Michael Thealo	FRA	2:59:45 h	1964	Abebe Bikila	ETH	2:12:11 h
1904	Thomas Hicks	USA	3:28:53 h	1968	Amamo Wolde	ETH	2:20:26 h
1908	J. Joseph Hayes	USA	2:55:18 h	1972	Frank Shorter	USA	2:12:19 h
1912	Kenneth McArtur	RSA	2:36:54 h	1976	Waldemar Cierpinski	GDR	2:09:55 h
1920	Hannes Kolehmainen	FIN	2:32:35 h	1980	Waldemar Cierpinski	GDR	2:11:03 h
1924	Albin Sleenros	FIN	2:41:22 h	1984	Carlos Lopez	POR	2:09:21 h
1928	Mohamed El Quafi	FRA	2:32:57 h	1988	Gelindo Bordin	ITA	2:10:32 h
1932	Juan Carlos Zabata	ARG	2:31:36 h	1992	Hwang Young-Cho	KOR	2:13:23 h
1936	Kitei Son	JPN	2:29:19 h	1996	Josiah Thungwane	RSA	2:12:36 h
1948	Delfo Cabrera	ARG	2:34:51 h	2000	Gezangne Abera	ETH	2:10:11 h
1952	Emil Zatopek	TCH	2:23:03 h	2004	Stefano Baldini	ITA	2:10:55 h
1956	Alain Mimoun	FRA	2:25:00 h	2008	Samuel Kamau Wanjiru	KEN	2:06:32 h

? Vergleiche die Laufzeit von Stefano Baldini mit der Laufzeit von Spiridon Louis und der besten olympischen Laufzeit.

Die Zwischenzeiten von Stefano Baldini, Athen 2004

5 km	10 km	15 km	20 km	25 km	30 km	35 km	40 km
15:58 min	31:56 min	48:18 min	1:03:55 h	1:20:08 h	1:35:50 h	1:50:37 h	2:04:49 h

? In welchen Jahren wichen die Zeiten um mehr als zehn Minuten von der Laufzeit Baldinis ab?

? Stelle weitere Vergleiche und Berechnungen an und veranschauliche sie.

Höhenprofil der Laufstrecke Marathon – Athen

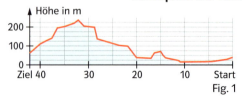

Fig. 1

? Welche Durchschnittsgeschwindigkeit erzielte Baldini auf den jeweiligen Streckenabschnitten? Vergleiche sie untereinander. Stelle eine Verbindung zum Höhenprofil der Laufstrecke her.

Marathonlauf der Frauen

Erst 88 Jahre nach Spiridon Louis' Marathonsieg fand der erste olympische Marathon der Frauen statt. Man war lange Zeit der Überzeugung, dass ein Marathon zu anstrengend sei für Frauen. Zwar nahmen ab 1972 erstmals Frauen am Boston-Marathon teil, aber erst 1984 durften sie auch bei den Olympischen Spielen in Los Angeles starten.

Olympiazeiten

1984	Joan Benoi	USA	2:24:52 h
1988	Rosa Mota	POR	2:25:40 h
1992	Walentina Jegorowa	EUN	2:32:41 h
1996	Fatuma Roba	ETH	2:26:05 h
2000	Naoka Takahashi	JPN	2:23:14 h
2004	Mizuki Noguchi	JPN	2:26:20 h
2008	Constantina Tomescu	ROU	2:26:44 h

Entwicklung der Weltbestzeiten seit 1970

Fig. 1

? Welche Informationen kann man der Grafik mit den Weltbestzeiten entnehmen?

? Erstelle eine Grafik für die Olympiazeiten und vergleiche die Weltbestzeiten mit den Olympiazeiten.

Portrait einer Olympiasiegerin: Mizuki Noguchi

Die Vorbereitung auf Olympia 2004 mit dem Ziel der Goldmedaille startete für Mizuki Noguchi bereits kurz nach ihrem Vizeweltmeister-Titel im Marathon 2003 in Paris. Die aus Kyoto stammende Noguchi trainierte im Winter hauptsächlich im südchinesischen Höhenzentrum Konmei in 1600 m Höhe. Jeden Morgen standen vor dem Frühstück 10–12 km auf dem Programm, nachmittags oft Tempoeinheiten über 10- oder 20-mal 1000 m. Manchmal stand ein 40-km-Lauf an. Der wurde dann vor dem Mittagessen ausgetragen, ohne dass dafür auf den Trainingslauf am frühen Morgen verzichtet wurde.
Für ihren Olympialauf in Athen konstruierte der Chefschuhentwickler einer bedeutenden Sportfirma einen Spezialschuh, der nur sensationelle 118 g wog. Er war wohl nur für eine superleichte Läuferin wie Mizuki Noguchi mit ihren 40 kg Gewicht tragbar.
Ihre Bestzeiten erzielte Mizuki Noguchi im 10 000-m-Lauf im Jahr 2004 in Kobe mit 31:21,03 min, im 21,1-km-Lauf im gleichen Jahr in Myazaki mit 67:47 min, im 30-km-Straßenlauf in Ohme (ebenso 2004) in einer Zeit von 1:39:02 h und im Marathonlauf im Jahr zuvor in Osaka in 2:21:18 h.
Quelle: Laufmagazin Spiridon 10/2004, Seite 20. Spiridon Verlags-GmbH, Düsseldorf

? Wie viele Kilometer läuft M. Noguchi im Monat, wenn sie jeden dritten Tag einen 40-km-Lauf macht?

? Wie viele Trainingsmonate braucht sie, um die Erde auf der Höhe des Äquators einmal zu umrunden?

? Welche Durchschnittsgeschwindigkeiten hatte sie bei ihren Läufen mit den Bestzeiten? Veranschauliche sie.

Sachthema Olympia

Läufe im Olympiastadion

Wilma Rudolph

Wilma Rudolph wurde 1940 als 20. von 22 Kindern einer armen Familie in einem Ghetto in Tennesee (USA) geboren. Sie erkrankte im Alter von vier Jahren an Kinderlähmung, sodass sie ihr linkes Bein nicht mehr bewegen konnte und zwei Jahre im Bett verbringen musste. Mit sechs Jahren konnte sie wieder mit einer Stütze gehen. Mit elf Jahren warf sie die Krücke weg und begann Basketball zu spielen. Bald wurde erkannt, wie schnell Wilma laufen konnte und schon mit 16 Jahren qualifizierte sie sich für die Olympischen Spiele 1956 in Melbourne. Sie gewann eine Bronzemedaille in der 4x100-m-Staffel. Als sie 1960 zu den Olympischen Spielen nach Rom kam, hielt sie bereits den Weltrekord über 200 m und war als erste Frau unter 23,0 s gelaufen. Im Finale über 100 m zeigten die Stoppuhren 11,0 s, ein unglaublicher Weltrekord, denn bis dahin war die Bestzeit 11,3 s. Leider konnte der Weltrekord nicht anerkannt werden, da der Rückenwind mit 2,47 Meter pro Sekunde zu stark war. Wilma fragte: „War ich nicht schneller als der Wind?" Außerdem gewann sie in Rom die Goldmedaillen über 200 m und 4x100 m. 1962 zog sich die schnellste Frau der Welt aus der Leichtathletik zurück. Sie bekam vier Kinder und arbeitete als Sportlehrerin. Wilma Rudolph starb 1994 an einem Gehirntumor.

Der 100-m-Lauf
Einige 100-m-Olympiasieger

1896	Thomas Burke	USA	12,0 s
1908	Reggie Walker	RSA	10,8 s
1924	Harold Abrahams	GBR	10,6 s
1936	Jesse Owens	USA	10,3 s
1948	Harrison Dillard	USA	10,3 s
1960	Armin Hary	GER	10,0 s
1972	Waleri Borsow	RUS	10,14 s
1984	Carl Lewis	USA	9,99 s
1996	Donavan Bailey	CAN	9,84 s
2004	Justin Gatlin	USA	9,85 s
2008	Usain Bolt	JAM	9,69 s

Armin Hary

Der 100-m-Lauf ist die Königsdisziplin der Olympischen Spiele, denn die Goldmedaillengewinner sind die schnellsten Männer der Welt.

? Stelle in Diagrammen (z. B. Säulendiagrammen) dar, wie sich die 100-m-Zeiten und die Durchschnittsgeschwindigkeiten im Lauf der Jahrzehnte verbessert haben.

? Wie viele km pro Stunde laufen die schnellsten Menschen über 100 m? Vergleiche mit verschiedenen Tieren. In der Tabelle sind die Laufzeiten der Tiere über 100 m angegeben.

Eisbär	Hausmaus	Katze	Gepard	Elefant
5,56 s	$\frac{1}{2}$ min	7,5 s	3,0 s	9,23 s

? Welchen Bruchteil der Zeit benötigte der Olympiasieger mit der besten Zeit im Vergleich zu dem mit der längsten Zeit? Wie groß wäre sein Vorsprung?

Shelly-Ann Fraser

Die Läufe im Vergleich
Olympiasiegerinnen von Peking 2008

100 m	Shelly-Ann Fraser	JAM	10,78 s
200 m	Veronica Campbell	JAM	21,74 s
400 m	Christine Ohuruogu	GBR	49,62 s
800 m	Pamela Jelimo	KEN	1:54,87 min
1500 m	Nancy Jebet Langat	KEN	4:00,23 min
5000 m	Tirunesh Dibaba	ETH	15:41,40 min
10 000 m	Tirunesh Dibaba	ETH	29:54,66 min

? Wie schnell wäre Shelly-Ann Fraser auf der Marathonstrecke (42,195 km), wenn sie ihr Tempo halten könnte? Wie schnell wäre Tirunesh Dibaba?

? Stelle in Diagrammen dar, wie sich die Siegerzeiten und die Durchschnittsgeschwindigkeiten je nach Streckenlänge verändern.

? Kann man bei den Laufzeiten für die verschiedenen Strecken einfach ineinander umrechnen?

Das Olympiastadion

Olympiastadion Berlin

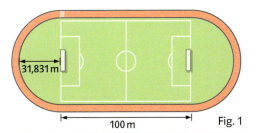

Fig. 1

Die Laufbahn im Olympiastadion besteht aus der Zielgeraden und der Gegengeraden, beide sind 100 m lang. Sie werden durch die Kurvenbahnen verbunden, die die Form von Halbkreisen haben. Alle acht Bahnen sind je 1 m breit.

Den **Umfang U** eines Kreises mit Radius r berechnet man mit der Formel
$U = 2 \cdot \pi \cdot r$, mit $\pi \approx 3{,}14$.
π heißt Kreiszahl.

? Der Radius der Innenseite von Bahn 1 ist 31,831 m. Rechne nach, dass die Innenseite dieser Bahn 400 m lang ist.

? Wie lang ist die Innenseite der Bahnen 2 bis 8? Wie groß ist beim 400-m-Lauf der Vorsprung, den die Läufer der Bahnen 2 bis 8 gegenüber dem Läufer der Bahn 1 jeweils erhalten, die so genannte Kurvenvorgabe? Warum erhält man beim 800-m-Lauf nur die halbe Kurvenvorgabe wie beim 400-m-Lauf? Wie groß sind die Kurvenvorgaben für den 200-m-Lauf?

? Wie viele Runden muss man für die einzelnen Laufstrecken zurücklegen? Wo auf der Bahn ist jeweils der Start zu dieser Laufstrecke?

? Welches sind für den 400-m-Lauf wohl die „besten Bahnen" und warum?

? Zeichne ein Stadion im Maßstab 1:500 mit den ungefähren Positionen der Startblocks beim 400-m-Lauf.

Sachthema Olympia

Höhen und Weiten

Ulrike Meyfarth – Höhen und Tiefen

Als Ulrike Meyfarth mit dreizehn Jahren mit dem Hochsprung begann, war gerade das Zeitalter des Fosbury-Flop angebrochen, eines neuen Sprungstils, bei dem die Latte rückwärts überquert wird. Mit diesem Sprungstil kam die damals bereits 1,86 m große Ulrike mit ihren langen Beinen blendend zurecht. Dass sie mit sechzehn schon zu den Olympischen Spielen 1972 in München fahren durfte, war auch Glück: Teure Tickets fielen nicht an, man wollte der jungen Athletin die Chance geben, Erfahrung zu sammeln. Die Situation im Olympiastadion am 4.9.1972 war unglaublich. Mühelos hielt Ulrike mit den Großen mit. Mit einer Bestleistung von 1,85 m war sie angereist, als sie über 1,88 m flog, hatte sie schon eine Medaille sicher. Als Einzige überquerte sie 1,90 m und hatte somit die Goldmedaille. Anschließend sprang sie im Höhenrausch noch die Weltrekordhöhe von 1,92 m. Bis heute ist sie die jüngste Olympiasiegerin in einem Leichtathletik-Einzelwettbewerb.

Am Tag nach ihrem euphorischen Olympiasieg wurde auf die israelische Olympiamannschaft ein Anschlag verübt, 17 Menschen starben. Weltweite Trauer überschattete den Rest der Spiele.

Bei den Olympischen Spielen 1976 sprang Ulrike dann nur 1,80 m. Erst 1981 fand sie wieder zurück. Sie sprang als eine der ersten Frauen über 2 m hoch und sprang Weltrekordhöhe. Bei den Olympischen Spielen 1984 in Los Angeles wurde sie mit 2,02 m zum zweiten Mal Olympiasiegerin. Mit ihren 28 Jahren war sie nun die älteste Athletin, die bisher Hochsprunggold gewann.

Der Weitsprung
Einige Olympiasieger im Weitsprung

1896	Ellery Clark	USA	6,35 m
1908	Francis Irons	USA	7,48 m
1920	William Peterson	SWE	7,15 m
1928	Edward Hamm	USA	7,73 m
1936	Jesse Owens	USA	8,06 m
1956	Gregory Bell	USA	7,83 m
1968	Bob Beamon	USA	8,90 m
1980	Lutz Dombrowski	GDR	8,54 m
1992	Carl Lewis	USA	8,67 m
2004	Dwight Philips	USA	8,59 m
2008	Irving Saladino	PAN	8,34 m

? Stelle mithilfe von Diagrammen dar, wie sich die Weiten im Lauf der Zeit verändert haben.

? Veranschauliche die unterschiedlichen Weiten der Olympiasieger durch eine maßstabsgetreue Zeichnung der Weiten. Markiere auch deine Bestweiten. Oder markiere im Klassenzimmer, im Flur oder auf dem Schulhof mit Kreide die Weiten.

? Stelle mithilfe eines Kreisdiagramms die Verteilung der in der obigen Tabelle aufgeführten Goldmedaillengewinner auf die Länder dar. Oder recherchiere alle Weitsprung-Olympiasieger und ihre Herkunftsländer und fertige ein Kreisdiagramm für die Verteilung auf die Länder an.

? Warum nannte man Bob Beamons Siegessprung 1968 einen „Sprung ins nächste Jahrtausend"?

? Vergleiche die weitesten Sprünge von Menschen mit denen von Tieren. Wie weit sind die weitesten Sprünge jeweils im Verhältnis zur Körperlänge des Tieres?

Schneeleopard	Floh	Känguru	Springmaus	Springfrosch
15 m	60 cm	12,5 m	2,5 m	2 m

? Den Dreisprung-Weltrekord hält Jonathan Edwards mit 18,29 m.
Wie weit sind die drei Sprünge im Durchschnitt?

Das Kugelstoßen

Am 18.8.2004 wurde zum ersten Mal nach zweitausend Jahren im antiken Olympiagelände wieder ein olympischer Wettbewerb ausgetragen, das Kugelstoßen der Frauen. Die Tabelle zeigt das Ergebnis der sechs Versuche der besten fünf Sportlerinnen (in m):

Ostaptschuk	BLR	18,25	x	19,01	x	x	x
Kleinert	GER	18,77	19,55	19,17	18,55	x	x
Kriweljowa	RUS	18,55	19,49	19,29	19,15	19,20	18,44
Cumba	CUB	x	18,39	18,74	x	x	19,59
Choroneko	BLR	18,82	18,09	18,87	18,59	18,59	18,96

Nadine Kleinert

? Wie ist die Siegerreihenfolge der fünf Sportlerinnen?

? Wer hat den besten Mittelwert aller gültigen Versuche? Wer hat den besten Mittelwert aller Versuche?

? Der Abstoßkreis (Kugelstoßring) hat einen Durchmesser von 7 Fuß (1 Fuß = 30,48 cm). Sein Mittelpunkt ist Scheitelpunkt des Wurfsektors, der einen Winkel von 35° hat. Zeichne maßstäblich eine Kugelstoßanlage (s. Fig. 1) und markiere die Auftreffpunkte für Weltrekorde, Olympiasiege und für deine Kugelstoßweiten. Du kannst eine solche Anlage auch in Originalgröße auf den Schulhof zeichnen.

Fig. 1

? Ein Kugelstoßer stößt aus einer Höhe von 2 m ab. Die Tabelle enthält für verschiedene Abstoßwinkel die Koordinaten des höchsten Punktes H der Flugbahn (in m).
Markiere in einem Koordinatensystem den Startpunkt S(0|2) und zeichne die Abstoßhöhe (in Fig. 2 ist es die blaue Gerade) ein. Zeichne für jeden Winkel am Startpunkt S den Abstoßwinkel ein und markiere den zugehörigen höchsten Punkt H der Flugbahn. Skizziere schließlich den ungefähren Verlauf der Flugkurve. In Fig. 2 ist die Flugkurve für 30° gezeichnet.

? Wie groß ist die maximale Weite? Welcher Abstoßwinkel ist am besten?

Winkel	20°	30°	40°	50°	60°	80°
x-Koordinate	6,3	8,5	9,7	9,7	8,5	3,4
y-Koordinate	3,2	4,5	6,1	7,8	9,4	11,5

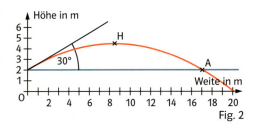

Fig. 2

Sachthema: Olympia

Ballsportarten bei Olympia

Magic Johnson and the Dream Team
Born: Aug. 14, 1959 in East Lansing, Michigan
Basketball player Earvin Johnson earned the nickname „Magic" when he was only 15 years old. The tallest point guard in NBA history (6-foot-9, 225-pound), Johnson was elected the most valuable player of the year three times and, with the Lakers, won five championships. His all-around play inspired the term „triple-double" to refer to a game in which he scored at least 10 points, captured at least 10 rebounds and made at least 10 assists. From the moment he stepped onto the court, people pondered: How could a man so big do so many things with the ball and with his body? It was Magic. In 1991 Magic Johnson announced that he had tested positive for HIV. For the 1992 Barcelona Games the United States chose a squad of all-stars that deservedly came to be known as the Dream Team. Magic was honoured with the position of a co-captain. The Dream Team was so much better than their opponents that their average margin of victory was 43¾ points. They also averaged an Olympic record 117¼ points per game. After the Olympic games Magic was retiring from Basketball.

? Eine Vorrundengruppe hat vier Mannschaften. Wie viele Gruppenspiele gibt es in dieser Gruppe, wenn jede Mannschaft gegen jede spielt? Wie ist es bei einer Gruppe mit fünf oder sechs Mannschaften? Eine Zeichnung wie in Fig. 1 und Fig. 2 kann helfen. Lege eine Tabelle an und versuche einen Term für die Anzahl der Spiele bei x Mannschaften in der Gruppe zu finden.

Die Anzahl der Spiele
Bei Olympischen Spielen gibt es in den Ballsportarten zunächst eine Vorrunde mit Gruppenspielen, danach schließt sich Viertelfinale, Halbfinale und Finale an.

Die Gruppenspiele bei vier Mannschaften   *fünf Mannschaften*

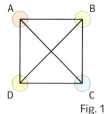 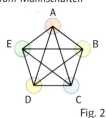

Fig. 1   Fig. 2

Beim olympischen Hockeyturnier der Frauen 2004 gab es zwei Gruppen mit je fünf Mannschaften. In den Gruppen spielte jeder gegen jeden. Danach gab es Viertelfinale, Halbfinale, Finale und Spiel um Platz drei. Die Verlierer im Viertelfinale trugen ein Spiel um Platz fünf und ein Spiel um Platz sieben aus.

? Wie viele Frauenhockeyspiele gab es insgesamt? Wer wurde Olympiasieger?

? Wie viele Spiele gab es bei den Männern mit zwei Sechsergruppen (ansonsten gleiches Verfahren)?

Beim Tischtennis wurden 2004 die Medaillengewinner unter den 32 Teilnehmern, die sich nach der Vorrunde für die Hauptrunde qualifiziert hatten, im K.o.-System ermittelt. Außerdem gab es ein Spiel um Platz drei.

? Wie viele Spiele gab es nach der Vorrunde?

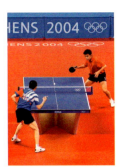

? Wie viele Spiele gäbe es bei einem solchen Turnier bei 64 Teilnehmern? Welche Teilnehmerzahlen sind günstig für ein Turnier, das im K.o.-System ausgetragen werden soll?

Basketball

? Fertige eine maßstabsgetreue Zeichnung z. B. im Maßstab 1:100 von einem Basketballfeld an.

? Welchen Flächeninhalt hat der Dreipunktebereich, welchen Flächeninhalt haben die Freiwurfräume?

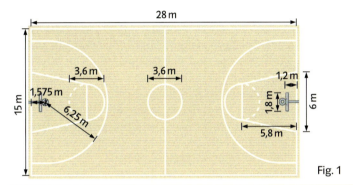

Fig. 1

? Michael Jordan hatte bei den Olympischen Spielen 1992 in Barcelona 19 Freiwurfversuche, 13 davon traf er. Wie hoch war seine Freiwurfquote (in Prozent)?

Den **Flächeninhalt A** eines Kreises mit Radius r berechnet man mit der Formel $A = \pi \cdot r^2$, mit $\pi \approx 3{,}14$. π heißt Kreiszahl.

? Die Tabelle zeigt die Ergebnisse der acht Spiele des Dream Team bei Olympia 1992. Stimmen die Behauptungen, die in dem Bericht über Magic Johnson auf der vorigen Seite über die Olympia-Ergebnisse der USA erwähnt wurden?

? John Stockton war mit $6\frac{1}{6}$ Fuß der kleinste Spieler im amerikanischen Dream Team 1992; Charles Barkley und Michael Jordan waren $\frac{1}{4}$ Fuß größer, Scottie Pippen $\frac{1}{2}$ Fuß, Larry Bird, Magic Johnson und Karl Malone $\frac{2}{3}$ Fuß, Christian Laettner $\frac{3}{4}$ Fuß, Patrick Ewing $\frac{5}{6}$ Fuß und David Robinson $\frac{11}{12}$ Fuß. Wie groß waren die Spieler in Fuß und Zoll, wie groß in Meter (12 Zoll sind ein Fuß, 1 Zoll = 2,54 cm)?

USA	116	Angola	48
USA	103	Kroatien	70
USA	111	Deutschland	68
USA	127	Brasilien	83
USA	122	Spanien	81
USA	115	Puerto Rico	77
USA	127	Litauen	76
USA	117	Kroatien	85

? In welchen Spielen konnte der Gegner mehr als $\frac{2}{3}$ der Punkte der USA erzielen?

Sachthema: Olympia 235

Wasser

Johnny Weissmüller – der olympische Tarzan

Johnny Weissmüller kam 1904 in Freidorf zur Welt, das damals zu Österreich-Ungarn gehörte. Kurz darauf wanderten seine Eltern nach Amerika aus, sein Vater war ein armer Bergarbeiter. Er starb, als Johnny 10 Jahre alt war. Johnny musste mit 12 die Schule verlassen und in Chicago als Page arbeiten. Mit 16 wurde er von einem strengen Schwimmtrainer entdeckt, der ihn im Training wie einen Sklaven behandelte und quälte. Mit 18 schwamm er als erster Mensch über 100 m unter 1 Minute. In den Folgejahren stellte er 67 Weltrekorde auf, die zum Teil sehr lange hielten. Bei den Olympischen Spielen 1924 in Paris besiegte er über 100 m Freistil den Olympiasieger von 1912 und 1920 Duke Kahanamoku aus Hawaii, den man den „Fischmenschen" nannte, da er das Freistilschwimmen und das Surfen entscheidend entwickelte. Johnny gewann 1924 und 1928 insgesamt fünf Goldmedaillen im Schwimmen und eine Bronzemedaille im Wasserball. Unbesiegt trat Johnny 1929 vom Schwimmen zurück und wurde unter 150 Bewerbern für die Hauptrolle in den Tarzanfilmen ausgewählt. Für viele ist er bis heute der beliebteste Tarzan. Als guter Jodler erfand er den Tarzanruf. Den größten Teil der verdienten Millionen verlor er später wieder. Er starb 1984 arm in Acapulco, Mexico.

Schwimmen 100 m Freistil

? Stelle mithilfe von Diagrammen dar, wie sich die Zeiten und die Durchschnittsgeschwindigkeiten im Lauf der Jahrzehnte verbessert haben.

? Wie groß wäre der Vorsprung von Alain Bernard vor Alfred Hajos im Ziel? Welche Schwimmer haben weniger als $\frac{2}{3}$ der Zeit von Alfred Hajos gebraucht?

Einige 100-m-Freistil-Olympiasieger

1896	Alfred Hajos	HUN	1:22,2
1912	Duke Kahanamoku	USA	1:03,4
1928	Johnny Weissmüller	USA	58,6
1936	Ferenc Csik	HUN	57,6
1948	Walter Ris	USA	57,3
1956	Jon Henricks	AUS	55,4
1964	Don Schollander	USA	53,4
1972	Mark Spitz	USA	51,22
1980	Jörg Woithe	GDR	50,40
1988	Matt Biondi	USA	48,63
1996	Alexander Popov	RUS	48,74
2004	Peter v. d. Hoogenband	NED	48,17
2008	Alain Bernard	FRA	47,21

Fächerfisch	Eisbär	Magellanpinguin	Orca	Seepferdchen	Grauwal
3,40 s	36,00 s	10,00 s	6,55 s	225,00 s	48,00 s

? Wie viele km pro Stunde schwimmen die schnellsten Menschen über 100 m? Vergleiche mit den Schwimmgeschwindigkeiten von verschiedenen Tieren. In der Tabelle sind die Schwimmzeiten über 100 m angegeben. Welche Tiere können schneller schwimmen, als du laufen kannst?

Die unterschiedlichen Freistilschwimmstrecken
Olympiasiegerinnen von Peking 2008

50 m	Britta Steffen	GER	24,06 s
100 m	Britta Steffen	GER	53,12 s
200 m	Frederica Pellegrini	ITA	1:54,82 min
400 m	Rebecca Adlington	GBR	4:03,22 min
800 m	Rebecca Adlington	GBR	8:14,10 min

Rebecca Adlington

? Wie schnell wäre Britta Steffen auf der 800-m-Strecke, wenn sie ihr Tempo von der 50-m-Strecke halten könnte? Wie schnell wäre Frederica Pellegrini?

? Wann schwammen die Männer über 100 m Freistil so schnell wie die Frauen 2004 schwammen? Wie verhält sich das beim 100-m-Lauf oder anderen Strecken?

? Stelle in Diagrammen dar, wie sich die Siegerzeiten und die Durchschnittsgeschwindigkeiten je nach Schwimmstrecke verändern.

Die unterschiedlichen Schwimmstile
Die Schwimmstile im Vergleich bei den Spielen in Peking 2008

200 m Brust	K. Kitajima	JPN	2:07,64
200 m Freistil	M. Phelps	USA	1:42,96
200 m Lagen	M. Phelps	USA	1:54,23
200 m Rücken	R. Lochte	USA	1:53,94
200 m Schmetterling	M. Phelps	USA	1:52,03

? Kannst du die Schwimmstile vormachen?

? Welches ist der schnellste Schwimmstil, welches der langsamste? Zeichne ein Diagramm für die Zeiten, bei dem die Unterschiede deutlich werden.

? Die Lagenstrecke besteht aus vier Bahnen, die in je einem der vier Schwimmstile geschwommen werden. Ist die Lagenzeit auch eine Durchschnittszeit der anderen Zeiten? Begründe.

Das Rudern
Die Olympiasiegerinnen im Rudern 2008 in Peking

Einer	Neykowa	BUL	7:22,34
Zweier	Evers-Swindell	NZL	7:07,32
Vierer	Tang/Jin/Xi/Zhang	CHN	6:16,06
Achter	Cafaro/...	USA	6:05,34

? Wie verhalten sich die Zeiten bei zunehmender Zahl der Ruderinnen? Zeichne ein Diagramm, in dem man die Unterschiede erkennen kann.
Wie schnell könnte ein Sechzehner sein?

? Vergleiche die Durchschnittsgeschwindigkeiten für die einzelnen Ruderklassen und zeichne ein Diagramm. Die Streckenlänge ist jeweils 2000 m. Vergleiche diese Geschwindigkeiten mit deiner Laufgeschwindigkeit. Kannst du neben den Booten herlaufen?

Sachthema: Olympia

Selbsttraining

Kapitel I

Teiler und Vielfache

1 Setze für ☐ passend „ist ein Teiler von" oder „ist kein Teiler von" ein.
a) 6 ☐ 30   b) 4 ☐ 30   c) 8 ☐ 30   d) 30 ☐ 90   e) 9 ☐ 30
f) 90 ☐ 30   g) 1 ☐ 8   h) 18 ☐ 18   i) 1 ☐ 1   k) 8 ☐ 46
l) 48 ☐ 8   m) 8 ☐ 18   n) 17 ☐ 952   o) 12 ☐ 576   p) 28 ☐ 1316
q) 9 ☐ 1980   r) 6 ☐ 6030   s) 6 ☐ 12092   t) 6 ☐ 17996   u) 7 ☐ 4933
v) 7 ☐ 35140   w) 7 ☐ 77078   x) 8 ☐ 2376   y) 8 ☐ 20056   z) 8 ☐ 15950

2 Fülle die Tabelle aus, wie es die beiden Beispiele zeigen.

	ist teilbar durch 2	ist teilbar durch 3	ist teilbar durch 4	ist teilbar durch 5	ist teilbar durch 6	ist teilbar durch 9
228	ja			nein		
920						
2800						
4770						
8219						
27094						
39768						
1064532						

3 Entscheide möglichst ohne das Produkt zu berechnen, ob die Behauptung richtig oder falsch ist.
a) 15 teilt 7 · 45   b) 35 teilt 100 · 5   c) 8 teilt 13 · 16   d) 7 teilt 77 · 123
e) 12 teilt 144 · 15   f) 33 teilt 111 · 12   g) 34 teilt 170 · 7   h) 56 teilt 49 · 64
i) 28 teilt 58 · 42   k) 125 teilt 34 · 100   l) 30 teilt 45 · 8   m) 11 teilt 70 · 7

4 Entscheide möglichst ohne die Division durchzuführen, ob ein Rest bleibt.
a) 555 : 3   b) 111222333 : 9   c) 102030405 : 6   d) 12345 : 5
e) 2000300475 : 25   f) 2435215 : 15   g) 8765432 : 4   h) 25673235 : 8
i) 67453248 : 8   k) 876765654 : 4   l) 703578 : 6   m) 70350 : 7

Kapitel I

Primfaktorzerlegung

1 Zerlege in Primfaktoren, fasse gleiche Faktoren zu Potenzen zusammen.
a) 12   b) 15   c) 18   d) 22   e) 29
f) 32   g) 37   h) 48   i) 50   k) 68
l) 74   m) 114   n) 115   o) 243   p) 245
q) 260   r) 289   s) 399   t) 728   u) 756

2 Die Zahl 1800 hat die Primfaktorzerlegung $1800 = 2^3 \cdot 3^2 \cdot 5^2$.
Bestimme daraus die Primfaktorzerlegung von:
a) 900 = 1800 : 2;   b) 225 = 1800 : 8;   c) 200;
d) 300 = 1800 : 6;   e) 600;   f) 360.

3 Übertrage die Tabelle in dein Heft und fülle sie aus.

a	b	Teiler von a	Teiler von b	Gemeinsame Teiler	ggT	kgV
18	24	1; 2; 3; 6; 9; 18	1; 2; 3; 4; 6; 8; 12; 24	1; 2; 3; 6	6	72
12	16					
30	45					
35	21					
16	81					
34	21					
36	70					
48	60					
50	65					

4 Welche Zahlen kann man hier für ☐ einsetzen? Nenne jeweils drei Möglichkeiten.
a) Der ggT von 12 und ☐ ist 4.
b) Das kgV von 12 und ☐ ist 60.
c) Der ggT von ☐ und 18 ist 6.
d) Das kgV von ☐ und 18 ist 126.
e) Der ggT von ☐ und 81 ist 9.
f) Das kgV von ☐ und 81 ist 162.

5 Übertrage die Figur in dein Heft. Trage in jedes Kästchen über zwei Zahlen jeweils ihr kgV, unter zwei Zahlen ihren ggT ein.

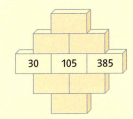

30   105   385

Kürzen und Erweitern Kapitel I

1 Erweitere
a) $\frac{4}{6}$ mit 7;
b) $\frac{3}{4}$ mit 5;
c) $\frac{-6}{7}$ mit 8;
d) $\frac{-1}{9}$ mit 13;
e) $\frac{7}{-12}$ mit 8;
f) $\frac{9}{20}$ mit 4;
g) $\frac{-9}{35}$ mit 8;
h) $\frac{-13}{30}$ mit 2;
i) $\frac{1}{-16}$ mit 30;
j) $\frac{12}{-19}$ mit 45.

2 a) Kürze mit 3: $\frac{12}{39}$; $\frac{24}{51}$; $\frac{-21}{33}$; $\frac{63}{-123}$; $-\frac{87}{144}$.
b) Kürze mit 7: $\frac{14}{49}$; $\frac{-35}{84}$; $\frac{56}{-91}$.

3

Brüche erweitern	mit 2	mit 3	mit 7	mit 11	mit 15	mit 50	mit …
$\frac{1}{2}$			$\frac{7}{14}$				
		$\frac{9}{15}$			$\frac{45}{75}$		
$\frac{-7}{8}$	$\frac{-14}{16}$						
$\frac{5}{-7}$			$\frac{35}{-49}$				
$-\frac{4}{15}$							
$\frac{1}{24}$							
$\frac{2}{25}$							
$\frac{-1}{50}$							
				$\frac{275}{-1221}$		$\frac{2500}{-11100}$	
$-\frac{9}{750}$							

Lösungen auf den Seiten 264–267.

Selbsttraining

4 Kürze so weit wie möglich.

a) $\frac{12}{18}$; $\frac{15}{24}$; $\frac{15}{15}$
b) $\frac{6}{12}$; $\frac{5}{20}$; $\frac{12}{36}$
c) $\frac{16}{48}$; $\frac{-10}{60}$; $\frac{27}{-81}$
d) $\frac{24}{96}$; $\frac{-45}{10}$; $\frac{-28}{56}$

e) $\frac{-27}{36}$; $\frac{32}{-96}$; $\frac{27}{45}$
f) $-\frac{36}{78}$; $\frac{72}{84}$; $\frac{75}{-25}$
g) $\frac{35}{49}$; $\frac{-48}{64}$; $\frac{33}{-77}$
h) $\frac{28}{70}$; $-\frac{36}{84}$; $-\frac{69}{-92}$

5 a) Erweitere $\frac{3}{4}$ so, dass folgende Nenner entstehen: 8; 12; −52; 172; −256.
b) Erweitere $\frac{3}{4}$ so, dass folgende Zähler entstehen: 12; 21; −39; 48; −99.

6 a) $\frac{25}{65}$ gekürzt mit 5 ist □.
b) $\frac{-35}{98}$ gekürzt mit 7 ist □.
c) □ gekürzt mit 12 ist $\frac{2}{3}$.
d) □ gekürzt mit 15 ist $\frac{-3}{4}$.
e) $\frac{228}{399}$ gekürzt mit 19 ist □.
f) $\frac{-255}{425}$ gekürzt mit 17 ist □.
g) □ gekürzt mit 250 ist $\frac{7}{12}$.
h) □ gekürzt mit 350 ist $\frac{-9}{11}$.

7 Übertrage ins Heft. Ergänze die fehlenden Zähler und Nenner.

a) $\frac{8}{12} = \frac{\square}{36} = \frac{56}{\square} = \frac{\square}{-72} = \frac{-104}{\square}$
b) $\frac{6}{15} = \frac{18}{\square} = \frac{\square}{105} = \frac{-54}{\square} = \frac{\square}{-165}$

c) $\frac{-7}{3} = \frac{\square}{12} = \frac{49}{\square} = \frac{\square}{-63} = \frac{-161}{\square}$
d) $\frac{-5}{12} = \frac{25}{\square} = \frac{\square}{120} = \frac{-45}{\square} = \frac{\square}{-132}$

e) $\frac{3}{-11} = \frac{27}{\square} = \frac{\square}{121} = \frac{-36}{\square} = \frac{\square}{-154}$
f) $\frac{2}{-23} = \frac{22}{\square} = \frac{\square}{115} = \frac{-56}{\square} = \frac{\square}{-161}$

8 Erweitere den Bruch so, dass im Nenner 100 steht und wandle dann in cm um.

a) $\frac{3}{4}$ m
b) $\frac{6}{5}$ m
c) $\frac{11}{20}$ m
d) $\frac{13}{25}$ m
e) $\frac{47}{25}$ m

9 Rechne um, indem du zuerst auf einen geeigneten Nenner erweiterst.

a) $\frac{7}{8}$ kg in g
b) $\frac{15}{4}$ kg in g
c) $\frac{4}{5}$ cm² in mm²
d) $\frac{11}{5}$ cm² in mm²

e) $\frac{2}{3}$ Tage in h
f) $\frac{5}{4}$ Tage in h
g) $\frac{5}{6}$ h in min
h) $\frac{7}{5}$ h in min

i) $\frac{3}{8}$ t in kg
j) $\frac{17}{4}$ t in kg
k) $\frac{2}{3}$ h in s
l) $\frac{5}{4}$ h in s

10 Welcher Bruch ist größer?

a) $\frac{1}{2}$; $\frac{1}{3}$
b) $\frac{-2}{3}$; $-\frac{1}{6}$
c) $\frac{5}{8}$; $\frac{7}{10}$
d) $\frac{11}{-12}$; $-\frac{19}{20}$
e) $\frac{3}{4}$; $\frac{-7}{-10}$

g) $\frac{5}{11}$; $\frac{11}{15}$
h) $-\frac{2}{3}$; $\frac{-3}{4}$
i) $\frac{3}{8}$; $\frac{7}{12}$
g) $\frac{4}{-15}$; $\frac{-7}{10}$
h) $-\frac{11}{12}$; $\frac{-14}{15}$

11 Ordne der Größe nach.

a) $\frac{1}{3}$; $\frac{-2}{3}$; $\frac{3}{4}$; $-\frac{1}{2}$; $\frac{9}{-12}$; $\frac{-1}{4}$; $\frac{7}{12}$; $\frac{-5}{6}$; $\frac{5}{8}$

b) $\frac{18}{11}$; $\frac{-16}{13}$; $\frac{37}{19}$; $\frac{12}{-7}$; $\frac{9}{5}$; $-\frac{15}{11}$; $\frac{12}{13}$; $\frac{-35}{19}$; $\frac{13}{7}$; $-\frac{8}{5}$

12 Welche der Bruchzahlen $\frac{1}{3}$; $\frac{-2}{3}$; $\frac{4}{5}$; $-\frac{3}{5}$; $\frac{10}{21}$; $\frac{10}{-23}$; $\frac{2}{5}$; $-\frac{9}{13}$; $\frac{7}{15}$; $\frac{-9}{11}$ sind

a) größer als $\frac{1}{2}$;
b) größer als $-\frac{1}{3}$;
c) kleiner als $\frac{2}{3}$?

13 Kürze mithilfe der Primfaktorzerlegung.

a) $\frac{448}{832}$
b) $\frac{3840}{4352}$
c) $\frac{9936}{15336}$
d) $\frac{11664}{15309}$

e) $\frac{16524}{3420}$
f) $\frac{8125}{14375}$
g) $\frac{2025}{2430}$
h) $\frac{12096}{14472}$

14 Kürze, ohne vorher auszumultiplizieren. Die Primfaktorzerlegung kann helfen.

a) $\frac{2\cdot 21}{14\cdot 6}$
b) $\frac{8\cdot 49}{28\cdot 4}$
c) $\frac{12\cdot 27}{45\cdot 9}$
d) $\frac{102\cdot 65}{26\cdot 17}$
e) $\frac{24\cdot 60}{45\cdot 16}$
f) $\frac{38\cdot 56}{21\cdot 19}$
g) $\frac{26\cdot 140}{21\cdot 65}$
h) $\frac{72\cdot 77}{198\cdot 45}$
i) $\frac{12\cdot 15\cdot 24}{18\cdot 10\cdot 16}$
k) $\frac{21\cdot 28\cdot 20}{16\cdot 3\cdot 49}$
l) $\frac{51\cdot 64\cdot 36\cdot 35}{21\cdot 85\cdot 16\cdot 12}$
m) $\frac{42\cdot 88\cdot 52\cdot 119}{104\cdot 49\cdot 34\cdot 15}$

15 Der kleinste gemeinsame Nenner zweier Brüche ist das kleinste gemeinsame Vielfache der ursprünglichen Nenner und heißt Hauptnenner (HN).
Bringe die Brüche mithilfe der Primfaktorzerlegung auf den Hauptnenner. Ordne sie.

a) $\frac{49}{30};\ \frac{173}{105}$
b) $\frac{79}{105};\ \frac{286}{385}$
c) $-\frac{17}{12};\ \frac{-62}{45}$
d) $-\frac{311}{220};\ \frac{387}{-275}$
e) $\frac{3}{4};\ \frac{7}{9};\ \frac{43}{66}$
f) $\frac{11}{15};\ \frac{9}{10};\ \frac{17}{20}$
g) $\frac{9}{8};\ \frac{11}{9};\ \frac{23}{18}$
h) $\frac{9}{16};\ \frac{19}{24};\ \frac{20}{27}$
i) $\frac{-5}{4};\ -\frac{11}{9};\ \frac{19}{-15}$
k) $\frac{-31}{15};\ \frac{-99}{50};\ \frac{20}{-9}$
l) $\frac{-7}{8};\ -\frac{8}{9};\ \frac{37}{-40}$
m) $\frac{-23}{16};\ -\frac{35}{24};\ \frac{13}{-9}$

Rationale Zahlen umwandeln   Kapitel I

1 Schreibe als Dezimalzahl und in Prozent.

a) $\frac{3}{10}$
b) $\frac{37}{100}$
c) $-\frac{7}{10}$
d) $\frac{-637}{1000}$
e) $\frac{13}{-100}$
f) $\frac{237}{1000}$
g) $\frac{309}{10\,000}$
h) $-\frac{463}{1000}$
i) $\frac{-93}{100}$
k) $\frac{2730}{-10\,000}$
l) $\frac{3090}{1000}$
m) $\frac{4637}{10}$
n) $-\frac{462}{100}$
o) $\frac{-1254}{10}$
p) $\frac{2398}{-1000}$
q) $\frac{4}{5}$
r) $\frac{5}{2}$
s) $-\frac{3}{5}$
t) $\frac{-7}{2}$
u) $\frac{9}{-20}$
v) $\frac{17}{25}$
w) $\frac{17}{8}$
x) $-\frac{107}{40}$
y) $\frac{-5}{16}$
z) $\frac{37}{-32}$

2 Schreibe als vollständig gekürzten Bruch und in Prozent.

a) 0,25
b) 0,05
c) 0,15
d) −3,26
e) −3,05
f) 0,35
g) 0,07
h) 4,8
i) 13,16
k) −3,45
l) 1,4
m) 21,35
n) 7,322
o) 87,23
p) −0,045
q) 1,009
r) 60,75
s) 5,898
t) −0,087
u) 5,231
v) 0,305
w) 0,2025
x) 7,586
y) 8,259
z) −5,231

3 Kürze und/oder erweitere und schreibe dann als Dezimalzahl.

a) $\frac{23}{230}$
b) $\frac{49}{28}$
c) $-\frac{55}{220}$
d) $\frac{-35}{140}$
e) $\frac{9}{-600}$
f) $\frac{81}{225}$
g) $\frac{196}{280}$
h) $-\frac{169}{520}$
i) $\frac{-280}{175}$
k) $\frac{57}{-60}$
l) $\frac{51}{340}$
m) $\frac{99}{125}$
n) $-\frac{105}{350}$
o) $\frac{-87}{290}$
p) $\frac{121}{-440}$
q) $\frac{17}{32}$
r) $\frac{91}{65}$
s) $-\frac{279}{310}$
t) $\frac{-33}{48}$
u) $\frac{135}{-360}$

4 Bestimme den Anteil der rot getönten Fläche an der ganzen Fläche als vollständig gekürzten Bruch und in Prozent.

a)
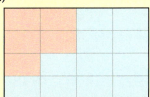

b)
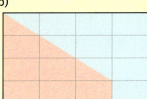

c)
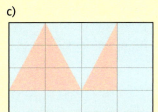

Lösungen auf den Seiten 264–267.

Selbsttraining

5 Schreibe als Bruch und kürze.
a) 50% b) 1% c) 8% d) 24% e) $12\frac{1}{2}$%
f) 70% g) 99% h) $37\frac{1}{2}$% i) 120%

Kapitel I

Anteile und Bruchteile berechnen

1 Schreibe den Anteil als gekürzten Bruch und in Prozent.

a)
Anteil	12 € von 150 €	8,50 € von 25 €	21,50 € von 40 €	34 € von 60 €
Bruch				
Prozent				

b)
Anteil	21 m von 300 m	4 km von 20 km	27 cm von 6 m	33 mm von 9 cm
Bruch				
Prozent				

c)
Anteil	45 kg von 600 kg	16 g von 80 g	270 kg von 3 t	350 g von 12 kg
Bruch				
Prozent				

d)
Anteil	4 h von 20 h	8 min von 30 min	42 min von 2 h	33 s von 90 min
Bruch				
Prozent				

2 Berechne die Bruchteile.
a) $\frac{2}{10}$ von 2 cm² b) $\frac{56}{100}$ von 3 m² c) $\frac{19}{20}$ von 43 km² d) $\frac{3}{5}$ von 17 a
e) $\frac{1}{2}$ von 7 m f) $\frac{2}{3}$ von 8 Tagen g) $\frac{2}{7}$ von 85 km h) $\frac{2}{5}$ von 8 h

3 Wie viele Minuten sind
a) $\frac{2}{3}$ von 5 h; b) $\frac{5}{6}$ von 11 h; c) $\frac{2}{17}$ von 34 h; d) $\frac{15}{19}$ von 57 h?

4

a)
3% von	3400 l	230 g	150 t	24 kg	5 t	7 km	190 m	76 m²
sind								

b)
18% von	3400 l	230 g	150 t	24 kg	5 t	7 km	190 m	76 m²
sind								

c)
4% von	600 kg	90 cm	50 €	12 m	300 m	40 €	480 kg	75 cm
sind								

d)
15% von	600 kg	90 cm	50 €	12 m	300 m	40 €	480 kg	75 cm
sind								

e)
120% von	17 km	950 l	875 €	5,40 €	300 m³	25 dm	345 m	9,45 €
sind								

f)
116% von	17 km	950 l	875 €	5,40 €	300 m³	25 dm	345 m	9,45 €
sind								

Größen umwandeln   **Kapitel I**

1 Erweitere den Bruch so, dass im Nenner 100 steht und wandle dann in cm um.
a) $\frac{3}{4}$ m   b) $\frac{4}{5}$ m   c) $\frac{11}{20}$ m   d) $\frac{23}{25}$ m   e) $\frac{24}{25}$ m

2 Erweitere den Bruch so, dass im Nenner 60 steht und wandle dann in min um.
a) $\frac{1}{4}$ h   b) $\frac{1}{5}$ h   c) $\frac{2}{3}$ h   d) $\frac{4}{15}$ h   e) $\frac{7}{20}$ h

3 Rechne um, indem du zuerst auf einen geeigneten Nenner erweiterst.
a) $\frac{7}{8}$ kg in g   b) $\frac{4}{5}$ cm² in mm²   c) $\frac{2}{3}$ Tage in h   d) $\frac{11}{12}$ h in min
e) $\frac{3}{5}$ t in kg   f) $\frac{1}{8}$ dm² in mm²   g) $\frac{5}{6}$ Tage in h   h) $\frac{11}{15}$ min in s

4 Schreibe zunächst in m und ordne dann der Größe nach.
a) 7,2 cm; 68 mm; 0,45 dm; 0,059 m; $\frac{3}{4}$ dm; $75\frac{1}{2}$ mm; $\frac{7}{100}$ m
b) 120,5 m; 0,13 km; 1469 cm; $\frac{1}{8}$ km; $\frac{652}{5}$ m; 1105 dm

5 Schreibe zunächst in g und ordne dann der Größe nach.
a) 1230 g; 0,012 t; 1,32 kg; $\frac{5}{4}$ kg; $\frac{1}{400}$ t; $\frac{6178}{5}$ g
b) 56,9 g; 40 000 mg; 0,050 kg; $\frac{5}{80}$ kg; $\frac{7}{80\,000}$ t; $\frac{111}{2}$ g

6 Schreibe zunächst in m² und ordne dann der Größe nach.
a) 1,35 m²; 0,12 a; 14 500 cm²; $\frac{1}{80}$ a; $\frac{231}{2}$ dm²; $\frac{1}{1000}$ ha
b) 78,5 m²; 0,81 a; 7888 dm²; $\frac{4}{500}$ ha; $\frac{17}{20}$ a; $\frac{165}{2}$ m²

7 Schreibe zunächst in s und ordne dann der Größe nach.
a) 13 min; 0,2 h; 690 s; $\frac{5}{24}$ h; $\frac{61}{5}$ min; $\frac{7}{720}$ Tage
b) 0,55 min; 0,009 h; 28,5 s; $\frac{1}{120}$ h; $\frac{9}{20}$ min; $\frac{131}{5}$ s

8 Übertrage die Figur in dein Heft und ergänze.

$\boxed{19.30\,h} \xrightarrow{+\frac{2}{3}h} \boxed{} \xrightarrow{-\frac{17}{20}h} \boxed{} \xrightarrow{-\frac{2}{5}h} \boxed{}$

Lösungen auf den Seiten 264–267.

Selbsttraining

Kapitel II **Addieren und Subtrahieren**

1 Kürze wenn möglich.

a)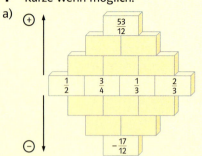

b)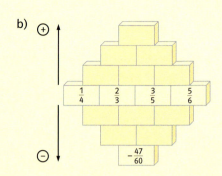

2 Addiere und kürze falls möglich.

a) $\frac{1}{4} + \frac{1}{6}$ b) $\frac{1}{8} + \frac{1}{12}$ c) $\frac{1}{4} + \frac{1}{10}$ d) $\frac{1}{10} + \frac{1}{15}$ e) $\frac{1}{15} + \frac{1}{20}$

f) $\frac{3}{14} + \frac{5}{21}$ g) $\frac{7}{12} + \frac{5}{18}$ h) $\frac{4}{15} + \frac{3}{20}$ i) $\frac{11}{15} + \frac{3}{25}$ k) $\frac{7}{10} + \frac{4}{15}$

3 Subtrahiere und kürze falls möglich.

a) $\frac{1}{12} - \frac{1}{15}$ b) $\frac{1}{6} - \frac{1}{9}$ c) $\frac{1}{6} - \frac{1}{8}$ d) $\frac{1}{12} - \frac{1}{18}$ e) $\frac{5}{12} - \frac{3}{8}$

f) $\frac{1}{3} - \frac{11}{12}$ g) $\frac{1}{4} - \frac{7}{8}$ h) $\frac{1}{3} - \frac{17}{18}$ i) $\frac{7}{18} - \frac{2}{3}$ k) $\frac{3}{8} - \frac{17}{24}$

l) $\frac{2}{5} - \frac{7}{15}$ m) $\frac{3}{8} - \frac{7}{12}$ n) $\frac{11}{5} - \frac{5}{6}$ o) $\frac{1}{10} - \frac{4}{14}$ p) $\frac{7}{12} - \frac{5}{8}$

4 Berechne und kürze falls möglich.

a) $\frac{5}{14} + \frac{8}{21}$ b) $\frac{3}{10} - \frac{4}{15}$ c) $\frac{1}{18} - \frac{5}{27}$ d) $\frac{5}{22} - \frac{3}{20}$ e) $\frac{7}{16} - \frac{5}{12}$

f) $\frac{11}{20} - \frac{3}{16}$ g) $\frac{11}{12} + \frac{3}{10}$ h) $\frac{7}{12} - \frac{7}{16}$ i) $\frac{3}{25} + \frac{7}{40}$ k) $\frac{7}{30} - \frac{9}{20}$

l) $\frac{7}{9} - \frac{9}{7}$ m) $\frac{13}{8} - \frac{8}{5}$ n) $\frac{15}{17} - \frac{17}{20}$ o) $\frac{7}{2} - \frac{40}{11}$ p) $\frac{9}{13} - \frac{12}{19}$

5 Schreibe den Bruch als Dezimalzahl und berechne.

a) $3{,}5 + \frac{3}{5}$ b) $\frac{1}{2} - 1{,}2$ c) $\frac{3}{4} - 0{,}2$ d) $\frac{4}{5} - \frac{3}{2}$ e) $\frac{2}{5} - 3{,}02$

f) $0{,}8 - \frac{1}{20}$ g) $\frac{1}{4} + 1{,}63$ h) $2{,}08 - \frac{9}{4}$ i) $4{,}83 - \frac{2}{5}$ k) $\frac{7}{5} - 7{,}28$

6 Schreibe die Dezimalzahl als Bruch und berechne.

a) $0{,}5 + \frac{1}{4}$ b) $\frac{3}{4} + 0{,}2$ c) $\frac{4}{5} - 1{,}6$ d) $\frac{2}{3} + 0{,}75$ e) $5{,}05 - \frac{5}{6}$

f) $0{,}4 - \frac{1}{3}$ g) $\frac{2}{7} + 0{,}5$ h) $5{,}02 - \frac{17}{3}$ i) $\frac{3}{24} - 1{,}5$ k) $\frac{5}{6} - 0{,}45$

7 Berechne.

a) $\frac{14}{3} - \left(\frac{2}{3} + \frac{1}{4}\right)$ b) $\frac{7}{5} - \left(\frac{7}{2} + \frac{7}{9}\right)$ c) $\frac{4}{3} - \left(\frac{1}{2} + \frac{5}{6}\right)$ d) $\frac{9}{8} - \left(1{,}25 + \frac{7}{16}\right)$

e) $\frac{1}{3} - \left(\frac{9}{10} - \frac{11}{15}\right)$ f) $\frac{7}{8} - \left(5{,}25 - \frac{5}{9}\right)$ g) $\frac{12}{7} - \left(\frac{4}{3} - \frac{3}{7}\right)$ h) $9{,}5 - \left(\frac{55}{3} - \frac{23}{12}\right)$

8 Fülle die Zauberquadrate aus.

a) 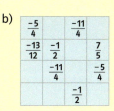 Zauberzahl: $\frac{1}{4}$

b) Zauberzahl: $\frac{-43}{30}$

9 Rechne geschickt.

a) $\frac{1}{4} + \left(\frac{1}{2} + \frac{3}{4}\right)$
b) $\frac{1}{8} - \left(\frac{3}{8} + \frac{1}{2}\right)$
c) $\left(\frac{4}{5} - \frac{1}{3}\right) - \frac{1}{5}$
d) $\left(\frac{1}{2} - \frac{1}{5}\right) - \frac{2}{3}$
e) $\left(\frac{2}{3} + \frac{1}{4}\right) + \frac{3}{4}$
f) $\left(\frac{1}{4} + \frac{1}{5}\right) - \frac{9}{20}$
g) $\frac{1}{2} + \left(\frac{2}{3} - \frac{3}{4}\right)$
h) $\frac{1}{9} - \left(\frac{4}{7} + \frac{2}{3}\right)$
i) $\frac{1}{3} + \frac{3}{4} + \frac{2}{3} + \frac{1}{2}$
k) $\frac{2}{7} + \frac{1}{8} - \frac{3}{4} + \frac{5}{7}$
l) $\frac{12}{13} + \frac{9}{2} - \frac{25}{13} - \frac{27}{4}$
m) $\frac{3}{8} + \frac{5}{4} - \frac{7}{8} - 0,5$
n) $\frac{4}{9} + \frac{5}{6} + \frac{14}{9} + \frac{2}{3}$
o) $\frac{15}{7} - \frac{4}{3} + \frac{20}{21} - \frac{6}{7}$
p) $\frac{11}{13} - \frac{2}{3} - \frac{37}{13} + \frac{17}{4}$
q) $\frac{5}{6} - 0,8 + \frac{2}{7} - \frac{1}{3}$

10 Berechne, gib das Ergebnis als Bruch und in dezimaler Schreibweise an.

a) $\frac{1}{4} + 1,63$
b) $2,08 - \frac{9}{4}$
c) $4,83 - \frac{2}{5}$
d) $\frac{3}{5} - 7,28$
e) $\frac{1}{5} + 3,82$
f) $\frac{4}{5} - 0,678$
g) $0,19 - \frac{3}{4}$
h) $\frac{1}{2} - 2,49$
i) $10 + \frac{1}{4} - 1,8$
k) $3,2 + \frac{1}{2} - 4,8$
l) $3,4 - 0,6 + \frac{3}{4}$
m) $2 - 8,8 + \frac{9}{5}$
n) $\frac{3}{4} - \frac{1}{2} + 0,73$
o) $\frac{2}{5} - \frac{1}{2} + 4,3$
p) $\frac{3}{8} - 4,625 + 2,25$
q) $\frac{9}{250} - \frac{19}{10} + 0,3$
r) $5,5 + \frac{3}{4} - 2,75$
s) $\frac{5}{8} - \frac{1}{4} - 2,375$
t) $4,5 - \frac{7}{4} - 3,45$
u) $\frac{17}{125} - 0,55 + \frac{1}{8}$

11 a)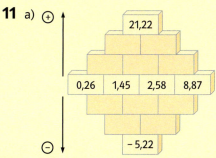

b)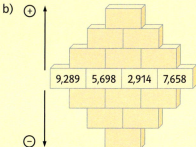

12 Mache zuerst einen Überschlag und berechne dann.

a) 25,32 + 24,03
b) 18,675 + 0,98
c) 52,49 + 19,983
d) 608,08 + 35,47
e) 78,99 − 173,83
f) 371,7 − 250,95
g) 283,4 − 397,92
h) 739,83 − 841,9
i) 403,169 − 174,84
k) 6861,46 − 351,29
l) 2256,29 − 456,8
m) 7842,83 − 8615

13 Mache zuerst einen Überschlag und berechne dann.

a) 200 − (520,8 − 487,6) + 74,1
b) (38,4 + 17,9) − (39,81 + 14,26)
c) (36,5 − 3,8) − (81,63 − 19,9 + 2,06)
d) (486,96 − 391,58) − (931,6 − 48,93)
e) 924,68 − (198,6 + 413,47) − 83,82
f) 245,86 − (465,8 + 654,09) + 43,62

Lösungen auf den Seiten 264–267.

Selbsttraining

14 Berechne. Runde das Ergebnis auf Zehntel.
a) 4,23 + 8,751 + 6,9 + 7,253
b) 675,3 − (24,25 + 8,647 + 14,2)
c) 810,82 − 10,8 + 20,53 − 49,01
d) 7,604 − 2,0035 + (8,6 + 7,25 − 33,8)
e) 6,83 − 9,231 + 8,3 − 9,467
f) (54,65 + 9,132 + 41,5) − 241,6
g) 120,91 − 60,2 − 71,65 − 91,42
h) 8,274 − 5,1723 + (71,3 + 9,1 − 63,1)

15

a)
+	$\frac{1}{4}$	$\frac{7}{3}$	$-\frac{3}{8}$
$\frac{1}{2}$			
$\frac{3}{5}$			
$-\frac{2}{3}$			

b)
−	$\frac{3}{2}$	$\frac{4}{3}$	$-\frac{2}{5}$
$\frac{3}{4}$			
$\frac{1}{8}$			
$-\frac{11}{3}$			

c)
−	$\frac{7}{12}$	$-\frac{17}{24}$	$\frac{29}{40}$
$\frac{5}{4}$			
$\frac{11}{8}$			
$-\frac{3}{16}$			

Kapitel V   **Multiplizieren und Dividieren**

1 Kürze, falls möglich, vor dem Ausrechnen.
a) $\frac{2}{9} \cdot \frac{3}{4}$
b) $\frac{7}{8} \cdot \frac{-1}{4}$
c) $\frac{-14}{9} \cdot \frac{6}{7}$
d) $\frac{24}{35} \cdot \frac{-21}{20}$
e) $\frac{16}{-17} \cdot \frac{85}{48}$
f) $\frac{11}{13} \cdot \frac{39}{77}$
g) $\frac{-17}{81} \cdot \frac{28}{51}$
h) $\frac{-5}{7} \cdot \frac{10}{21}$
i) $\frac{14}{27} \cdot \frac{-9}{28}$
k) $\frac{17}{-69} \cdot \frac{-25}{51}$
l) $\frac{33}{37} \cdot \frac{74}{99}$
m) $\frac{25}{13} \cdot \frac{-39}{100}$
n) $\frac{-9}{20} \cdot \frac{10}{-21}$
o) $\frac{21}{25} \cdot \frac{3}{-5}$
p) $\frac{11}{12} \cdot \frac{6}{55}$
q) $\frac{4}{15} \cdot \frac{1}{8}$
r) $\frac{15}{16} \cdot \frac{20}{55}$
s) $-\frac{4}{7} \cdot \frac{25}{12}$
t) $\frac{-9}{22} \cdot \frac{6}{11}$
u) $\frac{7}{12} \cdot \frac{6}{35}$
v) $\frac{3}{2} \cdot \frac{1}{2}$
w) $\frac{12}{25} \cdot \frac{15}{16}$
x) $\frac{22}{45} \cdot \frac{40}{55}$
y) $\frac{-3}{5} \cdot \frac{15}{42}$
z) $\frac{13}{25} \cdot \frac{10}{39}$

2 Berechne, kürze möglichst früh.
a) $\frac{2}{3} : \frac{4}{9}$
b) $\frac{-7}{8} : \frac{1}{4}$
c) $\frac{2}{5} : -\frac{3}{10}$
d) $\frac{1}{3} : \frac{4}{3}$
e) $\frac{-2}{7} : \frac{-3}{8}$
f) $\frac{4}{9} : \frac{2}{3}$
g) $\frac{9}{10} : \frac{3}{5}$
h) $\frac{-5}{7} : \frac{10}{21}$
i) $\frac{1}{2} : \frac{1}{-10}$
k) $\frac{9}{22} : \frac{6}{11}$
l) $\frac{5}{6} : \frac{12}{17}$
m) $\frac{21}{25} : \frac{-3}{5}$
n) $\frac{-49}{50} : \frac{7}{-25}$
o) $\frac{56}{57} : \frac{14}{19}$
p) $\frac{-50}{51} : \frac{10}{3}$

3 Berechne. Kürze, falls möglich.
a) $\frac{5}{7} : \frac{10}{21}$
b) $\frac{3}{5} \cdot \frac{-25}{84}$
c) $\frac{7}{8} : \frac{1}{4}$
d) $\frac{-7}{5} \cdot \frac{21}{25}$
e) $\frac{63}{50} : \frac{7}{22}$
f) $\frac{24}{17} \cdot \frac{1}{8}$
g) $\frac{-9}{10} : \frac{3}{-5}$
h) $\frac{5}{7} \cdot \frac{40}{21}$
i) $\frac{-4}{15} \cdot \frac{7}{8}$
k) $\frac{13}{25} \cdot \frac{80}{39}$
l) $\frac{2}{5} : \frac{3}{10}$
m) $\frac{4}{13} \cdot \frac{65}{-12}$
n) $\frac{4}{7} : \frac{-3}{32}$
o) $\frac{14}{19} \cdot \frac{95}{49}$
p) $\frac{17}{69} \cdot \frac{15}{51}$

4 Kürze wenn möglich.

a)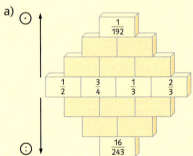

b)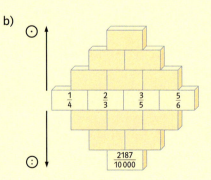

5 Berechne.
a) 45,319 · 100   b) 9,01 · (−1000)   c) 10 000 · 0,0025   d) 10 · 3,084
e) 0,035 · 100   f) 100 000 · 0,0078   g) (−38,6) · 1000   h) 100 · (−15)
i) 0,0004 · 10   k) 384,5 : 10   l) −384,5 : (−100)   m) 384,5 : 10
n) 0,0047 : 10   o) (−30,03) : 10   p) 7,5 : 10   q) −3,9 : 100
r) 5 : 10   s) −0,8 : (−100)   t) 0,0032 : 100   u) 7000 : (−10 000)

6 Folgende Umrechnung heißt gegensinnige Kommaverschiebung:
0,0045 · 3000 = 0,045 · 300 = 0,45 · 30 = 4,5 · 3 = 13,5
Berechne mithilfe von gegensinniger Kommaverschiebung im Kopf.
a) 0,03 · 50   b) 90 · (−0,05)   c) −0,24 · 20   d) 1,7 · 20   e) −0,7 · (−80)
f) 0,11 · 800   g) 0,06 · 150   h) −250 · 0,4   i) 12,5 · 40   k) −25 · 0,2
l) 22 · 0,05   m) 11 · 0,09   n) 0,08 · (−70)   o) 0,06 · 40   p) 55 · (−0,02)
q) 35 · 0,2   r) 45 · (−0,4)   s) 410 · 0,03   t) −52 · 0,04   u) 0,035 · 40

7 Führe zunächst eine Überschlagsrechnung durch. Rechne dann genau.
a) 64,2 · 0,12   b) 18,5 · (−0,488)   c) 27,21 · 0,011   d) −0,052 · 318
e) 520 · 0,45   f) 309 · 0,035   g) (−82,5) · 0,29   h) −39,4 · (−0,91)
i) 832 · 3,03   k) −8,73 · 732,1   l) 0,045 · 485   m) −34,2 · (−0,68)
n) 0,049 · 65,4   o) −14,8 · (−19,3)   p) (−87,4) · 0,38   q) 456,2 · (−56,3)

8 Berechne.
a) 1,5 : 2   b) 3,8 : (−2)   c) (−7,8) : 6   d) 5,7 : (−19)   e) 9,6 : 12
f) 13,2 : 11   g) −35,7 : 17   h) 87,1 : 13   i) −124,2 : 9   k) 0,963 : (−3)
l) 0,624 : 6   m) 7,56 : (−6)   n) 0,084 : 12   o) −0,096 : 8   p) (−0,231) : 7

9 Mache bei den folgenden Aufgaben immer zuerst eine Überschlagsrechnung.
a) 2,25 : 0,018   b) 58,24 · (−455)   c) (−12,1) : 9,68   d) 28 : 0,448
e) 20,67 · 0,65   f) 139 632 : 0,032   g) 17,11 · (−29,5)   h) −288,64 : 32
i) 5,95 : 1,7   k) 360 · $\frac{1}{125}$ l) −25 : $\left(-\frac{5}{40}\right)$ m) (−0,12) : (−0,3)
n) 0,56 · $\frac{4}{5}$ o) 0,96 : 1,2   p) 1,44 · (−3,6)   q) (−0,17) : 0,5
r) 0,03 · $\frac{1}{5}$ s) −0,303 · $\frac{1}{2}$ t) 2,97 : $\left(-\frac{9}{10}\right)$ u) −4,42 : $\left(-\frac{13}{10}\right)$

10 Trage in jedes Kästchen über zwei Zahlen jeweils ihr Produkt ein.
a)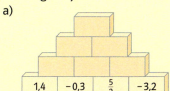
b)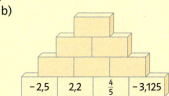

Addieren, Subtrahieren, Multiplizieren und Dividieren   Kapitel V

1 Beachte: Punktrechnung vor Strichrechnung, aber Klammern zuerst.
a) $\frac{1}{2} \cdot \frac{1}{3} + \frac{1}{6}$
b) $\frac{2}{5} \cdot \frac{1}{4} - \frac{3}{10}$
c) $\frac{2}{3} \cdot \frac{3}{4} + \frac{7}{10}$
d) $\frac{4}{5} \cdot \frac{5}{8} - \frac{2}{3}$
e) $\frac{5}{6} + \frac{1}{3} \cdot \frac{2}{3}$
f) $\frac{1}{4} - \frac{5}{3} \cdot \frac{3}{4}$
g) $\frac{1}{2} \cdot \left(\frac{3}{2} + \frac{1}{4}\right)$
h) $\frac{2}{3} \cdot \left(\frac{1}{5} - \frac{1}{4}\right)$

Lösungen auf den Seiten 264–267.

Selbsttraining

i) $\left(\frac{3}{4}+\frac{1}{3}\right)\cdot\frac{4}{13}$ k) $\left(\frac{1}{5}-\frac{3}{8}\right)\cdot\frac{2}{7}$ l) $1\frac{1}{2}\cdot\left(2+\frac{1}{3}\right)$ m) $2\frac{2}{3}\cdot\left(\frac{1}{6}-\frac{1}{2}\right)$

n) $1\frac{4}{5}\cdot\left(\frac{1}{3}+\frac{5}{6}\right)$ o) $\left(\frac{2}{3}-\frac{3}{2}\right)\cdot 1\frac{1}{5}$ p) $\frac{2}{3}+\frac{1}{2}:\frac{5}{4}$ q) $\frac{2}{7}:\frac{4}{5}-\frac{1}{2}$

r) $\frac{5}{6}:\frac{2}{3}+\frac{1}{3}$ s) $\frac{5}{18}-\frac{3}{4}:5$ t) $\frac{5}{7}-\frac{1}{2}:\frac{3}{4}$ u) $\frac{2}{5}:\frac{4}{5}-\frac{3}{4}$

v) $\frac{5}{8}:\frac{1}{4}-3\frac{8}{9}$ w) $\frac{2}{3}+\frac{1}{9}:\frac{11}{12}$ x) $\frac{2}{3}:\left(\frac{5}{6}-\frac{1}{2}\right)$ y) $\frac{5}{16}:\left(\frac{3}{8}+\frac{1}{4}\right)$

2 Beachte die Reihenfolge der Rechenschritte.

a) $\frac{2}{5}\cdot\frac{3}{4}-\frac{1}{4}:2\frac{1}{2}$ b) $\frac{1}{2}:1\frac{1}{3}-\frac{1}{3}:\frac{4}{5}$ c) $\frac{5}{7}\cdot\frac{10}{11}+\frac{3}{8}\cdot\frac{4}{7}$ d) $\frac{4}{9}\cdot 1\frac{4}{5}+\frac{3}{10}:\frac{2}{5}$

e) $1\frac{1}{3}\cdot\frac{1}{6}-\frac{5}{6}\cdot 2\frac{2}{5}$ f) $5\frac{1}{3}:\left(-\frac{4}{9}\right)-3\frac{1}{3}\cdot\frac{3}{5}$ g) $\left(\frac{2}{3}+\frac{1}{2}\right)\cdot\left(\frac{1}{4}+\frac{1}{3}\right)$ h) $\left(\frac{2}{3}-\frac{1}{2}\right)\cdot\left(\frac{1}{3}+\frac{1}{5}\right)$

i) $\left(\frac{1}{6}+\frac{3}{4}\right)\cdot\left(\frac{1}{2}-\frac{2}{5}\right)$ k) $\left(\frac{3}{7}-\frac{1}{3}\right)\cdot\left(\frac{1}{2}-\frac{1}{3}\right)$ l) $\left(\frac{-1}{3}-\frac{3}{4}\right)\cdot\left(\frac{1}{6}-\frac{4}{3}\right)$ m) $\left(\frac{2}{3}+\frac{3}{4}\right):\left(\frac{1}{3}-\frac{5}{7}\right)$

n) $\left(\frac{2}{3}-0{,}5\right):\left(\frac{3}{4}+\frac{1}{8}\right)$ o) $\left(\frac{2}{5}+0{,}3\right)\cdot\left(\frac{3}{7}-0{,}25\right)$ p) $\left(\frac{1}{9}-\frac{7}{12}\right)\cdot\left(\frac{3}{10}-\frac{3}{5}\right)$ q) $\left(\frac{5}{16}+\frac{3}{8}\right):\left(\frac{1}{4}+2\frac{1}{2}\right)$

r) $\left(\frac{5}{9}-\frac{1}{3}\right):\left(\frac{2}{7}+\frac{2}{3}\right)$ s) $\left(\frac{5}{6}+\frac{3}{4}\right)\cdot\left(\frac{1}{7}-1\right)$ t) $\left(0{,}6-\frac{1}{10}\right):\left(\frac{3}{4}+\frac{5}{8}\right)$ u) $\left(2+\frac{1}{9}\right)\cdot\left(0{,}3-\frac{3}{5}\right)$

v) $4\cdot\left(0{,}75-\left(\frac{1}{2}-0{,}375\right)\right)$ w) $\left(1\frac{1}{3}-\left(\frac{5}{6}+\frac{11}{12}\right)\right)\cdot 0{,}6$

x) $\left(\frac{4}{5}-\left(2\frac{1}{2}-1\frac{3}{4}\right)\right):0{,}1$ y) $-0{,}625\cdot\left(\frac{2}{3}-\left(\frac{5}{12}+\frac{7}{15}\right)\right)$

3 Berechne.

a) $(1{,}5\cdot 2+3{,}8-4{,}8)\cdot 0{,}485$ b) $(4{,}8\cdot 3-6\cdot 0{,}51-7{,}46)\cdot 17{,}1$

c) $(2{,}6\cdot 3{,}5-3{,}1\cdot 2{,}5)\cdot(-0{,}11)$ d) $5{,}31\cdot(7{,}2\cdot 5{,}1-6{,}8\cdot 4{,}9+16{,}6)$

e) $12{,}6+3{,}25\cdot(1{,}8-1{,}65)$ f)   f) $(3{,}4\cdot 0{,}3+4{,}8\cdot 0{,}11)-2{,}8\cdot 6{,}5$

g) $8{,}76\cdot(5{,}99-6{,}91)+7{,}69\cdot 7$ h) $25{,}99-4{,}01\cdot 22-12\cdot(3{,}5-2{,}09)$

i) $70:0{,}2-78{,}3:(5{,}1:17-0{,}1)$ k) $-8{,}5\cdot(35{,}35:7+4{,}95)-17{,}5$

l) $24-4:\left(2{,}3-13:\frac{130}{3}\right)-22$ m) $(1{,}8+0{,}2\cdot 5+1{,}7):0{,}009$

n) $(7{,}3-0{,}0085\cdot 1800):0{,}016$ o) $6{,}206:2-(2{,}08-0{,}638):1{,}4$

p) $\left(\frac{9}{2}:0{,}06-0{,}3:0{,}75\right):25$ q) $\left(15{,}6:3-40:\frac{5}{2}\right):(2{,}88:4{,}8-2{,}4)$

4 Rechne möglichst geschickt. Benutze Rechengesetze.

a) $\frac{3}{5}\cdot\frac{7}{8}\cdot\frac{5}{3}\cdot\frac{8}{7}$ b) $\frac{27}{16}\cdot\frac{-39}{144}\cdot\frac{16}{27}\cdot\frac{144}{39}$ c) $\frac{11}{47}\cdot\frac{-3}{8}\cdot\frac{94}{-11}\cdot\frac{16}{15}$

d) $\frac{169}{109}\cdot\frac{15}{17}\cdot\frac{109}{13}\cdot\frac{17}{225}$ e) $2\frac{1}{3}\cdot\left(-3\frac{2}{5}\right)\cdot(-3)\cdot(-5)$ f) $7\frac{13}{14}\cdot 4\frac{13}{17}\cdot(-21)\cdot 34$

g) $-4\cdot 5\frac{13}{17}\cdot 7\cdot 3\frac{1}{49}$ h) $6\frac{2}{3}\cdot 9\frac{3}{7}\cdot\frac{1}{66}\cdot\frac{21}{20}$ i) $-9\frac{1}{2}\cdot\frac{-7}{8}\cdot\frac{6}{19}\cdot\frac{-2}{21}$

5 Mit Rechengesetzen lassen sich die Aufgaben leichter lösen.

a) $\left(\frac{1}{3}+\frac{1}{6}\right)\cdot 3$ b) $\left(\frac{7}{36}-\frac{63}{144}\right)\cdot\frac{4}{7}$ c) $16\cdot\left(\frac{-7}{8}-1\frac{3}{4}\right)$

d) $\frac{1}{7}\cdot\frac{2}{3}+\frac{6}{7}\cdot\frac{2}{3}$ e) $\frac{27}{39}\cdot 18-\frac{105}{39}\cdot 18$ f) $\frac{4}{17}\cdot\frac{5}{27}+2\frac{13}{17}\cdot\frac{5}{27}$

g) $2\frac{1}{3}\cdot\frac{3}{20}+7\frac{2}{3}\cdot\frac{3}{20}$ h) $7\frac{9}{16}\cdot\frac{9}{25}+2\frac{7}{16}\cdot\frac{9}{25}$ i) $16\frac{1}{8}\cdot 8\frac{1}{5}-14\frac{1}{8}\cdot 8\frac{1}{5}$

6 Rechne vorteilhaft.

a) $\left(\frac{1}{2}+\frac{2}{3}\right)\cdot\frac{3}{5}+\left(\frac{1}{2}+\frac{2}{3}\right)\cdot\frac{2}{5}$ b) $\left(2\frac{1}{4}-1\frac{5}{8}\right)\cdot\frac{13}{11}+\left(2\frac{1}{4}-1\frac{5}{8}\right)\cdot\frac{9}{11}$

c) $1\frac{5}{8}\cdot\left(3\frac{1}{7}+7\frac{1}{3}\right)-\left(7\frac{1}{7}+3\frac{1}{3}\right)\cdot 1\frac{5}{8}$ d) $\left(\frac{7}{9}+2\frac{4}{9}\right):\frac{9}{31}-\left(2\frac{4}{9}+\frac{7}{9}\right):\frac{9}{13}$

e) $\left(2\frac{5}{9}-5\frac{1}{3}\right):\frac{5}{7}+\left(2\frac{5}{9}-5\frac{1}{3}\right):\frac{5}{8}$ f) $\left(4\frac{1}{8}+3\frac{3}{16}\right)\cdot 2\frac{1}{9}+1\frac{4}{9}\cdot\left(4\frac{1}{8}+3\frac{3}{16}\right)$

g) $6\cdot\left(0{,}5+\frac{2}{3}-0{,}75\right)$ h) $\left(\frac{1}{12}-\frac{7}{3}+\frac{7}{8}\right)\cdot(-24)$

Lösungen auf den Seiten 264–267.

Der Taschenrechner

Taschenrechner können je nach Hersteller und Modell recht unterschiedlich aussehen und auch unterschiedlich viel leisten. Die wichtigsten Tasten, die bei fast allen Taschenrechnern vorhanden sind, zeigt die Figur 1. Was man mit den Tasten machen kann, wird anschließend beschrieben.

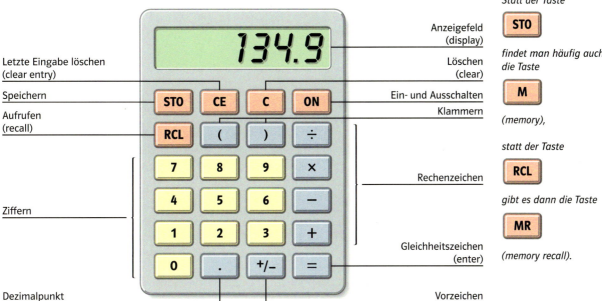

Fig. 1

Zahlen gibt man über die **Zifferntasten** in den Taschenrechner ein. Bei Dezimalzahlen verwendet man statt des Kommas einen **Dezimalpunkt**. Das Vorzeichen einer Zahl kann mit der **Vorzeichentaste** geändert werden. Durch Eintippen von Zahlen, **Rechenzeichen** und **Klammern** kann ein ganzer Rechenausdruck in den Taschenrechner eingegeben werden. Durch Drücken der **Gleich-Taste** wird der eingegebene Rechenausdruck berechnet.
Im **Anzeigefeld** werden die eingegebenen Zahlen und das Ergebnis der Berechnung angezeigt. Bei manchen Taschenrechnern kann man im Anzeigefeld den vollständigen Rechenausdruck und den berechneten Wert gleichzeitig sehen, bei anderen wird nur die zuletzt eingegebene Zahl bzw. das Ergebnis angezeigt.
Mithilfe der beiden **Löschtasten** kann man entweder die zuletzt eingegebene Zahl oder den gesamten Rechenausdruck löschen. Bei manchen Taschenrechnern kann man sogar die zuletzt eingetippte Ziffer löschen.
Benötigt man für verschiedene Berechnungen mehrmals dieselbe Zahl oder ein bereits berechnetes Ergebnis, so kann man diese mithilfe der **Speichertaste** in einen Zahlenspeicher übertragen und bei Bedarf über die **Aufruftaste** wieder in das Anzeigefeld bringen.

Taste, mit der man die zuletzt eingegebene Ziffer löschen kann:

1 Vergleiche mit deinem Taschenrechner.

2 Tippe in den Taschenrechner die Zahl 12345679 ein und übertrage sie in den Speicher. Multipliziere nun nacheinander die eingegebene Zahl mit den Gliedern der Neunerreihe (9, 18 … 90). Findest du das Ergebnis nicht verblüffend?

Lösungen

Kapitel I, Bist du sicher? Seite 16

1

	Teilbar durch 3	Teilbar durch 4	Teilbar durch 5	Teilbar durch 9
a) 123	Ja	Nein	Nein	Nein
b) 124	Nein	Ja	Nein	Nein
c) 3285	Ja	Nein	Ja	Ja
d) 1234	Nein	Nein	Nein	Nein
e) 243 671	Nein	Nein	Nein	Nein
f) 1 741 989	Ja	Nein	Nein	Nein

2
Die Zahl ist durch 3 bzw. durch 9 teilbar, weil ihre Quersumme durch 3 bzw. durch 9 teilbar ist. Wenn man die Reihenfolge der Ziffern ändert, nicht aber die Ziffern selbst, dann ändert sich die Quersumme nicht und bleibt durch 3 bzw. 9 teilbar. Also ist die dadurch entstandene Zahl auch durch 3 bzw. durch 9 teilbar.

Kapitel I, Bist du sicher? Seite 21

1
a) 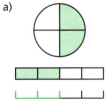 b)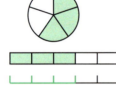

2
a) 300 g   b) 25 dm²   c) 20 min   d) 500 dm³

3
a) Gefärbt: $\frac{1}{4}$ b) Gefärbt: $\frac{5}{16}$ c) Gefärbt: $\frac{15}{32}$

4
$\frac{1}{6}$ von 24 Stückchen sind 4 Stückchen.
$\frac{2}{3}$ von 24 Stückchen sind 16 Stückchen.
4 Stückchen + 16 Stückchen = 20 Stückchen.
Es bleiben 4 Stückchen übrig.

Kapitel I, Bist du sicher? Seite 25

1
a) $\frac{24}{54}$ b) $\frac{3}{4}$ c) $\frac{4}{6} = \frac{2}{3} = \frac{6}{9}$

2
Individuelle Lösung, z. B. $\frac{6}{12}$

3
$\frac{3}{12} = \frac{1}{4}$ und $\frac{5}{20} = \frac{1}{4}$ und $\frac{20}{80} = \frac{1}{4}$, also ist $\frac{3}{12} = \frac{5}{20} = \frac{20}{80}$
$\frac{20}{100} = \frac{1}{5}$ und $\frac{3}{15} = \frac{1}{5}$, also ist $\frac{20}{100} = \frac{3}{15}$

Kapitel I, Bist du sicher? Seite 29

1
A: 0   B: $-\frac{3}{2}$ C: $-\frac{1}{4}$ D: $\frac{1}{3}$

2
a) $4\frac{3}{8} = \frac{35}{8}$ und $\frac{70}{16} = \frac{35}{8}$, also $4\frac{3}{8} = \frac{70}{16}$
b) $-\frac{9}{15} = \frac{-3}{5}$ und $\frac{-12}{20} = \frac{-3}{5}$, also $-\frac{9}{15} = \frac{-12}{20}$
c) $-\frac{9}{6} = -\frac{3}{2}$ und $-\frac{32}{8} = -4$, also $-\frac{9}{6} \neq \frac{-32}{8}$
d) $-\frac{8}{3} = -2\frac{2}{3}$ und $-2\frac{4}{6} = -2\frac{2}{3}$, also $-\frac{8}{3} = -2\frac{4}{6}$
e) $\frac{-66}{-4} = \frac{33}{2} = 16\frac{1}{2}$, also $\frac{-66}{-4} \neq 17\frac{1}{4}$

Kapitel I, Bist du sicher? Seite 33

1
a) $\frac{8}{10}$ b) $-\frac{9}{100}$ c) $\frac{25}{100}$ d) $-\frac{11}{1000}$ e) $\frac{45}{100}$

2
a) 0,6   b) −0,7   c) −0,75   d) 0,007   e) 0,99

3
A: $-\frac{2}{5} = -0{,}4$;   B: $\frac{4}{5} = 0{,}8$;   C: $\frac{1}{10} = 0{,}1$;
D: $\frac{11}{10} = 1{,}1$;   E: $-\frac{9}{10} = -0{,}9$

Kapitel I, Bist du sicher? Seite 36

1
a) $\frac{5}{6} = 0{,}8\overline{3}$
b) $\frac{81}{8} = 10{,}125$
c) $-\frac{1}{9} = -0{,}\overline{1}$
d) $-\frac{23}{16} = -1{,}4375$
e) $1\frac{1}{18} = 1{,}05\overline{5}$
f) $11\frac{2}{11} = 11{,}\overline{18}$
g) $-4\frac{17}{13} = -5\frac{4}{13} = 5{,}\overline{307692}$

2
$\frac{1}{7} = 0{,}\overline{142857}$
$0{,}\overline{13} = \frac{13}{99}$
$0{,}1\overline{3} = \frac{2}{15}$
$0{,}1875 = \frac{3}{16}$

Kapitel I, Bist du sicher? Seite 39

1

a) $\frac{2}{100} = \frac{1}{50}$; $\frac{25}{100} = \frac{1}{4}$; $\frac{70}{100} = \frac{7}{10}$; $\frac{4}{100} = \frac{1}{25}$; $\frac{44}{100} = \frac{11}{25}$

b) $\frac{1}{5} = 0{,}2 = 20\%$

$\frac{6}{10} = 0{,}6 = 60\%$

$\frac{35}{100} = 0{,}35 = 35\%$

$\frac{16}{40} = \frac{4}{10} = 0{,}4 = 40\%$

$\frac{4}{9} = 0{,}\overline{4} = 44{,}\overline{4}\%$

$\frac{8}{15} = 0{,}5\overline{3} = 53{,}\overline{3}\%$

$\frac{11}{18} = 0{,}6\overline{1} = 61{,}\overline{1}\%$

2

a) 4 € b) 22 cm c) 820 g

3

zu Fuß	Fahrrad	Bus	Auto
10%	35%	50%	5%

Kapitel I, Bist du sicher? Seite 44

1

a) 0,106 km b) 0,01 kg c) 40 dm²
d) 803 m² e) 0,045 m³

2

a) 240 dm² b) 30,03 m³ c) 7,2 ha

3

a) 0,05 m² b) 4 l c) 60 mm³

Kapitel I, Bist du sicher? Seite 48

1

a) < b) < c) < d) > e) >

2

a) < b) > c) < d) > e) >

3

Erste Torte $\frac{4}{12} = \frac{8}{24}$. Zweite Torte $\frac{6}{16} = \frac{9}{24}$.
Der Anteil der zweiten Torte ist größer.

Kapitel I, Training, Seite 55

1

Beachte:
Die Aufgabenstellung verlangt nicht, dass das Ergebnis des Kürzens angegeben wird, sondern nur eine Antwort auf die Frage, ob man kürzen kann.

a) Die Quersumme des Nenners ist 3 und somit durch 3 teilbar, also kann man mit 3 kürzen.

$\frac{3}{111} = \frac{1}{37}$

b) Man kann den Nenner nicht durch 5 teilen, weil er nicht auf 0 oder 5 endet. Da der Zähler keine anderen Teiler als 1 und 5 hat, kann man den Bruch nicht kürzen.

c) Die Quersumme des Nenners ist 18 und somit durch 9 teilbar, also kann man mit 9 kürzen.

$\frac{9}{5445} = \frac{1}{605}$

d) 524 ist durch 4 teilbar, weil 24 durch 4 teilbar ist. Man kann also kürzen.

$\frac{4}{524} = \frac{1}{131}$

e) Die Quersumme des Nenners beträgt 15. 15 ist durch 3 teilbar, aber nicht durch 9. Daher kann man mit 3, aber nicht mit 9 kürzen.

$\frac{9}{1257} = \frac{3}{419}$

f) Der Zähler ist durch 3 und durch 4 teilbar. Da der Nenner ungerade ist, kommt nur 3 als gemeinsamer Teiler in Frage. Die Quersumme des Nenners ist 18 und durch 3 teilbar. Man kann also mit 3 kürzen.

$\frac{12}{891} = \frac{4}{297}$

g) Die Quersumme des Nenners beträgt 27 und ist durch 9 teilbar, also kann man mit 9 kürzen.

$\frac{18}{9873} = \frac{2}{1097}$

2

a) $\frac{4}{100} = \frac{1}{25}$ b) $\frac{60}{100} = \frac{3}{5}$ c) $\frac{2}{10} = \frac{1}{5}$
d) $-\frac{3}{10}$ e) $-\frac{26}{10} = -\frac{13}{5}$

3

a) 0,7 = 70% b) −0,8 = −80% c) 5,25 = 525%
d) 0,230 = 0,23 = 23% e) 3,06 = 306%

4

a) 600 g b) 200 m c) 260 dm² d) 20 € e) 30 cm³

5

Linke Figur: Der gefärbte Anteil ist $\frac{1}{4} = 25\%$.

Rechte Figur: Der gefärbte Anteil ist $\frac{3}{8} = 37{,}5\%$.

6
a) 0,280 km = 0,28 km   b) 3450 dm³
c) 0,3 t   d) 0,09 a

7
a) 2,786 > 2,699   b) $\frac{7}{9} > \frac{8}{12} = \frac{6}{9}$

8
A: $\frac{7}{8} = 0{,}875$ B: $\frac{2}{8} = 0{,}25$ C: $-\frac{3}{8} = -0{,}375$.

9
Gefärbter Anteil bei der oberen Scheibe $\frac{2}{8} = \frac{1}{4}$.
Gefärbter Anteil bei der unteren Scheibe $\frac{3}{10}$.
Es gilt: $\frac{2}{8} < \frac{3}{10}$. Die Zielscheiben sind nicht gleichwertig, weil man bei der unteren Scheibe häufiger trifft.

10
a) $0{,}0025 < 2{,}5\,\% < 25\,\% = \frac{50}{200} = 0{,}25 = \frac{1}{4} = \frac{5}{20} < 2\frac{7}{100} < 2{,}5 < \frac{50}{2}$
b) $1{,}25\,\% = \frac{125}{10\,000} < 0{,}125 = \frac{2}{16} < \frac{2}{8} < \frac{250}{200} = 125\,\% < 3\frac{4}{5} < \frac{25}{2}$

11
a) $\frac{5}{9} < \frac{10}{11}$, weil bei $\frac{5}{9}$ $\frac{4}{9}$ zu einem Ganzen fehlen und bei $\frac{10}{11}$ nur $\frac{1}{11}$ fehlt
b) $\frac{3}{4} < \frac{4}{3}$, weil $\frac{3}{4}$ kleiner als 1 und $\frac{4}{3}$ ist größer als 1 ist
c) $\frac{4}{6} > \frac{4}{7}$, weil 6tel größer sind als 7tel
d) $\frac{3}{5} < \frac{7}{10}$, weil $\frac{3}{5} = \frac{6}{10}$ und $\frac{6}{10} < \frac{7}{10}$
e) $\frac{2}{3} < \frac{6}{7}$, weil $\frac{2}{3} = \frac{6}{9}$ und $\frac{6}{9} < \frac{6}{7}$
f) $\frac{6}{3} > 1\frac{1}{3}$, weil $\frac{6}{3} = 2$ und 2 größer als $1\frac{1}{3}$ ist
g) $4\frac{5}{6} < 5\frac{4}{5}$, weil $4\frac{5}{6} < 5$ und $5\frac{4}{5} > 5$ ist

12

 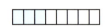

 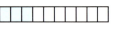 

13
a) Klasse 6a: 14:12 bzw. 7:6, Klasse 6b: 12:10 bzw. 6:5, Klasse 6c: 13:13 bzw. 1:1
b) Der größte Anteil an Mädchen ist in der 6b, da $\frac{12}{22} > \frac{14}{26} > \frac{13}{26}$, der größte Anteil an Jungen ist in der 6c, da $\frac{13}{26} > \frac{12}{26} > \frac{10}{22}$

14
Die folgende Systematik zum Ermitteln aller möglichen Dezimalzahlen bietet sich an:

2,901	9,201	0,___	**1,290**
2,910	**9,210**		1,209
2,019	9,102		**1,920**
2,091	**9,120**		1,902
2,190	9,012		1,092
2,109	9,021		1,029

29,01	20,__	21,__	90,12	91,__	**01,29**
29,10	20,91		90,21		**01,92**
92,01	**02,19**		**09,12**		10,29
92,10	**02,91**		**09,21**		10,92

Bei einer Ziffer vor dem Komma ergeben sich laut Tabelle 24 Möglichkeiten. Bei zwei Ziffern vor dem Komma ergeben sich laut Tabelle 24 Möglichkeiten.
Also insgesamt 48 − 6 = 42 Möglichkeiten (weil 1,29 und 1,92, 2,91 und 2,19 sowie 9,12 und 9,21 in beiden Tabellen auftauchen). Geordnet nach Größe ergibt sich (gelesen von links nach rechts und zeilenweise):

0,129	0,192	0,219	0,291	0,912	0,921
1,029	1,092	1,209	1,290	1,902	1,920
2,019	2,091	2,109	2,190	2,901	2,910
9,012	9,021	9,102	9,120	9,201	9,210
10,29	10,92	12,09	12,90	19,02	19,20
20,19	20,91	21,09	21,90	29,01	29,10
90,12	90,21	91,02	91,20	92,01	92,10

Kapitel II, Bist du sicher? Seite 64

1
a) $\frac{31}{30}$ b) $-\frac{1}{2}$ c) $-\frac{13}{24}$ d) $\frac{31}{21}$

2
a) z. B. $\frac{1}{4} + \frac{1}{4} + \frac{1}{4}$; $\frac{1}{2} + \frac{1}{4}$; $\frac{5}{8} + \frac{1}{8}$
b) z. B. $\frac{1}{20} + \frac{9}{20}$; $\frac{1}{40} + \frac{19}{40}$; $\frac{1}{30} + \frac{7}{15}$

3
$\frac{1}{3} + \frac{1}{8} = \frac{11}{24}$; $\frac{1}{2} = \frac{12}{24}$. Frau Malls Behauptung ist falsch.

Kapitel II, Bist du sicher? Seite 68

1
a) 7,6; −6,5; −8,7   b) 20,39; −1,388; −3,53
c) 22,1 kg; 26,1 kg; 47 m³

2
a) 11,54   b) 23,79

Kapitel II, Bist du sicher? Seite 72

1
auf 1 Dezimale: 1,3; 1,6; −0,6; −199,0
auf 2 Dezimalen: 1,25; 1,60; −0,59; −199,01

2
a) möglicher Überschlag: 1123 + 4 − 1 = 1126
genaues Ergebnis: 1125,85
b) möglicher Überschlag: −8 − 6 − 5 = −19
genaues Ergebnis: −18,36

3
a) Kosten: 48,98 €; der 50-€-Schein reicht.

Kapitel II, Bist du sicher? Seite 74

1
a) 2,1   b) 15,4   c) 8   d) $-\frac{3}{2}$

Kapitel II, Training, Seite 83

1
a) $\frac{44}{15}$ b) $-\frac{11}{5}$ c) $\frac{1}{6}$ d) $-\frac{29}{24}$
e) 1,3   f) −7,7   g) −1,9   h) −8,4

2
a) $\frac{28}{45}$ b) $\frac{7}{75}$ c) −17,5   d) 5,5

3
a) 1,1   b) −3   c) −11,5

4
a) möglicher Überschlag: (100 − 20) − (−10 + 5) = 85
genaues Ergebnis: 93,48
b) möglicher Überschlag: 200 − 60 − 120 = 20
genaues Ergebnis: 13,8
c) möglicher Überschlag: (−14 − 4) − (20 − 13) = −25
genaues Ergebnis: −23,1

5
a) positiv; negativ
b) $\frac{4}{5} - \frac{8}{9} = -\frac{4}{45}$; $-\frac{4}{5} - \frac{8}{9} = -\frac{76}{45}$; $-\frac{8}{9} - \left(-\frac{4}{5}\right) = -\frac{4}{45}$; $\frac{2}{3} - \frac{7}{8} = -\frac{5}{24}$;
$\frac{5}{11} - \frac{5}{8} = -\frac{15}{88}$
c) $\frac{3}{10}$; $\frac{19}{30}$; $\frac{19}{30}$.

6
a) Kunibert erhält 5 % des Vermögens.
b) Konrad erhält 20 000 €, Karl 24 000 €, Knut 30 000 €,
Konstantin 40 000 € und Kunibert 6000 €.

7
a) 17,91 s   b) 18,41 s

8
a) Am ersten Tag ist Tanja 35,3 km gefahren, am zweiten Tag 27,3 km, am dritten Tag 79,5 km, am vierten Tag 73,8 km und am fünften Tag 40,3 km.
b) Um insgesamt 400 km zurückzulegen, müsste Tanja noch 143,8 km fahren. Der Tacho würde dann 3053,1 km anzeigen. Da sie durchschnittlich etwa 50 km pro Tag gefahren ist, wird sie vermutlich noch etwa drei Tage für diese Strecke benötigen.

9
a) 199 m³
b) 24,9 m³
c) Heiße Sommermonate Juni und Juli: Wasserbedarf zum Waschen, Duschen und im Garten steigt. Im August macht Familie Flüssig Urlaub.

Kapitel III, Bist du sicher? Seite 93

1
a) α ist ein spitzer Winkel, dessen Größe ungefähr $\frac{1}{3}$ eines rechten Winkels entspricht, also ca. 30° beträgt.
β ist ein stumpfer Winkel, der ungfähr so groß ist wie ein rechter Winkel zu dem α addiert wird. Also ist β ungefähr 120° groß.
γ ist ein spitzer Winkel, der halb so groß ist wie ein rechter Winkel, also ungefähr 45° groß ist.
δ ist ein überstumpfer Winkel. Wenn man von einem Vollwinkel γ abzieht, erhält man δ, also ist δ ungefähr 315° groß.
b) α = 27°, β = 123°, γ = 49°, δ = 318°

2
Zeichnung

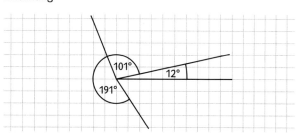

Es entsteht der Gesamtwinkel 12° + 101° + 191° = 304°
Man kann den Gesamtwinkel ausrechnen oder in der Zeichnung nachmessen.

3

Es gibt jeweils zwei mögliche Lösungen, die mit α_1 (in schwarz) und α_2 (in rot) gekennzeichnet wurden.

a)

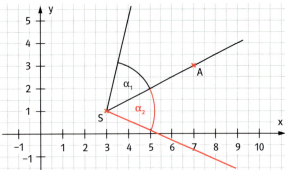

b)

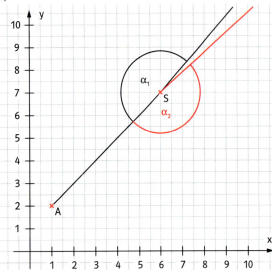

c)

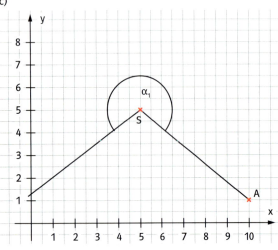

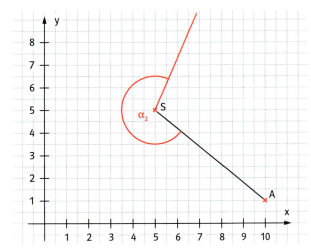

d)

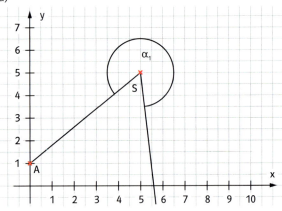

Kapitel III, Training, Seite 103

1
a) Winkel nach 17 Minuten: 102°
b) Die Uhr zeigt 6:55 Uhr an. Es sind 40 min vergangen.

2
a) α ist ein spitzer Winkel, der Schätzwert sollte zwischen 60° und 80° liegen.
β ist ein spitzer Winkel, der Schätzwert sollte zwischen 10° und 25° liegen.
γ ist ein überstumpfer Winkel, der Schätzwert sollte zwischen 210° und 230° liegen.
δ ist ein spitzer Winkel, der Schätzwert sollte zwischen 65° und 85° liegen.
b) α ≈ 73°,   β ≈ 15°,   γ ≈ 223°,   δ ≈ 79°

3
a)
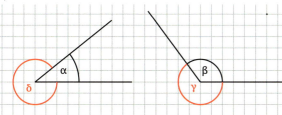

b) Die Winkel α und δ ergänzen sich zu einem Vollwinkel, weil α + δ = 360°. Auch β und γ ergänzen sich zu einem Vollwinkel, weil β + γ = 360°. Deshalb kann man die Aufgabe so wie oben angegeben lösen, indem man in der Zeichnung von α den Winkel δ und in der Zeichnung von β den Winkel γ einzeichnet.

4
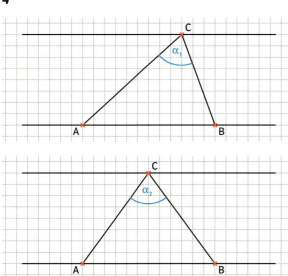

Eine mögliche Lösung für diese Aufgabe wäre das obere Bild, dort ist der Winkel α_1 ungefähr 69° groß.
Der Winkel α wird am größten, wenn der Abstand von C zu den Punkten A und B gleich groß ist wie im unteren Bild. Dort ist α_2 ungefähr 74°.

5
a) Die Figur ist ein Kreis, von dessen Mittelpunkt fünf gleich große Winkel ausgehen.
Der Mittelpunktswinkel beträgt 360° : 5 = 72°.
b)
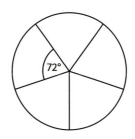

6
a)
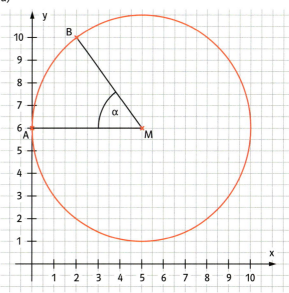

b) Der Mittelpunktswinkel beträgt etwa 53°.
c) Man kann die Figur nicht zu einer regelmäßigen Kreisfigur ergänzen. Bei einem regelmäßigen 7-Eck beträgt der Mittelpunktswinkel nur $\frac{360°}{7} \approx 51{,}4°$, bei einem 6-Eck ist er bereits größer als 53°, nämlich $\frac{360°}{6} = 60°$.

7

Ein geeigneter Maßstab ist z. B., dass 4 Kästchen in der Zeichnung 100 m entsprechen.

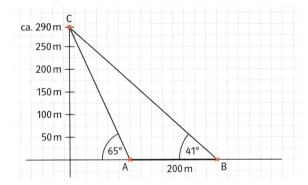

Man kann der Zeichnung entnehmen, dass der Eiffelturm ungefähr 290 m groß ist. (Anmerkung: Der Eiffelturm ist in Wirklichkeit ohne Antenne ca. 300,5 m hoch. Die Winkelangaben in der Zeichnung sind offensichtlich etwas ungenau und führen deshalb nicht zur exakten Lösung.)

Kapitel IV, Bist du sicher? Seite 114

1

Man kann z. B. 15 Minuten lang die Ampel beobachten und messen, wie lange in dieser Zeit das grüne Licht insgesamt leuchtet. Dann kann man berechnen, wie lange das grüne Licht in einer Stunde und dann in 24 Stunden leuchtet. Oder man misst mit einer Stoppuhr, wie lange die einzelnen Ampelphasen sind: 1. grün, 2. gelb, 3. rot, 4. rot-gelb und welcher Anteil davon grün ist, z. B. 40 s von 100 s. Dann berechnet man $\frac{40}{100}$ von 24 Stunden, also 86 400 s · $\frac{40}{100}$.

Kapitel IV, Training, Seite 121

1

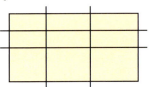

2

a) z. B. 1 + 2 + 3 + 4 = 10, 2 + 3 + 2 + 3 = 10, 1 + 2 + 2 + 5 = 10, 2 + 2 + 2 + 4 = 10
b) z. B. 2 · 2 · 5 · 25 = 500, 2 · 5 · 5 · 10 = 500, 4 · 5 · 5 · 5 = 500, 1 · 10 · 10 · 5 = 500

3

Man kann z. B. argumentieren: Alle Tiere haben mindestens 2 Beine. 100 Tiere haben mindestens 200 Beine. Die fehlenden 100 Beine kann man auf 50 Tiere aufteilen, die dann Schweine sind. Ergebnis: 50 Schweine und 50 Hühner. Man kann das auch herausfinden, wenn man eine Zeichnung macht.

4

Mit 4 Schnitten bekommt man höchstens 9 Stücke (3 · 3).
Mit 5 Schnitten bekommt man höchstens 12 Stücke (3 · 4).
Mit 6 Schnitten bekommt man höchstens 16 Stücke (4 · 4).
Mit 7 Schnitten bekommt man höchstens 20 Stücke (5 · 4).

Genau 10 Stücke, z. B. mit 2 · 5 also mit 1 Längsschnitt und 4 Querschnitten, also insgesamt 5 Schnitte.
Genau 15 Stücke, z. B. mit 3 · 5 also mit 2 Längsschnitten und 4 Querschnitten, also insgesamt 6 Schnitte.

Jeder neue Schnitt muss möglichst viele Stücke gleichzeitig durchschneiden. Dazu muss er möglichst viele andere Schnitte innerhalb der Kuchenfläche durchkreuzen. Also ist es günstig abwechselnd quer und längs zu schneiden.
Ein besonderer Trick: Die Teile des durchgeschnittenen Kuchens vorm nächsten Schnitt übereinander legen.
1 Schnitt = 2 Stücke, 2 Schnitte = 4 Stücke,
3 Schnitte = 8 Stücke, 4 Schnitte = 16 Stücke usw.

5

a) Man benötigt 4 Schnitte:

b) Ähnliche Aufgaben könnten z. B. sein
– Ein dreieckiger Kuchen oder
– Die Stücke müssen nicht rechteckig sein
– Man darf die Stücke zwar nicht übereinanderlegen, aber gegeneinander verschieben

6

Das hängt natürlich von der Klasse ab. Es kann z. B. herauskommen:
a) Schulter an Schulter: 30 · 50 cm = 15 m.
Ausgestreckter Arm: 30 · 1,20 m = 36 m
b) 30 · 1,60 m = 48 m

7

Man kann z. B. Bilder für alle Fälle malen und findet heraus: Um 0 Uhr, kurz nach 1 Uhr, nach 2 Uhr usw. bis kurz vor 11 Uhr, das sind 11 Mal (nicht 12 Mal, weil der Stundenzeiger weiter vorrückt). In der zweiten Tageshälfte sind es dann noch einmal 11 Mal also insgesamt 22 Mal.

8
Wenn alle gleich groß wären, wären sie 5,20 m : 4 = 1,30 m groß. Wenn jetzt Julius 10 cm größer ist und Silas 10 cm kleiner, unterscheiden sie sich um 20 cm und alle 4 zusammen bleiben gleich groß. Eine Lösung ist also 1,20 m, 1,30 m, 1,30 m, 1,40 m. Es gibt sehr viele Lösungen. Man kann bei den beiden mittleren z. B. einen um 1 cm größer und den anderen um 1 cm kleiner machen. Man kann auch die beiden äußeren um 1 cm größer machen (dann bleibt der Unterschied 20 cm) und die beiden mittleren dafür um 1 cm kleiner machen.

9
Am besten probiert man erst verschiedene Schilder aus, z. B. solche die achsensymmetrisch und punktsymmetrisch sind, und verändert sie dann.
Mögliche Lösungen:
a)   b)

10
Um eine Lösung zu finden, kann man z. B. ein Rechteck zeichnen und $\frac{1}{6}$ davon unterteilen.
Eine von vielen möglichen Lösungen: $\frac{1}{18} + \frac{1}{9}$.

Kapitel V, Bist du sicher? Seite 130

1
a) $\frac{8}{11}$ b) $\frac{5}{2}$ c) $-\frac{3}{23}$ d) $\frac{1}{68}$ e) $-\frac{2}{3}$

2
$4\frac{1}{2}$ Liter

3
17,5 g Pulverkaffee, $\frac{7}{6}$ Esslöffel Zucker, $\frac{1}{10}$ l süße Sahne, $\frac{1}{8}$ Stange Vanille, $\frac{3}{16}$ l Milch, 1 Eigelb

Kapitel V, Bist du sicher? Seite 135

1
a) $\frac{1}{3}$ kg   b) $\frac{7}{20}$ t
c) $\frac{9}{8}$ km = $1\frac{1}{8}$ km   d) $\frac{15}{2}$ m³ = $7\frac{1}{2}$ m³

2
a) $\frac{8}{9}$ b) $-\frac{20}{3} = -6\frac{2}{3}$ c) $\frac{7}{2}$
d) -3 e) $\frac{161}{72} = 2\frac{17}{72}$

3
Der Weizenanteil beträgt $\frac{2}{5}$ an der gesamten Ernte.

Kapitel V, Bist du sicher? Seite 139

1
a) $\frac{5}{8}$ b) $\frac{9}{2} = 4\frac{1}{2}$ c) $-\frac{21}{10} = -2\frac{1}{10}$ d) $\frac{38}{15} = 2\frac{8}{15}$

2
a) $\frac{25}{84}$ b) -8 c) $\frac{16}{27}$ d) $\frac{9}{2} = 4\frac{1}{2}$

3
Er enthält 31 Dosen.

Kapitel V, Bist du sicher? Seite 144

1
a) 4,5   b) 31   c) 0,0007   d) 0,00507   e) 0,0230

2
a) multipliziert mit 1000 (10^3)
b) dividiert durch 100 (10^2)
c) multipliziert mit 100 (10^2)
d) dividiert durch 1000 (10^3)

3
10 Münzen: 21,25 mm hoch und 75 g schwer
100 Münzen: 212,5 mm = 21,25 cm hoch und 750 g schwer
1000 Münzen: 2125 mm = 2,125 m hoch und 7500 g = 7,5 kg schwer. Beim experimentellen Nachprüfen können aufgrund von Messungenauigkeiten leicht unterschiedliche Werte erhalten werden.

Kapitel V, Bist du sicher? Seite 149

1
a) 0,15   b) $-0,48$ c) $-0,0012$ d) 0,64   e) 0,006

2
a) 8 · 3 = 24; 23,925   b) 830 · 3 = 2490; 2520,96
c) 5 · 5 = 25; 21,825   d) 0,5 · 7 = 3,5; 3,2046
e) 15 · 20 = 300; 285,64

3
Der Besitzer muss 7473,48 Euro bezahlen.

Kapitel V, Bist du sicher? Seite 153

1
a) 25   b) -9 c) 3   d) 2   e) 3000

2
a) 1570 : 2 = 785; 654   b) -2700 : 9 = -300; -314
c) 7 : (-7) = -1; $-1,0614$ d) 39 : 3 = 13; 12,34375

3
Er muss 8-mal fahren.

4
a) 0,125   b) −0,35   c) 0,4375   d) $1,\overline{3}$ e) $-0,8\overline{3}$

Kapitel V, Training, Seite 167

1
a) $\frac{15}{7}$ = 2,14286   b) $-\frac{2}{5}$ = −0,4   c) 7   d) $-\frac{12}{5}$ = −2,4

2
a) $\frac{6}{5}$ = 1,2   b) $\frac{21}{10}$ = 2,1   c) $-\frac{3}{2}$ = −1,5   d) −20

3
a) 32   b) −0,1523   c) 0,0125   d) 50

4
a) 30 · (−5) = −150; −152,7   b) −3 · (−4) = 12; 14,7
c) 0,03 · 0,25 = 0,0075   d) 0,05 · 0,2 = 0,010; 0,009
e) 24 : (−8) = −3; −3,2   f) 25 : 0,5 = 250 : 5 = 50; 51

5
Man kann das Zahlenbeispiel 3,5 · 2 = 7 und 35 · 2 = 70 verwenden. Man erkennt also, dass sich auch im Ergebnis das Komma um eine Stelle nach rechts verschiebt. Verschiebt man das Komma um eine Stelle nach links statt nach rechts, so ist es auch im Ergebnis um eine Stelle nach links verschoben Weitere Beispiele würden dies zusätzlich bestätigen.
Verschiebt man nun bei einer Zahl das Komma um eine Stelle nach rechts und gleichzeitig bei der anderen Zahl nach links, so kann man das Zahlenbeispiel 3,5 · 2 = 7 und 35 · 0,2 = 7 verwenden.
Man erkennt also, dass sich das Ergebnis nicht ändert. Die Verschiebungen heben sich gegenseitig auf.
Weitere Beispiele würden dies zusätzlich bestätigen.

6
5,04 : 0,045 = 112   9,18 : 0,045 = 204   44,91 : 0,045 = 998
Man kann mit 5,04 €, 9,18 € bzw. 44,91 €   112, 204 bzw. 998 Einheiten vertelefonieren.

7
1,1 : 3 = 0,3666…   1,55 : 5 = 0,31
Da man pro Riegel beim zweiten Angebot weniger bezahlen muss, ist es das günstigere Angebot.

8
a) 10,20 : 4 = 2,55
Eine Einzelfahrt kostet bei der Mehrfachfahrkarte 2,55 €.
b) 24,1 : 11 = 2,19090…, also gerundet 2,19 €.
Claudia hat für eine einzelne Fahrt etwa 2,19 € bezahlt.
c) 24,1 : 2,7 = 8,9259…   75 : 2,7 = 27,777…
Eine Wochenkarte lohnt sich, wenn man mindestens 9-mal fährt. Eine Monatskarte ab 28 Fahrten, wenn man nur gegenüber Einzelfahrten vergleicht. Wenn man auch Mehrfachfahrscheine verwendet, ab 30 Fahrten. (7 Mehrfachfahrscheine plus eine Einzelfahrt sind billiger als eine Monatskarte.)

9
a) Wenn man davon ausgeht, dass der Fluss unterhalb der beiden Straßen bei den Stauseen verläuft, misst man für die Länge der Lutter auf der Karte ca. 2,5 cm. Dies entspricht im Original einer Länge von 2,5 · 20 000 = 50 000 cm = 500 m.
b) Wenn man den oval geformten Stauteich vereinfacht als Rechteck darstellt, das etwa flächengleich zu dem Teich ist, erhält man für dieses Rechteck ca. die Längen 0,6 cm und 0,4 cm. Dies entspricht im Original den Längen 0,6 · 20 000 = 12 000 cm = 120 m und 0,4 · 20 000 = 8000 cm = 80 m. Daraus ergibt sich ein Flächeninhalt von 120 · 80 = 9600 m² = 96 dm².
c) Eine mögliche Strecke hat auf der Karte die Länge von 14 cm.
Also ist Marco bei dieser Streckenwahl in Wirklichkeit 14 · 20 000 = 280 000 cm = 2,8 km gefahren.

10
Wenn man den beschriebenen Vorgang durchführt und die Füllhöhen der beiden Gläser jeweils ausrechnet, erhält man folgende Tabelle (links in Bruchschreibweise und rechts in Dezimalschreibweise):

Inhalt linkes Glas	Inhalt rechtes Glas	Inhalt linkes Glas	Inhalt rechtes Glas
$\frac{2}{3}$	$\frac{2}{3}$	0,666667	0,666667
$\frac{1}{3}$	1	0,333333	1,000000
$\frac{5}{6}$	$\frac{1}{2}$	0,833333	0,500000
$\frac{5}{12}$	$\frac{11}{12}$	0,416667	0,916667
$\frac{7}{8}$	$\frac{11}{24}$	0,875000	0,458333
$\frac{7}{16}$	$\frac{43}{48}$	0,437500	0,895833
$\frac{85}{96}$	$\frac{43}{96}$	0,885417	0,447917
		0,442708	0,890625
		0,888021	0,445313
		0,444010	0,889323
		0,888672	0,444661
		0,444336	0,888997
		0,888835	0,444499
		0,444417	0,888916
		0,888875	0,444458
		0,444438	0,888896

Hieran kann man erkennen, dass keines der beiden Gläser überlaufen kann. Am Ende erhält man gerundet immer wieder die gleichen Werte und keine Dezimalzahl ist größer als 1.

Kapitel VI, Bist du sicher? Seite 175

1

a) 25% der Besucher am Donnerstag waren 14 Jahre oder jünger (25% von 180 Personen sind 45 Personen)
b) 25% der Besucher am Freitag waren 14 Jahre oder jünger (25% von 540 Personen sind 135 Personen)
c) Am Donnerstag waren ca. 40% von 180 Personen (72 Personen), am Freitag ca. 30% von 540 Personen (162 Personen) 15 bis 24 Jahre alt.
Obwohl der Anteil der fraglichen Altersgruppe am Donnerstag größer war als am Freitag, gilt für die absoluten Häufigkeiten das Gegenteil.

Kapitel VI, Bist du sicher? Seite 180

1

Frank	Cihan	Dirk	
4,05	3,64	3,80	
3,76	3,95	4,15	
4,20	4,21	3,90	
	3,81	4,08	
		4,08	
4,00	3,90	4,00	arithmetisches Mittel
4,05	3,88	4,08	Median

a) Frank springt im Mittel am weitesten,
b) den Median übertreffen bei Frank $\frac{1}{3}$, bei Cihan $\frac{2}{4}$ und bei Dirk $\frac{1}{5}$ aller Sprünge.

Kapitel VI, Bist du sicher? Seite 185

1

a) Der Median ist 6, die Box geht von 4 (unteres Quartil) bis 7 (oberes Quartil).
Die Antennen reichen bis −1 und 20.
b) Der Median liegt immer in der Box, weil das untere Quartil nicht größer und das obere Quartil nicht kleiner ist als der Median.
c) Wenn der Median der untern Hälfte dem Minimum gleicht, gibt es keine untere Antenne,
wenn der Median der oberen Hälfte dem Maximum gleicht, dann gibt es keine obere Antenne.
Bei der Liste 3, 3, 3, 3, 4, 4, 4, 4 geht die Box von 3 bis 4, der Median ist 3,5. Es gibt keine Antennen.

Kapitel VI, Training, Seite 195

1

a)

Fahrrad	12	$\frac{2}{5}$	40%
Bus	9	$\frac{3}{10}$	30%
zu Fuß	6	$\frac{1}{5}$	20%
Auto	3	$\frac{1}{10}$	10%
Summe	30	1	100%

b) Säulendiagramm

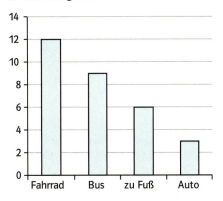

c) Kreisdiagramm

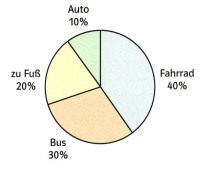

d) Sie könnte die Säulen des Säulendiagramms übereinanderlegen und das entstehende Säulenende (bei 30) mit 100% beschriften.

2

a) Schneller als 50 $\frac{km}{h}$ fuhren 214 von 1198 also ca. 17,9 %.

b)

Überschrei-tung bis	Anzahl	Höhe des Bußgeldes	Einnahmen	
5 $\frac{km}{h}$	120	15 €	1800 €	48,5 %
10 $\frac{km}{h}$	61	15 €	915 €	24,7 %
15 $\frac{km}{h}$	20	25 €	500 €	13,5 %
20 $\frac{km}{h}$	7	25 €	175 €	4,7 %
25 $\frac{km}{h}$	3	25 €	75 €	2,0 %
30 $\frac{km}{h}$	2	60 €	120 €	3,2 %
35 $\frac{km}{h}$	0	100 €	0 €	0,0 %
40 $\frac{km}{h}$	0	100 €	0 €	0,0 %
45 $\frac{km}{h}$	1	125 €	125 €	3,4 %
		Summe	3710 €	

Man würde 3710 € einnehmen.

c) Man könnte darstellen, wie viel Prozent der Gesamteinnahmen auf die einzelnen Geschwindigkeitsklassen entfallen.

Überschreitung um ... $\frac{km}{h}$ erbringen ... % der eingenommenen Bußgelder.

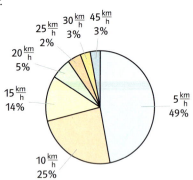

(Aufgrund der Rundungen ergibt sich als Summe 101 %.)

3

a) z. B.:

	Zuschauer
Spiel 1	259 280
Spiel 2	272 760
Spiel 3	227 560
Spiel 4	280 400
Mittelwert	260 000

b) z. B.:

	Fehlerzahl
Schüler 1	4
Schüler 2	6
Schüler 3	8
Schüler 4	6
Schüler 5	7
	6,2

4

Körpergröße in cm, sortiert

a_1) b_1)

Jungen	Mädchen
140	138
143	140
144	142
147	143
149	147
152	147
154	149
154	149
156	153
160	156
166	156
	156
	157
	157
	158
	162
	166
	170
	170

a_2) b_2)

	Jungen	Mädchen
unteres Quartil	144	147
Minimum	140	138
Median	152	156
Mittelwert	151,4	153,5
Maximum	166	170
oberes Quartil	156	158
Quartilabstand	12	11

c) z. B.:

Beleuchtung OK	12
Beleuchtung defekt	12

a_3) b_3)

Die Mädchen sind in dieser Klasse im Mittel etwas größer als die Jungen.

Die Körpergrößen streuen bei den Mädchen etwas weniger als bei den Jungen.

5

a) Man könnte z. B. versuchen, möglichst viele Daten möglichst nahe an den Median 20 (bzw. möglichst weit weg vom Median) zu legen.

Zahlenliste 1:
5; 5; 5; 15; 15; 15; 15; 25; 25; 25; 25; 35; 35; 35

Zahlenliste 2:
5; 15; 15; 15; 20; 20; 20; 20; 20; 20; 25; 25; 25; 35

Häufigkeitsdiagramm zu den beiden Zahlenlisten

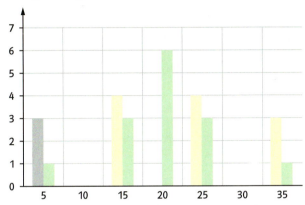

b) Zu dem Säulendiagramm könnte z. B. eine Datenliste mit 100 Zahlen gehören, bei der die Geldbeträge wie folgt verteilt sind:

5 €	3
10 €	12
15 €	16
20 €	31
25 €	19
30 €	12
35 €	7
	100

Das Minimum liegt bei 5 €, das Maximum bei 35 €.
Der Median ist 20 €.
Der 25te und der 26te Wert sind jeweils 15 €, das untere Quartil ist damit auch 15 €.
Der 75te und der 76te Wert, also auch das obere Quartil, liegen bei 25 €.
Damit passt der Boxplot zu dem angegebenen Säulendiagramm.

Kapitel VII, Bist du sicher? Seite 203

1

 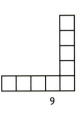 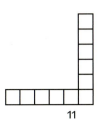

1; 3; 5; 7; 9; 11; 13; 15; …

2 z. B.:

a)

1; 5; 9; 13; 17; 21; …

b)

1; 2; 3; 4; 5; …

c)

1; 3; 6; 10; 15; 21; …

3

a) 1; 3; 7; 13; 21; 31; …
b) 1; 1; 2; 3; 5; 8; 13; 21; 34; …
c) 1; 6; 2; 7; 3; 8; 4; …
d) 1; 12; 112; 1122; 11122; 111122; 1111222; …
e) 1; 2; 3; 1; 2; 3; 1; 2; 3; 1; 2; 3; 1; 1; 2; …

Kapitel VII, Bist du sicher? Seite 206

1

a)

Zeit in Monaten	0	1	2	3	4	5	6
Tankinhalt in l	4000	3250	2500	2200	1850	1500	1500

Zeit in Monaten	7	8	9	10	11	12
Tankinhalt in l	1500	1500	1500	1000 3000	2500	2000

Lösungen **261**

b) Vom Beginn des Jahres bis Ende Februar nimmt der Tankinhalt stark ab, bis Ende Mai nimmt er weniger stark ab. Von Ende Mai bis Ende September verändert er sich nicht. Im Oktober wird wieder Öl verbraucht. Nachdem Ende Oktober nur noch 1000 l im Tank sind, werden 2000 l aufgefüllt. Im November und Dezember nimmt dieser Vorrat wieder um 1000 l ab.

2
a)

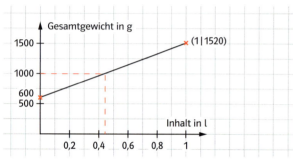

Fig. 1

b) Bei einem Gesamtgewicht von 1 kg sind ca. 430 ml Öl in der Flasche.

Kapitel VII, Bist du sicher? Seite 211

1
a) $2000 + 150 \cdot x - 170 \cdot x = 2000 - 20 \cdot x$
$2000 - 20 \cdot 5 = 2000 - 100 = 1900$
Nach 5 Jahren leben dort ca. 1900 Pinguine.
b) $50 + 4{,}50 \cdot x - 7 \cdot 1{,}20 \, x = 50 + 4{,}50 \, x - 8{,}40 \, x = 50 - 3{,}9 \, x$
$50 - 3{,}9 \cdot 10 = 50 - 39 = 11$
Nach 10 Wochen hat Eva nur noch ein Guthaben von 11 €.
c) Individuelle Lösung

2
$2 + \diamond \cdot 0{,}50$
Z. B.: Jedes Mal, wenn Anna der alten Dame von unten den Müll herausbringt, bekommt sie 50 ct. Vorher hatte sie schon 2 € gespart.

3
$10;\ 10 + 9;\ 10 + 9 + 9;\ \ldots$ als Term erhält man:
$1 + 9 \cdot x$; also im 6. Muster $1 + 9 \cdot 6 = 1 + 54 = 55$

Kapitel VII, Bist du sicher? Seite 215

1
a)

	Anzahl	Gewicht in g	
:3	150	750	:3
	50	250	
·20	1000	5000	·20

Die Packung wiegt 5 kg.

b)

	Gewicht in g	Anzahl	
:3	750	150	:3
	250	50	
·5	1250	250	·5

Der Stapel besteht aus 250 Blättern.

2
a)

	Inhalt eines Gefäßes in l	Anzahl der Gefäße	
:0,75	0,75	1360	·0,75
	1	1020	
·4	4	255	:4

Man könnte 255 Glasballons füllen.

b)

	Anzahl der Gefäße	Inhalt eines Gefäßes in l	
:1360	1360	0,75	·1360
	1	1020	
·12	12	85	:12

Ein Fass hat den Inhalt 85 l.

Kapitel VII, Training, Seite 223

1
a) 7; 12; 17; 22; 27; 32; 37; 42; 47; …
Die Zahlenfolge startet bei 7; mit jedem Schritt wird die Zahl 5 addiert.
b) 1; 2; 0; 3; −1; 4; −2; 5; −3; 6; −4, 7; …
In der Zahlenfolge stecken zwei Zahlenfolgen.
Immer abwechselnd wird die vorhergehende Zahl um 1 erhöht bzw. um 1 vermindert.
c) 112; 105; 98; 91; 84; 77; 70; 63; …
Die Zahlenfolge beginnt mit 112; mit jedem Schritt wird die Zahl 7 subtrahiert.

2
a) $-8 + 4 \cdot \odot$ b) $3 + \star \cdot 2$ c) $1201 - x \cdot 200$

3
Das nächste Muster ist: Dann folgt:

Die Zahlenfolge lautet 1; 5; 9; 17; 25; 37; 49; ...

4
a) 27 Brötchen lassen sich aufteilen in 2 · 10 + 1 · 5 + 2 · 1 Brötchen.
Somit kosten 27 Brötchen 2 · 2 € + 1 · 1,20 € + 2 · 0,3 € = 5,80 €.
b)

Anzahl	Preis (€)
1	0,30
2	0,60
3	0,90
4	1,20
5	1,20
6	1,50
⋮	⋮
9	2,40
10	2,00
11	2,30
12	2,60
⋮	⋮
15	3,20
⋮	⋮

Das ist ein Punktdiagramm, weil keine halben Brötchen oder andere Anteile verkauft werden.

5
a)
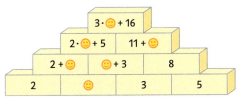

☺ entspricht 7, weil 3 · 7 + 16 = 37
b) ☺ entspricht 143, weil 3 · 143 + 16 = 445
c) Für ☺ lässt sich keine natürliche Zahl finden, da 1557 − 16 = 1541 nicht durch 3 teilbar ist.
d) Für ☺ lässt sich eine −1 einsetzen, weil 3 · (−1) + 16 = 13

6
a) 45 € + 80 · 0,25 € = 65 €.
Für 80 km muss man 65 € bezahlen.

b) Der Term lautet 45 € + ☀ · 0,25 €. ☀ steht für die Kilometeranzahl.
c) 45 € + 120 · 0,25 € = 75 €
45 € + 250 · 0,25 € = 107,50 €
d) Ohne Grundgebühr hat man 55 € für die Kilometer zur Verfügung. 55 : 0,25 = 220 km. Man kann also 220 km fahren.

7
a)

Gewicht in t	Preis in €
18 t	64,80
6 t	21,60
24 t	86,40

(: 3, · 4)

Dieses Mal muss er 86,40 € bezahlen.
b) Alter Preis pro t: 64,80 € : 18 = 3,60 €
Neuer Preis pro t: 3,60 € + 0,30 € = 3,90 €
Also: 3,90 € · 24 = 93,60 €. Er muss 93,60 € bezahlen.

8
Individuelle Schätzungen;
Individueller Vergleich mit eigenem Gewicht;
Vergleich mit einem Erwachsenen (75 kg):

Gewicht in kg	Trinkmenge in ml
8	1200
1	150
75	11250

(: 8, · 75)

Ein Erwachsener müsste täglich $11\frac{1}{4}$ l trinken.

9
a) Die Packung reicht zu Beginn der Inpflegenahme weiterer Katzen noch zwei Wochen für 4 Katzen. Also:

Anzahl der Katzen	Dauer in Tagen
4	14
1	56
7	8

(: 4, · 7)

Das Futter der Packung reicht noch 8 Tage.

b) Die Pflegekatzen haben $\frac{3}{7}$ von $\frac{2}{3}$, also $\frac{6}{21} = \frac{2}{7}$ der Packung mitgefressen. Mit Dreisatz:

Packung	Kosten in €
1	31,50
$\frac{1}{7}$	4,5
$\frac{2}{7}$	9

(: 7, · 2)

Sie haben für 9 € mitgefressen.

Selbsttraining – Lösungen

Teiler und Vielfache

1 T steht für „ist ein Teiler von", k steht für „ist kein Teiler von".
a) 6 T 30 b) 4 k 30 c) 8 k 30 d) 30 T 90 e) 9 k 30
f) 90 k 30 g) 1 T 8 h) 18 T 18 i) 1 T 1 k) 8 k 46
l) 48 k 8 m) 8 k 18 n) 17 T 952 o) 12 T 576 p) 28 T 1316
q) 9 T 1980 r) 6 T 6030 s) 6 k 12092 t) 6 k 17996 u) 7 k 4933
v) 7 T 35140 w) 7 k 77078 x) 8 T 2376 y) 8 T 20056
z) 8 k 15950

2 Fülle die Tabelle aus, wie es die beiden Beispiele zeigen.

	ist teilbar durch 2	ist teilbar durch 3	ist teilbar durch 4	ist teilbar durch 5	ist teilbar durch 6	ist teilbar durch 9
228	ja	ja	ja	nein	ja	nein
920	ja	nein	ja	ja	nein	nein
2800	ja	nein	ja	ja	nein	nein
4770	ja	ja	nein	ja	ja	ja
8219	nein	nein	nein	nein	nein	nein
27094	ja	nein	nein	nein	nein	nein
39768	ja	ja	ja	nein	ja	nein
1064532	ja	ja	ja	nein	ja	nein

3 a) richtig b) falsch c) richtig d) richtig e) richtig
f) falsch g) richtig h) richtig i) richtig k) falsch l) richtig
m) falsch

4 a) kein Rest b) kein Rest c) Rest bleibt d) kein Rest
e) kein Rest f) Rest bleibt g) kein Rest h) Rest bleibt
i) kein Rest k) Rest bleibt l) kein Rest m) kein Rest

Primfaktorzerlegung

1 a) $2^2 \cdot 3$ b) $3 \cdot 5$ c) $2 \cdot 3^2$ d) $2 \cdot 11$ e) 29 f) 2^5
g) 37 h) $2^4 \cdot 3$ i) $2 \cdot 5^2$ k) $2^2 \cdot 17$ l) $2 \cdot 37$ m) $2 \cdot 3 \cdot 19$
n) $5 \cdot 23$ o) 3^5 p) $5 \cdot 7^2$ q) $2^2 \cdot 5 \cdot 13$ r) 17^2
s) $3 \cdot 7 \cdot 19$ t) $2^3 \cdot 7 \cdot 13$ u) $2^2 \cdot 3^3 \cdot 7$

2 a) $2^2 \cdot 3^2 \cdot 5^2$ b) $3^2 \cdot 5^2$ c) $2^3 \cdot 5^2$ d) $2^2 \cdot 3 \cdot 5^2$
e) $2^3 \cdot 3 \cdot 5^2$ f) $2^3 \cdot 3^2 \cdot 5$

3

a	b	Teiler von a	Teiler von b	Gemeinsame Teiler	ggT	kgV
12	16	1; 2; 3; 4; 6; 12	1; 2; 4; 8; 16	1; 2; 4	4	48
30	45	1; 2; 3; 5; 6; 10; 15; 30	1; 3; 5; 9; 15; 45	1; 3; 5; 15	15	90
35	21	1; 5; 7; 35	1; 3; 7; 21	1; 7	7	105
16	81	1; 2; 4; 8; 16	1; 3; 9; 27; 81	1	1	1296
34	21	1; 2; 17; 34	1; 3; 7; 21	1	1	714
36	70	1; 2; 3; 4; 6; 9; 12; 18; 36	1; 2; 5; 7; 10; 14; 35; 70	1; 2	2	1260
48	60	1; 2; 3; 4; 6; 8; 12; 16; 24; 48	1; 2; 3; 4; 5; 6; 10; 12; 15; 20; 30; 60	1; 2; 3; 4; 6; 12	12	240
50	65	1; 2; 5; 10; 25; 50	1; 5; 13; 65	1; 5	5	650

4 a) z.B.: 8, 16, 20 b) z.B.: 5, 10, 15 c) z.B.: 12, 24, 30
d) z.B.: 7, 14, 21 e) z.B.: 18, 36, 45 f) z.B.: 2, 6, 18

5

```
            2310
        210     1155
     30    105    385
        15    35
            5
```

Kürzen und Erweitern

1 a) $\frac{28}{42}$ b) $\frac{15}{20}$ c) $\frac{-48}{56}$ d) $\frac{-13}{117}$ e) $\frac{56}{-96}$ f) $\frac{36}{80}$ g) $\frac{-72}{280}$ h) $\frac{-26}{60}$
i) $\frac{30}{-480}$ j) $\frac{540}{-855}$

2 a) $\frac{4}{13}; \frac{8}{17}; \frac{-7}{11}; \frac{21}{-41}; \frac{-29}{48}$ b) $\frac{2}{7}; -\frac{5}{12}; \frac{8}{-13}$

3

Brüche erweitern	mit 2	mit 3	mit 7	mit 11	mit 15	mit 50	mit 100
$\frac{1}{2}$	$\frac{2}{4}$	$\frac{3}{6}$	$\frac{7}{14}$	$\frac{11}{22}$	$\frac{15}{30}$	$\frac{50}{100}$	$\frac{100}{200}$
$\frac{3}{5}$	$\frac{6}{10}$	$\frac{9}{15}$	$\frac{21}{35}$	$\frac{33}{55}$	$\frac{45}{75}$	$\frac{150}{250}$	$\frac{300}{500}$
$\frac{-7}{8}$	$\frac{-14}{16}$	$\frac{-21}{24}$	$\frac{-49}{56}$	$\frac{-77}{88}$	$\frac{-105}{120}$	$\frac{-350}{400}$	$\frac{-700}{800}$
$\frac{5}{-7}$	$\frac{10}{-14}$	$\frac{15}{-21}$	$\frac{35}{-49}$	$\frac{55}{-77}$	$\frac{75}{-105}$	$\frac{250}{-350}$	$\frac{500}{-700}$
$-\frac{4}{15}$	$-\frac{8}{30}$	$-\frac{12}{45}$	$-\frac{28}{105}$	$-\frac{44}{165}$	$-\frac{60}{225}$	$-\frac{200}{750}$	$-\frac{400}{1500}$
$\frac{1}{24}$	$\frac{2}{48}$	$\frac{3}{72}$	$\frac{7}{168}$	$\frac{11}{264}$	$\frac{15}{360}$	$\frac{50}{1200}$	$\frac{100}{2400}$
$\frac{2}{25}$	$\frac{4}{50}$	$\frac{6}{75}$	$\frac{14}{175}$	$\frac{22}{275}$	$\frac{30}{375}$	$\frac{100}{1250}$	$\frac{200}{2500}$
$\frac{-1}{50}$	$\frac{-2}{100}$	$\frac{-3}{150}$	$\frac{-7}{350}$	$\frac{-15}{550}$	$\frac{-15}{750}$	$\frac{-50}{2500}$	$\frac{-100}{5000}$
$\frac{25}{-111}$	$\frac{50}{-222}$	$\frac{75}{-333}$	$\frac{175}{-777}$	$\frac{275}{-1221}$	$\frac{375}{-1665}$	$\frac{1250}{-5550}$	$\frac{2500}{-11100}$
$-\frac{9}{750}$	$-\frac{18}{1500}$	$-\frac{27}{2250}$	$-\frac{63}{5250}$	$-\frac{99}{8250}$	$-\frac{135}{11250}$	$-\frac{450}{37500}$	$-\frac{900}{75000}$

4 a) $\frac{2}{3}; \frac{5}{8}$; 🔷 b) $\frac{1}{2}; \frac{1}{4}; \frac{1}{3}$ c) $\frac{1}{3}; -\frac{1}{6}; -\frac{1}{3}$ d) $\frac{1}{4}; -\frac{9}{8}; -\frac{1}{2}$
e) $-\frac{3}{4}; -\frac{1}{3}; \frac{3}{5}$ f) $-\frac{6}{13}; \frac{6}{7}; -3$ g) $\frac{5}{7}; -\frac{3}{4}; -\frac{3}{7}$ h) $\frac{2}{5}; \frac{3}{7}; \frac{3}{4}$

5 a) $\frac{6}{8}; \frac{9}{12}; \frac{-39}{-52}; \frac{129}{172}; \frac{-192}{-256}$ b) $\frac{12}{16}; \frac{21}{28}; \frac{-39}{-52}; \frac{48}{64}; \frac{-99}{-132}$

6 a) $\frac{5}{13}$ b) $-\frac{5}{14}$ c) $\frac{24}{36}$ d) $-\frac{45}{60}$ e) $\frac{12}{21}$ f) $-\frac{15}{25}$ g) $\frac{1750}{3000}$ h) $-\frac{3150}{3850}$

7 a) $\frac{8}{12} = \frac{24}{36} = \frac{56}{84} = \frac{-48}{-72} = \frac{-104}{-156}$ b) $\frac{6}{15} = \frac{18}{45} = \frac{42}{105} = \frac{-54}{-135} = \frac{-66}{-165}$
c) $\frac{-7}{3} = \frac{-28}{12} = \frac{49}{-21} = \frac{147}{-63} = \frac{-161}{69}$ d) $\frac{-5}{12} = \frac{25}{-60} = \frac{-50}{120} = \frac{-45}{108} = \frac{55}{-132}$
e) $\frac{3}{-11} = \frac{27}{-99} = \frac{-33}{121} = \frac{-36}{132} = \frac{42}{-154}$ f) $\frac{2}{-23} = \frac{22}{-253} = \frac{-10}{115} = \frac{-56}{644} = \frac{14}{-161}$

8 a) 75 cm b) 120 cm c) 55 cm d) 52 cm e) 188 cm

9 a) 875 g b) 3750 g c) 80 mm² d) 220 mm² e) 16 h
f) 30 h g) 50 min h) 84 min i) 375 kg j) 4250 kg k) 2400 s
l) 4500 s

10 a) $\frac{1}{2} > \frac{1}{3}$ b) $\frac{-2}{3} < \frac{-1}{6}$ c) $\frac{5}{8} < \frac{7}{10}$ d) $\frac{11}{-12} > \frac{-19}{20}$ e) $\frac{3}{4} > \frac{-7}{-10}$
g) $\frac{5}{11} < \frac{11}{15}$ h) $\frac{-2}{3} > \frac{-3}{4}$ i) $\frac{3}{8} < \frac{7}{12}$ g) $\frac{4}{-15} > \frac{-7}{10}$ h) $\frac{-11}{12} > \frac{-14}{15}$

11 a) $\frac{-5}{6} < \frac{9}{-12} < \frac{-2}{3} < \frac{-1}{2} < \frac{-1}{4} < \frac{1}{3} < \frac{7}{12} < \frac{5}{8} < \frac{3}{4}$
b) $\frac{-35}{19} < \frac{12}{-7} < \frac{-8}{5} < \frac{-15}{11} < \frac{-16}{13} < \frac{12}{13} < \frac{18}{11} < \frac{9}{5} < \frac{13}{7} < \frac{37}{19}$

12 a) $\frac{4}{5}$ b) $\frac{1}{3}; \frac{4}{5}; \frac{10}{21}$ c) $\frac{2}{5}; \frac{7}{15}$ d) $\frac{1}{3}; \frac{-2}{5}; \frac{-3}{5}; \frac{10}{21}$ e) $\frac{10}{-23}; \frac{2}{5}; \frac{-9}{13}; \frac{7}{15}; \frac{-9}{11}$

13 a) $\frac{7}{13}$ b) $\frac{15}{17}$ c) $\frac{46}{71}$ d) $\frac{16}{21}$ e) $\frac{459}{95}$ f) $\frac{13}{23}$ g) $\frac{5}{6}$ h) $\frac{56}{67}$

14 a) $\frac{1}{2}$ b) $\frac{7}{2}$ c) $\frac{4}{5}$ d) 15 e) 2 f) $\frac{16}{3}$ g) $\frac{8}{3}$ h) $\frac{28}{45}$ i) $\frac{3}{2}$ k) 5 l) 12
m) $\frac{44}{5}$

15
a) $\frac{49}{30} < \frac{173}{105}$ b) $\frac{286}{385} < \frac{79}{105}$ c) $-\frac{17}{12} < \frac{-62}{45}$
$\frac{343}{210} < \frac{346}{210}$ $\frac{858}{1155} < \frac{869}{1155}$ $-\frac{255}{180} < -\frac{248}{180}$
d) $-\frac{311}{220} < \frac{387}{-275}$ e) $\frac{43}{66} < \frac{3}{4} < \frac{7}{9}$ f) $\frac{11}{15} < \frac{17}{20} < \frac{9}{10}$
$-\frac{1555}{1100} < -\frac{1548}{1100}$ $\frac{258}{396} < \frac{297}{396} < \frac{308}{396}$ $\frac{44}{60} < \frac{51}{60} < \frac{54}{60}$
g) $\frac{9}{8} < \frac{11}{9} < \frac{23}{18}$ h) $\frac{9}{16} < \frac{20}{27} < \frac{19}{24}$ i) $\frac{19}{-15} < \frac{-5}{4} < \frac{-11}{9}$
$\frac{81}{72} < \frac{88}{72} < \frac{92}{72}$ $\frac{243}{432} < \frac{320}{432} < \frac{342}{432}$ $-\frac{228}{180} < -\frac{225}{180} < -\frac{220}{180}$
k) $\frac{20}{-9} < \frac{-31}{15} < -\frac{99}{50}$ l) $\frac{37}{-40} < -\frac{8}{9} < \frac{-7}{8}$ m) $-\frac{35}{24} < \frac{13}{-9} < \frac{-23}{16}$
$-\frac{1000}{450} < -\frac{930}{450} < -\frac{891}{450}$ $-\frac{333}{360} < -\frac{320}{360} < -\frac{315}{360}$ $-\frac{210}{144} < -\frac{208}{144} < -\frac{207}{144}$

Rationale Zahlen umwandeln

1 a) 0,3 = 30 % b) 0,37 = 37 % c) −0,7 = −70 %
d) −0,637 = −63,7 % e) −0,13 = −13 % f) 0,237 = 23,7 %
g) 0,0309 = 3,09 % h) −0,463 = −46,3 % i) −0,93 = −93 %
k) −0,273 = −27,3 % l) 3,09 = 309 % m) 463,7 = 46 370 %
n) −4,62 = −462 % o) −125,4 = −12 540 %
p) −2,398 = −239,8 % q) 0,8 = 80 % r) 2,5 = 250 %
s) −0,6 = −60 % t) −3,5 = −350 % u) −0,45 = −45 %
v) 0,68 = 68 % w) 2,125 = 212,5 % x) −2,675 = −267,5 %
y) −0,3125 = −31,25 % z) −1,156 25 = −115,625 %

2 a) $\frac{1}{4} = 25\%$ b) $\frac{1}{20} = 5\%$ c) $\frac{3}{20} = 15\%$ d) $-\frac{163}{50} = -326\%$
e) $-\frac{61}{20} = -305\%$ f) $\frac{7}{20} = 35\%$ g) $\frac{7}{100} = 7\%$ h) $\frac{24}{5} = 480\%$
i) $\frac{329}{25} = 1316\%$ k) $-\frac{69}{20} = -345\%$ l) $\frac{7}{5} = 140\%$ m) $\frac{427}{20} = 2135\%$

n) $\frac{3661}{500} = 732,2\%$ o) $\frac{8723}{100} = 8723\%$ p) $-\frac{9}{200} = -4,5\%$
q) $\frac{1009}{100} = 100,9\%$ r) $\frac{243}{4} = 6075\%$ s) $\frac{2949}{500} = 589,8\%$ t) $-\frac{87}{1000}$
$= -8,7\%$ u) $\frac{5231}{1000} = 523,1\%$ v) $\frac{61}{200} = 30,5\%$ w) $\frac{81}{400} = 20,25\%$
x) $\frac{3793}{500} = 758,6\%$ y) $\frac{8259}{1000} = 825,9\%$ z) $-\frac{5231}{1000} = -523,1\%$

3 a) $\frac{1}{10} = 0,1$ b) $\frac{7}{4} = 1,75$ c) $-\frac{1}{4} = -0,25$ d) $-\frac{35}{140} = -0,25$
e) $-\frac{3}{200} = -0,015$ f) $\frac{9}{25} = 0,36$ g) $\frac{7}{10} = 0,7$ h) $-\frac{13}{40} = -0,325$
i) $-\frac{8}{5} = -1,6$ k) $-\frac{19}{20} = -0,85$ l) $\frac{3}{20} = 0,15$ m) $\frac{99}{125} = 0,792$
n) $-\frac{3}{10} = -0,3$ o) $-\frac{3}{10} = -0,3$ p) $-\frac{11}{40} = -0,275$ q) $\frac{17}{32} = 0,53125$
r) $\frac{7}{5} = 1,4$ s) $-\frac{9}{10} = -0,9$ t) $-\frac{11}{16} = -0,6875$ u) $-\frac{3}{8} = -0,375$

4 a) $\frac{5}{16} = 31,25\%$ b) $\frac{15}{32} = 46,875\%$ c) $\frac{9}{32} = 28,125\%$

5 a) $\frac{1}{2}$ b) $\frac{1}{100}$ c) $\frac{2}{25}$ d) $\frac{6}{25}$ e) $\frac{1}{8}$ f) $\frac{7}{10}$ g) $\frac{99}{100}$ h) $\frac{3}{8}$ i) $\frac{6}{5}$

Anteile und Bruchteile berechnen

1

a)
Anteil	12 € von 150 €	8,50 € von 25 €	21,50 € von 40 €	34 € von 60 €
Bruch	$\frac{2}{25}$	$\frac{17}{50}$	$\frac{43}{80}$	$\frac{17}{30}$
Prozent	8 %	34 %	53,75 %	56,$\overline{6}$ %

b)
Anteil	21 m von 300 m	4 km von 20 km	27 cm von 6 m	33 mm von 9 cm
Bruch	$\frac{7}{100}$	$\frac{1}{5}$	$\frac{9}{200}$	$\frac{11}{30}$
Prozent	7 %	20 %	4,5 %	36,$\overline{6}$ %

c)
Anteil	45 kg von 600 kg	16 g von 80 g	270 kg von 3 t	350 g von 12 kg
Bruch	$\frac{3}{40}$	$\frac{1}{5}$	$\frac{9}{100}$	$\frac{7}{240}$
Prozent	7,5 %	20 %	9 %	2,91$\overline{6}$ %

d)
Anteil	4 h von 20 h	8 min von 30 min	42 min von 2 h	33 s von 90 min
Bruch	$\frac{1}{5}$	$\frac{4}{15}$	$\frac{7}{20}$	$\frac{11}{1800}$
Prozent	20 %	26,$\overline{6}$ %	35 %	0,6$\overline{1}$ %

2 a) 0,4 cm² b) 1,68 m² c) 40,85 km² d) 10,2 a e) 3,5 m
f) $5\frac{1}{3}$ Tage g) $24\frac{2}{7}$ km h) 3,2 h

3 a) 200 min b) 550 min c) 240 min d) 2700 min

4 a)

3 % von	3400 l	230 g	150 t	24 kg	5 t	7 km	190 m	76 m²
sind	102 l	6,9 g	4,5 t	0,72 kg	0,15 t	0,21 km	5,7 m	2,28 m²

Selbsttraining – Lösungen

Selbsttraining – Lösungen

b)

18% von	3400 l	230 g	150 t	24 kg	5 t	7 km	190 m	76 m²
sind	612 l	41,4 g	27 t	4,32 kg	0,9 t	1,26 km	34,2 m	13,68 m²

c)

4% von	600 kg	90 cm	50 €	12 m	300 m	40 €	480 kg	75 cm
sind	24 kg	3,6 cm	2 €	0,48 m	12 m	1,60 €	19,2 kg	3 cm

d)

15% von	600 kg	90 cm	50 €	12 m	300 m	40 €	480 kg	75 cm
sind	90 kg	13,5 cm	7,5 €	1,8 m	45 m	6 €	72 kg	11,25 cm

e)

120% von	17 km	950 l	875 €	5,40 €	300 m³	25 dm	345 m	9,45 €
sind	20,4 km	1140 l	1050 €	6,48 €	360 m³	30 dm	414 m	11,34 €

f)

116% von	17 km	950 l	875 €	5,40 €	300 m³	25 dm	345 m	9,45 €
sind	19,72 km	1102 l	1015 €	6,26 €	348 m³	29 dm	400,2 m	10,96 €

Größen umwandeln

1 a) 75 cm b) 80 cm c) 55 cm d) 92 cm e) 96 cm

2 a) 15 min b) 12 min c) 40 min d) 16 min e) 21 min

3 a) 875 g b) 80 mm² c) 16 h d) 55 min e) 600 kg
f) 1250 mm² g) 20 h h) 44 s

4 a) 0,045 m < 0,059 m < 0,068 m < 0,07 m < 0,072 m;
< 0,075 m < 0,0755 m
0,45 dm < 0,059 m < 68 mm < $\frac{7}{100}$ m < 7,2 cm < $\frac{3}{4}$ dm < 75 $\frac{1}{2}$ mm
b) 14,69 m < 110,5 m < 120,5 m < 125 m < 130 m < 130,4 m
1469 cm < 1105 dm < 120,5 m < $\frac{1}{8}$ km < 0,13 km < $\frac{652}{5}$ m

5 a) 1230 g < 1235,6 g < 1250 g < 1320 g < 2500 g < 12 000 g
1230 g < $\frac{6178}{5}$ g < $\frac{5}{4}$ kg < 1,32 kg < $\frac{1}{400}$ t < 0,012 t
b) 40 g < 50 g < 55,5 g < 56,9 g < 62,5 g < 87,5 g
40 000 mg < 0,050 kg < $\frac{111}{2}$ g < 56,9 g < $\frac{5}{80}$ kg < $\frac{7}{80\,000}$ t

6 a) 1,155 m² < 1,25 m² < 1,35 m² < 1,45 m² < 10 m² < 12 m²
$\frac{231}{2}$ dm² < $\frac{1}{80}$ a < 1,35 m² < 14 500 cm² < $\frac{1}{1000}$ ha < 0,12 a
b) 78,5 m² < 78,88 m² < 80 m² < 81 m² < 82,5 m² < 85 m²
78,5 m² < 7888 dm² < $\frac{4}{500}$ ha < 0,81 a < $\frac{165}{2}$ m² < $\frac{17}{20}$ a

7 a) 690 s < 720 s < 732 s < 750 s < 780 s < 840 s
690 s < 0,2 h < $\frac{61}{5}$ min < $\frac{5}{24}$ h < 13 min < $\frac{7}{720}$ Tage
b) 26,2 s < 27 s < 28,5 s < 30 s < 32,4 s < 33 s
$\frac{131}{5}$ s < $\frac{9}{20}$ min < 28,5 s < $\frac{1}{120}$ h < 0,009 h < 0,55 min

8

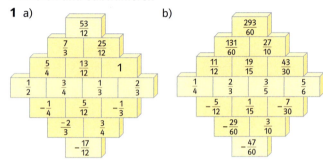

Addieren und Subtrahieren

1 a)   b)

2 a) $\frac{5}{12}$ b) $\frac{5}{24}$ c) $\frac{7}{20}$ d) $\frac{1}{6}$ e) $\frac{7}{60}$ f) $\frac{19}{42}$ g) $\frac{31}{36}$ h) $\frac{5}{12}$ i) $\frac{64}{75}$ k) $\frac{29}{30}$

3 a) $\frac{1}{60}$ b) $\frac{1}{18}$ c) $\frac{1}{24}$ d) $\frac{1}{36}$ e) $\frac{1}{24}$ f) $-\frac{7}{12}$ g) $-\frac{5}{8}$ h) $-\frac{11}{18}$ i) $-\frac{5}{18}$
k) $-\frac{1}{3}$ l) $-\frac{1}{15}$ m) $-\frac{5}{24}$ n) $\frac{41}{30}$ o) $-\frac{13}{70}$ p) $-\frac{1}{24}$

4 a) $\frac{31}{42}$ b) $\frac{1}{30}$ c) $-\frac{7}{54}$ d) $\frac{17}{220}$ e) $\frac{1}{48}$ f) $\frac{29}{80}$ g) $\frac{73}{60}$ h) $\frac{7}{48}$ i) $\frac{59}{200}$
k) $-\frac{13}{60}$ l) $-\frac{32}{63}$ m) $\frac{11}{40}$ n) $\frac{11}{340}$ o) $-\frac{3}{22}$ p) $\frac{15}{247}$

5 a) 4,1 b) −0,7 c) 0,55 d) −0,7 e) −2,62 f) 0,75 g) 1,88
h) −0,17 i) 4,43 k) −5,88

6 a) $\frac{3}{4}$ b) $\frac{19}{20}$ c) $-\frac{4}{5}$ d) $\frac{17}{12}$ e) $\frac{253}{60}$ f) $\frac{1}{15}$ g) $\frac{11}{14}$ h) $-\frac{97}{150}$
i) $-\frac{11}{8}$ k) $\frac{23}{60}$

7 a) $\frac{15}{4}$ b) $-\frac{259}{90}$ c) 0 d) $-\frac{9}{16}$ e) $\frac{1}{6}$ f) $-\frac{275}{72}$ g) $\frac{17}{21}$ h) $-\frac{83}{12}$

8 a) Zauberzahl: $\frac{1}{4}$ b) Zauberzahl: $\frac{-43}{30}$

$\frac{-2}{3}$	$\frac{1}{3}$	$\frac{-3}{4}$	$\frac{4}{3}$
$\frac{-1}{4}$	$\frac{5}{6}$	$\frac{-2}{3}$	$\frac{1}{3}$
$\frac{5}{6}$	$\frac{-3}{4}$	$\frac{5}{6}$	$\frac{-2}{3}$
$\frac{1}{3}$	$\frac{-1}{6}$	$\frac{5}{6}$	$\frac{-3}{4}$

$\frac{-5}{4}$	$\frac{7}{5}$	$\frac{-11}{4}$	$\frac{7}{6}$
$\frac{-13}{12}$	$\frac{-1}{2}$	$\frac{-5}{4}$	$\frac{7}{5}$
$\frac{-1}{2}$	$\frac{-11}{4}$	$\frac{46}{15}$	$\frac{-5}{4}$
$\frac{7}{5}$	$\frac{5}{12}$	$\frac{-1}{2}$	$\frac{-11}{4}$

9 a) $\frac{3}{2}$ b) $-\frac{3}{4}$ c) $\frac{4}{15}$ d) $-\frac{11}{30}$ e) $\frac{5}{3}$ f) 0 g) $\frac{5}{12}$ h) $-\frac{71}{63}$ i) $\frac{9}{4}$ k) $\frac{3}{8}$
l) $-\frac{13}{4}$ m) $\frac{1}{4}$ n) $\frac{7}{2}$ o) $\frac{19}{21}$ p) $\frac{19}{12}$ q) $-\frac{1}{70}$

10 a) $\frac{47}{25} = 1{,}88$ b) $-\frac{17}{100} = -0{,}17$ c) $\frac{443}{100} = 4{,}43$
d) $-\frac{167}{25} = -6{,}68$ e) $\frac{201}{50} = 4{,}02$ f) $\frac{61}{500} = 0{,}122$ g) $-\frac{14}{25} = -0{,}56$
h) $-\frac{199}{100} = -1{,}99$ i) $\frac{169}{20} = 8{,}45$ k) $-\frac{11}{10} = -1{,}1$ l) $\frac{71}{20} = 3{,}55$
m) -5 n) $\frac{49}{50} = 0{,}98$ o) $\frac{21}{5} = 4{,}2$ p) -2 q) $-\frac{391}{250} = -1{,}564$
r) $\frac{7}{2} = 3{,}5$ s) -2 t) $-\frac{7}{10} = -0{,}7$ u) $-\frac{289}{1000} = -0{,}289$

11 a)   b)

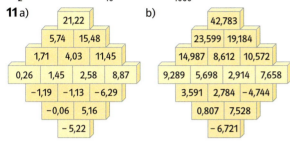

12 a) 49,35 b) 19,655 c) 72,473 d) 643,55 e) −94,84
f) 120,75 g) −114,52 h) −102,07 i) 228,329 k) 6510,17
l) 1799,49 m) −772,17

13 a) 240,9 b) 2,23 c) −31,09 d) −787,29 e) 228,79
f) −830,41

14 a) 27,1 b) 628,2 c) 771,5 d) −12,3 e) −3,6 f) −136,3
g) −102,4 h) 20,4

15   a)   b)   c)

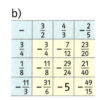

Multiplizieren und Dividieren

1 a) $\frac{1}{6}$ b) $-\frac{7}{32}$ c) $-\frac{4}{3}$ d) $-\frac{18}{25}$ e) $-\frac{5}{3}$ f) $\frac{3}{7}$ g) $-\frac{28}{243}$ h) $-\frac{50}{147}$
i) $-\frac{1}{6}$ k) $\frac{25}{207}$ l) $\frac{2}{3}$ m) $-\frac{3}{4}$ n) $\frac{3}{14}$ o) $-\frac{63}{125}$ p) $\frac{1}{10}$ q) $\frac{1}{30}$ r) $\frac{15}{44}$
s) $-\frac{25}{21}$ t) $-\frac{27}{121}$ u) $\frac{1}{10}$ v) $\frac{3}{4}$ w) $\frac{9}{20}$ x) $\frac{16}{45}$ y) $-\frac{3}{14}$ z) $\frac{2}{15}$

2 a) $\frac{3}{2}$ b) $-\frac{7}{2}$ c) $-\frac{4}{3}$ d) $\frac{1}{4}$ e) $\frac{16}{21}$ f) $\frac{2}{3}$ g) $\frac{3}{2}$ h) $-\frac{3}{2}$
i) -5 k) $\frac{3}{4}$ l) $\frac{85}{72}$ m) $-\frac{7}{5}$ n) $\frac{7}{2}$ o) $\frac{4}{3}$ p) $-\frac{5}{17}$

3 a) $\frac{3}{2}$ b) $-\frac{5}{28}$ c) $\frac{7}{2}$ d) $-\frac{147}{125}$ e) $\frac{99}{25}$ f) $\frac{3}{17}$ g) $\frac{3}{2}$ h) $\frac{3}{8}$
i) $-\frac{7}{30}$ k) $\frac{16}{15}$ l) $\frac{4}{3}$ m) $-\frac{5}{3}$ n) $-\frac{128}{21}$ o) $\frac{10}{7}$ p) $\frac{5}{69}$

4 a)   b)

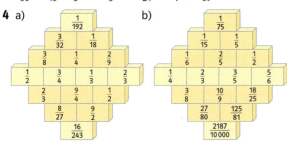

5 a) 4531,9 b) −9010 c) 25 d) 30,84 e) 3,5 f) 780
g) −38 600 h) −1500 i) 0,004 k) 38,45 l) 3,845 m) 38,45
n) 0,000 47 o) −3,003 p) 0,75 q) −0,039 r) 0,5 s) 0,008
t) 0,000 032 u) −0,7

6 a) 1,5 b) −4,5 c) −4,8 d) 34 e) 56 f) 88 g) 9 h) −100
i) 500 k) −5 l) 1,1 m) 0,99 n) −5,6 o) 2,4 p) −1,1 q) 7
r) −18 s) 12,3 t) −2,08 u) 1,4

7 a) 7,704 b) −9,028 c) 0,299 31 d) −16,536 e) 234
f) 10,815 g) −23,925 h) 35,854 i) 2520,96 k) −6391,233
l) 21,825 m) 23,256 n) 3,2046 o) 285,64 p) −33,212
q) −25 684,06

8 a) 0,75 b) −1,9 c) −1,3 d) −0,3 e) 0,8 f) 1,2 g) −2,1
h) 6,7 i) −13,8 k) −0,321 l) 0,104 m) −1,26 n) 0,007
o) −0,012 p) −0,033

9 a) 125 b) −26 499,2 c) −1,25 d) 62,5 e) 13,4355
f) 4 363 500 g) −504,745 h) −9,02 i) 3,5 k) 2,88 l) 200
m) 0,4 n) 0,448 o) 0,8 p) −5,184 q) −0,34 r) 0,006
s) −0,1515 t) −3,3 u) 3,4

10 a)   b)

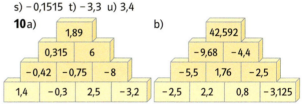

Addieren, Subtrahieren, Multiplizieren und Dividieren

1 a) $\frac{1}{3}$ b) $-\frac{1}{5}$ c) $\frac{6}{5}$ d) $-\frac{1}{6}$ e) $\frac{19}{18}$ f) -1 g) $\frac{7}{8}$ h) $-\frac{1}{30}$ i) $\frac{1}{3}$
k) $-\frac{1}{20}$ l) $\frac{7}{2}$ m) $-\frac{8}{9}$ n) $\frac{21}{10}$ o) -1 p) $\frac{16}{15}$ q) $-\frac{1}{7}$ r) $\frac{19}{12}$ s) $\frac{23}{180}$
t) $\frac{1}{21}$ u) $-\frac{1}{4}$ v) $-\frac{25}{18}$ w) $\frac{26}{33}$ x) 2 y) $\frac{1}{2}$

2 a) $\frac{1}{5}$ b) $-\frac{1}{24}$ c) 1 d) $\frac{31}{20}$ e) $-\frac{16}{9}$ f) -14 g) $\frac{49}{72}$ h) $-\frac{4}{75}$ i) $\frac{11}{120}$
k) $\frac{1}{63}$ l) $\frac{91}{72}$ m) $-\frac{119}{32}$ n) $\frac{4}{21}$ o) $\frac{1}{8}$ p) $\frac{17}{120}$ q) $\frac{1}{4}$ r) $\frac{7}{30}$ s) $-\frac{19}{14}$ t) $\frac{4}{11}$
u) $-\frac{19}{30}$ v) $\frac{5}{2}$ w) $-\frac{1}{4}$ x) $\frac{1}{2}$ y) $\frac{13}{96}$

3 a) 0,97 b) 66,348 c) −0,1485 d) 106,2 e) 13,0875
f) −16,652 g) 45,7708 h) −79,15 i) −41,5 k) −102,5 l) 0
m) 500 n) −500 o) 2,073 p) 2,984 q) 6

4 a) 1 b) −1 c) $\frac{4}{5}$ d) $\frac{13}{15}$ e) −119 f) −26 973 g) $-\frac{8288}{17}$
h) 1 i) $-\frac{1}{4}$

5 a) $\frac{3}{2}$ b) $-\frac{5}{36}$ c) −42 d) $\frac{2}{3}$ e) −36 f) $\frac{5}{9}$ g) $\frac{3}{2}$ h) $\frac{18}{5}$ i) $\frac{82}{5}$

6 a) $\frac{7}{6}$ b) $\frac{5}{4}$ c) 0 d) $\frac{58}{9}$ e) $-\frac{25}{3}$ f) 26 g) $\frac{5}{2}$ h) 33

Register

A

abbrechende Dezimalzahl 34, 35
Abhängigkeit
    darstellen 204, 205, 207
abrunden 70
absolute Häufigkeit 172
Abstand Punkt-Gerade 98
Addieren von Brüchen 60, 61
Addieren von Dezimalzahlen 66, 67
Algorithmus 53
Algorithmus, euklidischer 53
Anteil 18, 22, 27, 37, 172
arithmetisches Mittel 178, 183
Assoziativgesetz 73, 158
aufrunden 70
ausklammern 158
ausmultiplizieren 158
Ausreißer 178
Auswerten von Zahlenlisten 190

B

Bildwinkel 87
Boxplot 182, 183
Bruch 18, 19, 27, 40
Brüche addieren 60, 61
Brüche auf Zahlengeraden 13, 27
Brüche darstellen 20, 27
Brüche dividieren 129, 137, 138
Brüche, gleichnamige 50
Brüche multiplizieren 128, 132
Brüche, negative 35
Brüche sortieren 46
Brüche subtrahieren 60 ,61
Brüche teilen 129, 137, 138
Brüche vergleichen 46
Brüche vervielfachen 128, 132
Bruchschreibweise 40
Bruchschreibweise,
    umwandeln in 32
Bruchstrich 19
Bruchteile 125
Bruchzahl 40

D

Darstellen von
    Abhängigkeiten 204, 205, 207
Darstellen von Brüchen 11, 20, 27
Daten sortieren 191
Dezimalangabe 40
Dezimalen 70
Dezimalschreibweise 31, 40
Dezimalschreibweise von
    Größen 42
Dezimalschreibweise,
    umwandeln in 32
Dezimalzahl 31, 40
Dezimalzahl, abbrechende 34, 35
Dezimalzahl,
    periodische 34, 35, 165
Dezimalzahlen addieren 66, 67
Dezimalzahlen dividieren 150
Dezimalzahlen multiplizieren 146
Dezimalzahlen runden 70
Dezimalzahlen subtrahieren 66, 67
Dezimalzahlen überschlagen 70
Diagramm 173
Distributivgesetz 158
Dividend 53
Dividieren mit Zehnerpotenzen 142
Dividieren von
    Brüchen 129, 137, 138
Dividieren von Dezimalzahlen 150
Divisor 53
Dreieckszahl 200
Dreisatz 212, 214
Durchmesser eines Kreises 95

E

Einheitsstrecke 30
Endziffernregeln 14
Erastosthenes, Sieb des 10
erweitern 23
Euklid 53
euklidischer Algorithmus 53

F

Fibonacci, Leonardo 220
Fibonacci-Zahlen 220
Flächeneinheiten 43

G

Ganzes 18
Gefälle einer Straße 94
Gegenzahl 47
gemeinsamer Teiler 23
gemischte Schreibweise 28
gemischte Zahl 29
Geobrett 11
Geodreieck 87, 90
gestreckter Winkel 91
Giga 33
gleichnamige Brüche 50
Grad 90
Größen,
    Dezimalschreibweise von 42
größter gemeinsamer Teiler,
    ggT 17, 50, 53

H

Häufigkeit, absolute 172
Häufigkeit, relative 172

K

Kehrwert 137, 138, 166
Kilo 33
Klammerrechnung 73, 159
kleinster gemeinsamer Nenner,
    kgN 46, 50
kleinste gemeinsame Vielfache,
    kgV 50
Kommaschreibweise 31
Kommaverschiebung 42, 142
Kommutativgesetz 73, 158
Kreis 91, 95
Kreisausschnitt 95
Kreisbild 20
Kreisdiagramm 173, 188
Kreisfigur 95
Kreisteile 58
Kreuzungswinkel 88
kürzen 23
kürzen mit Primfaktorzerlegung 26

M

Maßeinheit   42, 43
Maßeinheiten vergleichen   198
Maßstab   144
Maßzahl   42, 43
Maximum   182, 183
Median   178, 182, 183
Mega   33
Megabyte   33
Messen von Winkeln   90
Messwerte   70
Mikro   33
Milli   33
Minimum   182, 183
Minusklammer   158, 159
Mittel, arithmetisches   178, 183
Mittelpunkt eines Kreises   95
Mittelpunktswinkel   95
Mittelwert   178, 182
Multiplizieren
    mit Zehnerpotenzen   142
Multiplizieren
    von Brüchen   128, 132
Multiplizieren
    von Dezimalzahlen   146

N

negative Brüche   35
Neigungswinkel   89
Nenner   19
Nenner, gleicher   60, 61
Nenner, kleinster gemeinsamer,
    kgN   46, 50
Nenner, verschiedene   60, 61

O

oberes Quartil   182, 183

P

periodische Dezimalzahl   34, 35, 165
Pisa, Leonardo von   220
Pluskammer   158, 159
preußisches Maß   127
Primfaktorzerlegung   17
Primfaktorzerlegung, kürzen mit   26
Primzahl   17
Prozent   37
Prozentangabe   40
Prozentschreibweise   37, 40
Prozentschreibweise,
    umwandeln in   37
Prozentzahl   40
Punktrechnung   155

Q

Quadratzahl   200
Quartil, oberes   182, 183
Quartil, unteres   182, 183
Quartile bestimmen   182, 191
Quartilsabstand   183
Quersumme   10, 15
Quersummenregeln   15

R

radial   98
Radius   95
rationale Zahlen   27, 28, 40
rationale Zahlen vergleichen   46
Rechenausdruck   155
Rechengesetze   158
Rechenvorteile   73, 158
Rechnen mit Kreisteilen   58
Rechteckbild   20
rechter Winkel   91
relative Häufigkeit   172
Runden von Dezimalzahlen   70

S

Säulendiagramm   173, 189
Schätzen von Winkeln   91
Scheitelpunkt   88
Schenkel   88
Schreibweise, gemischte   28
Sehfeld   87
Sehwinkel   87
Sieb des Eratosthenes   10
Sortieren von Brüchen   46
Sortieren von Daten   191
spitzer Winkel   91
Stabbild   20
Statistik   172
Steigung einer Straße   94
Steigungswinkel   88
Stellenwerttafel   12, 31
Streifendiagramm   173
Streuungsmaß   183
Strichliste   171
Strichrechnung   155
stumpfer Winkel   91
Subtrahieren von Brüchen   60, 61
Subtrahieren
    von Dezimalzahlen   66, 67

T

Tabellenkalkulationsprogramm   188
tangential   98
teilbar   14
Teilbarkeit   14
Teilbarkeitsregeln   10, 14, 15, 16
Teilen von Brüchen   129, 137, 138
Teiler   10, 14
Teiler, gemeinsamer   23
Teiler, größter gemeinsamer,
    ggT   17, 50, 53
Term   155, 208

U

Überschlag 70
Überschlagen
    von Dezimalzahlen 70
überstumpfer Winkel 91
Umrechnen von Zeiteinheiten 45
Umwandeln
    in Bruchschreibweise 32
Umwandeln
    in Dezimalschreibweise 32
Umwandeln
    in Prozentschreibweise 37
unteres Quartil 182, 183
Urliste 178

V

Variable 208
Verbindungsgesetz 73
Vergleich von rationalen Zahlen 46
Vergleichen von Brüchen 46
Vergrößerung 144
Verhältnis 22
Verkleinerung 144
Vertauschungsgesetz 73
Vervielfachen von Brüchen 128, 132
Vielfaches 14
Vielfache, kleinste gemeinsame 50
voller Winkel 91
Volumeneinheiten 43

W

Winkel 88
Winkel messen 90
Winkel schätzen 90
Winkel zeichnen 90, 91
Winkelscheibe 92

Z

Zahl, gemischte 28
Zahl, rationale 27
Zahlenfolge 200, 201
Zahlengerade,
    Brüche auf der 13, 27
Zahlenlisten auswerten 190
Zähler 19
Zehnerpotenzen, dividieren mit 142
Zehnerpotenzen, multiplizieren
    mit 142
Zeichnen von Winkeln 90, 91
Zeiteinheiten umrechnen 45
Zoll 127
Zufallsschwankungen 179

Bildquellen

U1: Avenue Images GmbH, Hamburg – **8.1:** Getty Images (Botonica), München – **8.2:** Astrofoto (Shigemi Numazawa), Sörth – **9.1; 9.3:** Getty Images (Photographer`s Choice), München – **9.2:** Soehnle-Waagen GmbH & Co. KG (Leifheit), Backnang – **9.4; 9.6:** Getty Images (Image Bank), München – **9.5:** Getty Images (R. Harding World Imagery), München – **9.7:** Avenue Images GmbH (PhotoDisc), Hamburg – **10:** Interfoto, München – **13.1:** Bananastock RF, Watlington/Oxon – **13.2:** iStockphoto (ynamaku), Calgary, Alberta – **13.3:** iStockphoto (PARETO), Calgary, Alberta – **21:** Corel Corporation Deutschland, Unterschleissheim – **40.1; 40.2:** Corel Corporation Deutschland, Unterschleissheim – **46:** Klett-Archiv (Simianer & Blühdorn), Stuttgart – **52:** Getty Images RF (PhotoDisc), München – **53:** AKG, Berlin – **56.1:** Klett-Archiv, Stuttgart – **56.2:** Avenue Images GmbH (Stockbyte Platinum), Hamburg – **57.1:** Getty Images (RF), München – **57.2:** Corbis (RF), Düsseldorf – **57.3:** Thomas Kanzler, Diessen – **57.4:** Studio Nordbahnhof (Tobias Oexle), Stuttgart – **58.1; 58.2:** Klett-Archiv (Simianer & Blühdorn), Stuttgart – **60.1; 60.5; 60.7:** creativ collection Verlag GmbH, Freiburg – **60.2; 60.4; 60.6:** Corel Corporation Deutschland, Unterschleissheim – **60.3; 60.9:** Avenue Images GmbH (PhotoDisc), Hamburg – **60.8:** MEV Verlag GmbH, Augsburg – **60.10:** Avenue Images GmbH (Rubberball), Hamburg – **66:** Corbis (Reuters), Düsseldorf – **69.1:** Picture-Alliance (dpa/Hanschke), Frankfurt – **69.2:** COMMON Digital GmbH, Frankfurt – **77:** Okapia (Thierry Montford), Frankfurt – **78.1:** obs, Hamburg – **78.2:** RB-Deskkart Ralf Brennemann, Hamburg – **79:** Corbis (Richard T. Nowitz), Düsseldorf – **83:** imago sportfotodienst (Camera 4), Berlin – **84.1:** Getty Images (Stone), München – **84.2:** Astrofoto, Sörth – **85.1:** VISUM Foto GmbH (Bernd Arnold), Hamburg – **85.2:** Getty Images (Allsport Concepts), München – **85.3:** Corbis (Saloutos), Düsseldorf – **85.4:** Getty Images (Stone), München – **85.5:** Avenue Images GmbH (PhotoDisc), Hamburg – **85.6:** Corbis (Geiersperger), Düsseldorf – **85.7:** Corbis (Ray Juno), Düsseldorf – **86:** Klett-Archiv (Thomas Jörgens), Stuttgart – **87.1:** Bildagentur Schapowalow (Fotofinder), Hamburg – **87.2:** Klett-Archiv (Pascale Eggermann, Luzern), Stuttgart – **88.1:** Getty Images RF, München – **88.2:** Getty Images RF (PhotoDisc), München – **88.3:** Getty Images RF (Photodisc), München – **90.1; 90.2:** www.bahn-bus-ch.de – **90.3; 90.4:** Klett-Archiv (Bellstedt), Stuttgart – **94.1:** Otto Versand, Hamburg – **94.2:** Fotosearch Stock Photography (PhotoDisc), Waukesha, WI – **96.1:** Picture-Alliance (epd), Frankfurt – **96.3:** Picture-Alliance (dpa), Frankfurt – **96.4:** laif (Miquel Gonzalez), Köln – **96.5:** AKG, Berlin – **97:** Klett-Archiv (Thomas Jörgens), Stuttgart – **98.1:** Avenue Images GmbH (Alamy, pixoi), Hamburg – **98.2, 98.3:** Klett-Archiv (Wolfgang Riemer), Stuttgart – **100.1; 100.2:** Klett-Archiv (Simianer & Blühdorn), Stuttgart – **103:** PixelQuelle.de – **104.1:** Corbis (Flying Camera), Düsseldorf – **104.2:** The Library of Congress (PD), Washington, D.C. – **105.1:** Klett-Archiv (Andreas Staiger), Stuttgart – **105.2:** Corbis (Bettmann), Düsseldorf – **105.3:** Getty Images (Stone), München – **107.1:** Avenue Images GmbH (It Stock Free), Hamburg – **107.2:** EZB, Frankfurt – **109:** Schwaneberger Verlag GmbH, Unterschleißheim – **111.1:** Les Éditions Albert René, Paris – **111.2:** iStockphoto (RF/Luis Lotax), Calgary, Alberta – **112.1:** iStockphoto (RF), Calgary, Alberta – **112.2:** Carlsen Verlag GmbH/Joscha Sauer, Hamburg 2005 – **114:** www.stpaulslouky.org – **118:** Picture-Alliance (KPA), Frankfurt – **122:** AKG, Berlin – **123:** Getty Images (Image Bank), München – **124.1; 124.2:** Klett-Archiv (Thorsten Jürgensen), Stuttgart – **126.1:** Fotosearch Stock Photography (Stockbyte), Waukesha, WI – **126.2:** Avenue Images GmbH (Comstock), Hamburg – **126.3:** Getty Images RF (PhotoDisc), München – **127.1:** Mauritius (Gebhardt), Mittenwald – **127.2:** Kulka, Matthias, Düsseldorf – **127.3:** MEV Verlag GmbH, Augsburg – **127.4:** Fotosearch Stock Photography (PhotoDisc), Waukesha, WI – **127.5:** Getty Images (Photonica), München – **128:** imago sportfotodienst (Sirotti), Berlin – **130:** Getty Images RF (PhotoDisc), München – **131:** Image 100, Berlin – **132:** Dieter Schmidtke, Schorndorf – **134:** Avenue Images GmbH (Index Stock), Hamburg – **136:** MEV Verlag GmbH, Augsburg – **141:** iStockphoto (mooninwell), Calgary, Alberta – **143:** Helga Lade (Geoff du Feu), Frankfurt – **145:** BPK, Berlin – **146:** Avenue Images GmbH (Image Source AG), Hamburg – **14:** Avenue Images GmbH (PhotoDisc), Hamburg – **152:** MEV Verlag GmbH, Augsburg – **153:** Picture-Alliance (Euroluftbild.de), Frankfurt – **154.1; 154.2** (Zierhut); **154.3:** Corbis (DK Limited), Düsseldorf – **157:** Corel Corporation Deutschland, Unterschleissheim – **158:** Getty Images (Darren Robb), München – **162.1:** Corel Corporation Deutschland, Unterschleissheim – **162.2:** MEV Verlag GmbH, Augsburg – **162.3:** Klett-Archiv, Stuttgart – **164:** Klett-Archiv (Wolfgang Riemer), Stuttgart – **165:** Klett-Archiv (Simianer&Blühdorn), Stuttgart – **168.1:** Kulka, Matthias, Düsseldorf – **168.2:** Corbis (Staffan Widstrand), Düsseldorf – **169.1:** Transit Archiv Fotoagentur (Christoph Busse), Leipzig – **169.2:** Klett-Archiv (Andreas Staiger), Stuttgart – **169.3:** Avenue Images GmbH (Brand X Pictures), Hamburg – **170:** Klett-Archiv (Wolfgang Riemer), Stuttgart – **177:** Avenue Images GmbH (Photodisc RF), Hamburg – **178:** Klett-Archiv (Wolfgang Riemer), Stuttgart – **179:** Mauritius (age), Mittenwald – **181.1:** Klett-Archiv (Simianer & Blühdorn), Stuttgart – **181.2:** Klett-Archiv (Wolfgang Riemer), Stuttgart – **184:** Picture-Alliance (dpa), Frankfurt – **186:** Klett-Archiv (Simianer & Blühdorn), Stuttgart – **193.1; 193.2:** Klett-Archiv (Wolfgang Riemer), Stuttgart – **196.1:** f1 online digitale Bildagentur (Aflo), Frankfurt – **196.2:** Getty Images (Image Bank/Art Wolfe), München – **197.1:** Getty Images (Stone/Art Wolfe), München – **197.2:** Andrea Späth, Fotodesign (Fotofinder), München – **197.3:** Avenue Images GmbH (Image Source), Hamburg – **200.1:** f1 online digitale Bildagentur (Fotofinder), Frankfurt – **200.2:** Klett-Archiv (Aribert Jung), Stuttgart – **205:** MEV Verlag GmbH, Augsburg – **206.1:** Mauritius (Raith), Mittenwald – **206.2:** Getty Images (Taxi), München – **207:** MEV Verlag GmbH, Augsburg – **210:** Corbis (Dan Guravich), Düsseldorf – **211.1:** Avenue Images GmbH (Corbis RF), Hamburg – **211.2:** Tierbildarchiv Angermayer (Hans Reinhard), Holzkirchen – **215:** Mauritius (Pigneter), Mittenwald – **217.1; 217.2; 217.3:** Klett-Archiv (Kathrin Richter), Stuttgart – **218:** Picture-Alliance (epa/Rick Tomlinson), Frankfurt – **220:** Corbis (Bettmann), Düsseldorf – **221:** Klett-Archiv (Aribert Jung), Stuttgart – **223:** Juniors Bildarchiv, Ruhpolding – **224.1; 224.2:** imago sportfotodienst (Camera 4), Berlin – **224.3:** imago sportfotodienst (Sven Simon), Berlin – **224.4:** imago sportfotodienst (Ulmer), Berlin – **226.1:** AKG (John Hios), Berlin – **226.2:** Picture-Alliance (ASA), Frankfurt – **227.1; 227.2:** Picture-Alliance (akg-images), Frankfurt – **227.3:** Bridgeman Art Library Ltd., Berlin – **228:** Picture-Alliance (dpa - Sportreport), Frankfurt – **229:** Picture-Alliance (dpa - Sportreport), Frankfurt – **230.1:** Picture-Alliance (dpa - Sportreport), Frankfurt – **230.2:** Picture-Alliance (dpa - Bildarchiv), Frankfurt – **231.1:** Picture-Alliance (Tony Marshall), Frankfurt – **231.2:** imago sportfotodienst (Ulmer), Berlin – **232.1; 232.2:** Picture-Alliance (dpa - Sportreport), Frankfurt – **233:** imago sportfotodienst (Sven Simon), Berlin – **234.1:** imago sportfotodienst (Camera 4), Berlin – **234.2:** imago sportfotodienst (Sven Simon), Berlin – **235.1:** imago sportfotodienst (Sven Simon), Berlin – **235.2:** Picture-Alliance (Sportreport), Frankfurt – **236.1:** Corbis (Bettmann), Düsseldorf – **236.2:** Corbis (Underwood & Underwood), Düsseldorf – **237.1:** imago sportfotodienst, Berlin – **237.2:** Corbis, Düsseldorf

Nicht in allen Fällen war es uns möglich, den Rechteinhaber ausfindig zu machen. Berechtigte Ansprüche werden selbstverständlich im Rahmen der üblichen Vereinbarungen abgegolten.